电工电子技术
实验教程

主　编⊙邓　蓉　张跃勤
副主编⊙郭民利　雷　敏　龙　英

中南大学出版社
www.csupress.com.cn
·长沙·

前　言

　　本书根据"新工科"的工程教育模式和教育部高等院校电子信息类专业教学大纲的要求，结合 21 世纪电子信息类专业课程教学改革需要编写而成。本书共 6 章，内容包括电路基础实验、模拟电路实验、数字电路实验、单片机原理实验、电力电子技术实验、电气控制技术实验。

　　"新工科"的工程教育模式要求将实践教学与工程应用相结合。本书将以往以验证性实验为主的实践教学内容转变为以解决复杂工程问题为导向的实践教学体系，培养学生的工程实践能力和创新能力。同时，为配合相应课程的基础理论教学还编排了相应的实验实践内容，包含基础验证性实验和提高设计类实验。为适应工程实践的需求，本书还纳入了虚拟仿真实验，其中，设计性和综合性实验占实验总量的 70% 以上，不同专业可根据教学计划灵活选择。本书实验项目编排的目的在于将理论教学与实验各环节进行有机结合，加深学生对基础理论的理解，加强学生的基本设计能力和实践能力，全面提升学生的理论水平和实验实践综合能力。

　　本书可作为普通高等学校和各类成人教育电子信息类专业"电路分析""模拟电子技术""数字电子技术""单片机原理与接口技术""电力电子技术""电气控制技术"课程的实践教材，也可供电工电子技术领域相关的科研人员和工程技术人员参考使用。

　　本书由邓蓉、张跃勤主编，郭民利、雷敏、龙英担任副主编。其中，第 1 章由雷敏编写，第 2 章由刘伟编写，第 3 章由张跃勤编写，第 4 章由邓蓉编写，第 5 章由郭民利编写，第 6 章由龙英编写。

　　本书是长沙学院校级重点教学改革研究项目的成果。在编写过程中，得到了长沙学院教务处及电子信息与电气工程学院领导的大力支持，在此一并表示衷心的感谢。

　　由于编者水平有限，书中难免有疏漏和不妥之处，敬请各位读者提出宝贵意见。

编　者

2020 年 3 月

目　录

第1章　电路基础实验 ……………………………………………………………… 1

实验一　常用元器件的识别及基本电子仪器的使用 …………………………… 1

实验二　Multisim 虚拟仿真软件的简单使用 …………………………………… 9

实验三　直流电路虚拟仿真分析 ………………………………………………… 17

实验四　戴维南定理虚拟仿真分析 ……………………………………………… 20

实验五　受控源特性研究 ………………………………………………………… 26

实验六　一阶电路时域响应虚拟仿真分析 ……………………………………… 30

实验七　正弦交流电路相量关系的研究 ………………………………………… 36

实验八　R、L、C 阻抗特性的测试 …………………………………………… 38

实验九　二阶电路的阶跃响应虚拟仿真研究（综合） ………………………… 41

实验十　日光灯电路虚拟仿真设计及功率系数提高 …………………………… 44

实验十一　二阶 RLC 串联电路的瞬态响应虚拟仿真研究 …………………… 47

实验十二　单相铁芯变压器特性测试 …………………………………………… 51

实验十三　三相交流电路虚拟仿真分析 ………………………………………… 56

实验十四　三相交流电路功率及相序的测量（设计） ………………………… 61

实验十五　无源二端网络参数虚拟仿真研究 …………………………………… 63

实验十六　双口网络的等效电路虚拟仿真设计 ………………………………… 66

实验十七　负阻抗变换器及其应用 ……………………………………………… 69

实验十八　三相异步电动机的控制 ……………………………………………… 72

实验十九　简易万用表的设计与组装 …………………………………………… 76

第2章　模拟电路实验 ……………………………………………………………… 80

实验一　共射极单管放大电路研究 ……………………………………………… 80

实验二　差动放大电路研究 ·· 85

实验三　多级放大器与负反馈放大器研究 ······························· 89

实验四　结型场效应管(JFET)共源极放大电路的设计 ·················· 92

实验五　分立元件 OTL 低频功率放大器研究 ··························· 95

实验六　射极跟随器研究 ·· 99

实验七　集成运放比例、求和运算电路的设计 ·························· 102

实验八　集成运放组成的积分与微分电路 ······························ 105

实验九　集成运放波形发生器的设计 ·································· 110

实验十　集成运放滤波器的设计 ·· 115

实验十一　集成运放比较器电路研究 ·································· 122

实验十二　集成三端稳压器直流稳压电源的设计 ······················ 127

实验十三　集成运放宽频带放大器 OPA678 的设计与应用 ·············· 131

实验十四　集成运放和单片 CD4046 组成压控振荡器的设计 ············ 136

实验十五　LM386 集成功率放大器研究 ································ 139

实验十六　RC 串并联选频网络振荡器研究 ····························· 142

实验十七　信号发生器与波形变换 ····································· 145

第3章　数字电路实验··· 147

实验一　基本门电路逻辑功能测试 ···································· 147

实验二　TTL 集成逻辑门的逻辑功能与参数测试 ······················ 151

实验三　三态门和 OC 门研究 ··· 157

实验四　组合逻辑电路的设计 ··· 162

实验五　3/8 译码器 ··· 164

实验六　触发器及其应用··· 168

实验七　数据选择器研究··· 174

实验八　移位寄存器研究··· 179

实验九　多谐振荡器与单稳触发器的设计 ······························ 186

实验十　集成计数器的设计 ··· 189

实验十一　交通灯控制电路的设计 ···································· 192

实验十二　数字频率计的设计 ··· 195

实验十三　多路智力竞赛抢答器的设计 ································ 199

实验十四　555 时基电路及应用 ······································· 201

实验十五　D/A、A/D 转换器及应用 ··································· 207

实验十六　$3\frac{1}{2}$ 位直流数字式电压表 ································ 213

实验十七　电子秒表 ·································· 219

第 4 章　单片机原理实验 ·································· 225

实验一　Keil C51 集成开发环境与实验平台的使用 ·················· 225

实验二　单片机 I/O 口控制实验 ·························· 230

实验三　基于 Proteus 单片机仿真与程序调试 ···················· 232

实验四　单片机的中断及应用 ·························· 238

实验五　单片机定时器及应用 ·························· 242

实验六　单片机计数器及应用 ·························· 245

实验七　按键识别实验 ······························ 247

实验八　串行输入转并行输出 I/O 口实验 ···················· 249

实验九　并行输入转串行输出 I/O 口实验 ···················· 254

实验十　电子琴的设计 ······························ 257

实验十一　键盘与显示实验 ·························· 259

实验十二　16 × 16 LED 点阵显示实验 ···················· 264

实验十三　步进电机控制实验 ·························· 266

第 5 章　电力电子技术实验 ·································· 269

实验一　锯齿波同步移相触发电路研究 ···················· 269

实验二　单相桥式半控整流电路研究 ···················· 271

实验三　三相桥式全控整流及有源逆变电路研究 ·················· 274

实验四　单相交流调压电路研究 ·························· 277

实验五　直流斩波电路的性能研究 ························ 280

实验六　单相交直交变频电路性能研究 ···················· 283

实验七　半桥型开关稳压电源性能研究 ···················· 286

实验八　直流变压电路的设计 ·························· 289

第 6 章　电气控制技术实验 ·································· 292

实验一　常用低压控制电器认识与拆装训练 ·················· 292

实验二　三相异步电动机定子串电阻降压启动控制 ·················· 295

实验三　三相异步电动机 Y – △ 降压启动控制 ·················· 297

实验四　按时间原则控制的电动机反接制动 ·················· 300

实验五　按速度原则控制的电动机反接制动 ················ 302

实验六　工作台自动往复循环控制 ·················· 305

实验七　带变压器单向能耗制动控制 ················· 307

实验八　无变压器单向能耗制动控制 ················· 310

实验九　电动机顺序启、停控制 ··················· 312

实验十　电动葫芦控制 ······················ 315

实验十一　机床电气控制电路设计及安装调试 ············· 318

附录 A　常用电子元器件型号及主要参数 ··············· 320

附录 B　常用模拟集成电路和数字集成电路外引出端排列图 ········ 328

参考文献 ···························· 337

第 1 章

电路基础实验

实验一　常用元器件的识别及基本电子仪器的使用

一、实验目的

(1)学习使用万用表进行测量和元件的识别。

(2)熟悉各种常用仪器设备上主要开关、旋钮的作用及操作方法。

二、实验原理

实验室常用的电子仪器有：示波器、低频信号发生器、直流稳压电源、晶体管毫伏表、数字式(或指针式)万用表等，如图 1.1 所示；常用的元器件有电阻、电容、电感、二极管等。

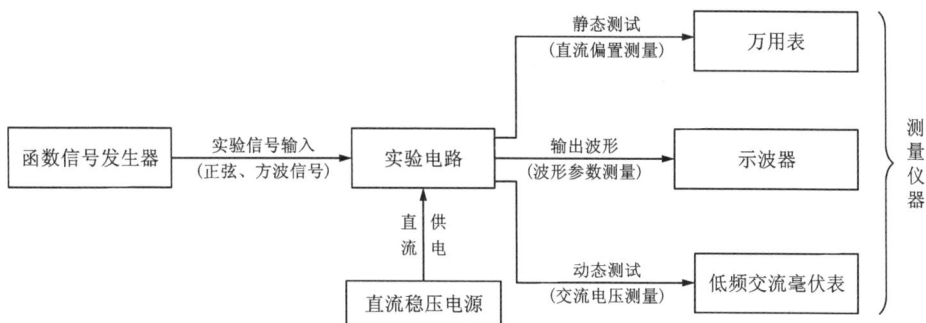

图 1.1　常用电子仪器

1. 元器件的标注方法

(1)电阻在电路图中用"R"加数字表示，其在电路中的主要作用为分流、限流、分压、偏置等。电阻的外形、符号如图 1.2 所示。其单位为欧姆(Ω)，其参数标注方法有 3 种：直标法、色标法和数标法，最为常用的是色环标注法。

①直标法。

直标法用文字符号和数字来标注大小、额定功率、允许误差等级等，其符号前面的数字表示整数阻值，后面的数字依次表示第一位小数阻值和第二位小数阻值，如 6R2J 为 6.2 Ω，允许误差为 ±5%；3K3K 为 3.3 kΩ，允许误差为 ±10%，文字符号表示的单位如表 1.1 所示。

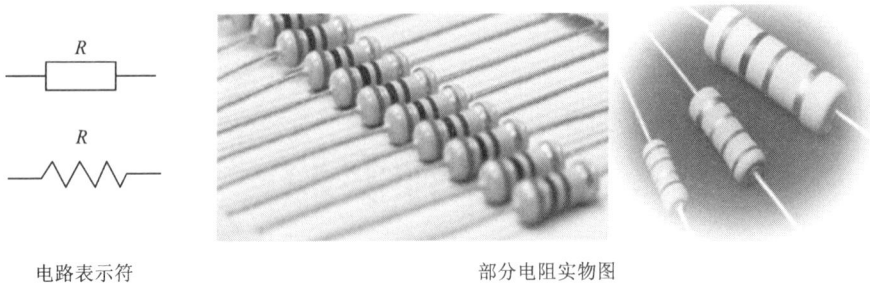

| 电路表示符 | 部分电阻实物图 |

图 1.2 电阻

表 1.1 文字符号表示单位

文字符号	R	K	M	G	T
表示单位	欧姆(Ω)	千欧姆($k\Omega$)	兆欧姆($M\Omega$)	千兆欧姆($kM\Omega$)	兆兆欧姆($MM\Omega$)

②色标法。

色标法是用电阻的色标位置及每种颜色分别对应标称阻值环位数字的标注方法，具体如下：

棕　红　橙　黄　绿　蓝　紫　灰　白　黑　金　　银

1　 2　 3　 4　 5　 6　 7　 8　 9　 0　0.1　0.01

色环精度环各色别对应误差分别为：

棕　　　红　　　绿　　　蓝　　　紫　　　金　　　银

±1%　 ±2%　 ±0.5%　 ±0.2%　 ±0.1%　 ±5%　 ±10%

色环标注法使用最多，如图 1.3 所示。

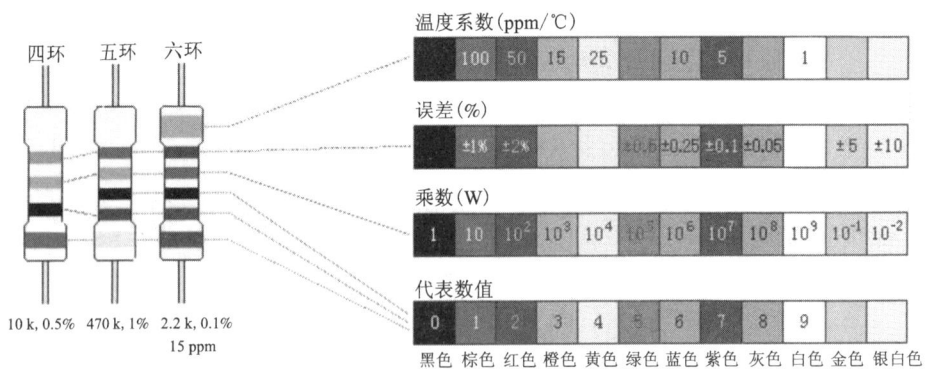

图 1.3 色环电阻标示

对于三环电阻而言，第一环、第二环分别为高位、低位的数字环，第三环为倍率环（10^n），误差 20%；对于四环电阻而言，第三环为倍率环（10^n）、第四环为误差环；对于五环电阻而言，第四环为倍率环（10^n），第五环为误差环，如图 1.4 所示电阻为 $270 \times 10^3 = 270$ kΩ，

其误差为 $\pm 5\%$。

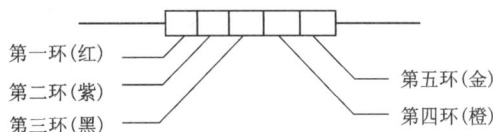

图 1.4　五环电阻

③数标法。

数标法是在电阻上用三位数值表示大小的标注方法，其数值从左到右第一、二位为有效值，第三个数值为指数，即零的个数，单位为欧姆，如图 1.5 所示电阻为 $10 \times 10^3 = 10\ \text{k}\Omega$。

（2）电容

是储存电荷的无源元件，在电路图中用"C"表示，单位是法拉（F）。它由两块金属电极之间夹一层绝缘电介质构成，其容量

图 1.5　电阻值

的大小即表示能贮存电能的大小。它在电路中的主要作用为隔直通交、耦合、滤波、充放电等。电容的外形、符号如图 1.6 所示。

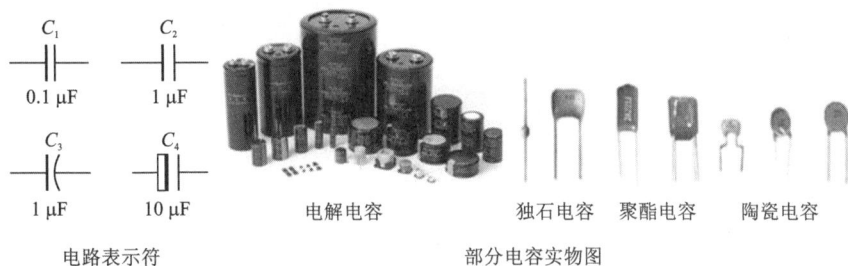

图 1.6　电容

电容按介质材料的不同分为电解电容、陶瓷电容和塑料电容三类，其中电解电容多为极性电容，是有正负之分的，其他电容则没有。其标注方法也分为直标法、色标法和数标法，其中对于体积比较大的电容，多采用直标法，如 5n 即为 5 nF，一些瓷片电容多在 1 F 以下，其标识方法为大于 1 的整数表示默认单位为皮法（pF），小于 1 的小数表示默认单位为微法（μF）。现国际上还有一种类似电阻的数标法，其默认单位为皮法（pF），如标为"103"即为 $10 \times 10^3\ \text{pF} = 0.01\ \text{F}$。

（3）电感是用导线在绝缘骨架上单层或多层缠绕制成，可将电能变为磁能并存储的元件，在电子系统和设备中必不可少，在电路图中用"L"表示，单位是亨利（H），主要起到通直隔交、通低频阻高频的作用。其常用于滤波、振荡、阻抗匹配、反馈、缓冲等电路中。电感的外形、符号如图 1.7 所示。

电感可以按封装形式、加工方式、外观及功能类型等进行分类，标注方法也分为直标法、色标法和数标法三种，其读取方法与电容、电阻相同，在色标法中与电阻的区别就是电阻上的色环不均匀并且外观体型比较小。

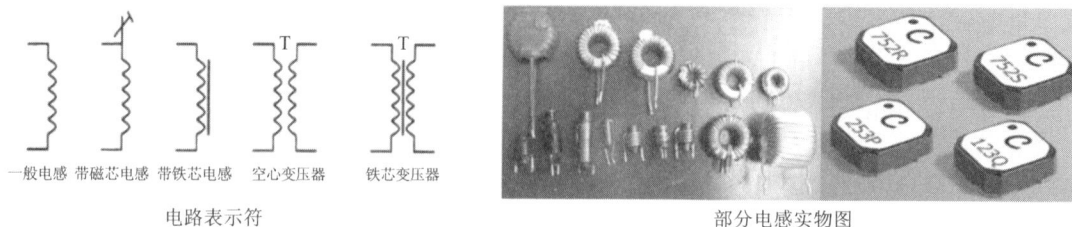

一般电感　带磁芯电感　带铁芯电感　空心变压器　铁芯变压器

电路表示符　　　　　　　　　　　　部分电感实物图

图 1.7　电感

(4)二极管是最常用的电子元件之一,电路中用"D"加数字表示,它最大的特性就是单向导电,即电流只可以从二极管的一个方向流过,常用于整流电路、检波电路、稳压电路及各种调制电路中。二极管的外形、符号如图 1.8 所示。小功率二极管的 N 极(阴极)大多在二极管外表用一种色圈标出来,也有些二极管采用二极管专用符号标志"P"(阳极)"N"(阴极)来确定二极管极性,二极管的大小可以用万用表测量得出。

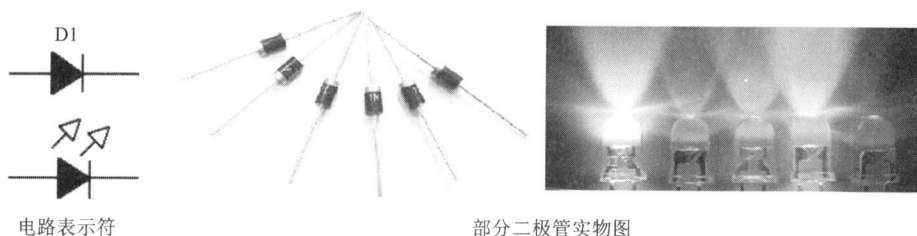

电路表示符　　　　　　　　　　　部分二极管实物图

图 1.8　二极管

2. 基本电子仪器

(1)万用表(图 1.9)是一种多功能、多量程的测量仪表,可测量电流、电压、电阻和音频电平等,有的还可以测量交流电流、电容量、电感量及半导体元件的一些参数(如 β)。万用表有数字式和指针式两种类型,其中最常用的是数字式万用表。

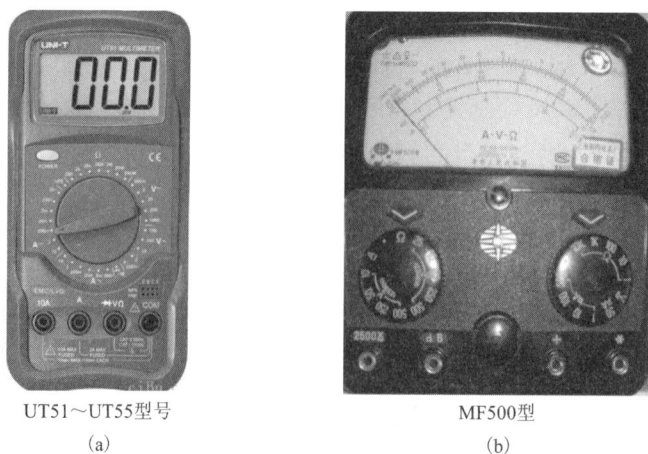

UT51～UT55型号　　　　　　　　　　MF500型

(a)　　　　　　　　　　　　　　　(b)

图 1.9　万用表

UT51～UT55 型数字式万用表的外形如图 1.9(a)所示。测量电阻及交直流电压时，其黑色表笔接 COM 孔，红色表笔接"→VΩHz"孔，其交流电压值为有效值；测量交直流电流时，红色表笔接"A""10 A"孔。如果无法预先估计被测电压或电流的大小，则应先拨至最高量程挡测量一次，再视情况逐渐把量程减小到合适位置。测量完毕，应将量程开关拨到最高电压挡，并关闭电源。

MF500 型指针式万用表的外形如图 1.9(b)所示，它主要由表头、测量电路及转换开关三个部分组成。

(2)示波器是一种用于科学实验和工业生产的多功能综合测试仪器，它不但能直接观测信号波形，而且还能测量信号的峰值、频率、相位，显示器件的伏安特性曲线等。如果示波器内部的锯齿波发生器工作，Y 通道加被测信号，此时示波器工作在 Y-t 方式，荧光屏显示被测波形。如果示波器内部锯齿波发生器不工作，在 X 通道和 Y 通道同时外加信号，此时示波器工作在 Y-X 方式，在电路实验中常用这种方式显示器件的伏安特性曲线。图 1.10(a)所示为 SS-7802A 型模拟示波器，图 1.10(b)所示为 GDS 系列数字示波器，通常数字示波器的操作较为简单。

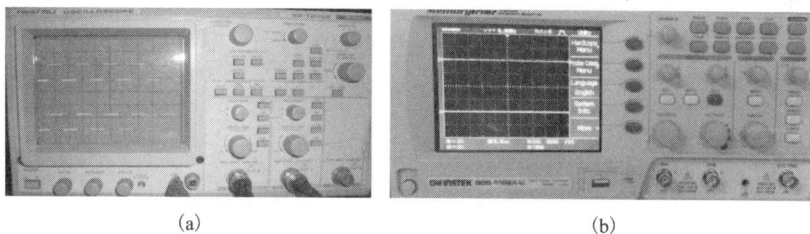

(a)　　　　　　　　　　　　　　(b)

图 1.10　示波器

(3)低频交流毫伏表用于测量电路的输入、输出信号电压的有效值，具有交流电压测量、电平测试、监视输出等三大功能。如图 1.11 所示的晶体管毫伏表的表头刻度盘上共有四条刻度，第一条刻度和第二条刻度为测量交流电压有效值的专用刻度，第三条和第四条为测量分贝值的刻度。挡位选择逢 1 就从第一条刻度读数，选择逢 3 便从第二条刻度读数，挡位数表示的是所测外电路的电压最大值。当用该仪表去测量外电路的电平时，就从第三、四条刻度读数，量程数加上指针指示值等于实际测量值。

使用交流毫伏表时，应先将通道输入端测试探头上的红、黑色鳄鱼夹短接，并将量程开关置于最高挡(100 V)，再按开关键。

(4)函数信号发生器为电路提供各种频率和幅度的输入信号，除了能够输出正弦波、矩形波尖脉冲、TTL 电平、单次脉冲等五种波形，还可以作频率计使用，测量外输入信号的频率，是一种多用途测量仪器。图 1.12 所示为 FJ-XD22PS 型函数信号发生器。使用前应将面板上各输出旋钮旋至最小，为了得到足够的频率稳定度，需预热后再使用。

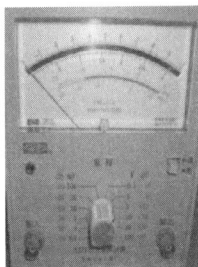

图 1.11　SX2173 型晶体管毫伏表

图 1.12　函数信号发生器

三、实验器材

实验需用设备与器材见表1.2。

表 1.2　实验需用设备与器材

序号	名称	型号与规格	数量	备注
1	双踪示波器	GDS－1102AU	1 台	
2	函数信号发生器		1 台	
3	交流毫伏表	SX2173	1 只	
4	可调直流稳压源	0～30 V	1 只	
5	万用表	MF 500	1 只	

四、实验内容及步骤

1. 万用表的使用练习

(1)用万用表测量或判别导线、电阻、电容、二极管,将所得数据填于表1.3 中。

表 1.3　数字式万用表常规电参数、元器件测量综合数据记录表

测试对象		元器件标称值或型号	数字万用表测量挡位	实测数据、结论或现象描述
导线				
电阻	直标法			
	色标法			
电容				
二极管				
三极管				

（2）用万用表直流电压挡(20 kΩ/V)测量图 1.13 所示电路各直流电压值，调节稳压源，使输出电源电压为 9 V。令 $R_1 = 5.1$ kΩ、$R_2 = R_3 = 10$ kΩ，分别用万用表 50 V、10 V 直流电压挡测量电压值，将所得数据填入表 1.4 中。

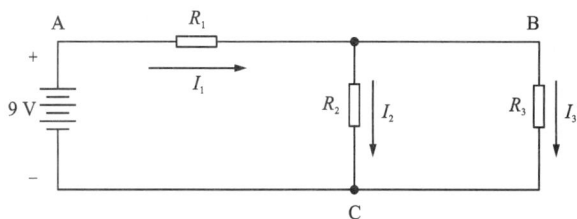

图 1.13　测电压、电流电路图

再令 $R_1 = 51$ kΩ，$R_2 = R_3 = 100$ kΩ，重复用万用表测量直流电压值，将结果填入表 1.4 中。

表 1.4　直流电压测量

电阻器	U_{AC}/V	U_{AB}/V	U_{BC}/V	量程挡位	备注
$R_1 = 5.1$ kΩ	9			50	每换一次量程，$U_{AC}(9$ V$)$ 必须重测，以保持在 9 V
$R_2 = R_3 = 10$ kΩ	9			10	
$R_1 = 51$ kΩ	9			50	
$R_2 = R_3 = 100$ kΩ	9			10	

2. 函数信号发生器与低频交流毫伏表的使用练习

（1）信号发生器输出频率的调节：波形选择"～"，则输出波形为正弦波，按下"频率选择"按钮，如"1 k"，则左边的频率指示表"kHz"上面红灯亮。如选择"1～100"按钮则"Hz"上的红灯亮，调节"频率粗调"电位器至 1 kHz 左右，再调节"频率细调"电位器使频率显示 1 kHz(末尾数跳动是正常现象)。

（2）信号发生器输出幅度的调节：信号发生器有一个"幅度调节"电位器，可以使信号幅度在一定范围内变化。要得到小信号，可以按"输出衰减"按钮，再调节"幅度调节"电位器，需要的值可用毫伏表测出。

（3）将信号发生器频率调到表 1.5 中要求的频率，由"波形输出"端输出至低频交流毫伏表(用 10 V 挡)，调节"幅度调节"电位器，使毫伏表指示为表盘中间。分别置输出衰减，重置毫伏表量程，读取数据记入表 1.5 中。

表 1.5　交流电压测量

信号发生器				交流毫伏表			指针式毫伏表要在通电前将指针机械调零。其通电后电气是否为零位?（　）
f/Hz	频率范围	波形	输出衰减	测量值	量程	指针式表刻度线	
50			0 dB	5 V			
160				5 V			
400				1 V			
1000				10 mV			
信号发生器地线与毫伏表的地线是否共接?（　）							

3.示波器的使用练习

(1)熟悉示波器面板上各主要开关、旋钮的作用。

使用前需进行检查与校准。先将面板各键置于如下位置："通道选择"开关置于 CH1（或 CH2），"极性"和"内触发"开关置于常态，"DC、⊥、AC"开关置于"AC"，"高频、常态、自动"开关置于"自动"位置，"V/div"开关置于"0.5 V/div"挡，"微调"置于"校准"位置，"t/div"开关置于"1 ms/div"，然后用同轴电缆将标准信号输出端与 CH1 通道的输入端相连接。开启电源，示波器应显示幅度为 1 V，周期为 1 mm 的方波，调节"辉度""聚焦"各旋钮，使屏幕上观察到的波形细而清晰，调节"亮度"旋钮于适中位置，调"上下""左右"位置旋钮，使波形位于屏幕的中间位置。

(2)用示波器测量稳压电源输出的直流电压 5 V，并将测试值填入表 1.6 中。

表 1.6　示波器测量直流电压

V/div	测试时光线位移的方向及跳动格数	直流电压值/V	电压表测量值/V

(3)将示波器与信号发生器及交流毫伏表连接，如图 1.14 所示。

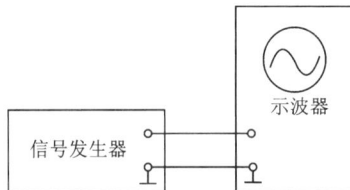

图 1.14　示波器与信号发生器的连接

(4)按表 1.7 给出的数据调整信号发生器，并将示波器的数据填入表 1.7 中。

表1.7 示波器测量交流信号

信号发生器频率（正弦）/Hz	毫伏表测量信号源输出	示波器												
		垂直轴向					水平轴向		触发			计算电压值		计算周期T及其频率f
		工作方式	输入通道	耦合方式	V/div（校准）	峰—峰距离格数	t/div（校准）	每周期的格数	触发源	耦合方式	探头衰减	峰—峰值计算	有效值计算	
50	5 V													
160	5 V													
400	1 V													
1000	10 mV													

注意：信号发生器地线、毫伏表、示波器探头地线共接在一起。

五、实验报告要求

(1)简要说明交流毫伏表、数字式万用表、示波器的基本功能,比较其功能差异,并分别阐述它们的适用范围。

(2)说明使用信号发生器、交流毫伏表、示波器时,为什么要共地连接?

(3)写出示波器测量电流、电压的测试步骤。

六、思考题

(1)说明使用示波器观察波形时,为达到下列要求,应调节哪些旋钮?

①波形清晰且亮度适中;

②波形在荧光屏中央,大小适中;

③波形稳定。

(2)函数信号发生器面板上的 0 dB、20 dB、40 dB、60 dB 在控制输出电压时如何合理运用? 当该仪器输出电压最大为 6 V(有效值)时,若需要输出电压为 100 mV,衰减应置于多少 dB 合适?

实验二 Multisim 虚拟仿真软件的简单使用

一、实验目的

(1)仿真软件 Multisim 9 入门。

(2)熟悉 Multisim 9 的基本操作、测量仪器的使用、元器件的查找、调用方法、原理图的画法及仿真过程注意事项等。

二、实验原理

Multisim 是美国国家仪器(NI)有限公司推出的以 Windows 为基础的仿真工具,适用于板级的模拟/数字电路板的设计工作。它包括电路原理图的图形输入方式和电路硬件描述语言输入方式,具有丰富的仿真分析能力。

1. Multisim 软件的特点

Multisim 交互式地搭建电路原理图,并对电路进行功能仿真。它主要有如下特点:

(1)直观的图形界面。

整个操作界面就像一个电子实验工作台,绘制电路所需的元器件和仿真所需的测试仪器均可直接拖放到屏幕上,轻点鼠标可用导线将它们连接起来,软件仪器的控制面板和操作方式都与实物相似,测量数据、波形和特性曲线同在真实仪器上看到的一样。

(2)丰富的元器件。

Multisim 提供了世界主流元件提供商的超过 17000 多种元件,同时能方便地对元件各种参数进行编辑修改,能利用模型生成器以及代码模式创建模型等功能创建自己的元器件。

(3)强大的仿真能力。

以 SPICE3F5 和 Xspice 的内核作为仿真的引擎,通过 Electronic Workbench 带有的增强设计功能对数字和混合模式的仿真性能进行优化。包括 SPICE 仿真、RF 仿真、MCU 仿真、VHDL 仿真、电路向导等功能。

(4)丰富的测试仪器。

其中有:万用表(multimeter)、函数信号发生器(function generator)、瓦特表(wattmeter)、示波器(oscilloscope)、字符发生器(word generator)、逻辑分析仪(logic analyzer)、逻辑转换仪(logic converter)、频率计数器(frequency counter)、伏安特性分析仪(IV analyzer)、伏特表(voltmeter)、安培表(ammeter)等多种虚拟仪器进行电路的测量。

(5)完备的分析手段。

Multisim 提供了许多电路分析功能:有直流工作点分析(DC operating point analysis)、交流分析(AC analysis)、瞬态分析(transient analysis)、傅里叶分析(Fourier analysis)、噪声分析(noise analysis)、失真度分析(distortion analysis)等十几种电路分析功能。

(6)独特的射频(RF)模块。

提供基本射频电路的设计、分析和仿真功能。

(7)强大的 MCU 模块。

支持 4 种类型的单片机芯片,支持对外部 RAM、外部 ROM、键盘和 LCD 等外围设备的仿真,分别对 4 种类型芯片提供汇编和编译支持。

(8)完善的后处理。

对分析结果进行的数学运算操作类型包括算术运算、三角运算、指数运算、对数运算、复合运算、向量运算和逻辑运算等。

(9)详细的报告。

能够呈现材料清单、元件详细报告、网络报表、原理图统计报告、多余门电路报告、模型数据报告、交叉报表等 7 种报告。

（10）兼容性好的信息转换功能。

提供了转换原理图和仿真数据到其他程序的方法，可以输出原理图到 PCB 布线（如 Ultiboard、OrCAD、PADS Layout2005、P－CAD 和 Protel 等），输出仿真结果到 MathCAD、Excel 或 LabVIEW，输出网络表文件等。

2. Multisim 9 使用简介

（1）主窗口界面。

启动 Multisim 9 后，将出现如图 1.15 所示的界面。界面由多个区域构成，包括菜单栏、工具栏、电路输入窗口、状态条、列表框等。通过对各部分的操作可以实现电路图的输入、编辑，并根据需要对电路进行相应的观测和分析。用户可以通过菜单或工具栏改变主窗口的视图内容。

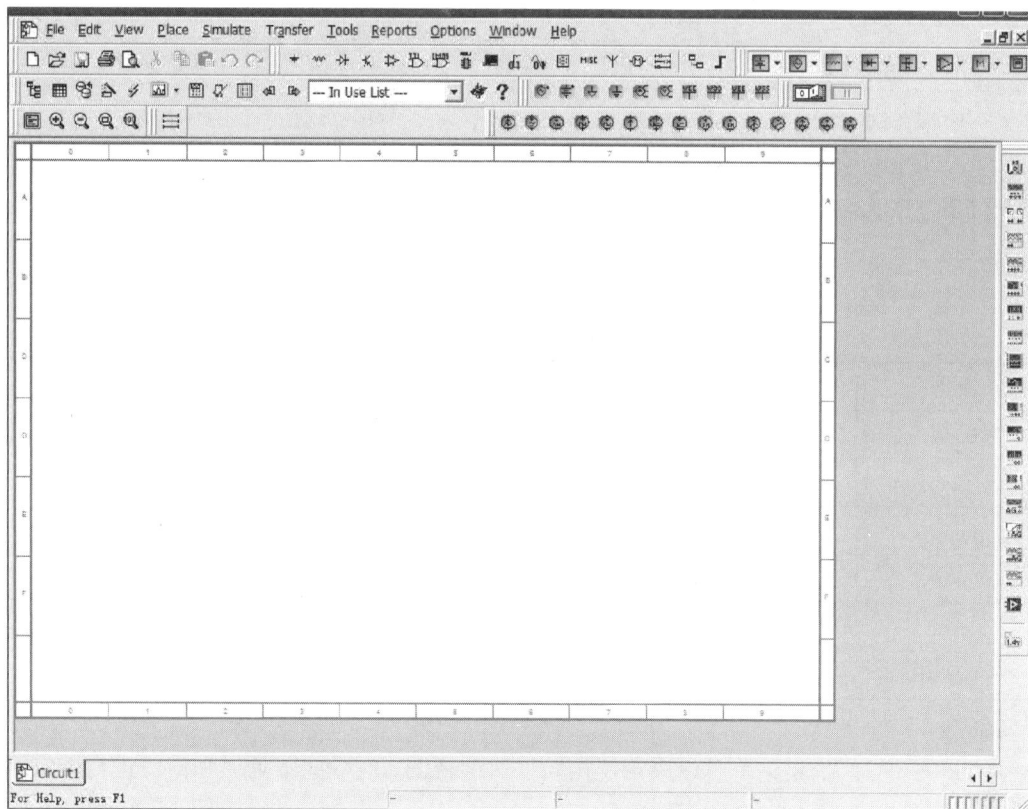

图 1.15　启动 Multisim 9 后的界面图

（2）菜单栏。

菜单栏位于界面的上方，通过菜单可以对 Multisim 9 的所有功能进行操作。Multisim 9 的菜单界面如图 1.16 所示。

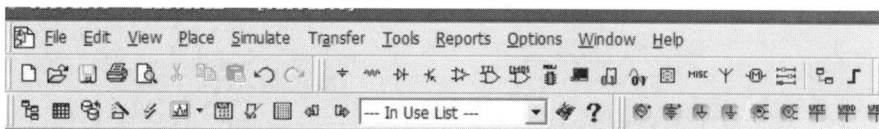

图 1.16　Multisim 9 的菜单界面图

①File：File 菜单中包含了对文件和项目的基本操作以及打印等命令，见表1.8。

表1.8　File 菜单基本操作命令

命令	功能	命令	功能
New	建立新文件	Close Project	关闭项目
Open	打开文件	Version Control	版本管理
Close	关闭当前文件	Print Circuit	打印电路
Save	保存当前文件	Print Report	打印报表
Save As	另存为	Print Instrument	打印仪表
New Project	建立新项目	Recent Files	最近编辑过的文件
Open Project	打开项目	Recent Project	最近编辑过的项目
Save Project	保存当前项目	Exit	退出 Multisim

②Edit：Edit 命令提供了类似图形编辑软件的基本编辑功能，用于对电路图进行编辑，见表1.9。

表1.9　Edit 菜单基本操作命令

命令	功能	命令	功能
Undo	撤销编辑	Flip Horizontal	将所选的元件左右翻转
Cut	剪切	Flip Vertical	将所选的元件上下翻转
Copy	复制	90 Clock Wise	将所选的元件顺时针90°旋转
Paste	粘贴	90 Counter Clock Wise	将所选的元件逆时针90°旋转
Delete	删除	Component Properties	元器件属性
Select All	全选		

③View：通过 View 菜单可以决定使用软件时的视图，对一些工具栏和窗口进行控制，见表1.10。

表1.10　View 菜单基本操作命令

命令	功能	命令	功能
Toolbars	显示工具栏	Show Grid	显示栅格
Component Bars	显示元器件栏	Show Page Bounds	显示页边界
Status Bars	显示状态栏	Show Title Block and Border	显示标题栏和图框
Show Simulation Error Log/Audit Trail	显示仿真错误记录信息窗口	Zoom In	放大显示

续表 1.10

命令	功能	命令	功能
Show XSpice Command Line Interface	显示 XSpice 命令窗口	Zoom Out	缩小显示
Show Grapher	显示波形窗口	Find	查找

④Place：通过 Place 命令输入电路图，见表 1.11。

表 1.11　Place 菜单基本操作命令

命令	功能	命令	功能
Place Component	放置元器件	Place Text	放置文字
Place Junction	放置连接点	Place Text Description Box	打开电路图描述窗口，编辑电路图描述文字
Place Bus	放置总线	Replace Component	重新选择元器件替代当前选中的元器件
Place Input/Output	放置输入/出接口	Place as Subcircuit	放置子电路
Place Hierarchical Block	放置层次模块	Replace by Subcircuit	重新选择子电路替代当前选中的子电路

⑤Simulate：通过 Simulate 菜单执行仿真分析命令，见表 1.12。

表 1.12　Simulate 菜单基本操作命令

命令	功能	命令	功能
Run	执行仿真	Analyses	选用各项分析功能
Pause	暂停仿真	Postprocess	启用后处理
Default Instrument Settings	设置仪表的预置值	VHDL Simulation	进行 VHDL 仿真
Digital Simulation Settings	设定数字仿真参数	Auto Fault Option	自动设置故障选项
Instruments	选用仪表（也可通过工具栏选择）	Global Component Tolerances	设置所有元器件的误差

⑥Transfer：Transfer 菜单提供的命令可以完成 Multisim 对其他 EDA 软件需要的文件格式的输出，见表 1.13。

⑦Tools：Tools 菜单主要是针对元器件的编辑与管理的命令，见表 1.14。

⑧Option：通过 Option 菜单可以对软件的运行环境进行定制和设置，见表 1.15。

⑨Help：Help 菜单提供了对 Multisim 的在线帮助和辅助说明，见表 1.16。

表 1.13　Transfer 菜单基本操作命令

命令	功能
Transfer to Ultiboard	将所设计的电路图转换为 Ultiboard(Multisim 中的电路板设计软件) 的文件格式
Transfer to other PCB Layout	将所设计的电路图转换为其他电路板设计软件所支持的文件格式
Backannotate From Ultiboard	将在 Ultiboard 中所作的修改标记到正在编辑的电路中
Export Simulation Results to MathCAD	将仿真结果输出到 MathCAD
Export Simulation Results to Excel	将仿真结果输出到 Excel
Export Netlist	输出电路网表文件

表 1.14　Tools 菜单基本操作命令

命令	功能
Create Components	新建元器件
Edit Components	编辑元器件
Copy Components	复制元器件
Delete Component	删除元器件
Database Management	启动元器件数据库管理器,进行数据库的编辑管理工作
Update Component	更新元器件

表 1.15　Option 菜单基本操作命令

命令	功能
Preference	设置操作环境
Modify Title Block	编辑标题栏
Simplified Version	设置简化版本
Global Restrictions	设定软件整体环境参数
Circuit Restrictions	设定编辑电路的环境参数

表 1.16　Help 菜单基本操作命令

命令	功能
Multisim Help	Multisim 的在线帮助
Multisim Reference	Multisim 的参考文献
Release Note	Multisim 的发行申明
About Multisim	Multisim 的版本说明

（3）元器件库与元器件。

Multisim 为用户提供了丰富的元器件，并以开放的形式管理元器件，使得用户能够自己添加所需要的元器件。元器件库提供数千种电路元器件供实验选用，同时也可以新建或扩充已有的元器件库。元器件界面图及部分常用元器件符号如图 1.17 所示。

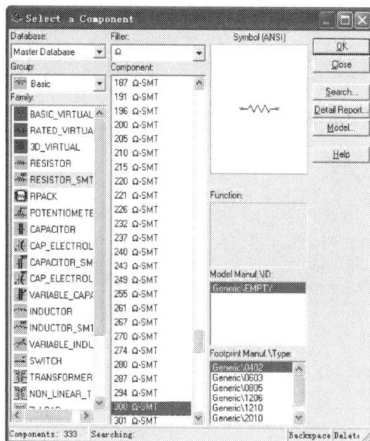

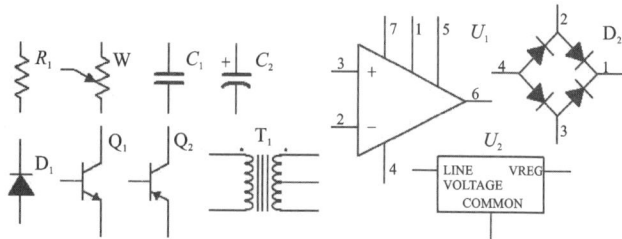

图 1.17　元器件界面图及部分常用元器件符号图

（4）虚拟仪器仪表。

Multisim 为用户提供了类型丰富的虚拟仪器，可以从 Design/RegInstruments 工具栏，或用菜单命令（Simulation/Instrument）选用这 11 种仪表，如图 1.18 所示。

图 1.18　虚拟仪器仪表选择菜单界面图

Multisim 用软件的方法虚拟电子与电工仪器和仪表，完成原理电路设计、测试的功能。常用的虚拟仪器表如图 1.19 ~ 图 1.22 所示。

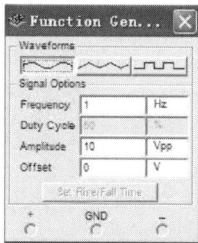

图 1.19　函数信号发生器

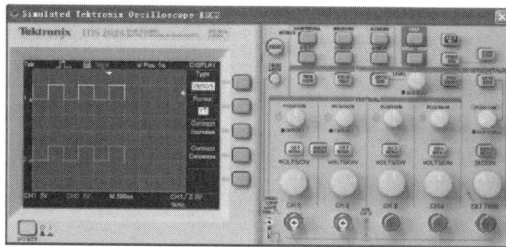

图 1.20　四通道 TEK 示波器 TDS2024（200 MHz）

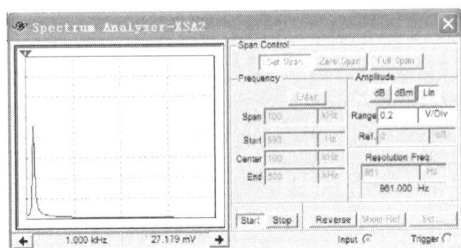

图 1.21　频谱分析仪

图 1.22　数字万用表(安捷伦公司)

三、实验器材

实验需用设备与器材见表1.17。

表 1.17　实验需用设备与器材

序号	名称	型号与规格	数量	备注
1	计算机		1 台	
2	Multisim 软件		1 组	

四、实验内容及步骤

用 Multisim 软件完成如图 1.23 所示电路的仿真实验电路图,并运行测量电阻 $R_1 \sim R_{12}$ 两端的电压及流过的电流,将所得结果填入表 1.18 中。

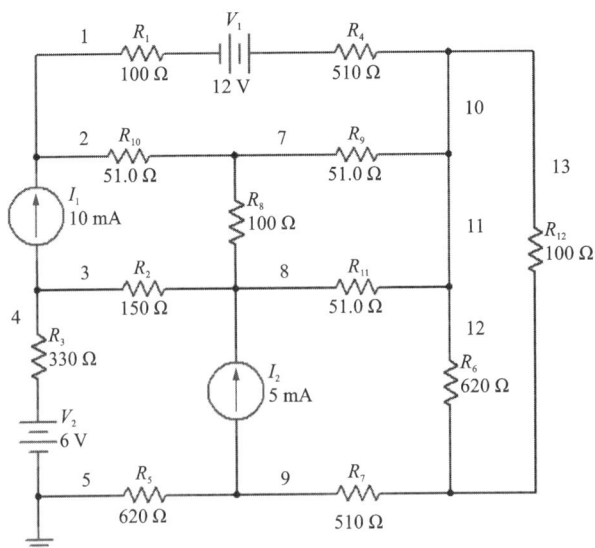

图 1.23　直流实验电路

五、实验报告要求

（1）测量电压时，要求电压表的"＋"接水平放置电阻的左边，"－"接电阻的右边，电压表的"＋"接竖直放置电阻的上边，"－"接电阻的下边，完成表 1.18 中要求的内容。

（2）测量水平放置电阻的电流时，要求电流表的"＋"朝左边，"－"朝右边；测量竖直放置电阻的电流时，要求电流表的"＋"在上边，"－"在下边，完成表 1.18 中要求的内容。

表 1.18　仿真实验数据

检测项目	R_1	R_2	R_3	R_4	R_5	R_6	R_7	R_8	R_9	R_{10}	R_{11}	R_{12}
U/V												
I/mA												

六、思考题

（1）解释图 1.24 所示的现象。

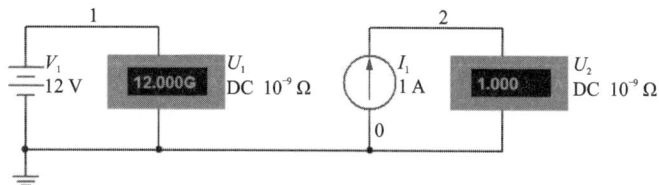

图 1.24　题（1）图

（2）体会"理论教学—计算机仿真—实验环节"和"把实验室装进 PC 机中""软件就是仪器"的现代实验、教学理念。

实验三　直流电路虚拟仿真分析

一、实验目的

（1）了解实验室的电源，熟悉万用表的使用。
（2）用实验方法验证基尔霍夫定律和叠加原理的正确性，加深对线性电路的特性认识。
（3）学会在电路中设置电压、电流的参考方向。
（4）学习运用 Multisim 9 软件进行虚拟仿真电路绘制及分析。

二、实验原理

1. 基尔霍夫定律

基尔霍夫定律是电路的基本定律。各种电路元件任意组合构成一个具体电路以后，各元件上的电流或电压之间的关系遵循着结构约束，而基尔霍夫定理就是这个约束关系。测量某电路的各支路电流及每个元件两端的电压，都应满足基尔霍夫电流定律（KCL）和电压定律（KVL）。

（1）电流定律（KCL）用来确定连接在同一点上的各支路电流间的关系。由于电流的连续性，电路中的任一点（包括节点在内）均不能堆积电荷。因此，任何时刻，流入某一节点的电流之和应该等于流出该节点的电流之和。或者说，任何时刻，任一节点上电流的代数和恒等于零，即 $\sum I = 0$ 或 $\sum i_{入} = \sum i_{出}$，其中，如果规定正方向向着节点的电流取正号，则背着节点的就取负号。

（2）电压定律（KVL）用来确定回路中各段电压间的关系。如果从回路中任意一点出发，以顺时针方向或逆时针方向沿回路绕行一周，则在这个方向上的电位升之和应该等于电位降之和，回到原来的出发点时，该点的电位是不会发生变化的。因此，任何时刻，沿任一回路绕行方向，回路中各段电压的代数和恒等于零，即 $\sum \dot{U} = 0$，如果按绕行方向电位升取正号，则电位降就取负号。

2. 叠加原理

在线性电阻电路中，任何一条支路中的电流（或支路电压），都可以看成是由电路中各个独立电源（电压源或电流源）单独作用时，在此支路中产生的电流（或电压）的代数和。叠加原理不适用于非线性网络，也不适用于线性网络的功率计算。在运用该定理进行叠加的过程中，应注意电流、电压的参考方向，求和时要注意电流和电压的正、负符号。实验电路如图1.25所示。

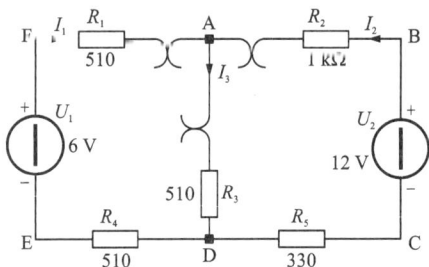

图1.25 实验电路图

三、实验器材

实验需用设备与器材见表1.19。

表1.19 实验需用设备与器材

序号	名称	型号与规格	数量	备注
1	直流数字式毫安表		1只	
2	可调直流稳压源	0～30 V	1只	
3	数字式万用表	UT51	1只	
4	色环电阻		若干只	
5	计算机		1台	

四、实验内容及步骤

（1）验证基尔霍夫定律。

①按图 1.25 连接好电路，先任意设定三条支路和三个闭合回路的电流正方向。图中 I_1、I_2、I_3 的方向已设定，三个闭合回路的电流正方向可设为 ADEFA、BADCB 和 FBCEF。

②将稳压电源调到 $U_{S_1}=6$ V，$U_{S_2}=12$ V，接入电路中，分别测量流过电阻 R_1、R_2、R_3 的电流 I_1、I_2、I_3，填入表 1.20 中，并验证电流定律。

③用万用表分别测量电阻 R_1、R_2、R_3 两端的电压 U_{R_1}、U_{R_2}、U_{R_3}，填入表 1.20 中，并分别取回路 I 及回路 II 来验证电压定律。

表 1.20　基尔霍夫定律的验证

被测项目	I_1/mA	I_2/mA	I_3/mA	U_1/V	U_2/V	U_{FA}/V	U_{AB}/V	U_{AD}/V	U_{CD}/V	U_{DE}/V
测量值										
计算值										
相对误差										

（2）验证叠加定理。

①按图 1.25 连接好电路，稳压电源保持 $U_{S_1}=6$ V 接入电路中，电源 U_{S_2} 短路，分别测量各支路电流 I_1、I_2、I_3 及电阻 R_1、R_2、R_3 两端的电压 U_{R_1}、U_{R_2}、U_{R_3}，填入表 1.21 中。

②同样把稳压电源保持 $U_{S_2}=12$ V 接入电路中，而使得电源 U_{S_1} 短路，分别测量电流 I_1、I_2、I_3 以及电压 U_{R_1}、U_{R_2}、U_{R_3}，填入表 1.21 中。

③将稳压电源 $U_{S_1}=6$ V，$U_{S_2}=12$ V 同时接入电路，分别测量 I_1、I_2、I_3 及 U_{R_1}、U_{R_2}、U_{R_3}，填入表 1.21 中。

注意：毫安表的极性不要接错，对电表所读的数据应根据选定的参考方向标以正、负号。

表 1.21　叠加定理的验证

工作状态	I_1	I_2	I_3	U_{R_1}	U_{R_2}	U_{R_3}
$U_{S_1}=6$ V 单独作用						
$U_{S_2}=12$ V 单独作用						
$U_{S_1}=6$ V，$U_{S_2}=12$ V 共同作用						
代数和（叠加）						
共同作用与叠加之间的误差						

（3）打开 Multisim 9 虚拟仿真软件，找出需要的元器件及设备，搭建如图 1.26 所示实验电路并运行，将其显示数据填入表 1.22 中。

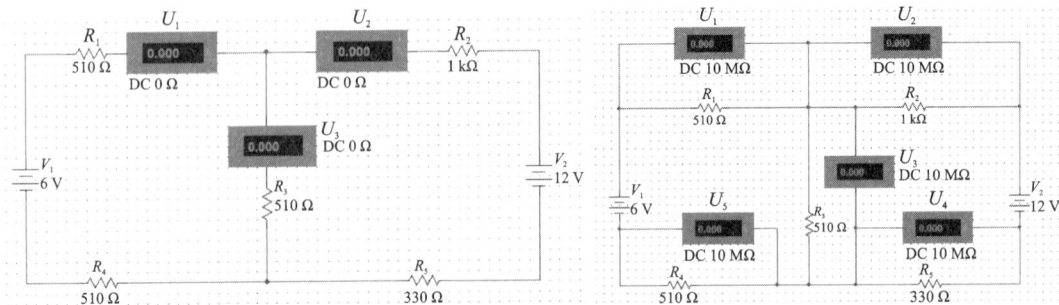

图 1.26　虚拟仿真电路图

表 1.22　基尔霍夫定律虚拟仿真实验数据

检测项目	I_1/mA	I_2/mA	I_3/mA	U_1/V	U_2/V	U_{FA}/V	U_{AB}/V	U_{AD}/V	U_{CD}/V	U_{DE}/V
测量值										
计算值										
相对误差										

五、实验报告要求

（1）根据表 1.20 的数据，选定节点 A，验证基尔霍夫电流定理，选定电路中任一闭合回路，验证基尔霍夫电压定理，并与虚拟仿真的数据对比，分析产生误差的原因。

（2）依据叠加定理的理论原理计算出实验电路图中各个元件的参数值，并与表 1.21 的数据对比来验证叠加定理的正确性，并分析产生误差的原因。

（3）若用实验电路图来验证电路互易原理，请写出实验步骤。

六、思考题

（1）当电压源按比例增加或者减少时，电路中各个测量结果会如何变化？

（2）若用指针式万用表直流毫安挡测量各支路电流，在什么情况下会出现指针反偏，应如何处理？若用数字表进行测量，会有什么显示呢？

（3）实验电路中，若将一个电阻器改为二极管，试问叠加原理是否还成立？为什么？

实验四　戴维南定理虚拟仿真分析

一、实验目的

（1）学习运用 Multisim 9 软件进行戴维南定理正确性的验证，加深对戴维南定理的理解。

（2）掌握负载获得最大传输功率的条件。

（3）了解电源输出功率与效率的关系。

二、实验原理

（1）任何一个线性含源网络，若仅研究其中一条支路的电压和电流，则可将电路的其余部分看作是一个有源二端网络（或称为含源一端口网络）。

戴维南定理指出：任何一个线性有源网络，总可以用一个电压源与一个电阻的串联来等效代替，此电压源的电动势 U_s 等于这个有源二端网络的开路电压 U_{oc}，其等效内阻 R_0 等于该网络中所有独立源均置零（理想电压源视为短接，理想电流源视为开路）时的等效电阻。$U_{oc}(U_s)$ 和 R_0 或者 $I_{sc}(I_s)$ 和 R_0 称为有源二端网络的等效参数。

（2）有源二端网络等效参数的测量。

①开路电压、短路电流法测 R_0。

在有源二端网络输出端开路时，用电压表直接测其输出端的开路电压 U_{oc}，然后再将其输出端短路，用电流表测量其短路电流 I_{sc}，则等效内阻为

$$R_0 = \frac{U_{oc}}{I_{sc}}$$

如果二端网络的内阻很小，将其输出端口短路易损坏其内部元件，因此不宜用此法。

②伏安法测 R_0。

用电压表、电流表测出有源二端网络的外特性曲线，如图 1.27 所示。根据外特性曲线求出斜率 $\tan\varphi$，则内阻

$$R_0 = \tan\varphi = \frac{U_{oc}}{I_{sc}}$$

③半电压法测 R_0。

如图 1.28 所示，当负载电压为被测网络开路电压的一半时，负载电阻（由电阻箱的读数确定）即为被测有源二端网络的等效内阻值。

④零示法测 U_{oc}。

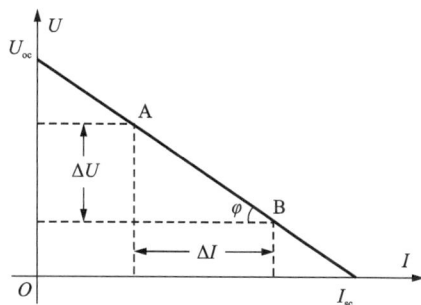

图 1.27　二端网络外特性曲线

在测量具有高内阻有源二端网络的开路电压时，用电压表直接测量会造成较大的误差。为了消除电压表内阻的影响，往往采用零示法测量，如图 1.29 所示。

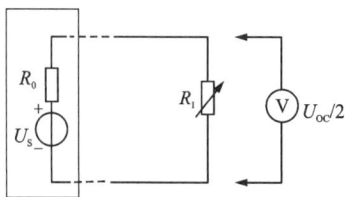

图 1.28　半电压法测 R_0

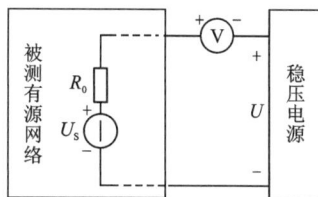

图 1.29　零示法测 U_{oc}

零示法测量是用一低内阻的稳压电源与被测有源二端网络进行比较，当稳压电源的输出电压与有源二端网络的开路电压相等时，电压表的读数将为"0"。然后将电路断开，测量此时稳压电源的输出电压，即为被测有源二端网络的开路电压。

（3）电源与负载功率的关系。

图 1.30 所示为由一个电源向负载输送电能的模型，R_0 可视为电源内阻和传输线路电阻的总和，R_P 为可变负载电阻。

负载 R_P 上消耗的功率 P 可由下式表示：

$$P = I^2 R_P = \left(\frac{U_s}{R_0 + R_P}\right)^2 R_P$$

当 $R_P = 0$ 或 $R_P = \infty$ 时，电源输送给负载的功率均为零。而以不同的 R_P 值代入上式可求得不同的 P 值，其中必有一个 R_P 值，使负载能从电源处获得最大功率。

图 1.30 电源向负载输送电能的模型

（4）负载获得最大功率的条件。

根据数学求最大值的方法，令负载功率表达式中的 R_P 为自变量，P 为因变量，并使 $\mathrm{d}P/\mathrm{d}R_P = 0$，即可求得最大功率传输的条件：

$$\frac{\mathrm{d}P}{\mathrm{d}R_P} = 0,\ 即\ \frac{\mathrm{d}P}{\mathrm{d}R_P} = \frac{\left[(R_0 + R_P)^2 - 2R_P(R_P + R_0)\right]U^2}{(R_0 + R_P)^4}$$

令 $(R_P + R_0)^2 - 2R_P(R_P + R_0) = 0$，解得 $R_P = R_0$。

当满足 $R_P = R_0$ 时，负载从电源获得的最大功率为：

$$P_{\max} = \left(\frac{U}{R_0 + R_L}\right)^2 R_L = \left(\frac{U}{2R_L}\right)^2 R_L = \frac{U^2}{4R_L}$$

这时，称此电路处于"匹配"工作状态。

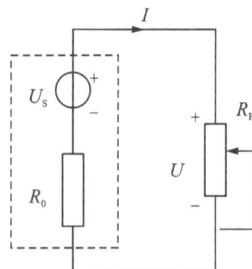

三、实验器材

实验需用设备与器材见表 1.23。

表 1.23　实验需用设备与器材

序号	名称	型号与规格	数量	备注
1	可调直流稳压电源	0～30 V	1 只	
2	可调直流恒流源	0～500 mA	1 只	
3	直流数字式电压表	0～200 V	1 只	
4	直流数字式毫安表	0～200 mA	1 只	
5	可调电阻箱		1 只	
6	数字式万用表	UT51	1 只	
7	可调电位器	1 K/2 W	1 只	
8	计算机		1 台	

四、实验内容及步骤

打开 Multisim 9 虚拟仿真软件，找出需要的元器件及设备搭建所需实验电路测量，并与实物电路测量值对比。

1. 戴维南定理的验证

被测有源二端网络如图 1.31(a) 所示。

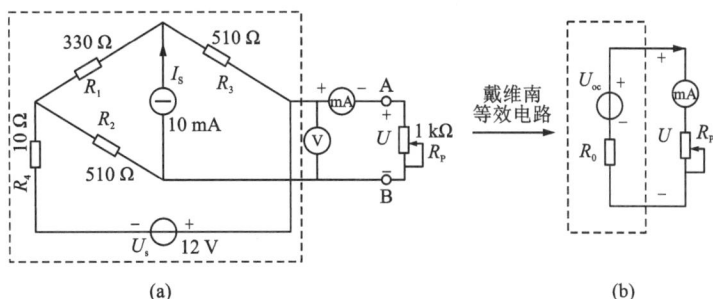

图 1.31　有源二端网络及戴维南等效电路

(1)按图 1.31(a)不接入 R_P 直接测量等效内阻 R_0，即电流源断路、电压源短路，其虚拟仿真电路如图 1.32 所示，将测得的电阻值填入表 1.24 中。

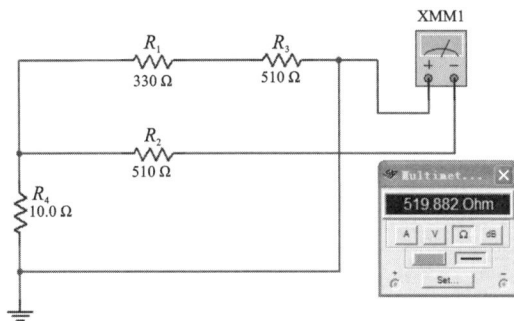

图 1.32　测量 R_0

(2)用开路电压、短路电流法测定戴维南等效电路的 U_{oc}、R_0。

按图 1.31(a)接入稳压电源 $U_s = 12$ V 和电流源 $I_s = 10$ mA，不接入 R_P，仿真电路如图 1.33、图 1.34 所示，测出 I_{sc} 和 U_{oc} 并计算出 R_0。将所得数据填入表 1.24(测 U_{oc} 时，不接入电流源)中。

表 1.24　测量开路电压、等效电阻

	U_{oc}/V	I_{sc}/mA	R_0		
仿真测量			U_{oc}/I_{sc} 计算		直接测量法	
实物测量			U_{oc}/I_{sc} 计算		直接测量法	

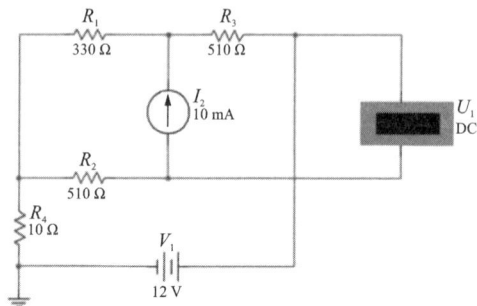

图 1.33 测 I_{sc}

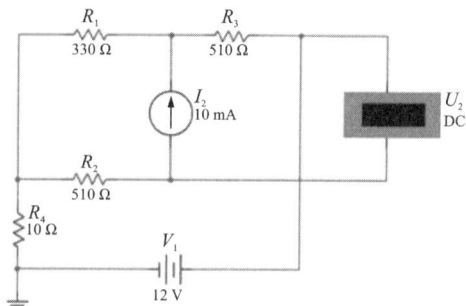

图 1.34 测 U_{oc}

（3）负载实验。

按图 1.31（a）接入 R_L，改变 R_L 阻值，测量有源二端网络的外特性曲线，仿真电路如图 1.35 所示，将所得数据填入表 1.25 中。

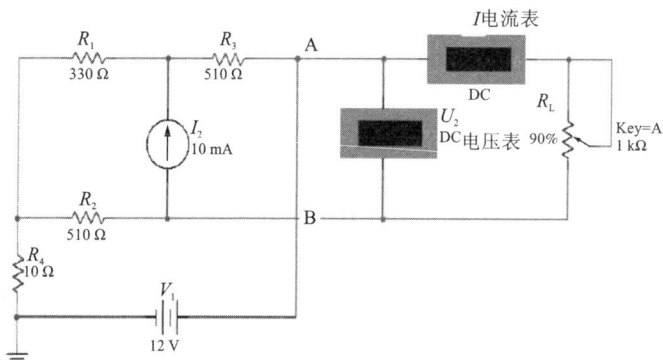

图 1.35 有源二端网络电路

表 1.25 有源二端网络的外特性曲线

	R_L/Ω	100	300	400	500	600	700	800	900
仿真测量	U/V								
	I/mA								
实物测量	U/V								
	I/mA								

（4）验证戴维南定理。

将电阻箱调到步骤（1）所得的等效电阻 R_0，然后将其与直流稳压电源［调到步骤（1）时所测得的开路电压 U_{oc} 之值］相串联，如图 1.31（b）所示，仿照步骤（2）测量其外特性，对戴维南定理进行验证，仿真电路如图 1.36 所示，将所得数据填入表 1.26 中。

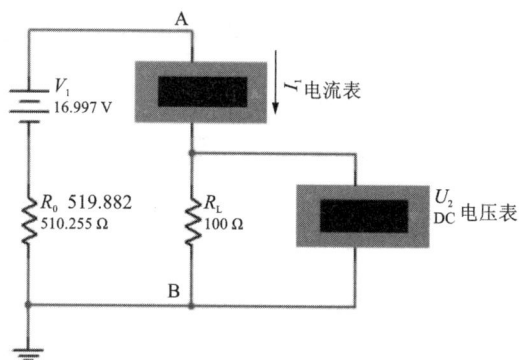

图 1.36　等效电路

表 1.26　戴维南定理的验证

	R_L/Ω	100	300	400	500	600	700	800	900
仿真测量	U/V								
	I/mA								
实物测量	U/V								
	I/mA								

2. 最大功率传输条件测定

（1）按图 1.31（b）接线，负载为 R_P。

（2）按表 1.27 所列内容，令 R_P 在 $0 \sim 1 \text{ k}\Omega$ 内变化，分别测出 U_0、U_P 及 I 的值。表中 U_0、P_0 分别为稳压电源的输出电压和功率，U_P、P_P 分别为 R_P 两端的电压和功率，I 为电路的电流。在 P_L 最大值附近应多测几点。

表 1.27　最大功率传输条件测定

	R_P				51 Ω				1 kΩ	∞
$U_S = 6$ V $R_0 = 51 \Omega$	U_0									
	U_P									
	I									
	P_0									
	P_P									

续表 1.27

					200 Ω			1 kΩ	∞
	R_P								
$U_S = 12\ \text{V}$ $R_0 = 200\ \Omega$	U_O								
	U_P								
	I								
	P_O								
	P_P								

3. 注意事项

(1)实物测量时应注意电流表量程的转换。

(2)用万用表直接测量 R_0 时,网络内的独立源必须先置零,以免损坏万用表。

(3)用零示法测量 U_{oc} 时,应先将稳压电源的输出调至接近于 U_{oc},再按图 1.29 测量。

(4)改接线路时,要先关掉电源。

五、实验报告要求

(1)用实验数据总结戴维南定理,并分别画出有源单口网络和其等效电路的伏安特性曲线($I - R_P$,$U_O - R_P$,$U_P - R_P$,$P_O - R_P$,$P - R_P$),并证明该定理的正确性。

(2)画出有源一端口网络的功率输出曲线(即 $P - R$ 曲线),说明最大输出功率的传递条件。

(3)计算等效电路测量的参数误差百分比,并分析产生误差的原因。

(4)写出用实验电路验证诺顿定理的步骤及数据。

六、思考题

(1)在求戴维南等效电路时要做短路试验,测量 I_{sc} 的条件是什么?本实验可否直接作负载短路实验?

(2)电力系统进行电能传输时为什么不能工作在匹配工作状态?

(3)实际应用中,电源的内阻是否随负载而变?电源电压的变化对最大功率传输的条件有无影响?

实验五　受控源特性研究

一、实验目的

(1)熟悉四种受控源的基本特性。

(2)通过测试受控源的外特性及掌握受控源转移参数的测试方法,加深理解受控源的物理概念。

(3)了解受控源在电路中的应用。

二、实验原理

　　电源可分为独立电源(如干电池，发电机等)与非独立电源(或称受控源)两种，受控源在网络分析中已成为一个与电阻、电感、电容等无源元件同样经常遇到的电路元件。

　　(1)受控源与独立电源是不同的。独立电源的电动势 E_S 或电流 I_S 是某一固定数值或是某一时间函数，不随电路其余部分状态的改变而改变。独立电源作为电路的输入，代表了外界对电路的作用。受控电源的电动势或电流则随网络中另一支路的电流或电压而改变。

　　受控源又与无源元件不同，无源元件的电压和它自身的电流有一定的函数关系，而受控源的电压或电流则与另一支路(或元件)的电流或电压有某种函数关系。

　　(2)独立电源与无源元件是二端器件，而受控源是死端器件或称双口元件。受控源有一对输入端(U_1、I_1)和一对输出端(U_2、I_2)。输入端可以控制输出端电压或电流的大小，而施加于输入端的控制量可以是电压或者是电流，因此就有两种受控电压源和两种受控电流源，即电压控制电压源 VCVS、电流控制电压源 CCVS、电压控制电流源 VCCS 及电流控制电流源CCCS。

　　(3)当受控源的电压(或电流)与控制元件的电压(或电流)成正比变化时，该受控源是线性的。理想受控源的控制支路中只有一个独立变量(电压或电流)，另一个独立变量等于零。即从输入口看，理想受控源或者是短路(即输入电阻 $R_1=0$，因而 $U_1=0$)，就是说控制支路只有一个独立变量电流 I_1 作用，另一个独立变量 $U_1=0$；或者是开路(即输入电导 $G_1=0$)，因而输入电流 $I_1=0$，只有输入电压 U_1 单独作用。从出口看，理想受控源或者是一理想电压源，或者是一理想电流源，如图 1.37 所示。

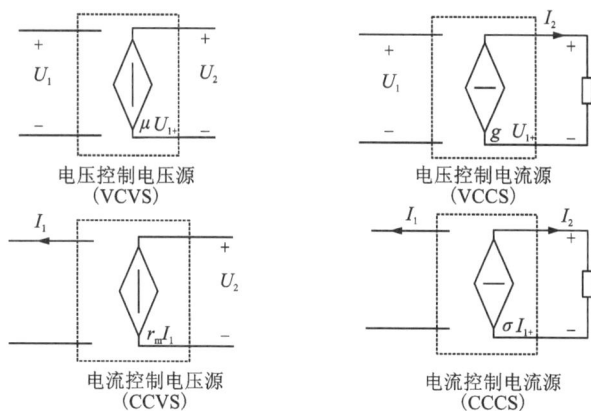

图 1.37　受控电源

　　(4)受控源的控制端与受控端的关系式称转移函数，四种受控源的转移函数参量分别用 α、G_m、μ、r_m 表示，它们的定义如下：

$$\text{CCCS：} \alpha = \dot{I}_2/\dot{I}_1 \qquad \text{转移电流比(或电流增益)}$$

$$\text{VCCS：} G_m = \dot{I}_2/U_1 \qquad \text{转移电导}$$

$$\text{VCVS：} \mu = U_2/U_1 \qquad \text{转移电压比(或电压增益)}$$

$$\text{CCVS:} \quad r_m = U_2/I_1 \qquad \text{转移电阻}$$

三、实验器材

实验需用设备与器材见表1.28。

表1.28　实验需用设备与器材

序号	名称	型号与规格	数量	备注
1	可调直流稳压电源	0~30 V	1只	
2	可调直流恒流源	0~500 mA	1只	
3	直流数字电压表	0~200 V	1只	
4	直流数字毫安表	0~200 mA	1只	
5	可调电阻箱		1只	
6	万用表	MF500	1只	

四、实验内容及步骤

1. VCCS 的伏安特性及转移电导的测试

（1）按图1.38接线，图中 R_L 为可变电阻，$R_1 = 1\ \text{k}\Omega$。

（2）调节稳压电源，使 $U_1 = +2.5\ \text{V}$ 或 $U_1 = -2.5\ \text{V}$。

（3）调节可变电阻 R_L，对不同的 R_L，用直流电压表、电流表测量出 U_1、I_1、U_2、I_2，所测数据记入表1.29中，并绘制 VCCS 的外特性曲线 $I_2 = f(U_2)$。为使 VCCS 正常工作，应使 U_1（或 U_2）在 ±2.5 V 以内，$I_1(I_2)$ 在 ±2.5 mA 以内，$R_L < 1\ \text{k}\Omega$。

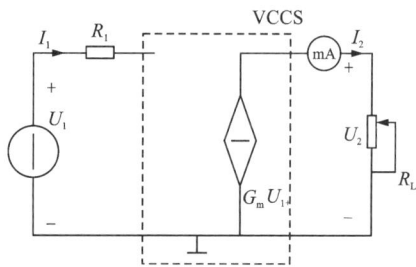

图1.38　电压控制电流源测试电路图

表1.29　VCCS 伏安特性

$U = \quad$ V $\quad U_1 = \quad$ V $\quad I_1 = \quad$ mA

R_L/Ω	1k	900	800	700	600	500	400	300	200	100
U_2/V										
I_2/A										

（4）选定 $R_L = 1\ \text{k}\Omega$，改变稳压电源输出电压为正负不同数值，分别测量 U_1、I_1、U_2、I_2，所测数据记入表1.30中，计算转移电导，并绘制 VCCS 的输入伏安特性曲线 $U_1 = f(I_1)$ 及转

移特性曲线 $I_2 = f(U_1)$。

转移电导平均值：

$$G_{\mathrm{m}} = \sum_{n=1}^{n} g_{\mathrm{mn}}/n$$

表 1.30　VCCS 的输入伏安特性曲线 $U_1 = f(I_1)$ 和转移特性曲线 $I_2 = f(U_1)$ 测试

U/V	U_1/V	U_2/V	I_2/mA	$G_{\mathrm{m}} = I_2/U_1(1/\Omega)$	R_1/Ω
2.5					
2					
1					
−1					
−2					
−2.5					

2. VCVS 的伏安特性及电压增益系数 μ 的测试

（1）按图 1.39 接好实验电路，调节稳压电源输出电压，使 $U_1 = +2.5\ \mathrm{V}$ 或 $U_1 = -2.5\ \mathrm{V}$，R_L 在 $1\ \mathrm{k}\Omega \sim \infty$ 内改变，测量出 U_1，I_1，U_2，I_2。数据记入表 1.31 中，并绘制 VCVS 的伏安特性曲线 $U_2 = f(I_2)$。

（2）$R_\mathrm{L} = 1\ \mathrm{k}\Omega$，改变稳压电源输出电压 U，取正负不同数值，分别测量 U_1，I_1，U_2，I_2，所测数据记入表 1.32 中，计算电压增益系数 μ，并绘制输入伏安特性曲线 $U_1 = f(I_1)$ 及转移特性曲线 $U_2 = f(U_1)$。

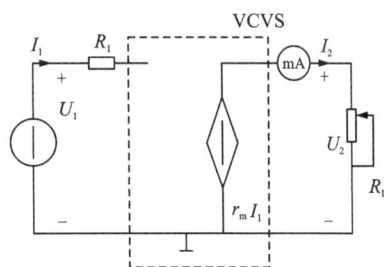

图 1.39　电压控制电压源测试电路

表 1.31　VCVS 的外部特性曲线测试

$U = $ 　　V　$U_1 = $ 　　V　$I_1 = $ 　　mA

R_L/Ω	1k	2k	3k	4k	5k	6k	7k	8k	9k	10k	∞
U_2/V											
I_2/A											

表 1.32　VCVS 的输入伏安特性曲线 $U_1 = f(I_1)$ 和转移特性曲线 $U_2 = f(U_1)$ 测试

U/V	U_1/V	I_1/mA	U_2/V	I_2/mA	$\mu = U_2/U_1$	$\mu' = -G_{\mathrm{m}}r_{\mathrm{m}}$
2.5						
2						
1						

续表 1.32

U/V	U_1/V	I_1/mA	U_2/V	I_2/mA	$\mu = U_2/U_1$	$\mu' = -G_m r_m$
-1						
-2						
-2.5						

3. 实验注意事项

（1）每次组装线路，必须先断开供电电源，但不必关闭电源开关。

（2）用恒流源供电的实验中，不要使恒流源的负载开路。

五、实验报告要求

（1）根据实验报告，绘出四种受控源的转移特性和负载特性曲线，并求出相应的转移函数参量。

（2）若用实验中的仪器和电路，如何测试 CCVS 及 CCCS 的特性？写出步骤及数据。

六、思考题

（1）若受控源控制量的极性相反，其输出极性是否有变化？

（2）受控源的控制特性是否适合于交流信号？

（3）怎样由基本的 CCVS 和 VCCS 获得 CCCS 和 VCVS，其输入输出如何连接？

实验六　一阶电路时域响应虚拟仿真分析

一、实验目的

（1）学习用示波器观察和分析电路响应，运用 Multisim 9 软件进行虚拟仿真分析。

（2）研究 RC 电路在零输入和方波脉冲激励情况下，响应的基本规律和特点。

（3）学习电路时间常数的测量方法。

（4）掌握有关微分电路和积分电路的概念。

二、实验原理

（1）含有 L、C 储能元件的电路，其响应可由微分方程求解，凡是可用一阶微分方程描述的电路，称为一阶电路，一阶电路通常由一个储能元件和若干个电阻元件组成。

（2）储能元件初始值为零的电路对激励的响应称为零状态响应。图 1.40 所示电路中，合上开关 K，直流电源经 R 向 C 充电，由方程：

$$U_c + RC\frac{dU_c}{dt} = U_s \qquad\qquad t \geq 0$$

的初始值 $U_c(0^-) = 0$，可得零状态响应为：

$$U_c(t) = U_s(1 - e^{-t/\tau}) \qquad\qquad t \geqslant 0$$

$$I_c(t) = \frac{U_s}{R} e^{-t/\tau} \qquad\qquad t \geqslant 0$$

式中：$\tau = RC$，称为时间常数，它是反映电路过渡过程快慢的物理量，τ 越大，过渡过程的时间越长，反之 τ 越小，过渡过程的时间越短。

①电路在无激励情况下，由储能元件的初始状态引起的响应称为零输入响应。图 1.41 电路在 $t = 0$ 时断开 K。电容 C 的初始电压 $U_c(0^-)$ 经 R 放电，由方程：

$$U_c + RC \frac{\mathrm{d}U_c}{\mathrm{d}t} = 0 \qquad\qquad t \geqslant 0$$

的初始值 $U_c(0^-) = U_0$，可得零状态响应为

$$U_c(t) = U_c(0^-) e^{-t/\tau} \qquad\qquad t \geqslant 0$$

$$I_c(t) = \frac{U_c(0^-)}{R} e^{-t/\tau} \qquad\qquad t \geqslant 0$$

图 1.40　零状态一阶电路　　　　　　　　　　图 1.41　零输入一阶电路

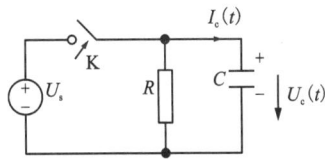

②电路在输入激励和初始状态共同作用下引起的响应称为全响应，如图 1.40 所示的电路中，电容有初始储能，初始值为 $U_c(0^-)$，当 $t = 0$ 时合上 K，可得：

$$U_c(t) = U_s(1 - e^{-t/\tau}) + U_c(0^-) e^{-t/\tau} \qquad t \geqslant 0$$

零状态分量 + 零输入分量

$$= \left[U_c(0^-) - U_s \right] e^{-t/\tau} + U_s \qquad t \geqslant 0$$

自由分量　+　强制分量

$$I_c(t) = \frac{U_s}{R} e^{-t/\tau} - \frac{U_c(0^-)}{R} e^{-t/\tau} \qquad t \geqslant 0$$

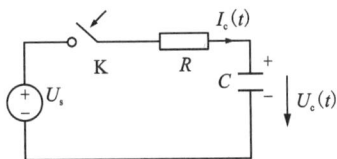

零状态分量 - 零输入分量

$$= \frac{U_s - U_c(0^-)}{R} e^{-t/\tau} \qquad t \geqslant 0$$

自由分量

③动态网络的过渡过程是十分短暂的单次变化过程，要用普通示波器观察过渡过程和测量有关的参数，就必须使这种单次变化的过程重复出现。为此，可利用信号发生器输出的方波来模拟阶跃激励信号，即将方波输出的上升沿作为零状态响应的正阶跃激励信号，将方波的下降沿作为零输入响应的负阶跃激励信号，相当于电容具有初始值 $U_c(0^-)$ 时把电源和短路置换，如图 1.42 所示，只要使方波的重复周期远大于电路的时间常数 τ，那么电路在这样的方波序列脉冲信号的激励下，它的响应就和直流电接通与断开的过渡过程是基本相同的。

RC 电路充放电时间常数 τ 可以从响应波形中估算出来。根据一阶微分方程的求解得知 $u_c = U_m e^{-t/RC} = U_m e^{-t/\tau}$，当 $t = \tau$ 时，$U_c(\tau) = 0.368U_m$，此时所对应的时间就等于 τ，用零状态响应波形增加到 $0.632U_m$ 所对应的时间测得设定时间坐标单位 t，如图 1.43（a）所示，幅值上升到终值的 63.2% 所对应的时间即为一个 τ，对于放电曲线如图 1.43（b）所示，幅值下降到初值的 36.8% 所对应的时间即为一个 τ。

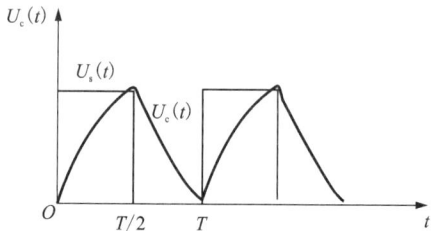

图 1.42　一阶电路的响应曲线

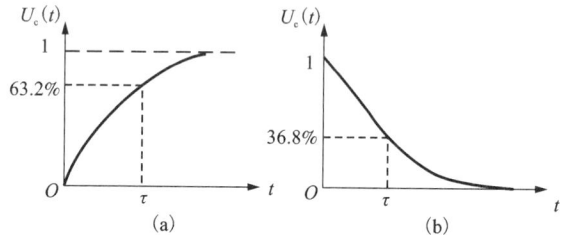

图 1.43　RC 充放电曲线

（3）微分电路和积分电路是 RC 一阶电路中较典型的电路，它对电路元件参数和输入信号的周期有特定要求。一个简单的 RC 串联电路，在方波序列脉冲的重复激励下，当满足 $\tau = RC \ll \dfrac{T}{2}$（$T$ 为方波脉冲的重复周期），且由 R 两端的电压作为响应输出，该电路就是一个微分电路。因为此时电路的输出信号电压与输入信号电压的微分成正比，如图 1.44（a）所示，所以利用微分电路可将方波变成尖脉冲。

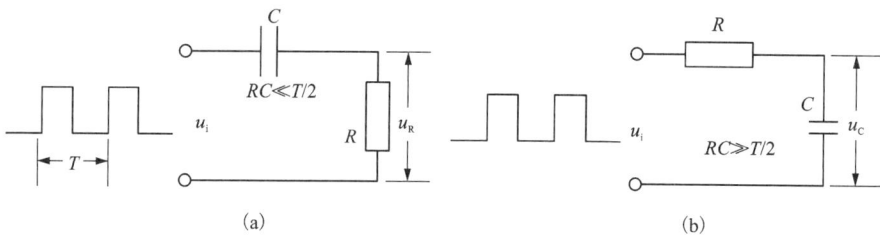

图 1.44　微分电路与积分电路

若将图 1.44（a）中的 R 与 C 位置调换一下，如图 1.44（b）所示，用 C 两端电压作为响应输出，且当电路参数满足 $\tau = RC \gg \dfrac{T}{2}$，则该 RC 电路称为积分电路。因为此时电路的输出信号电压与输入信号电压的积分成正比，所以利用积分电路可以将方波转变成三角波。

从输入、输出波形看，上述两个电路均起着波形变换的作用，请在实验过程中仔细观察与记录。

三、实验器材

实验需用的设备与器材如表 1.33 所示。

表 1.33　实验需用设备与器材

序号	名称	型号与规格	数量	备注
1	可调直流稳压电源	0~30 V	1 只	
2	可调直流恒流源	0~500 mA	1 只	
3	函数发生器		1 台	
4	示波器		1 台	
5	电阻		若干只	
6	电容		若干只	
7	计算机		1 台	

四、实验内容及步骤

（1）实验实物所用器件（组件）如图 1.45 所示，请认清 R、C 元件的布局及标称值、各开关的通断位置，输入信号 $u_i = 3V(pp)$、$f = 1\ kHz$ 的方波电压信号，根据表 1.34、表 1.35 要求选择元器件，分别连接出积分及微分电路，并用示波器观察及绘画出图形。

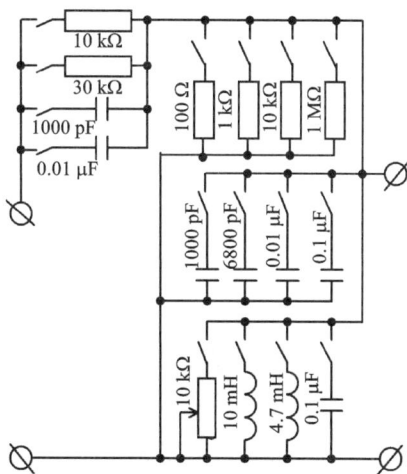

图 1.45　动态电路、选频电路实验板

表 1.34 RC 积分电路的方波信号响应

电路参数条件			波形	波形说明
方波 $U_i = 3\,V(pp)$ $f = 1\,kHz$				
$R_1 = 10\,kN$ $C_1 = 6800\,pF$	$\tau/\mu s$			
	计算值	测量值		
$R_1 = 10\,k\Omega$ $C_1 = 0.1\,\mu F$	$\tau/\mu s$			
	计算值			

表 1.35 RC 微分电路电路的方波信号响应

电路参数条件		波形	波形说明
方波 $U_i = 3\,V(pp)$ $f = 1\,kHz$			
$R_1 = 100\,\Omega$ $C_1 = 0.01\,\mu F$	$\tau(\mu s)$ 计算值		
	$U_0 =$		
$R_1 = 10\,k\Omega$ $C_1 = 0.01\,\mu F$	$\tau(\mu s)$ 计算值		
	$U_0 =$		
$R_1 = 1\,M\Omega$ $C_1 = 0.01\,\mu F$	$\tau(\mu s)$ 计算值		
	$U_0 =$		

（2）运用 Multisim 9 软件进行仿真实验，如图 1.46 所示。

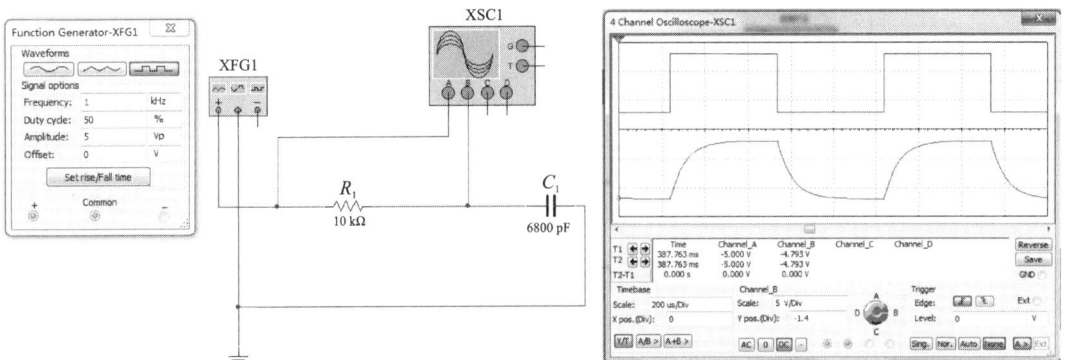

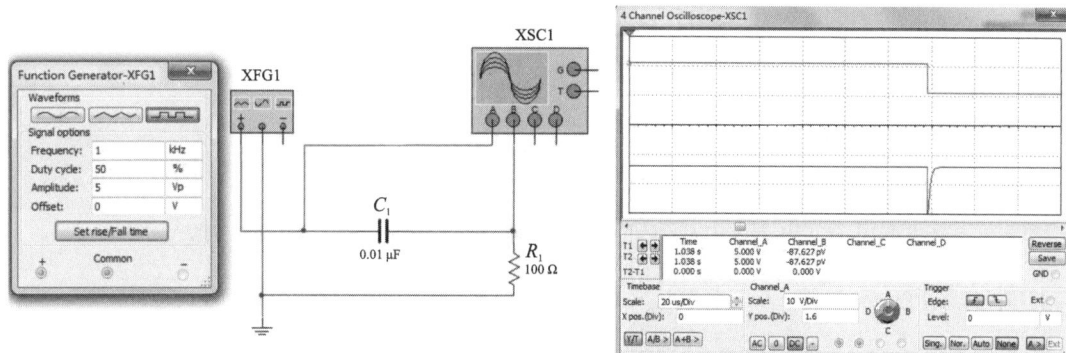

图 1.46　一阶电路仿真图

（3）注意事项。

①调节电子仪器各旋钮时，动作不要过快、过猛。实验前，需熟读双踪示波器的使用说明书。观察示波器波形时，要特别注意相应开关、旋钮的操作与调节。

②信号源的接地端与示波器的接地端要连在一起（称共地），以防外界干扰而影响测量的准确性。

③示波器的辉度不应过亮，尤其是光点长期停留在荧光屏上不动时，应将辉度调暗，以延长示波管的使用寿命。

五、实验报告要求

（1）根据实验观测结果，在方格纸上绘出 RC 一阶电路充放电时 u_c 的变化曲线，由曲线测得 τ 值，并与计算结果进行比较，分析误差产生的原因。

（2）根据实验观测结果，归纳总结积分电路和微分电路的形成条件，阐明波形变换的特征。

（3）讨论时间常数对电容充放电速度的影响。

（4）若要测试 RL 一阶电路激励与响应的特点、参数、波形等，请写出实验电路图及步骤、数据。

六、思考题

（1）什么样的电信号可作为 RC 一阶电路零输入响应、零状态响应和完全响应的激励源？

（2）已知 RC 一阶电路中 $R = 10$ kΩ，$C = 0.1$ μF，试计算时间常数 τ，并根据 τ 值的物理意义，拟订测量 τ 的方案。

（3）在动态电路中 i_L 和 U_C 具有什么特点？其各个部分波形叠加满足什么波形特征？

实验七　正弦交流电路相量关系的研究

一、实验目的

（1）研究正弦交流电路中电压、电流的相量关系。

（2）加深理解电阻、电容、电感在正弦交流电路中的特性。

二、实验原理

正弦量是指按正弦规律变化的交流电动势、交流电流、交流电压等物理量，是具有大小和相位差的量，称为"相量"。正弦交流稳态响应分析是确定各电量的幅值和初相，即确定各电量的相量，可以仅用相量进行运算。

相量只能表征或代表正弦量，并不等于正弦量，在正弦稳态电路中电阻、电容、电感上的电压与电流相量形式分别为：电阻 R 上的电流与电压相位差为 0°（同相）；电容 C 上的电流超前电压的角度为 90°；电感 L 上的电流滞后电压的角度为 90°，如图 1.47 所示。

相位差的测量方式有很多，主要包括示波器测量法、比较测量法、直接读数测量法等，本实验采用示波器测量法。

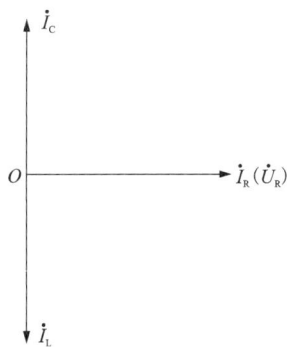

图 1.47　*RLC* 串联电路相量图

三、实验器材

实验需用设备与器材见表 1.36。

表 1.36　实验需用设备与器材

序号	名称	型号与规格	数量	备注
1	函数信号发生器		1 台	
2	双踪示波器		1 台	
3	交流毫伏表		1 只	
4	电阻		若干只	
5	电容		若干只	
6	电感		若干只	

四、实验内容及步骤

1. 观察 *R*、*L*、*C* 元件在正弦交流电路中正的相位特性

在如图 1.48 所示的串联电路中输入幅值最大值为 2 V、频率为 10 kHz 的信号源，将示波器的通道 1 接电路的输入端（正弦交流信号），通道 2 接输出端，开关 K 分别接电阻、电感、

电容，观察示波器输出波形图，如图 1.49 所示，并将波形画入表 1.37 中。

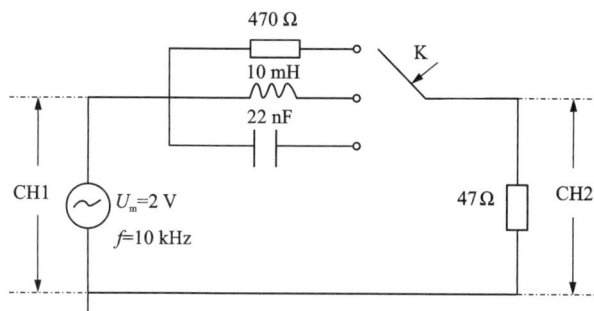

图 1.48 相位量电路图

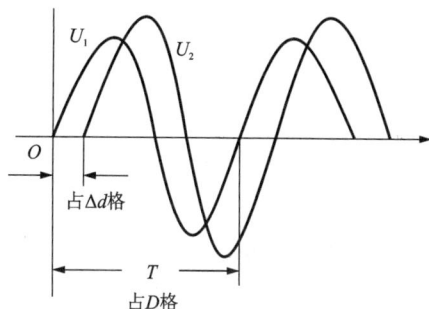

图 1.49 示波器显示图

根据示波器上的波形读出一个周期所占的格数 D（所对应的相位移为 $360°$）以及两个波形最大值（或零值）之间的格子数 Δd，将数据填入表 1.37 中，从而求得相位差，即

$$\theta = \frac{\Delta d}{D} \times 360°$$

表 1.37 相位差测量及波形记录表

元器件	示波器显示			
	D	Δd	θ	波形图
电阻 R				
电感 L				
电容 C				

2. 验证正弦交流电路的电压三角形关系

建立如图 1.50 所示的电路图，输入有效值为 6 V、频率为 10 kHz 的正弦信号源，用交流毫伏表分别测量元件上的电压值，并验证电压三角形关系；用示波器测量电路的电流波形即电阻两端的波形，并填入表 1.38 中。

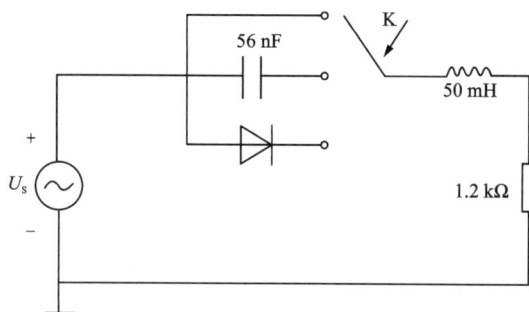

图 1.50 验证电压三角形电路

表 1.38　元件电压三角形关系记录表

电路形式	U_S	U_R	U_L	U_C	二极管电压	电流波形
RL 电路						
RLC 电路						
非线性电路						

五、实验报告要求

(1)根据实验数据及观察到的波形,分析相位关系。

(2)验证实验数据是否呈电压三角形关系。

六、思考题

(1)正弦交流电路的任意闭合回路是否满足基尔霍夫电压定理?

(2)相量法的计算是否只能用于正弦交流电路?

实验八　R、L、C 阻抗特性的测试

一、实验目的

(1)验证电阻、感抗、容抗与频率的关系,测定它们之间的特性曲线。

(2)加深理解 R、L、C 元件端电压与电流间的相位关系。

二、实验原理

在电路中,电阻对直流和交流的影响是相同的;电容不能让直流通过却能让交流通过,但对交流有一定的阻碍作用,其容抗为 $X_C = 1/2\pi fC$;电感既能让直流通过也能让交流通过,对交流也有一定阻碍作用,其感抗为 $X_L = 2\pi fL$。

(1)在正弦交变信号作用下,电阻 R 的抗流作用与信号的频率无关,而 L、C 电路元件却与信号的频率有关,它们的阻抗频率特性 $R-f$、$L-f$、$C-f$ 曲线如图 1.51(a)所示,其电路

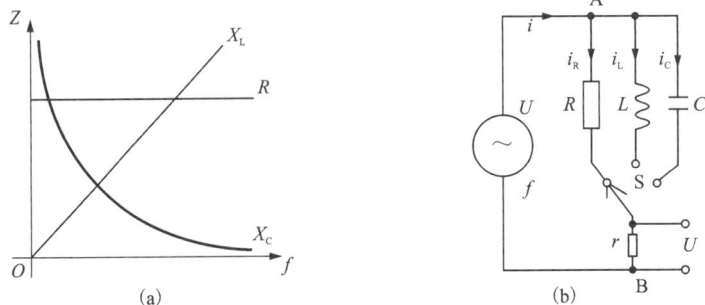

图 1.51　R、L、C 阻抗频率特性

如图 1.51(b)所示。图中 r 是提供测量回路电流的标准小电阻，由于 r 的阻值远小于被测量元器件的阻抗，因此 AB 之间的电压就等于被测元器件 R、L、C 两端的电压，流过被测元件的电流则可由 r 两端的电压除以 r 值所得。

若用示波器同时观察 r 与被测元件两端的电压，也会出现被测元件两端电压和流过元件电流的波形，从而测出电压与电流的幅值及相位差。

(2)元件的阻抗角，即相位差 θ 随信号频率变化而改变，各个不同频率下输入与输出的相位差，如图 1.52 所示。

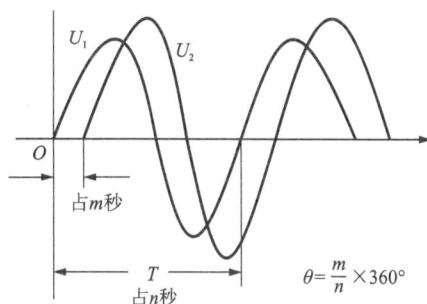

图 1.52　相位差频率特性图

三、实验器材

实验需用设备与器材如表 1.39 所示。

表 1.39　实验需用设备与器材

序号	名称	型号与规格	数量	备注
1	函数信号发生器		1 台	
2	双踪示波器		1 台	
3	交流毫伏表		1 只	
4	电阻		若干只	
5	电容		若干只	
6	电感		若干只	

四、实验内容及步骤

(1)测量 R、L、C 元件的阻抗频率特性：通过电缆线将函数信号发生器输出端接入如图 1.51(b)所示的电路，其信号源为电压有效值 $U = 3$ V 的正弦信号作为激励源 U，改变信号源的频率由 200 Hz 逐渐增加至 5 kHz，并使开关 S 分别接通 R、L、C 三个元件，用交流毫伏表测量 U_r，并计算各个频率下的 i_R、i_L、i_C 以及阻抗值，填入表 1.40 中(注意：在接通电容 C 测试时，信号源的频率应控制为 200 ~ 2500 Hz)。

(2)用示波器观察在不同频率下各个元件阻抗角的变化情况，读出数据并填入表 1.41 中(注意：测 θ 时示波器的"V/div"及"t/div"的微调旋钮应旋至"校准位置")。

表 1.40　R、L、C 元件的阻抗测试数据

U = 3 V　　　R = _____ Ω　　　L = _____ H　　　C = _____ F

频率 f/kHz			0.2	0.5	1	1.5	2	2.5	3	5
R	U_r	测量值/V								
	i_R	计算值/mA								
	R	计算值								
X_C	U_r	测量值/V								
	i_C	计算值/mA								
	X_C	计算值								
X_L	U_r	测量值/V								
	i_L	计算值/mA								
	X_L	计算值								

表 1.16　元件阻抗角数据

U = 3 V　　　R = _____ Ω　　　L = _____ H　　　C = _____ F

频率 f/kHz		0.2	0.5	1	1.5	2	2.5	3	5
R	m(测量值)								
	n(测量值)								
	θ(计算值)								
C	m(测量值)								
	m(测量值)								
	θ(计算值)								
L	m(测量值)								
	n(测量值)								
	θ(计算值)								

五、实验报告要求

(1)描绘 R、L、C 三个元件的阻抗频率特性曲线,并讨论三个元件与频率的关系及电压、电流相位关系。

(2)确定 R、L、C 三个元件的大小及输入信号,并描绘其阻抗角 θ 的频率特性曲线波形图,总结、归纳出结论。

六、思考题

(1)电容 C 与电感 L 是储能元件,那么它们是有源元件还是无源元件? 为什么?

（2）测量元件的阻抗角时，为什么要与它们串联一个小电阻？可否用一个小电感或者小电容代替？为什么？

实验九　二阶电路的阶跃响应虚拟仿真研究（综合）

一、实验目的

（1）测试二阶动态电路的零状态响应和零输入响应，了解电路元件参数对响应的影响。

（2）研究二阶串联电路的过渡过程，分析电路参数对过渡过程不同状态的影响，测量电路的固有频率。

（3）观察、分析二阶电路响应的三种状态轨迹及特点，加深对二阶电路响应的认识与理解。

二、实验原理

用二阶微分方程描述的电路称为二阶电路，如图 1.53 所示的线性 RLC 串联电路是一个典型的二阶电路（图中 U_S 为直流电压源），它在方波正、负阶跃信号的激励下，可获得零状态与零输入响应，其响应的变化轨迹取决于电路的固有频率。当调节电路的元件参数值，使电路的固有频率分别为负实数、共轭复数及虚数时，可获得单调的衰减、衰减振荡和等幅振荡的响应。在实验中可获得过阻尼、欠阻尼和临界阻尼这三种响应。

（1）RLC 二阶电路瞬态响应的各种状态与条件可归纳为三种状态，图 1.54 是二阶电路零输入响应，设电容上的初始电压为 $u_c(0_-)=U_0$，流过的初始电流 $i_L(0_-)=I_0$；定义衰减系数（阻尼系数）$\alpha=\dfrac{R}{2L}$，谐振角频率 $\omega_0=\dfrac{1}{\sqrt{LC}}$，则有如下形式：

① 当 $\alpha>\omega_0$，即 $R>2\sqrt{\dfrac{L}{C}}$ 时，响应是非振荡性的，称为过阻尼状态，如图 1.55（a）所示；

② 当 $\alpha=\omega_0$，即 $R=2\sqrt{\dfrac{L}{C}}$ 时，响应是临近振荡的，称临界阻尼状态，如图 1.55（b）所示；

③ 当 $\alpha<\omega_0$，即 $R<2\sqrt{\dfrac{L}{C}}$ 时，响应是振荡性的，称为欠阻尼状态，如图 1.55（c）所示。

在上述 3 种阻尼状态中，重点是欠阻尼（非振荡阻尼过程）状态的参数。

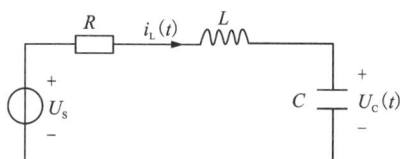

图 1.53　RLC 串联二阶电路
$u_c(0_-)=U_0$；$i_L(0_-)=I_0$

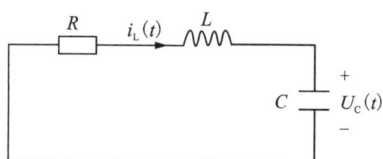

图 1.54　RLC 串联零输入响应电路

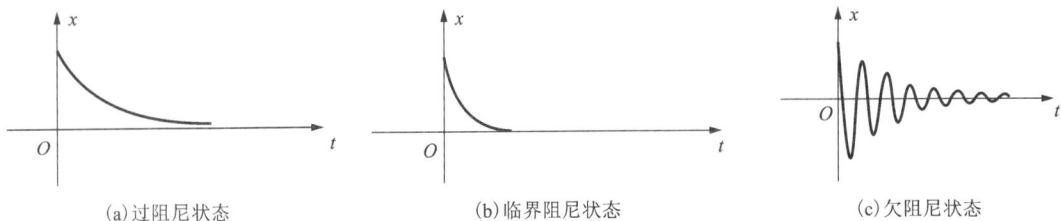

(a)过阻尼状态   (b)临界阻尼状态   (c)欠阻尼状态

图1.55 二阶电路振荡状态图

（2）衰减振荡角频率 ω_d 和衰减常数 α 的定义如下：

①衰减周期 $T_d = t_2 - t_1$；

②衰减振荡角频率 $\omega_d = 2\pi/T_d$；

③衰减常数 $\alpha = (1/T_d) \ln U_{1m}/U_{2m}$。

二阶电路欠阻尼波形如图1.56所示。

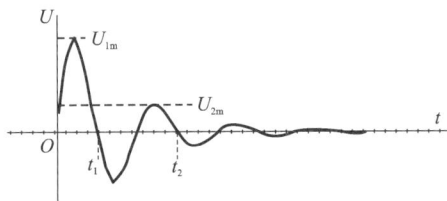

图1.56 二阶电路欠阻尼波形

典型的二阶电路是一个 RLC 串联电路和 G（导纳）CL 的并联电路，这二者之间存在着对偶关系。

三、实验器材

实验需用设备与器材如表1.42所示。

表1.42 实验需用设备与器材

序号	名称	型号与规格	数量	备注
1	函数信号发生器		1台	
2	双踪示波器		1台	
3	电阻		若干只	
4	电容		若干只	
5	电感		若干只	
6	计算机		1台	

四、实验内容及步骤

利用动态电路板中的元件与开关的配合作用，组成如图1.57所示的 GCL 并联电路，使得 $R_1 = 10\ k\Omega$、$L = 4.7\ mH$、$C = 1000\ pF$，R_2 为 $10\ k\Omega$ 可调电阻；脉冲信号发生器的输出为 $U_m = 1.5\ V$，$f = 1\ kHz$ 的方波脉冲。在仿真软件里找到各个元件及测试设备组成电路，如图1.58所示。

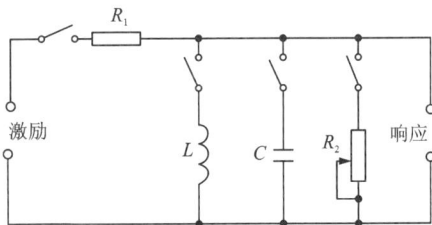

图1.57 二阶动态电路实验原理图

调节可变电阻器 R_2 的电阻值，观察二阶电路的零输入响应和零状态响应由过阻尼过渡到临界阻尼状态，最后过渡到欠阻尼的变化过渡过程，分别如图 1.59 所示定性地描绘、记录响应的典型变化波形，填入表 1.43 中(注意：调节 R_2 时，动作一定要细心、缓慢，临界阻尼要找准确)。

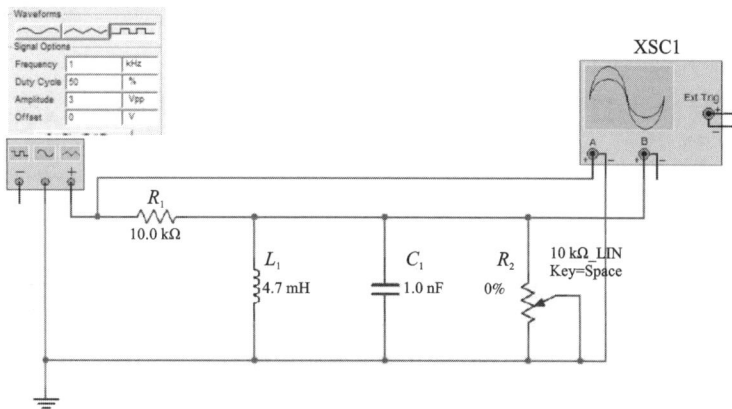

图 1.58　二阶动态虚拟仿真电路图

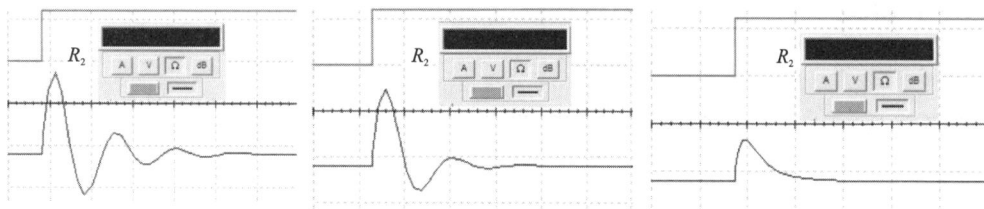

图 1.59　二阶动态虚拟仿真波形图

表 1.43　二阶动态电路响应

$U_m = 1.5$ V　　$f = 1$ kHz　　$R_1 = 10$ kΩ　　$L = 4.7$ mH　　$C = 1000$ pF

状态	R_2	波形图
欠阻尼		
临界阻尼		
过阻尼		

五、实验报告要求

(1)根据观测结果，在方格纸上描绘二阶电路过阻尼、临界阻尼和欠阻尼状态时的响应波形。

(2)归纳、总结电路元件参数改变对响应变化趋势的影响。

六、思考题

(1)根据二阶电路实验电路元件的参数,计算出处于临界阻尼状态的 R_2 的值。

(2)在示波器荧光屏上,如何测得二阶电路零输入响应欠阻尼状态时的衰减常数 α 和振荡频率 ω_d?

实验十　日光灯电路虚拟仿真设计及功率系数提高

一、实验目的

(1)研究正弦稳态交流电路中电压、电流相量之间的关系,了解交流电路的基尔霍夫定律。

(2)理解电路功率系数的意义及测量方法,掌握提高电路功率系数的方法。

(3)学习日光灯电路的组成,了解各个元件的作用和工作原理。

二、实验器材

实验需用设备与器材见表1.44。

表1.44　实验需用设备与器材

序号	名称	型号与规格	数量	备注
1	交流电压表	0~500 V	1只	
2	交流电流表	0~5 A	1只	
3	功率表		1只	
4	自耦调压器		1只	
5	镇流器		1只	
6	启辉器		1只	
7	日光灯灯管		1只	
8	电容器		1只	
9	白炽灯、灯座		若干只	
10	电流插座		3只	
11	计算机		1台	

三、设计要求及提示

1. 设计要求

(1)设计一个由日光灯管、镇流器、启辉器组成的日光灯电路,并设计记录电流、功率及各部分电压测量结果的数据表格，根据测量数据了解交流电路中各部分电压和电流之间的相量关系。

（2）以日光灯电路作为感性负载，设计一个利用电容来提高功率系数的电路。要求电路的功率系数从 0.4 左右提高到 0.8 左右，并设计记录不同电容值时各部分电流、电压和功率系数测量结果的表格。

2. 设计提示

（1）在单相正弦交流电路中，用交流电流表测得各支路的电流值，用交流电压表测得回路各元件两端的电压值，它们之间的关系满足相量形式的基尔霍夫定律，即 $\sum I = 0$ 和 $\sum U = 0$。

（2）图 1.60 所示为 RC 串联电路，在正弦稳态信号 U 的激励下，U_R 与 U_C 保持着 90° 的相位差，即当 R 值改变时，U_R 的相量轨迹是一个半圆。U、U_C 与 U_R 三者形成一个直角形的电压三角形，如图 1.61 所示。改变 R 值可改变 φ 角的大小，从而达到移相的目的。

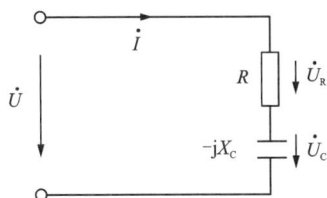

图 1.60　RC 串联电路

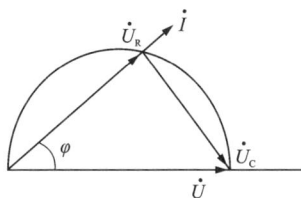

图 1.61　RC 串联电路相量轨迹

（3）元件作用。

启辉器在电路中相当于一个自动开关，它是一个充有氖气的小型玻璃泡，由一个充气二极管和一个电容并联组成。启辉器的电容可消除两极断开时产生的火花，以防干扰无线电等设备，能自动接通电路加热灯丝和断开电路。

镇流器是一个带铁芯的电感线圈。当启辉器断开电路时，电路电流会突然变为零，这时电感线圈的自感电势与电路电压叠加后产生一个高压，使灯管内的电子形成高速电子流，发出荧光特有的可见光，因此镇流器在电路中起到升压和限流的作用。

灯管发光后，灯管上的电压低于启辉器辉光的放电电压，启辉器不能再发生辉光放电，因而失去作用，此时日光灯负载阻抗呈纯电阻特性。日光灯管相当于一个电阻性负载，镇流器是一个铁芯线圈，其功率系数一般在 0.5 以下，可把整个日光灯电路看作电阻和电感性负载电路。为了提高感性负载的功率系数，可以在电路中并联电容元件，使电路总的电压与电流的相位差减少，从而使电路的功率系数提高。实验电路如图 1.62、图 1.63 所示。

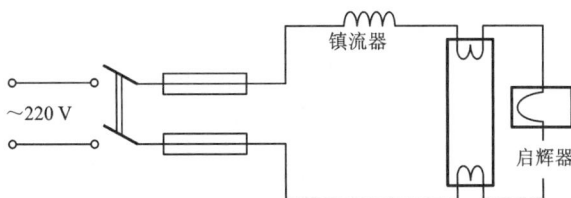

图 1.62　日光灯电路图

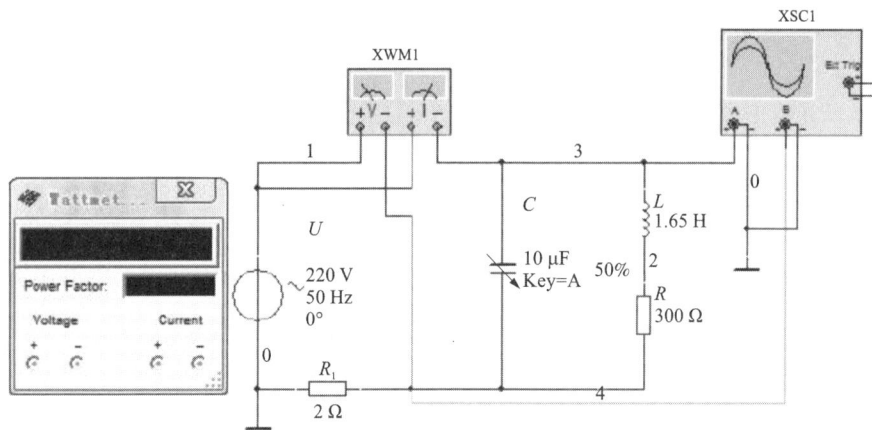

图 1.63　虚拟仿真实验参考电路图

$$\cos\varphi = \frac{P_2}{P_1 I}$$

$$\eta = \frac{P_2}{P_1}$$

（4）以电容作为横坐标，作出 $\cos\varphi = f(c)$，$\eta = f(c)$ 曲线，并说明曲线为什么呈这种变化趋势？

（5）功率系数。

在正弦交流电路中，有功功率一般小于视在功率，也就是说，视在功率打一个折扣才能等于平均功率，这个折扣就是电压与电流之间的相位差 φ，它的余弦叫作功率系数，用符号 $\cos\varphi$ 表示。

$$\cos\varphi = \frac{P}{S}$$

图 1.64 是功率系数补偿矢量定性分析图。以电阻、电感、电容的电压为参考矢量，理论上当 $\theta = 0$ 时功率系数为 1，在未并联电容 C 时（无补偿），负载电流 $\dot{I} = \dot{I}_L$，其相位差为 θ_1；而并联电容 C 后，负载电流 $\dot{I} = \dot{I}_2 = \dot{I}_L + \dot{I}_C$，则电流与电压的相位差为 θ_2，可见 $\theta_2 < \theta_1$，$\cos\theta_2 > \cos\theta_1$，因而提高了功率系数。但是，当电容的容量增加过多时，即 $\dot{I} = \dot{I}_3 = \dot{I}_L + \dot{I}_C$，则会出现过补偿的情况，$\theta_3$ 为过补偿时的相位差。

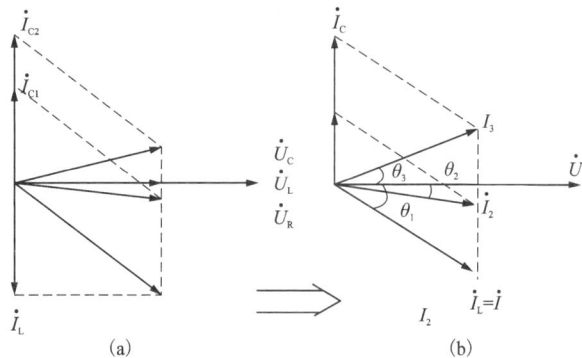

图 1.64　功率系数补偿矢量定性分析图

四、注意事项

(1)本实验使用 220 V 交流市电,务必注意用电和人身安全。

(2)实验在 U_2 不变的条件下进行,每当电容 C 改变时,都要调节调压器输出电压,保持 U_2 不变,然后读取 I、P 值。注意:功率表要正确接入电路。

(3)效率 η 的计算:

$$\eta = \frac{P_2}{P_1}$$

P_1 是图 1.63 中功率表的读数,代表电源输出的功率。

P_2 是负载 $R_2 - L$ 上得到的功率,在电路中未直接测出,可由 $P_2 = P_1 - I^2 R_1$ 算出,I 是电流表计数的数据,R_1 是已知电阻值,因 U_2 不变,则只需算出一个 P_2 即可,P_1 也可由功率表直接读数得出,在 $R_1 = 0$,$C = 0$,$U_2 = 40$ V 条件下,功率表的读数就是 P_2 值。

(4)线路接线正确,日光灯不能启辉时,应检查启辉器及其接触是否良好。

(5)调压器的输出电压由 0 开始慢慢增加,实验后,调压器输出电压退回 0 位置。

五、实验报告要求

(1)分析 RC 串联电路中 U、U_R、U_C 的三角关系,并写出验证关系的实验电路图、数据及实验步骤。

(2)测量功率 P、电流 I、电压 U、U_L、U_A 等值,验证电压、电流相量关系,写出实验步骤。

(3)通过一只电流表和三个电流插座分别测得三条支路的电流,改变电容值,进行三次重复测量,画出实验电路图、填写数据,并写出实验步骤。

六、思考题

(1)在日常生活中,当日光灯上的启辉器损坏时,人们常用一根导线将启辉器的两端短接,使日光灯点亮;或用一只启辉器去点亮多只同类型的日光灯,这是为什么?

(2)为了改善电路的功率系数,常在感性负载上并联电容器,此时增加了一条电流支路,试问电路的总电流是增大还是减小?此时感性负载上的电流和功率是否改变?

(3)提高电路功率系数为什么只采用并联电容器法,而不用串联法?所并联的电容器是否越大越好?

实验十一　二阶 RLC 串联电路的瞬态响应虚拟仿真研究

一、实验目的

(1)研究 R、L、C 串联电路的谐振现象,学习用实验方法绘制 R、L、C 串联电路的幅频特性曲线。

(2)加深理解电路发生谐振的条件、特点,掌握电路品质因数(Q 值)的物理意义及测定方法。

（3）测定 R、L、C 串联电路在不同品质因数下的谐振曲线，即 $I = Y(f)$ 曲线。

（4）学习使用音频信号发生器和晶体管毫伏表。

二、实验原理

（1）当含有电感 L、电容 C 的一端口网络的端口电压与端口电流同相位，呈现电阻性质时，则称该有端口网络处于谐振状态。通过调节网络参数或电源频率能发生谐振的电路，称为谐振电路。谐振是线性电路在正弦稳态下的一种特定的工作态度。

在图 1.65（a）所示的 R、L、C 串联电路中，当加在电路中的正弦交流电压的有效值为 U 时，则流过此串联回路的电流为 I，它们之间的关系为：

$$I = \frac{U}{|Z|} = \frac{u}{\sqrt{(r+R)^2 + \left(\omega L - \frac{1}{\omega C}\right)^2}} \quad (r \text{ 为电感线圈内阻})$$

式中：$Z = (r+R) + j(\omega L - \frac{1}{\omega C})$ 为电路的复阻抗。

电感上的电压为：

$$U_L = \omega L \cdot I = \frac{U}{\sqrt{(r+R)^2 + \left(\omega L - \frac{1}{\omega C}\right)^2}}$$

电容上的电压为：

$$U_C = \frac{1}{\omega C} = \frac{U}{\sqrt{(r+R)^2 + \left(\omega L - \frac{1}{\omega C}\right)^2}}$$

由以上式子可知，在电路参数不变的情况下，由于 Z 是 f 的函数，当电源频率 f 变化时，I、U_L、U_C 也会随之改变。在图 1.66 中，ω_C 是 U_C 达到最大值时的角频率，一般 $\omega_C < \omega_0$。ω_L 是 U_L 达到最大值时的角频率，当 $\omega_L > W_0$，品质因数 $Q = \frac{\omega_0 L}{R} = \frac{1}{\omega_0 C R} > \frac{1}{2}$ 时，才会出现 U_C 及 U_L 最大值。且 Q 值越大，ω_L 及 ω_C 越接近 ω_0。

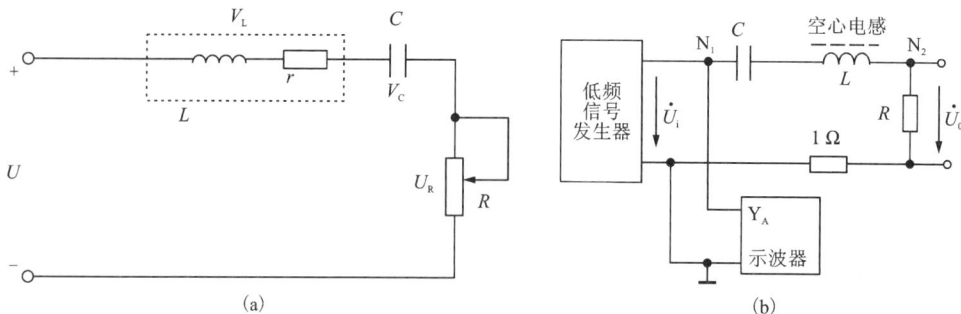

图 1.65　RLC 串联电路

而当 $\omega L = \frac{i}{\omega C}$ 时，电路发生谐振，即 $\omega_0 = \sqrt{\frac{1}{LC}}$ 为谐振条件，此时电路呈纯阻性，电路阻抗的模 $Z = R$ 为最小，在输入电压 U_i 为定值时，电路中的电流 $I = \frac{U}{R}$ 达到最大值，且与输入电

压 U_i 同相位。从理论上讲,此时 $U_i = U_R = U_0$, $U_L = U_C = QU_i$,这时的 $f_0 = \dfrac{1}{2\pi\sqrt{LC}}$ 为谐振频率。由此可见,改变电源频率 f 或改变 L 、C 元件参数均可使电路谐振。

(2)电路的品质因数表示谐振时 L 或 C 元件上的电压与电源电压的倍数关系,因此,品质因数 Q 可以表示为:

$$Q = \frac{U_C}{U} = \frac{U_L}{U} = \frac{1}{R}\sqrt{\frac{L}{C}}$$

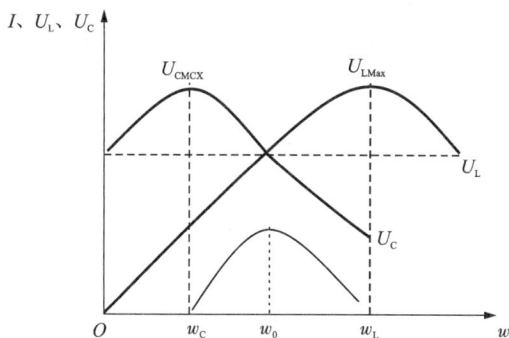

图 1.66　I 、U_L 、U_C 曲线

由上式可知,电路的品质因数只与电路本身的参数有关。在图 1.65 中,r 为电感线圈的内阻,R 为线圈电位器,一方面可用来改变线路的 Q 值,另一方面可用来测量线路的电流 $I = \dfrac{U_R}{R}$ 。品质因数还可以通过测量谐振曲线的通频带宽度 $\Delta f = f_2 - f_1$,再根据 $Q = \dfrac{f_0}{f_2 - f_1}$ 求出。式中,f_0 为谐振频率,f_2 和 f_1 是失谐时幅度下降到为最大值的 $\dfrac{1}{\sqrt{2}}$ ($= 0.707$)倍时的上、下频率点,如图 1.67 所示。品质因数 Q 值越大,曲线越尖锐,通频带越窄,电路的选择性越好。在恒压源供电时,电路的品质因数、选择性与通频带只取决于电路本身的参数,而与信号源无关。

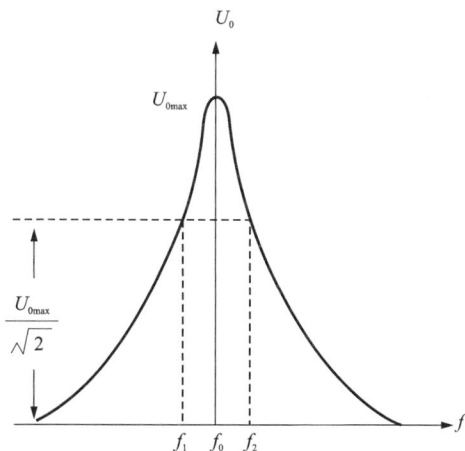

图 1.67　谐振曲线

三、实验器材

实验需用设备与器材如表 1.45 所示。

表 1.45　实验需用设备与器材

序号	名称	型号与规格	数量	备注
1	函数信号发生器		1 台	
2	双踪示波器		1 台	
3	交流毫伏表		1 只	
4	万用表	MF500	1 只	
5	线圈电位器		1 只	
6	电容		若干只	
7	电感		若干只	
8	计算机		1 台	

四、实验内容及步骤

(1)定性观察 RLC 串联电路的谐振现象,确定电路的谐振点。

运用仿真软件建立电路仿真电路图如图 1.68 所示,改变输入频率,观察波形如图 1.69 所示,找到谐振频率。

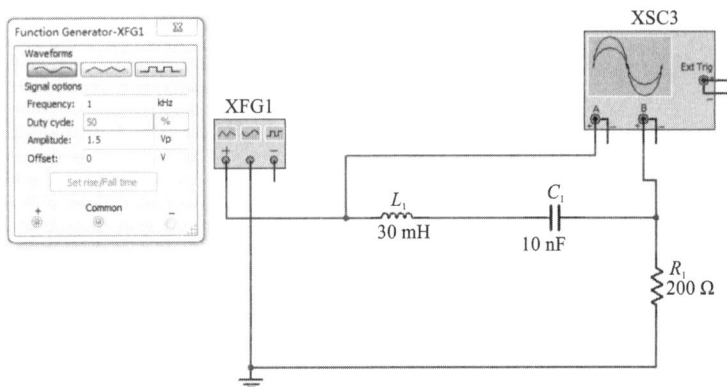

图 1.68　串联谐振仿真图

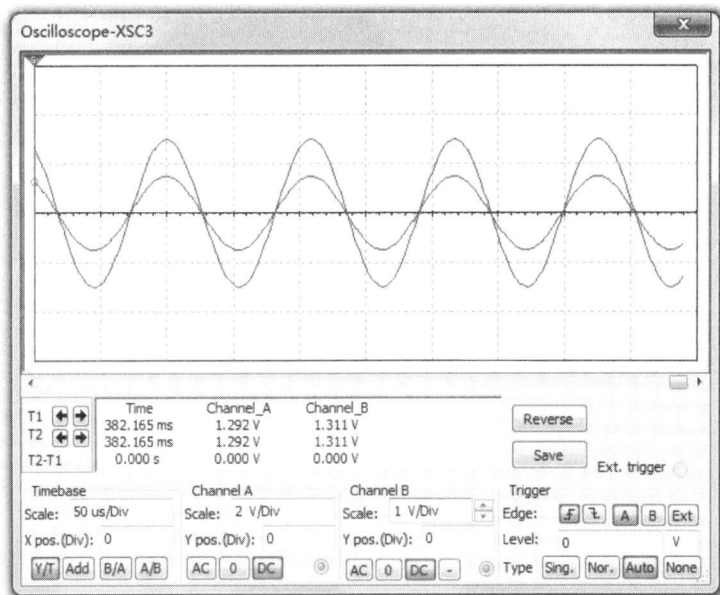

图 1.69　串联谐振波形仿真图

(2)按图 1.65(b)所示连接电路,进行实物实验,输入正弦波信号源频率为 1 kHz、峰—峰值电压 $U_i \leqslant 3$ V 的信号,并保持不变,将毫伏表接在电阻 R 两端,令信号源的频率由小逐渐变大(注意要维持信号源的输出幅度不变),当 I 的读数为最大时,所读得的频率表上的频率值即为电路的谐振频率，并测量 U_C 与 U_L 之值（注意及时更换毫伏表的量限）。

（3）在谐振点两侧，按频率递增或递减 500 Hz 或 1 kHz，依次各取 8 个测量点，逐点测出 U_0、U_L、U_C 的值，记入自制表格中。

（4）改变电阻值，重复步骤（2）、（3）的测量过程，将数据填入自制表格中。

（5）注意事项。

①实验过程中应保持信号发生器输出电压 U 不变。由于信号发生器的输出电压是随电压频率的改变而变化的（有负载时），因而在实验过程中，每改变一个信号频率，都要用万用表的交流电压挡测量其输出电压，保持电压 U 不变。

②测 $I-f$ 曲线取点应注意：曲线曲率变化大的地方多取几点，变化小的地方可以少取几点。在取点之前，通过实验先观察一下整个频率的变化范围，然后再正确取点。另外，毫伏表的读数要准确。

③低频信号源在使用过程中输出端不能短路，在接、改线路时，要使输出电压为零，并且信号源的外壳应与毫伏表的外壳绝缘。

④测量 U_C 和 U_L 数值前，应将毫伏表的量程改大，测量时，毫伏表的"＋"端应接 C 与 L 的公共点。

⑤实验过程中应用示波器监视波形时，若波形发生畸变，应降低输出电压。

五、实验报告要求

（1）自选 R、L、C 元件组成串联电路，并绘出电路图。确定输入正弦信号，保持输入信号电压 U，并计算出谐振频率 f。改变输入信号频率 f，读出电路元件参数测量值，计算出电路电流 I，填入自制的表格中，根据实验数据作出 $I-f$ 曲线及 $U_C=f(\omega)$，$U_L=f(\omega)$ 曲线，写出实验步骤。

（2）计算出通频带与品质因数 Q 值，说明不同 R 值对电路通频带与品质因数的影响。

（3）通过测量数据，写出品质因数 Q 值变化对谐振曲线的影响。

（4）对两种不同的测 Q 值方法进行比较，分析误差产生的原因。

（5）用双踪示波器观察 u、i 的波形，写出谐振前（$\omega < \omega_0$）和谐振后（$\omega > \omega_0$）两个波形的相位关系，并绘出波形图。

六、思考题

（1）改变电路的哪些参数可以使电路发生谐振，电路中 R 的数值是否影响谐振频率值？应该怎么计算其理论值？

（2）谐振时，对应的 U_L 与 U_C 是否相等？如有差异，原因何在？

（3）在工程应用上，利用 R、L、C 串联谐振电路能否测量未知储能元件的参数（已知电容或电感测量电感或电容）？

实验十二　单相铁芯变压器特性测试

一、实验目的

（1）验证变压器的变电压、变电流特性。

（2）了解变压器内阻抗压降，观察实际变压器端电压的变化情况。

（3）掌握测量互感线圈同名端的方法。

二、实验原理

1. 变压器外形

变压器外形如图 1.70 所示，主要用于功率传送、电压变换和绝缘隔离。

电源变压器　　　　　电力变压器　　　　　电子变压器

开关电源变压器　　　环形变压器　　　旋转变压器（角度传感器）

图 1.70　变压器

根据传送功率的大小，电源变压器可以分为几挡：10 kVA 以上为大功率；10～0.5 kVA 为中功率；0.5 kVA～25 VA 为小功率；25 VA 以下为微功率。

2. 变压器工作原理

变压器的基本原理是电磁感应原理，最基本组成包括两组绕有导线的线圈，并且彼此以电感方式联合在一起。当一交流电流（具有某一已知频率）流入其中一组线圈时，另一组线圈将感应出具有相同频率的交流电压，而感应的电压大小取决于两线圈耦合及磁交链的程度。与电源相连的线圈接收交流电能，称为一次绕组（初级绕组）。与负载相连的线圈送出交流电能，称为二次绕组（次级绕组），如图 1.71、图 1.72 所示。

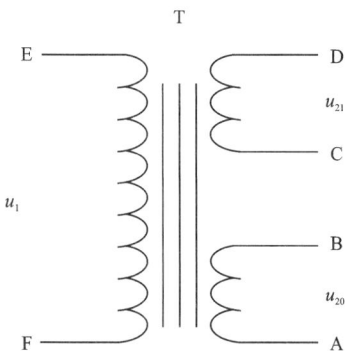

图 1.71　变压器组成图

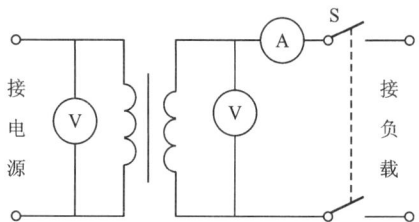

图 1.72　变压器工作原理

3. 变压器基本参数

（1）额定输入电压 u_1：电源变压器初级所接电压，也就是电源变压器的工作电压。

（2）空载电流 i_0：电源变压器初级接额定输入电压 u_1 而次级不带负载（即开路）时，流过初级的电流。

（3）空载电压 u_0：变压器初级接额定输入电压 u_1 而次级不带负载（即开路）时，次级两端的电压。空载电压 u_0 有一个最高限值，其数值与变压器的输出功率 P_2 对应：

当 $P_2 \leq 10$ W 时，$(u_0 - u_2)/u_2 \leq 100\%$；

当 10 W $\leq P_2 < 25$ W 时，$(u_0 - u_2)/u_2 \leq 50\%$；

当 26 W $\leq P_2 < 63$ W 时，$(u_0 - u_2)/u_2 \leq 20\%$；

当 63 W $\leq P_2 < 250$ W 时，$(u_0 - u_2)/u_2 \leq 15\%$；

当 250 W $\leq P_2 < 630$ W 时，$(u_0 - u_2)/u_2 \leq 10\%$；

当 $P_2 \geq 630$ W 时，$(u_0 - u_2)/u_2 \leq 5\%$。

u_2 为变压器的负载电压。

（4）负载电流 i_2：变压器初级接额定输入电压 u_1，次级接额定负载时，流过负载的电流。

（5）负载电压 u_2：变压器初级接额定输入电压 u_1，次级接额定负载时，负载两端的电压。u_2 应在 $|(u_2 - u_{2r})/u_{2r}| \leq 5\%$ 范围内，u_{2r} 为额定负载电压。

（6）额定输出功率 P_2：变压器在额定输入电压 u_1 时的输出功率，它表示变压器传送能量的大小。由公式 $P_2 = u_2 \times i_2$ 可知，输出功率 P_2 一定时，输出电压 u_2 越高，则输出电流 i_2 越小，反之亦然。

三、实验器材

实验需用设备与器材见表 1.46。

表 1.46　实验需用设备与器材

序号	名称	型号与规格	数量	备注
1	电源变压器		1 只	
2	交流电流表		1 只	
3	数字万用表		1 只	
4	计算机		1 台	

四、实验内容及步骤

1. 空载测试

（1）空载电压 u_0 测试：按图 1.73 搭接好实验电路，变压器初级接入 220 VAC，测量 u_0 并记入表 1.47 中。

（2）空载电流 i_0 测试：按图 1.74 搭接好实验电路，变压器初级接入 220 VAC，测量 i_0 并记入表 1.47 中。

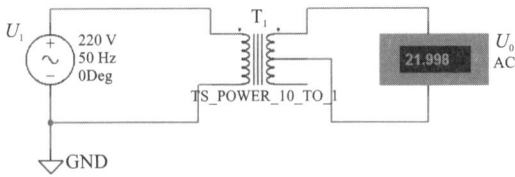

图 1.73 空载电压测试

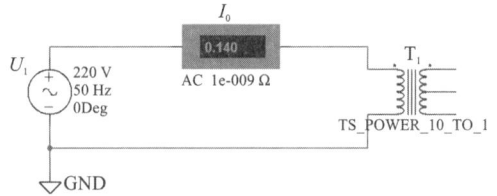

图 1.74 空载电流 i_0 测试

2. 有载测试

（1）负载电压 u_2 测试：按图 1.75 搭接好实验电路，变压器初级接入 220 VAC，测量 u_2 并记入表 1.47 中。

（2）负载电流 i_2 测试：按图 1.75 搭接好实验电路，变压器初级接入 220 VAC，测量 i_2 并记入表 1.47 中。

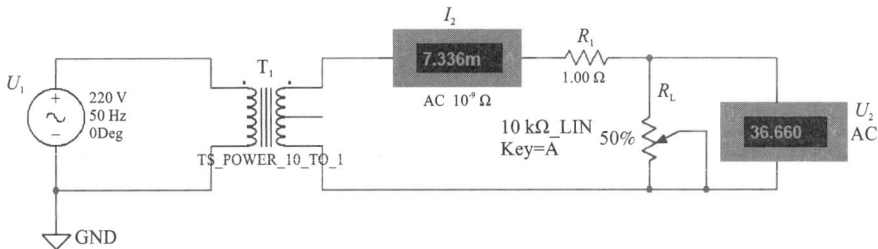

图 1.75 负载电压 u_2、负载电流 i_2 测试

表 1.47 空载、有载时实验数据

空载		有载		
电压 u_0	电流 i_0	电压 u_2	电流 i_2	$R_L = 5\ \text{k}\Omega$

3. 测试输出伏安特性

按图 1.75 搭接好实验电路，变压器初级接入 220 VAC，调整负载 R_L，测量 u_2、i_2 并记入表 1.48 中。

表 1.48 伏安特性数据

R_L/Ω	1000	2000	3000	4000	5000	6000	7000	8000
u_0/V								
i_0/mA								

4. 次级双绕组同名端的测试

按图 1.76 搭接好实验电路，变压器初级接入 220 VAC，按表 1.49 中的测试条件测量 U_{AD}、U_{AB}、U_{CD}，并记录数据。

同名端判据：如果 $U_{AD} = U_{AB} + U_{CD}$，则 A 与 D 是异名端；如果 $U_{AD} = |U_{AB} - U_{CD}|$，则 A 与 D 是同名端。

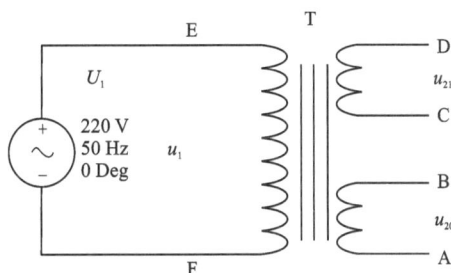

图 1.76　次级双绕组同名端电路

表 1.49　次级双绕组同名端数据

测量端	电压值/V
A、B 端	$U_{AB} =$
C、D 端	$U_{CD} =$
A、D 端(连接 BC)	$U_{AD} =$
B、D 端(连接 AC)	$U_{BD} =$
同名端判别结论	

5. 注意事项

实验电路搭接完毕，经反复自查无误后，再报指导教师检查，方可上电测试。

五、实验报告要求

(1)根据实验数据和结果验证变压器的变电压、变电流特性。

(2)由表 1.48 数据，绘出阻性负载下变压器输出伏安特性曲线。

六、思考题

(1)在有载测试中，如果负载改变成电容(容性负载)和电感(感性负载)，输出的负载电压 u_2、负载电流 i_2，即变压器的输出特性将会与阻性负载一样吗？

(2)图 1.75 中 R_1 电阻能否省略，为什么？

实验十三　三相交流电路虚拟仿真分析

一、实验目的

(1)掌握三相电路负载作星形连接、三角形连接的方法,验证这两种接法下线电压、相电压及线电流、相电流之间的关系。

(2)研究三相负载作星形连接时,在对称和不对称情况下线电压和相电压的关系。

(3)比较三相供电方式中三线制和四线制的特点,了解中线的作用。

二、实验原理

1. 三相交流电源

图 1.77 所示三相发电机有 3 个绕组,它们构成对称的三相电源,其中每一个电源称为一相。它们有相同的振幅 U_{m} 和频率,而三者的相位差为 120°(即 1/3 周期),如图 1.78 所示。三相电压的瞬时值和相量表达式分别为:

$$u_{A}(t) = \sqrt{2}U\cos\omega t \qquad\qquad \dot{U}_{A} = U\angle 0°$$

$$u_{B}(t) = \sqrt{2}U\cos(\omega t - 120°) \qquad\qquad \dot{U}_{B} = U\angle -120°$$

$$u_{C}(t) = \sqrt{2}U\cos(\omega t + 120°) \qquad\qquad \dot{U}_{C} = U\angle 120°$$

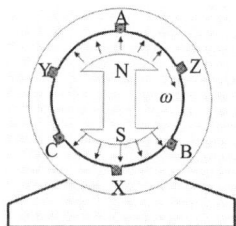

图 1.77　三相发电机示意图

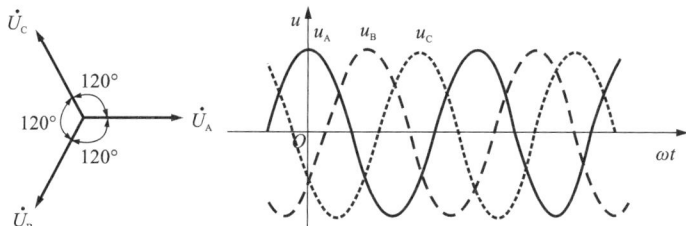

图 1.78　三相电压波形和相量图

2. 对称三相电源的连接

(1)星形连接(Y 接)。

星形连接三个绕组的末端 X、Y、Z 接在一起,始端 A、B、C 引出来,如图 1.79 所示。

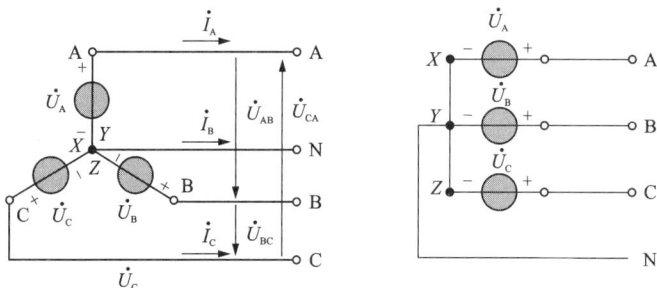

图 1.79　星形连接

（2）三角形连接（△接）。

三角形连接中三个绕组的始、末端顺次相接，如图 1.80 所示。

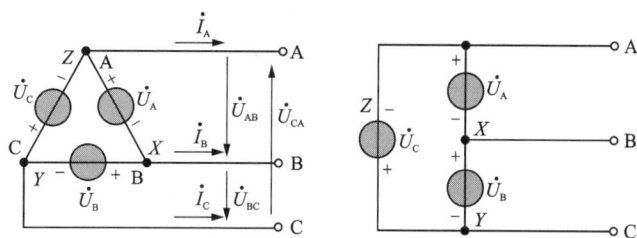

图 1.80　三角形连接

3. 三相负载

（1）负载星形（Y）接法。

如图 1.81 所示，当三相对称负载作 Y 形连接时，线电压 U_L 是相电压 U_P 的 $\sqrt{3}$ 倍，线电流 I_L 等于相电流 I_P，即 $U_L = \sqrt{3} U_P$；$I_L = I_P$。在此种情况下，流过中性线的电流 $I_0 = 0$，因此可以省去中性线，即形成三相三线制；不对称三相负载作 Y 连接时，必须采用三相四线制接法，即 Y_0 接法，如图 1.81 所示。而且中线必须牢固连接，以保证三相不对称负载的每相电压维持对称不变。倘若中线断开，会导致三相负载电压的不对称，致使负载轻的那一相的相电压过高，使负载遭受损坏；负载重的那一相相电压又过低，使负载不能正常工作。尤其是三相照明负载，无条件地一律采用 Y_0 接法。

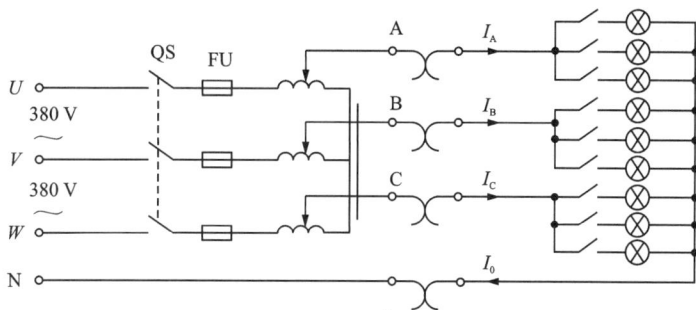

图 1.81　负载 Y_0 连接（三相四线制）电路

（2）负载三角形（△）接法。

如图 1.82 所示，在三相交流电路中三相负载可接成三角形（△）。对称负载作 △ 连接时，$I_L = \sqrt{3} I_P$；当不对称负载作 △ 连接时，$I_L \neq \sqrt{3} I_P$。但只要电源的线电压 U_L 对称，加在三相负载上的电压仍是对称的，对各相负载工作没有影响。

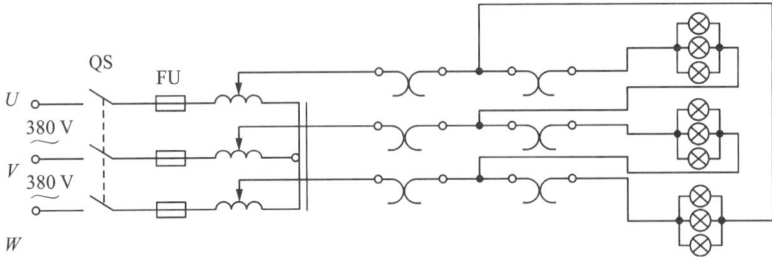

图 1.82　负载 △ 连接（三相三线制）电路

三、实验器材

实验需用设备与器材如表 1.50 所示。

表 1.50　实验需用设备与器材

序号	名称	型号与规格	数量	备注
1	交流电压表	0 ~ 500 V	1 只	
2	交流电流表	0 ~ 5 A	1 只	
3	三相自耦调压器		1 只	
4	三相灯组负载	220 V，15 W 白炽灯	9 组	
5	计算机		1 台	

四、实验内容及步骤

（1）在 Multisim 9 软件建立三相负载星形 Y 连接的仿真电路图，如图 1.83、图 1.84 所示。

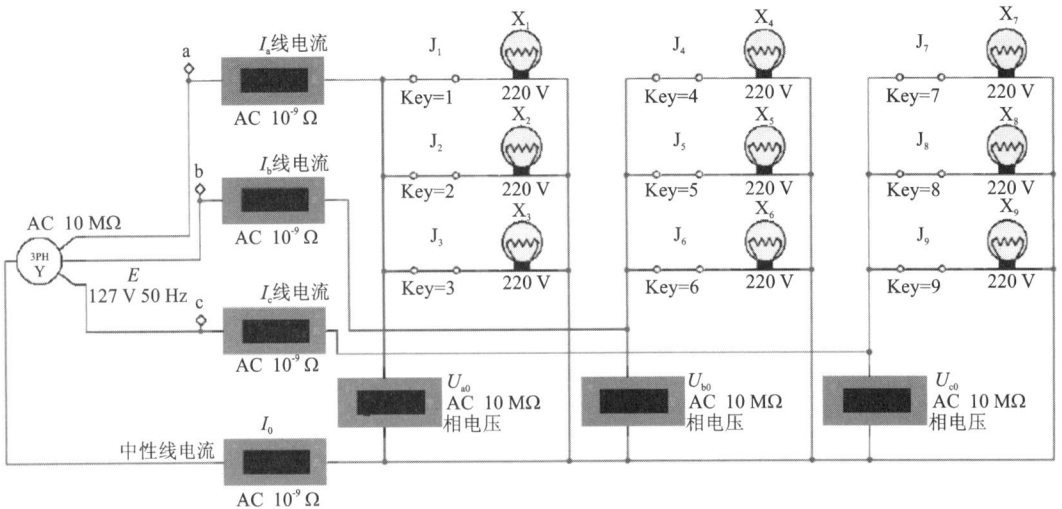

图 1.83　负载 Y_0 连接（三相四线制）平衡负载电路

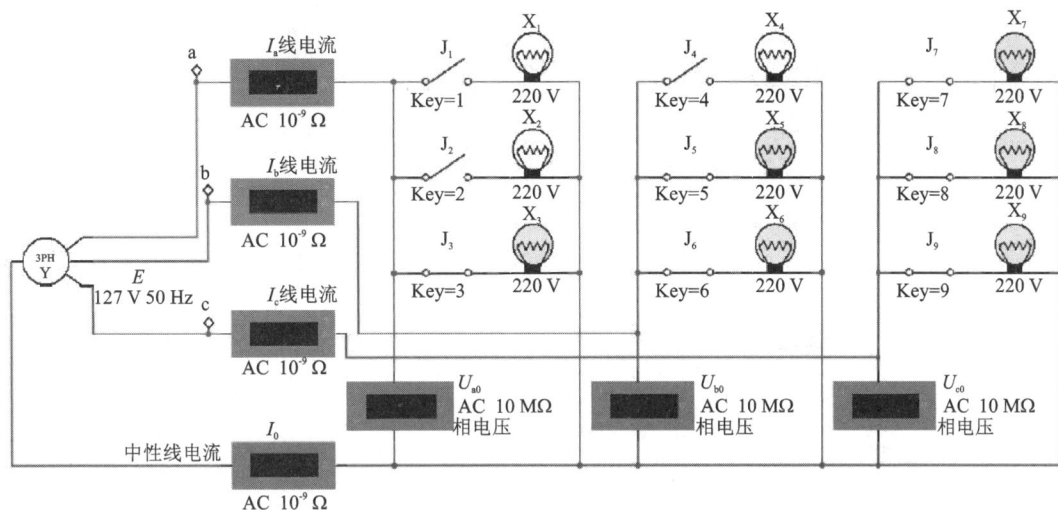

图 1.84　负载 Y_0 连接(三相四线制)不平衡负载电路

①实物电路实验中先调节调压器的输出,使输出的三相线电压为 220 VAC,读出 U_{ab}、U_{bc}、U_{ac} 的值并填入表 1.51 中。

②三相灯组负载经三相自耦调压器接通三相对称电源,将三相调压器的旋柄置于输出为 0 V 的位置,经指导教师检查合格后,方可开启实验台电源。然后,按下述内容完成各项实验,分别测量三相负载的线电压、相电压、线电流、相电流、中性线电流、电源与负载中点间的电压。将所测得的数据记入表 1.51 中,并观察各相灯组亮暗的变化程度,特别要注意观察中性线电流的变化。

表 1.51　Y 形负载参数测量

负载电路	开灯盏数			线电流/A			线电压/A			相电压/V			中线电流 I_0/A	中点电压 U_{N0}/V
	A 相	B 相	C 相	I_A	I_B	I_C	U_{AB}	U_{BC}	U_{CA}	U_{A0}	U_{B0}	U_{C0}		
Y_0(平衡负载)	3	3	3											
Y(平衡负载)	3	3	3											
Y_0(不平衡负载)	1	2	3											
Y(不平衡负载)	1	2	3											

(2)在 Multisim 9 软件建立三角形负载参数测量的仿真电路图,图 1.85 实物电路按照图 1.82 改接线路,经指导教师检查合格后接通三相电源,并调节调压器,使其输出线电压为 220 VAC,读出 U_{ab}、U_{bc}、U_{ac} 的值,并按表 1.52 的内容进行测试。

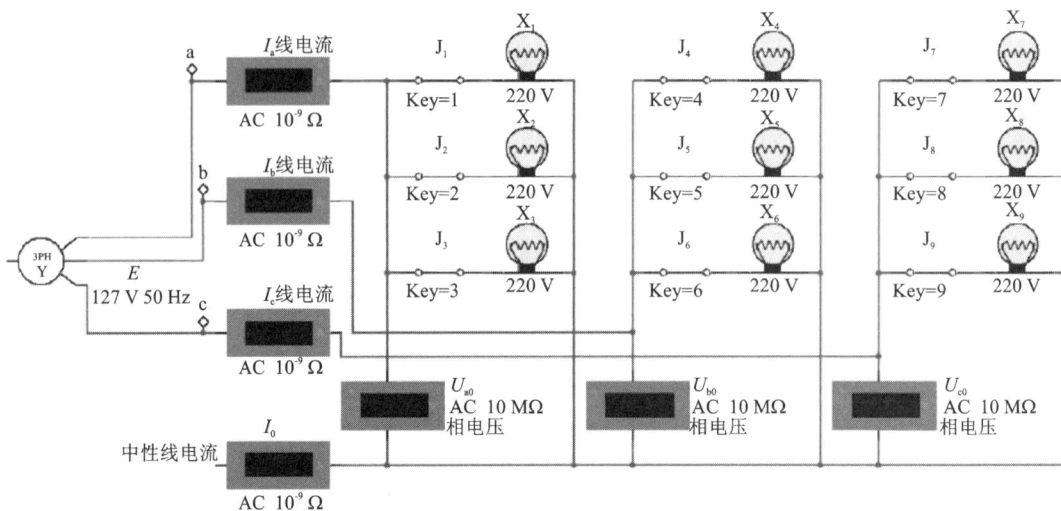

图 1.85　负载星形△连接仿真电路

表 1.52　△型负载参数测量

负载情况	开灯盏数			线电压＝相电压/V			线电流/A			相电流/A		
	A－B相	B－C相	C－A相	U_{AB}	U_{BC}	U_{CA}	I_A	I_B	I_C	I_{AB}	I_{BC}	I_{CA}
三相平衡	3	3	3									
三相不平衡	1	2	3									

3. 注意事项

（1）本实验采用三相交流电（动力电源），实验室地面未采取绝缘措施的应穿绝缘鞋进实验室。实验时要注意人身安全，不可触及导电部件，防止意外事故发生。

（2）连接实验线路时，要求不同功能部分采用不同颜色的导线，以方便检查。首次接线完毕，同组同学应自查一遍，然后由指导教师检查后，方可接通电源。实验过程中必须严格遵守先断电、再接线、后通电，先断电、后拆线的实验操作原则。

（3）实验完毕，将三相调压器旋柄调回零位。

五、实验报告要求

（1）用实验测得的数据验证对称三相电路中的 $\sqrt{3}$ 关系。

（2）用实验数据和观察到的现象，总结三相四线供电系统中中线的作用。

（3）分析不对称三角形连接的负载，能否正常工作？实验是否能证明这一点？

（4）根据不对称负载三角形连接时的相电流值作相量图，并求出线电流值，然后与实验测得的线电流做比较，并分析。

六、思考题

(1)三相负载根据什么原则作星形或三角形连接?

(2)试分析三相星形连接不对称负载在无中线情况下,当某相负载开路或短路时会出现什么情况? 如果接上中线,情况又将如何?

(3)在三相四线制供电系统中,中性线上能装保险丝吗? 为什么?

实验十四 三相交流电路功率及相序的测量(设计)

一、实验目的

(1)掌握用一瓦计法、二瓦计法测量三相电路功率的方法。

(2)掌握三相交流相序的测量方法。

二、实验原理

1. 三相功率的测量

对称的三相负载,不论是星形还是三角形连接,只需测量其中一相的功率 P_P 即可,三相电路的总功率为

$$P = 3P_P = 3U_PI_P\cos\varphi = \sqrt{3}U_1I_1\cos\varphi$$

(1)一瓦计法:在三相四线中,对称三线负载的三相功率,若用一个功率表测量各相的功率,三相负载总功率为每相功率之和,如图 1.86 所示。

(2)二瓦计法:如图 1.87 所示,对三相四线制供电系统,不论负载对称与否,也不论负载是星形连接还是三角形连接,均可用二瓦计法测量三相负载的总功率,其总功率等于两个功率表读数值的代数和。不论负载是感性还是容性,当相位差 $\varphi > 60°$ 时,线路中的一只功率表将出现负数,这时将功率表电流线圈的两个接线端对调,其读数为负值。在负载对称的条件下,二瓦计法的读数还可以反映出电路的无功功率或功率因数。设 Q 为电路的无功功率,φ 为负载的阻抗角,可得到以下公式

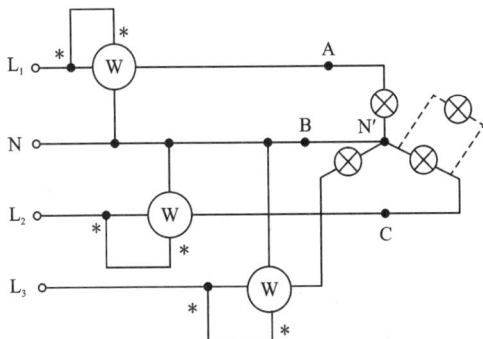

图 1.86 一瓦计法电路

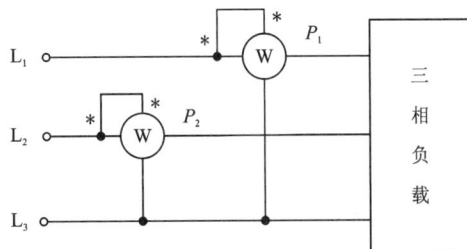

图 1.87 二瓦计法电路

$$Q = \sqrt{3}\,(P_1 + P_2)$$

$$\varphi = \sqrt{3}\,\frac{P_1 - P_2}{P_1 + P_2}$$

2. 三相相序的测量

在生成实践中，确定三相电源的相序十分重要，如发电机或变压器在并联运行时，一定使第一台的 A 相与第二台的 A 相并联，绝对不允许接错。相序是相对而言的，并不是绝对的。

将两个灯泡和一个电容器连接成星形不对称三相负载电路，就可测量三相电路的相序，如图 1.88、图 1.89 所示。

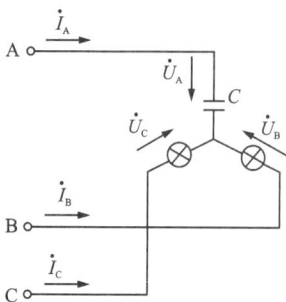

图 1.88　三相相序电路

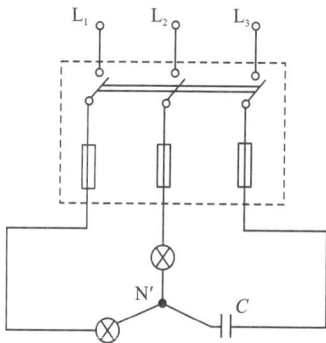

图 1.89　测量相序实物电路图

三、实验器材

实验需用设备与器材如表 1.53 所示。

表 1.53　实验需用设备与器材

序号	名称	型号与规格	数量	备注
1	交流电压表	0 ~ 500 V	1 只	
2	交流电流表	0 ~ 5 A	1 只	
3	功率表		1 只	
4	三相灯组负载	220 V, 15 W 白炽灯	9 组	

四、实验内容及步骤

(1)按图 1.84 与图 1.86 分别接好三相电路及功率表，按表 1.54 所列要求测量星形接法、三角形接法中的对称负载、不对称负载在有、无中线的情况下的功率，并计算总功率。

(2)按图 1.89 接好电路，取一个电容器和两个灯泡，注意此相序指示器的三相电源电压为 220 V，观察灯泡亮度，确定 L₁、L₂、L₃ 并测量各相电压、电流值，填入表 1.55 中。

表 1.54　三相功率测量

实验条件		一瓦计法			二瓦计法				
		测量值		计算值	测量值		计算值		
		P_{L1}	P_{L2}	P_{L3}	P	P_1	P_2	P	Q	φ
星形接法	对称，有中线								
	对称，无中线								
	不对称，有中线								
	不对称，无中线								
三角形接法	对称负载								
	不对称负载								

表 1.55　三相相序测量

相电压			相电流			灯泡亮度	
$U_{L1N'}$	$U_{L2N'}$	$U_{L3N'}$	$I_{L1N'}$	$I_{L2N'}$	$I_{L3N'}$	$I_{L1N'}$	$I_{L2N'}$

注意：本实验的电源电压为 380 V 和 220 V，远高于安全电压，实验中不可触及带电金属体，谨防触电，且必须断开电源方可接线、换线、拆线。

五、实验报告要求

(1)总结三相电路功率法的测量方法。

(2)写出设计方案并自制测量表。

六、思考题

(1)二瓦计法测量三相电路的有功功率时，有时功率表中的一个指示值为负值，为什么？

(2)测量功率时，为什么在电路中通常都接有电流表和电压表？

(3)判断三相电路的相序时，若相序分别为 L_1、L_2、L_3，当 $P_1 = P_2$，$P_1 \geqslant P_2$，负载分别呈现什么性质？

实验十五　无源二端网络参数虚拟仿真研究

一、实验目的

(1)利用计算机仿真测试二端网络的参数。

(2)学习测定无源线性二端网络参数的方法。

二、实验原理

(1)对于无源线性二端网络，可以用网络参数来表征它的特征，这些参数只取决于二端网络的内部元件及结构，而与输入激励无关。网络参数一旦确定后，两个端口处的电压、电流关系即网络特性方程即确定。

（2）二端网络的方程和参数。

按正弦稳态情况进行分析，无源线性二端网络的特性方程共有 6 种，常用的有下列 4 种，写成矩阵形式如下：

Y 参数：

$$\begin{bmatrix} \dot{I}_1 \\ \\ \dot{I}_2 \end{bmatrix} = Y \begin{bmatrix} \dot{U}_1 \\ \\ \dot{U}_2 \end{bmatrix}, \; Y = \begin{bmatrix} Y_{11} & Y_{12} \\ Y_{21} & Y_{22} \end{bmatrix}, \; 对互易网络有 \; Y_{12} = Y_{21} 。$$

Z 参数：

$$\begin{bmatrix} \dot{U}_1 \\ \\ \dot{U}_2 \end{bmatrix} = Z \begin{bmatrix} \dot{I}_1 \\ \\ \dot{I}_2 \end{bmatrix}, \; Z = \begin{bmatrix} Z_{11} & Z_{12} \\ Z_{21} & Z_{22} \end{bmatrix}, \; 对互易网络有 \; Z_{12} = Z_{21} 。$$

H 参数：

$$\begin{bmatrix} \dot{U}_1 \\ \\ \dot{I}_2 \end{bmatrix} = H \begin{bmatrix} \dot{I}_1 \\ \\ \dot{U}_2 \end{bmatrix}, \; H = \begin{bmatrix} H_{11} & H_{12} \\ H_{21} & H_{22} \end{bmatrix}, \; 对互易网络有 \; H_{12} = H_{21} 。$$

T 参数：

$$\begin{bmatrix} \dot{U}_1 \\ \\ \dot{I}_1 \end{bmatrix} = T \begin{bmatrix} \dot{U}_2 \\ \\ -\dot{I}_2 \end{bmatrix}, \; T = \begin{bmatrix} T_{11} & T_{12} \\ T_{21} & T_{22} \end{bmatrix}, \; 对互易网络有 \; T_{11}T_{22} - T_{12}T_{21} = 1 。$$

如果这四种参数反映的是同一网络，它们之间必有内在联系，因而可用一套参数求出另一套参数。由线性电阻、电容、电感元件构成的无源二端网络称为互易网络。

（3）参数测试方法。

①通过上述方程就可以测定网络的参数，可分别测出二端网络的开路和短路的输入端复阻抗 Z_{1oc}、Z_{1sc} 和输出端复阻抗 Z_{2oc}、Z_{2sc}，则二端网络的参数可由下式求得：

$$T_{11} = T_{21}Z_{1oc}, \; T_{12} = T_{22}Z_{sc}, \; T_{21} = \frac{T_{22}}{Z_{2oc}}, \; T_{22} = \frac{Z_{2oc}}{Z_{1oc} - Z_{1sc}}$$

②通过示波器的数据能得到开路、短路时的输入端复阻抗、输出端复阻抗为：

$$|Z| = \frac{U}{I}, \; Z = |Z| \angle \varphi$$

Z 为感性复阻抗，$\varphi > 0$；Z 为容性复阻抗，$\varphi < 0$。

三、实验器材

实验需用设备与器材如表 1.56 所示。

表 1.56　实验需用设备与器材

序号	名称	型号与规格	数量	备注
1	可调直流稳压电源	0～30 V	1 只	
2	数字式直流电压表	0～200 V	1 只	
3	数字式直流毫安表	0～200 mA	1 只	
4	计算机		1 台	

四、实验内容及步骤

在 Multisim 9 软件建立如图 1.90、图 1.91 所示电路,用示波器测量给定二端口网络在输出端口开路和短路的输入端复阻抗 Z_{1oc}、Z_{1sc},另行设计实验电路测量输出端复阻抗 Z_{2oc}、Z_{2sc},再利用上述公式求得二端口网络的参数。

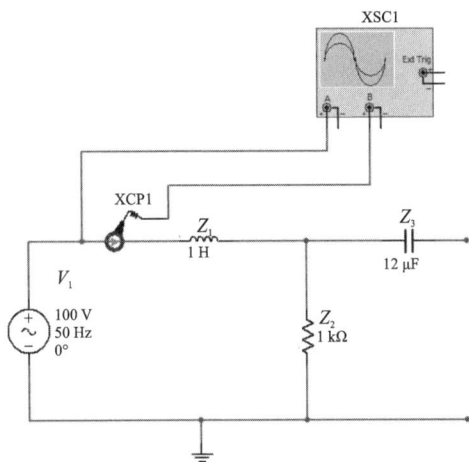

图 1.90　测量端口开路时的输入端复阻抗　　　　图 1.91　测量端口短路时的输入端复阻抗

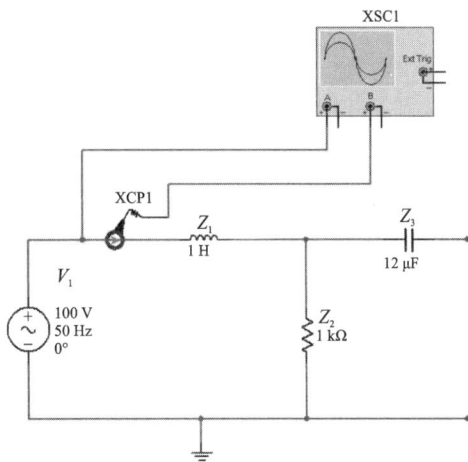

注意事项:

(1)必须注意电流探针所测电流的方向。

(2)仿真电路中使用不同颜色的导线连接示波器的 A、B 通道,以便于观察电压、电流波形的超前或滞后关系。

(3)用示波器的标尺精确测定电压、电流的峰值,二者的比值为阻抗的数值。

(4)用示波器的标尺精确测定阻抗角,须在同一周期内,两个波形都达到同等程度,即同时过零或都为正的最大值,其相位差为阻抗角,计算公式为 $\varphi = 2\pi f(t_1 - t_2)$。

（5）自拟数据记录表格，做好实验数据记录。

五、实验报告要求

（1）求出给定网络的参数。

（2）总结、归纳二端网络的测试技术。

六. 思考题

（1）试推导公式 $\varphi = 2\pi f(t_1 - t_2)$。

（2）如果不用电流探针而是用采样电阻来观测相应的电流，该如何实现？

实验十六　双口网络的等效电路虚拟仿真设计

一、实验目的

（1）加深理解双口网络的基本理论。

（2）掌握测量直流双口网络传输参数的方法和技术。

（3）学习二端网络的连接，加深对等效电路的理解。

二、实验原理

对于任何一个线性网络，我们所关心的往往只是输入端口和输出端口的电压和电流间的相互关系，并通过实验测定方法求取一个极其简单的等值双口电路来替代原网络，此即为"黑盒理论"的基本内容。

1. 同时测量法

一个双口网络两端口的电压和电流四个变量之间的关系，可以用多种形式的参数方程来表示。本实验采用输出口的电压 U_2 和电流 I_2 作为自变量，以输入口的电压 U_1 和电流 I_1 作为因变量，所得方程称为双口网络的传输方程。图 1.92 所示为无源线性双口网络（端口电流相同称为双口网络，否则是四端网络）。

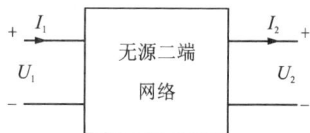

图 1.92　无源线性双口网络

其传输方程为：

$$\dot{U}_1 = A\dot{U}_2 + B\dot{I}_2 ; \quad \dot{I}_1 = C\dot{U}_2 + D\dot{I}_2$$

式中的 A、B、C、D 为双口网络的传输参数，其值完全取决于网络的拓扑结构（线路的布局）及各支路元件的参数值。这四个参数表征了该双口网络的基本特性，它们的含义如下：

$$A = U_1/U_2 (I_2 = 0 \text{ 即输出端开路时，电压传递})$$

$$B = U_1/I_2 (U_2 = 0 \text{ 即输出端短路时，电导传递})$$

$$C = I_1/U_2 (I_2 = 0 \text{ 即输出端开路时，阻抗传递})$$

$$D = I_1/I_2 (U_2 = 0 \text{ 即输出端短路时；电流传递})$$

由上式可知，只要在网络的输入端加上电压，在两个端口同时测量其电压和电流，即可

求出 A、B、C、D 四个参数。

2. 分别测量法

若要测量一条远距离输电线构成的双口网络，采用同时测量法就很不方便。这时可采用分别测量法，即先在输入端加电压，而将输出端开路和短路，在输入端测量电压和电流，由传输方程可得：

$$R_{10} = U_1/I_1 = A/C\,(I_2 = 0\ 即输出端开路时)$$

$$R_{1S} = U_1/I_2 = B/D\,(U_2 = 0\ 即输出端短路时)$$

然后在输出端加电压，将输入口开路和短路，测量输出端的电压和电流。此时可得：

$$R_{20} = U_2/I_2 = D/C\,(I_1 = 0\ 即输入端开路时)$$

$$R_{2S} = U_2/I_1 = B/A\,(U_1 = 0\ 即输入端短路时)$$

R_{10}、R_{1S}、R_{20}、R_{2S} 分别表示一个端口开路和短路时另一端口的等效输入电阻，这四个参数中有三个是独立的（因为 $AD - BC = 1$）。至此，可求出四个传输参数：

$$A = \sqrt{R_{10}/(R_{20} - R_{2S})},\ B = R_{2S}A,\ C = A/R_{10},\ D = R_{20}C$$

3. 双口网络级联后的等效双口网络的传输参数

双口网络级联后的等效双口网络的传输参数可采用上述两种测量方法之一求得。从理论推得两个双口网络级联后的传输参数与每一个参加级联的双口网络的传输参数之间有如下关系：

$$A = A_1A_2 + B_1C_2$$

$$B = A_1B_2 + B_1D_2$$

$$C = C_1A_2 + D_1C_2$$

$$D = C_1B_2 + D_1D_2$$

三、实验器材

实验需用设备与器材如表 1.57 所示。

表 1.57　实验需用设备与器材

序号	名称	型号与规格	数量	备注
1	可调直流稳压电源	$0 \sim 30$ V	1 只	
2	数字式直流电压表	$0 \sim 200$ V	1 只	
3	数字式直流毫安表	$0 \sim 200$ mA	1 只	
4	双口网络实验电路板		1 套	
5	计算机		1 台	

四、实验内容及步骤

按同时测量法分别测定两个双口网络的传输参数 A_1、B_1、C_1、D_1 和 A_2、B_2、C_2、D_2，并列出它们的传输方程。

（1）按照图 1.93 在仿真软件中连接双口网络Ⅰ实验线路，将直流稳压电源的输出电压调到 $U_1 = 15$ V，作为双口网络的输入，完成表 1.58 中相关参数的测量。

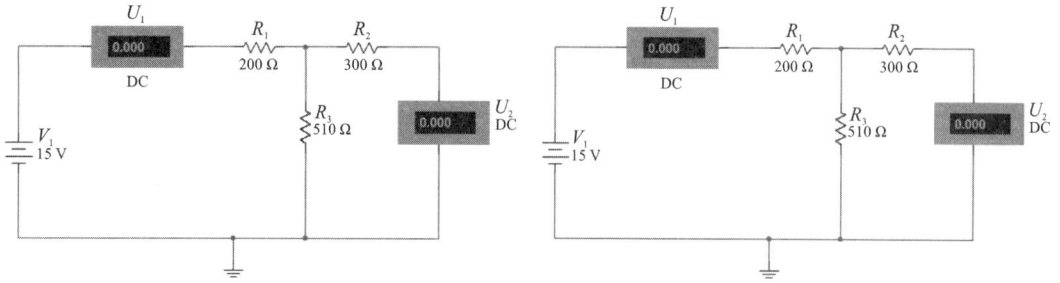

图 1.93　双口网络Ⅰ断路、短路测量

表 1.58　双口网络Ⅰ实验数据

	测试条件及测量值				传输参数计算值	
双口网络Ⅰ	输出端开路	U_1/V	U_2/V	I_1/mA	A_1	C_1
	$I_2 = 0$	15				
	输出端短路	U_1/V	I_1/mA	$I_2 mA$	B_1	D_1
	$U_2 = 0$	15				

（2）按照图 1.94 连接双口网络Ⅱ实验线路，完成表 1.59 中相关参数的测量。

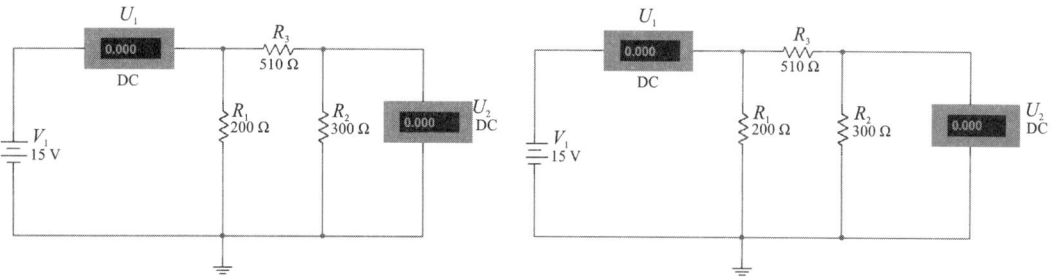

图 1.94　双口网络Ⅱ断路、短路测量

表 1.59　双口网络Ⅱ实验数据

	测试条件及测量值				传输参数计算值	
双口网络Ⅱ	输出端开路	U_1/V	U_2/V	I_1/mA	A_2	C_2
	$I_2 = 0$	15				
	输出端短路	U_1/V	I_1/mA	I_2/mA	B_2	D_2
	$U_2 = 0$	15				

（3）将两个双口网络级联，即将双口网络Ⅰ的输出接至双口网络Ⅱ的输入。用两端口分别测量法测量级联后等效双口网络的传输参数 A、B、C、D，并验证等效双口网络传输参数与级联的两个双口网络传输参数之间的关系，按表 1.60 相关参数测量。

表 1.60　双口网络Ⅰ、Ⅱ级联数据

双口网络ⅠⅡ级联	电路左边输入：输出端开路 $I_2=0$			电路左边输入：输出端短路 $U_2=0$			传输参数计算值
	U_1/V	I_{10}/mA	R_{10}/Ω	U_1/V	I_{1S}/mA	R_{1S}/Ω	同时测量法 $A=$ $C=$ $B=$ $D=$
	15			15			
	电路右边输入：输出端开路 $I_1=0$			电路右边输入：输出端短路 $U_1=0$			分别测量法 $A=$ $C=$ $B=$ $D=$
	U_2/V	I_{20}/mA	R_{20}/Ω	U_2/V	I_{2S}/mA	R_{2S}/Ω	
	15			15			

（4）实验注意事项。

①用电流插头插座测量电流时，要注意判别电流表的极性及选取适合的量程（根据所给的电路参数估算电流表量程）。

②计算传输参数时，I、U 均取其正值。

五、实验报告要求

（1）绘出双口网络级联时的实验电路图，完成对数据表格的测量和计算任务。

（2）列写参数方程。

（3）验证级联后等效双口网络的传输参数与级联的两个双口网络传输参数之间的关系。

（4）总结、归纳双口网络的测试技术。

六、思考题

（1）试述双口网络同时测量法与分别测量法的测量步骤、优缺点及适用情况。

（2）本实验方法可否用于交流双口网络的测定？

实验十七　负阻抗变换器及其应用

一、实验目的

（1）加深对负阻抗概念的认识，掌握含有负阻电路的分析研究方法。

（2）了解负阻抗变换器的组成原理及应用。

（3）掌握负阻抗变换器的各种测试方法。

二、实验原理

（1）负阻抗是电路理论中一个重要的基本概念。有些非线性元件，例如隧道二极管，在某个电压或电流范围内具有负阻抗特性。除此之外，一般都由一个有源二端网络来形成一个等效的线性负阻抗。该网络由线性集成电路或晶体管等元件组成，这样的网络称作负阻抗变换器。

按有源网络输入电压、电流与输出电压、电流的关系，负阻抗变换器可分为电流倒置型和电压倒置型两种（INIC 及 VNIC），如图 1.95 所示。

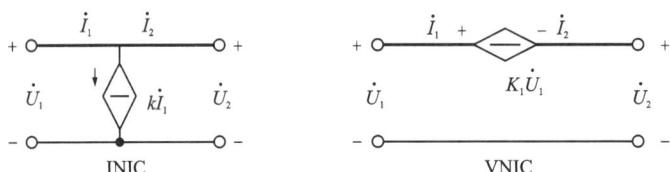

图 1.95　负阻抗变换器

在理想情况下，负阻抗变换器的电压、电流关系如下：

INIC 型：$\dot{U}_2 = \dot{U}_1$，$\dot{I}_2 = K\,\dot{I}_1$（K 为电流增益）。

VNIC 型：$\dot{U}_2 = -K_1\,\dot{U}_1$，$\dot{I}_2 = -\dot{I}_1$（$K_1$ 为电压增益）。

（2）本实验所用线性运算放大器的组成如图 1.96 所示的 INIC 电路，在一定的电压、电流范围内可获得良好的线性度。根据运放理论可知：

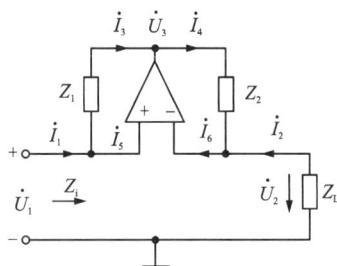

图 1.96　线性运算放大器组成的负阻抗变换器

$$\dot{U}_1 = \dot{U}_+ = \dot{U}_- = \dot{U}_2,\ \dot{I}_5 = \dot{I}_6 = 0,\ \dot{I}_1 = \dot{I}_3,\ \dot{I}_2 = -\dot{I}_4$$

而

$$Z_i = \frac{\dot{U}_1}{\dot{I}_1},\ \dot{I}_3 = \frac{\dot{U}_1 - \dot{U}_3}{Z_1},\ \dot{I}_4 = \frac{\dot{U}_3 - \dot{U}_2}{Z_2} = \frac{\dot{U}_3 - \dot{U}_1}{Z_2}$$

所以有

$$\dot{I}_4 Z_2 = -\dot{I}_3 Z_1,\quad -\dot{I}_2 Z_2 = -\dot{I}_1 Z_1,\quad \frac{\dot{U}_2}{Z_L} \times Z_2 = -\dot{I}_1 Z_1,$$

$$\frac{\dot{U}_2}{\dot{I}_1} = \frac{\dot{U}_1}{\dot{I}_1} = Z_i = -\frac{Z_1}{Z_2} \times Z_L = -K Z_L^1 \left(\diamondsuit\ K = \frac{Z_1}{Z_2} \right)$$

可见，若 $Z_1 = R_1 = R_2 = Z_2 = 1\ \mathrm{k\Omega}$

$$K = \frac{Z_1}{Z_2} = \frac{R_1}{R_2} = 1$$

若 $Z_1 = R_L$，则有

$$Z_i = -KZ_L = -R_L$$

若 $Z_1 = \dfrac{1}{j\omega C}$，则有

$$Z_i = -KZ_L = -\frac{1}{j\omega C} = j\omega C \left(令\ L = \frac{1}{\omega^2 C} \right)$$

若 $Z_1 = j\omega L$，则有

$$Z_i = -KZ_L = -j\omega C = \frac{1}{j\omega C} \left(令\ C = \frac{1}{\omega^2 L} \right)$$

$Z_1 = \dfrac{1}{j\omega C}$ 式和 $Z_1 = j\omega L$ 两式表明，负阻抗变换器可实现容性阻抗和感性阻抗的互换。

三、实验器材

实验需用设备与器材如表 1.61 所示。

表 1.61 实验需用设备与器材

序号	名称	型号与规格	数量	备注
1	直流稳压电源	0 ~ 30 V	1 只	
2	低频信号发生器		1 台	
3	直流数字式电压表、毫安表	0 ~ 200 V 0 ~ 200 mA	2 只	
4	交流毫伏表	0 ~ 600 V	1 只	
5	双踪示波器		1 台	
6	可变电阻箱		1 只	
7	电容器		1 只	
8	线性电感		1 只	
9	电阻器		1 只	

四、实验内容及步骤

(1)测量负电阻的伏安特性，计算电流增益 K 及等值负阻。

实验线路见图 1.96。将 U_1 接直流可调稳压电源，Z_L 采用电阻箱，根据表 1.62 给出的参数进行测量并记录数据。

①取 $R_L = 300\ \Omega$（取自电阻箱），测量不同 U_1 时的 I_1 值。U_1 取 0.1 ~ 2.5 V（非线性部分应多测几点，下同）。

②令 $R_L = 600\ \Omega$，重复上述的测量（U_1 取 0.1 ~ 4.0 V）。

③计算等效负阻和电流增益。

④绘制负电阻的伏安特性曲线 $U_1 = f(I_1)$。

表 1.62　负电阻的伏安特性

$R_L = 300\ \Omega$	U_1/V								
	I_1/mA								
	$R\_/k\Omega$								
$R_L = 600\ \Omega$	U_1/V								
	I_1/mA								
	$R\_/k\Omega$								

（2）阻抗变换及相位观察。

实验线路见图 1.97。接线时，信号源的高端接 a 端，低（"地"）端接 b 端，双踪示波器的"地"端接 b 端，YA、YB 分别接 ac 端。图中 R_s 为电流取样电阻。因为电阻两端的电压波形与流过电阻的电流波形同相，所以用示波器观察到的 R_s 上的电压波形反映了电流 i_1 的相位。

①调节低频信号使 $U_1 \leqslant 3$ V，改变信号源频率 $f = 500 \sim 2000$ Hz，用双踪示波器观察 u_1 与 i_1 的相位差，判断是否具有容抗特征。

②用 0.1 μF 的电容 C 代替 L，重复步骤①的观察，判断是否具有感抗特征。

（3）注意事项。

本实验接线较多，应仔细检查，特别是信号源与示波器的低端不可接错。

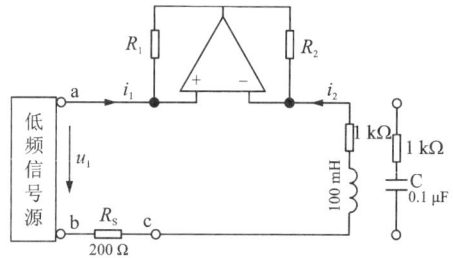

图 1.97　用 INIC 构成的 $RL(RC)$ 串联电路

五、实验报告要求

（1）完成计算并绘制特性曲线。

（2）总结对 INIC 的认识。

（3）总结实验收获和心得体会。

六、思考题

（1）图 1.96 中的 $\dot{U}_1$ 是发出功率还是吸收功率？为什么？

（2）在研究 RC、RL 串联电路的响应时，如何确认激励电源具有负内阻？

实验十八　三相异步电动机的控制

一、实验目的

（1）掌握三相异步电动机直接启动控制电路的基本工作原理、接线及操作方法。

（2）掌握三相异步电动机直接启动控制电路的基本组成及各元件的基本功能。

（3）了解电动机铭牌参数的意义。

二、实验原理

三相交流异步电动机外形如图 1.98 所示,主要由定子、转子和它们之间的气隙构成。定子的三相绕组通入三相交流电即可产生旋转磁场。旋转磁场的旋转方向与三相电流的相序一致,任意调换两根电源进线,则旋转磁场反转,即电机反转。对于电动机来说,最简单、直接的启动方法就是直接启动法。

图 1.98　三相交流异步电动机

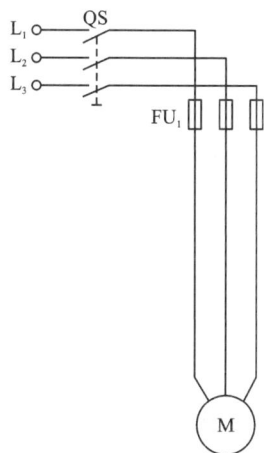

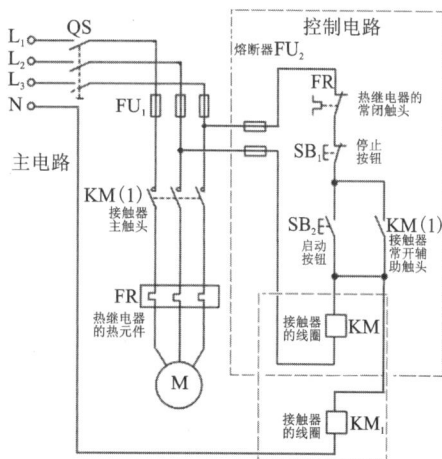

(1)刀开关直接启动电路。

如图 1.99 所示,合上闸刀开关 QS 即可启动电机 M。如果要使电机反转,只需更换任意两根火线的相序即可。

(2)带自锁控制的单向运转直接启动控制电路。

图 1.100 是带按钮和接触器控制的单向运转电动机直接启动控制电路,工作原理如下(合上闸刀开关 QS):

①启动控制:按下启动按钮 SB_2→KM 线圈得电(KM_1 线圈表示接相电压,KM_1 线圈何时接线电压和相电压要依据其电压要求)→KM 自锁触头闭合,同时 KM 主触头闭合→电动机 M 通电启动运转。

②停车控制:按下停车按钮 SB_1→KM 线圈断电(KM_1 线圈表示接相电压)→KM 自锁触头断开,同时 KM 主触头断开→电动机 M 失电停止运转。

通过原理分析可见,采用接触器、按钮启动开关实现了电动机的失压保护。

图 1.99　三相异步电动机直接启动的最简单电路　　图 1.100　带自锁控制的单向运转直接启动控制电路

(3)三相异步电动机绕组接线图、星形(Y)接线图及三角形(△)接线图分别如图 1.101、图 1.102 及图 1.103 所示。

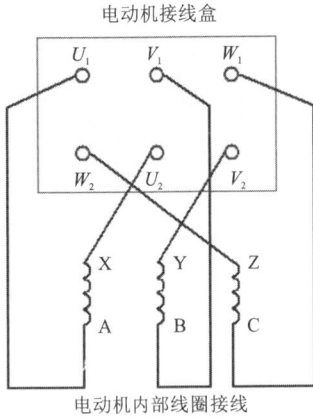

图 1.101　三相异步电动机绕组接线图

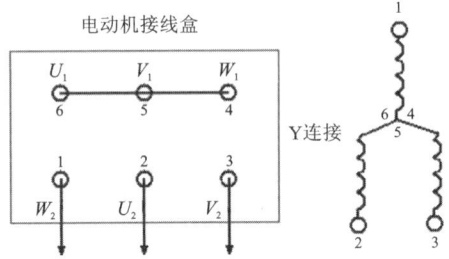

图 1.102　星形(Y)接线图

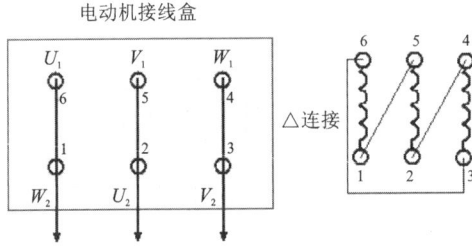

图 1.103　三角形(△)接线图

三、实验器材

实验需用设备与器材如表 1.63 所示。

表 1.63　实验需用设备与器材

序号	名称	型号与规格	数量	备注
1	三相鼠笼式异步电动机		1 台	
2	三相交流可调电源		1 只	
3	继电接触控制箱		1 只	

四、实验内容及步骤

实验电机绕组如图 1.104 所示，星形(Y)接法如图 1.105 所示，三角形(△)接法如图 1.106 所示。

1. 手动星形(Y)单向运转、直接启动三相异步电动机接线

(1)电机接线按其铭牌参数连接(线电压 380 VAC、星形)。

（2）三相异步电动机线路及控制线路按如图 1.105 所示搭接。

（3）上电观察电机运转正常后，测量表 1.64 中所列相关参数并记录。

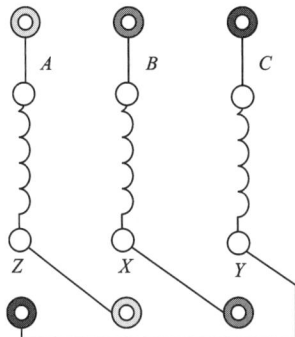

图 1.104　实验电机绕组图　　　　　　　　　　图 1.105　星形（Y）接法

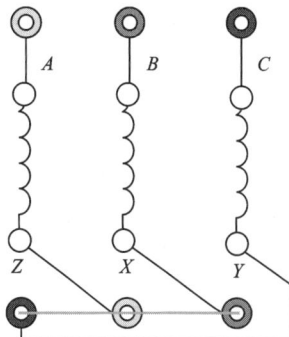

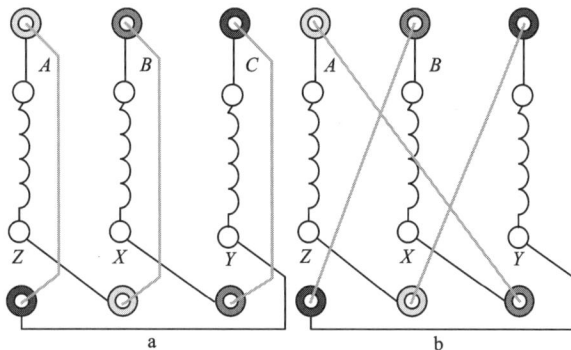

图 1.106　三角形（△）接法

2. 手动三角形（△）单向运转、直接启动三相异步电动机接线

（1）电机接线参照铭牌参数连接（原参数：线电压 380 VAC、星形。由于采用△接法，需将三相电源线电压调整为 220 VAC）。

（2）三相异步电动机线路及控制线路按图 1.106 所示搭接。

（3）上电观察电机运转正常后，测量表 1.64 中所列相关参数并记录。

3. 带控制电路的星形（Y）单向运转、直接启动三相异步电动机接线

（1）电机接线按其铭牌参数连接（线电压 380VAC、星形）。

（2）先接控制电路，注意交流接触器线圈的供电电压参数 220 VAC（图 1.100 所示控制电路交流接触器线圈选用 KM1 接法）。接毕控制电路检查无误后再通电，按下 SB$_2$，观察交流接触器的工作情况，待交流接触器的工作状态正常后关闭电源。

（3）按图 1.99 和图 1.104 所示连接三相异步电动机线路及主电路，检查无误后方可通电，反复操作 SB$_2$（启动）和 SB$_1$（停止）按钮，观察电机的工作情况是否正常，控制电路功能是否正常，记录表 1.64 中所列相关参数或说明。

4. 带控制电路的三角形（△）单向运转、直接启动三相异步电动机接线

（1）电机接线参照铭牌参数连接（原参数：线电压 380 VAC、星形。由于采用△接法，需将三相电源线电压调整为 220 VAC)。

(2)三相异步电动机的控制线路保持上述星形(Y)的控制电路不变,注意交流接触器线圈的供电电压参数 220 VAC(图 1.99 所示控制电路交流接触器线圈选用 KM 接法)。

(3)按图 1.100 连接三相异步电动机线路及主电路,检查无误后方可通电,上电后观察电机运转是否正常,控制电路功能是否正常,记录表 1.64 中所列相关参数或说明。

表 1.64 实验数据测量

电机接线	空载启动电流/A	空载运行电流/A	正/反转实现方法	控制电路是否正常,有无自保功能
手动星形(Y)				
手动三角形(△)				
带控制电路星形(Y)				
带控制电路三角形(△)				

5. 注意事项

(1)仔细看清电动机铭牌上的参数和交流接触器线圈的额定电压,按其规定的参数接线操作。

(2)三角形(△)接法时要注意将线电压调整到 220 VAC,否则会损坏电动机,同时要注意交流接触器线圈的供电电压也需改接为 220 VAC(降压后的线电压)。

(3)对直接启动控制电路进行正确接线,先接控制电路,再接主电路,自己检查无误并经教师检查认可后方可通电实验。

五、实验报告要求

(1)分析三相异步电动机的控制线路图,叙述基本控制工作过程。

(2)分析交流接触器的工作原理,叙述其基本工作过程,说明它是如何实现自锁的。

(3)简述常开、常闭触点的基本概念。

六、思考题

(1)比较星形(Y)和三角形(△)接法的电压、电流、启动转矩。

(2)如果要实现电动机的正、反转控制,主电路和控制电路应如何改接线路?

实验十九　简易万用表的设计与组装

一、实验目的

(1)了解万用表的结构及工作原理。

(2)掌握多量程万用表的设计与制作。

(3)学会校准电表。

二、实验器材

实验需用设备与器材如表1.65所示。

表1.65　实验需用设备与器材

序号	名称	型号与规格	数量	备注
1	表头及元件	$I_g = 100\ \mu A$，$R_g = 3\ k\Omega$	1套	
2	线路板		1块	
3	微安表	$0 \sim 200\ \mu A$	1只	
4	毫安表	$0 \sim 150\ mA$	1只	
5	滑线变阻器		1只	
6	开关、导线等		若干个	

三、设计要求及提示

1. 设计要求

万用表是常用的测量工具，主要由直流微电流 G（即磁电式电流计）及若干电阻构成，具有多种用途及使用方便等优点。本实验任务是对万用表电路进行分析研究，运用电流计设计并组装一个具有测电流、电压、电阻功能的万用表。

2. 设计提示

磁电式电流计和不同阻值的分流电阻可以构成不同量程的电流表。同样，磁电式电流计与不同阻值的分压电阻构成了不同量程的电压表。电流计允许通过的最大电流称为电流计的量程，用 I_g 表示，电流计线圈有一定电阻，称为电流计的内阻，用 R_g 表示。量程 I_g 与内阻 R_g 是电流计反映特性的两个重要参数。

（1）电流表的扩程：要将磁电式电流表改装成量程为 I 的电流表，只需在电流表表头两端并联一个分流电阻，如图1.107（a）所示，就可改装成多量程的毫安计。分流电阻阻值按以下公式计算：

$$R_S = \frac{R_g \cdot I_g}{I - I_g}$$

若 $I = NI_g$，则有

$$R_S = \frac{R_g}{N - 1}$$

因此，并联不同的分流电阻可构成不同量程的电流表，如图1.107（b）所示。

（2）电压表的改装：如果将表头串联一分压电阻，就改装成了量程为 U 的电压表，如图1.108（a）所示，其分压电阻阻值按如下公式计算：

$$R_x = \frac{U}{I} - R_g$$

可见，串联不同的分压电阻，就可得到不同量程的电压表，如图1.108（b）所示。

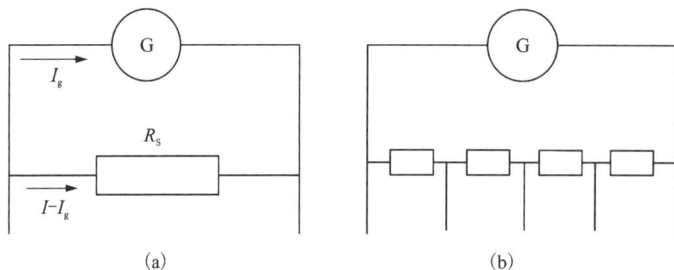

图1.107 电流表扩程图

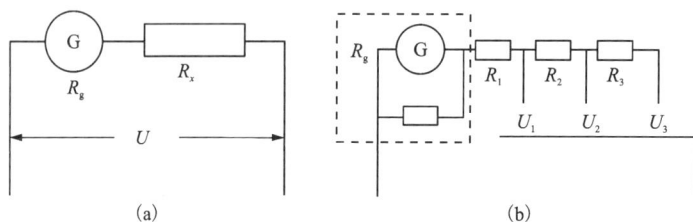

图1.108 电压表改装图

(3)欧姆表的原理：表头若要显示为电阻欧姆表，则可将图1.109中的A、B两点连接，调节电阻R使得电流计满刻度，此时电路的电流I_0按下面公式计算：

$$I_0 = \frac{E}{R'_g + R'}$$

当R_x接入回路后，回路电流为：

$$I_x = \frac{E}{R'_g + R' + R_x} = \frac{R'_g + R_x}{R'_g + R' + R_x}I_0$$

因此，一旦E、R_g、R确定后，回路电流仅由R_x决定。当$R_x = R'_g + R'$时，$I_x = I_0/2$，此时电流表指针指向刻度线中点，电阻R_x称为欧姆表的中值电阻；I_0与R_x成非线性关系。设$r = R'_g + R'$，则有以下几个特殊值：①当$R_x = 0$时，$I = I_0$，指针满偏；②$R_x = r$时，$I = 0.5I_0$，指针在中间位置；③$R_x = \infty$时$I = 0$，指针在起始位置，可在电流计面板上刻上刻度，以显示不同的阻值R_x。

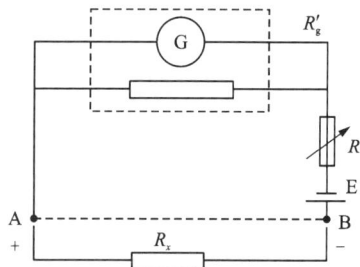

图1.109 欧姆表的改装图

四、实验报告要求

(1)设计多量程电流表的电路图并校准，测量其主要参数，写出实验步骤。

(2)设计多量程伏特表的电路图，测量其主要参数，写出实验步骤。

(3)根据设计提示设计出万用表的总体实验电路图。

(4)根据设计的实验电路图，验证万用表为直流表、电压表、欧姆表时的具体参数，并设计表格并填入测量数据，写出实验步骤。

五、思考题

（1）用万用表测量电阻值时，表盘上的刻度线不是均匀刻度，为什么？

（2）使用万用表的欧姆挡时，首先要完成什么步骤，为什么？

第 2 章

模拟电路实验

实验一　共射极单管放大电路研究

一、实验目的

(1)学习电子电路的布线、安装等基本技能,熟悉常用电子仪器的使用方法。

(2)掌握放大电路静态工作点的调试、测量方法,知道其变化会对放大电路哪些性能参数产生影响。

(3)学会放大电路输入、输出波形及电压放大倍数的测试方法。

二、实验原理

图 2.1 所示为共发射极单管放大电路。工作点为电阻分压式,它的偏置电路采用 R_{B1} 和 R_{B2} 组成的分压电路,并在发射极中接有电阻 R_E,以稳定放大电路的静态工作点。当在放大电路的输入端加入交流信号 U_i 后,在输出端便可得到一个与 U_i 相位相反、幅值被放大了的交流信号 U_o,因而实现了电压放大。

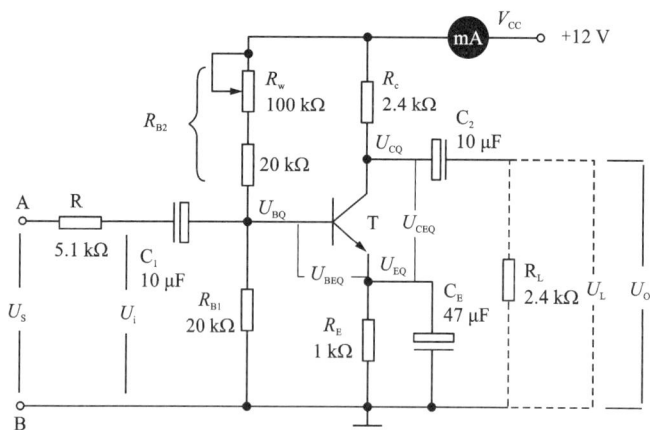

图 2.1　共发射极单管放大电路

三、实验器材

实验需用设备与器材如表2.1所示。

表2.1 实验需用设备与器材

序号	名称	型号与规格	数量	备注
1	网络型模拟电路实验装置	THDW-M1	1套	
2	数字式存储示波器	GDS-1102A	1台	
3	数字式万用表	UT51	1只	
4	元器件、连接导线		若干个	

四、实验内容及步骤

1. 电路搭建

(1)搭建电路之前,先检查各元器件的参数是否正确,区分三极管的三个电极,并测量其β值,要求检查所使用的每根连接导线处于导通状态。

(2)元器件放置基本要求。

在试验台上,先仔细观察,选择预搭电路的位置,确定后以晶体管为中心,晶体管的各个极为单元电路,安放元器件。一般电阻、电容按水平或垂直方向插放,"+"电源用红色的导线,"-"电源用绿色或蓝色的导线,"⊥"地用黑色的导线,其余连接导线颜色自定。

(3)为了降低排除故障的难度,电路搭建可分步进行。

①先搭接直流通路:按图2.2所示在实验台上搭接电路。搭接完毕后,应认真检查连线是否正确、牢固。调节R_W,测量I_c值应在2 mA左右变化,如果不满足,则应按步骤(1)要求检查故障部位并予以排除。

②完成搭建工作,确保无误后,再搭建余下的交流通路,注意电解电容的极性,按图2.1所示完成整体电路的搭建。

(4)电路搭建故障检查通用方法(适用后续搭建实验电路的检查方法)。

①连接导线的通断状态可用数字式万用表上标有符号"—▶|—"或蜂鸣器图标的挡位来检测,按电路节点、网络逐一进行检测。

②认真检查连线是否正确、牢固。

③认真检查搭接电路中的元器件参数是否与原理图中的参数一致,检查电路时,请断开电源,测量电阻时,注意要断开电源,断开回路。

④完成上述3步检查后,如电路仍然不正确时,则应更换集成电路芯片,如果是三极管,

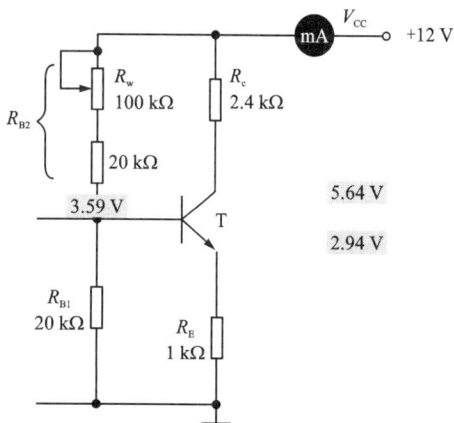

图2.2 共射极单管放大器直流通路

可用万用表检测其状态是否正常。

2. 电路工作状态的定性检测

（1）在电路中输入频率为 1 kHz、幅度为 100 mV（pp）左右的正弦波。用示波器的两个测试通道分别观察放大电路的输入波形 U_i 与输出波形 U_o，其波形应符合放大电路的基本属性，即输入波形与输出波形应有 15 倍左右的放大关系。

（2）适当地调整输入信号的幅值，观察放大电路输出波形的变化情况。当输入信号的幅值增大到一定幅度时，输出波形应有失真的现象出现，如图 2.3 所示。

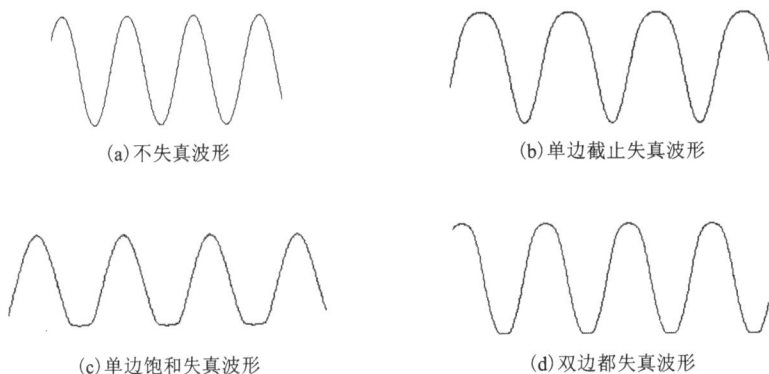

(a)不失真波形　　　　　　　　　　　　(b)单边截止失真波形

(c)单边饱和失真波形　　　　　　　　　(d)双边都失真波形

图 2.3　放大电路输出波形

（3）如果不满足上述两种状态，应检查 R_W（静态工作点偏置电阻）的取值是否合适。

3. 测量最大不失真输出电压的幅度

（1）最佳静态工作点 Q 的调试。

调节信号发生器的输出，使输入信号 U_i 的幅度逐渐增大，用示波器观察输出信号 U_o 的波形。当输出信号出现单边失真［如图 2.3 中（b）、（c）所示］时，调节基极偏置电阻 R_W，同时配合调节输入信号 U_i 的幅度大小，直到输出波形 U_o 的双峰同时刚要出现失真而没有出现失真［如图 2.3 中（a）所示］时，停止增大 U_i，这时示波器上所显示的输出波形电压幅度就是放大电路的最大不失真输出电压幅度，将测试数据记录在表 2.2 中。其中，$A_u\left(A_u = \dfrac{U_o}{U_i}\right)$ 为不带负载时放大电路的电压增益。

表 2.2　最大不失真输出电压的幅度

不接负载 $R_L = \infty$	U_i/mV（pp）	U_o/mV（pp）	R_W/kΩ	A_u

（2）静态工作点 Q 的图解法解析。

根据晶体管输出特性曲线的特点我们知道，最大不失真输出电压值是在截止失真临界状态和饱和失真临界状态下测得的，它也反映了 Q 值（静态工作点）是否设置合理。实物实验前，可以先通过仿真实验用失真度仪（THD 总谐波失真仪）测量，失真参数控制为 ≤5%。而在做实物实验时波形的失真状态只能通过人眼观察。

当静态工作点选取不合适时产生的非线性失真如图 2.4 所示。

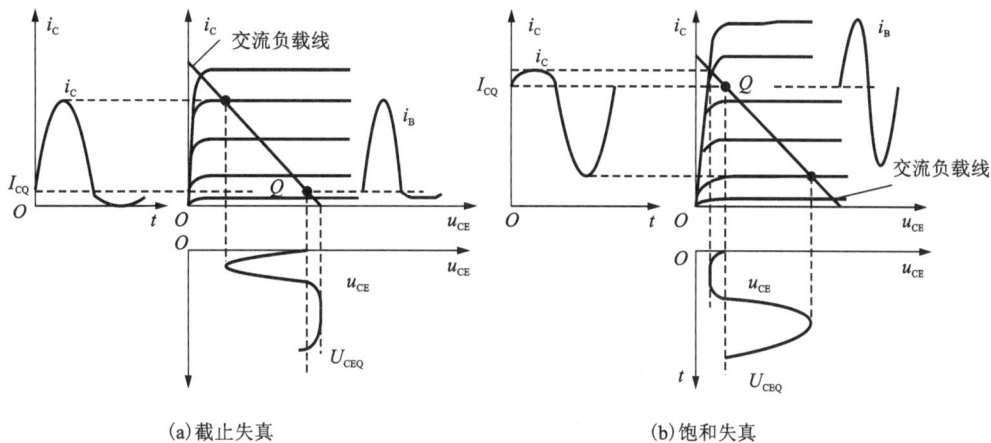

(a)截止失真
(b)饱和失真

图 2.4 截止失真的波形和饱和失真的波形

选取的静态工作点 Q 值不同, 则最大不失真输出电压亦不同, 如图 2.5 所示。

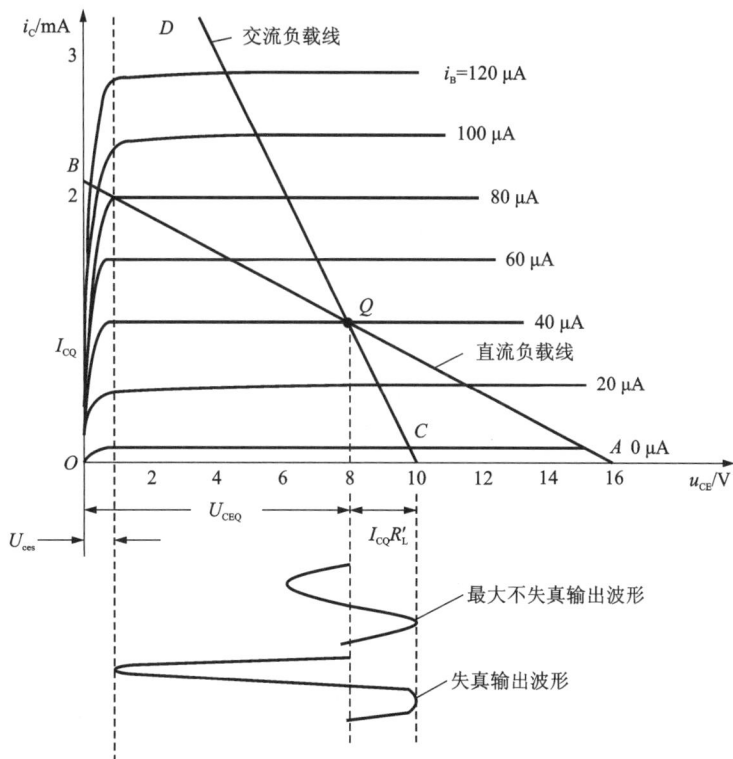

图 2.5 静态工作点 Q 值的选取对输出电压的影响

4. 测量静态工作点 Q

将放大电路的输入信号断开，测量电路最佳静态工作点参数，记录在表 2.3 中。其中，U_{BQ}、U_{EQ}、U_{CQ} 分别为放大电路晶体管各极对地的直流电压，U_{BEQ} 为基极与发射极直流电压，U_{CEQ} 为集电极与发射极直流电压，I_{CQ} 为集电极的直流电流，理论估算建议：$R_{b2} \approx 45~k\Omega$。

表 2.3　最佳静态工作点参数测量

实际调试后测量值						
最佳静态工作点	U_{BQ}/V	U_{CQ}/V	U_{EQ}/V	U_{BEQ}/V	U_{CEQ}/V	I_{CQ}/mA
不接负载 $R_L = \infty$						
理论估算值						
估算静态工作点	U_{BQ}/V	U_{CQ}/V	U_{EQ}/V	U_{BEQ}/V	U_{CEQ}/V	I_{CQ}/mA
不接负载 $R_L = \infty$						
理论估算公式	$U_{BQ} \approx \dfrac{R_{b1}}{R_{b1} + R_{b2}} \times V_{cc}$　　$U_{CQ} \approx V_{cc} - I_{CQ} \times R_c$　　$U_{EQ} \approx U_{BQ} - 0.7~V$ $U_{BEQ} = U_{BQ} - U_{EQ} \approx 0.7~V$（硅管）　　$U_{CEQ} \approx U_{CQ} - U_{EQ}$　　$I_{CQ} \approx U_{EQ}/R_e$						

5. 测量电压放大倍数

将放大电路的输入信号重新接入电路，用双踪示波器观察输入波形 U_i 和输出波形 U_o，测量电路在不接负载和接负载状态下的输入、输出波形参数，记录在表 2.4 中。在整个实验过程中必须保证输出信号不产生失真，如输出信号产生失真，可适当减小输入信号的幅度。

表 2.4　负载变化时的电压放大倍数测量

测试内容	不接负载($R_L = \infty$)			接上负载($R_L = 2.4~k\Omega$)		
	U_i/mV	U_o/V	A_u	U_i/mV	U_{oL}/V	A_{uL}
实际测量值						
理论计算值						
输入波形						
输出波形						

五、实验报告要求

（1）用理论分析方法估算出电路的静态工作点，填入表 2.3 中，再与测量值进行比较，并分析产生误差的原因。

（2）通过电路的动态分析，计算出电路的电压放大倍数，包括不接负载时的 A_u 以及接上负载时的 A_{uL}，将计算结果填入表 2.4 中，再与测量值进行比较，并分析产生误差的原因。

（3）根据指导教师上课的实际要求完成各项数据测试。

六、思考题

（1）放大电路所接负载电阻发生变化时，对电路的电压放大倍数有何影响？

（2）为什么许多教科书在计算静态工作点时常说估算？最佳静态工作点是算出来的吗？

（3）去掉图 2.1 中的 C_E，电路的性能和输出状态会有何变化，为什么？

（4）如何理解放大电路晶体管输出特性曲线上的直流负载线与交流负载线？

实验二　差动放大电路研究

一、实验目的

（1）理解差动放大电路的性能和特点。

（2）掌握差动放大电路临界工作点的设置及动态范围要求。

（3）熟悉差动放大电路差模电压放大倍数、共模电压放大倍数及共模抑制比分析计算方法，分析理论计算误差。

二、实验原理

差动放大电路又叫差分电路，如图 2.6 所示。它不仅能有效地放大直流信号，而且能有效地减小由于电源波动和晶体管随温度变化引起的零点漂移，因而获得广泛的应用。特别是在集成运放电路中，它常被用作多级放大器的前置级。

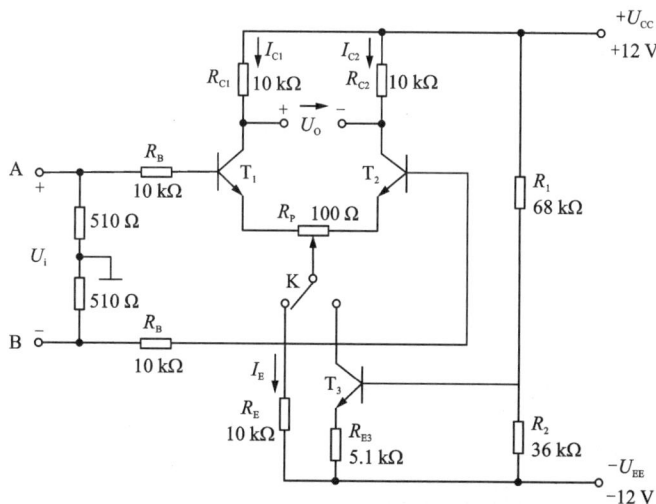

图 2.6　电流源偏置/长尾差动放大电路

基本差动放大电路由两个完全对称的共发射极单管放大电路组成，该电路的输入端是两个信号的输入，这两个信号的差值为电路有效输入信号，电路的输出是对这两个输入信号之差的放大。设想这样一种情景，如果存在干扰信号，会对两个输入信号产生相同的干扰，通过二者之差，干扰信号的有效输入为零，这就达到了抗共模干扰的目的。

三、实验器材

实验需用设备与器材如表2.5所示。

表2.5　实验需用设备与器材

序号	名称	型号与规格	数量	备注
1	网络型模拟电路实验装置	THDW－M1	1套	
2	数字式存储示波器	GDS－1102A	1台	
3	数字式万用表	UT51	1只	
4	差分对管	2SC1583	1只	自搭实验电路用
5	差分实验电路模块		1套	
6	元器件、连接导线		若干个	

四、实验内容及步骤

1. 电路调零

将两个差分输入端子A、B都接地，开关K打在图2.6所示的当前位置，观察输出U_o是否等于0，若$U_o \neq 0$，则应调节平衡电位器R_P使得$U_o=0$（电路调零参数控制在10 mV以内）。

2. 差模电压放大倍数A_{ud}的测试

（1）差分输入端子A、B分别输入直流信号U_{i1}、U_{i2}，按图2.7接线，按表2.6的要求记录U_o的数值。

（2）由函数信号发生器输入频率为1 kHz的正弦波交流信号，按图2.8接线，按表2.7的要求记录U_o的数值。

表2.6　直流差模双端输入双端输出电压放大倍数A_{ud}测试

信号输入条件：直流									
U_{i1}/mV	－80	－60	－30	－10	0	＋10	＋30	＋60	＋80
U_{i2}/mV	＋80	＋60	＋30	＋10	0	－10	－30	－60	－80
U_o/mV									
A_{ud}									

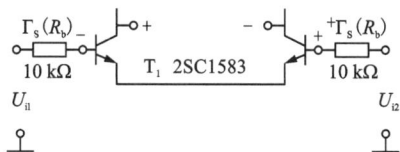

图 2.7　直流差模双端输入双端输出

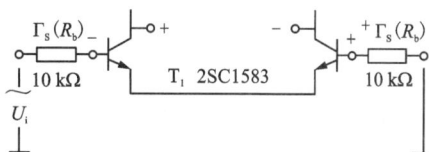

图 2.8　交流差模单端输入双端输出

表 2.7　交流差模单端输入双端输出电压放大倍数 A_{ud} 测试

信号输入条件：正弦、1 kHz								
U_{i1}/mV_{rms}	80	70	60	50	40	30	20	10	0
U_{i2}/mV_{rms}	0								
U_o/mV_{rms}									
A_{ud}									

3. 共模电压放大倍数 A_{uc} 的测试

（1）输入端子 A、B 输入同一直流信号，按图 2.9 接线，按表 2.8 的要求记录 U_o 的数值。

（2）由函数信号发生器输入频率为 1 kHz 的正弦波交流信号，按图 2.10 接线，按表 2.9 的要求记录 U_o 的数值。

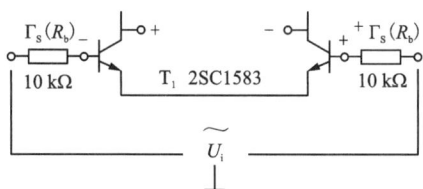

图 2.9　直流共模双端输入双端输出

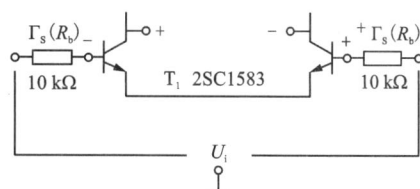

图 2.10　交流共模双端输入双端输出

表 2.8　直流共模双端输入双端输出电压放大倍数 A_{uc} 测试

信号输入条件：直流								
$U_{i1}=U_{i2}/V$	－5	－3	－2	－1	0	＋1	＋2	＋3	＋5
U_o/mV									
A_{uc}									

表 2.9　交流共模双端输入双端输出电压放大倍数 A_{uc} 测试

信号输入条件：正弦、1 kHz								
$U_{i1} = U_{i2}/mV_{rms}$	80	70	60	50	40	30	20	10	0
U_o/mV_{rms}									
A_{uc}									

4. 共模抑制比的计算

（1）根据表 2.6、表 2.8 中的实验数据完成表 2.10 直流信号共模抑制比的计算。

表 2.10　直流信号共模抑制比计算

$\overline{A}_{ud}$	
$\overline{A}_{uc}$	
$K_{CMRR} = \dfrac{A_{ud}}{A_{uc}}$	

（2）根据表 2.7、表 2.9 中的实验数据完成表 2.11 交流信号共模抑制比的计算。

表 2.11　交流信号共模抑制比计算

$\overline{A}_{ud}$	
$\overline{A}_{uc}$	
$K_{CMRR} = \dfrac{A_{ud}}{A_{uc}}$	

五、实验报告要求

（1）根据测试数据总结差动放大器的性能和特点。

（2）根据测试数据计算共模抑制比 K_{CMRR}。

（3）如果实验数据有误差，分析其产生的原因。

六、思考题

（1）差动放大电路的差模、共模输入是什么？

（2）差动放大电路输入、输出的方式有几种？各有什么特点？

（3）差动放大电路在实际工程中如何应用？常用于什么地方？试举例说明。

实验三 多级放大器与负反馈放大器研究

一、实验目的

（1）加深理解放大电路中引入负反馈的方法。

（2）区分负反馈放大器的四种基本组态。

（3）研究负反馈对放大器性能的改善和影响。

二、实验原理

1. 负反馈

由于晶体管的参数会随着环境温度的改变而改变，不仅导致放大电路的工作点、放大倍数不稳定，还存在失真、干扰等问题。为改善放大电路的这些性能指标，常常在放大电路中引入负反馈环节。引入负反馈后，虽然放大电路的放大倍数降低了，但是放大电路的许多性能指标得到了改善，如提高了放大电路增益的稳定性，减小了非线性失真，抑制了干扰和噪声，改善了输入、输出电阻，扩展了通频带等。

由于反馈网络在放大电路输出端有电压和电流两种取样方式，在输入端有串联和并联两种连接方式，因此，负反馈放大电路有四种基本组态（或类型），即电压串联反馈放大电路、电压并联反馈放大电路、电流串联反馈放大电路和电流并联反馈放大电路。

（1）串联、并联反馈的判断方法。

根据反馈信号 X_f 与输入信号 X_i 在放大电路输入回路中的求和方式判断：若 X_f 与 X_i 以电压形式求和，则为串联反馈；若 X_f 与 X_i 以电流形式求和，则为并联反馈。

（2）电压、电流反馈的判断方法。

输出短路法，即设 $R_L = 0$，若反馈信号不存在了，则是电压反馈；若反馈仍然存在，则为电流反馈。

2. 主要性能指标

（1）闭环电压放大倍数：

$$A_{VF} = A_V / (1 + A_V F_V) \tag{2.1}$$

其中，$A_V = U_o / U_i$，为基本放大器（无反馈）的电压放大倍数，即开环电压放大倍数；$1 + A_V F_V$ 为反馈深度，它的大小决定了负反馈对放大器性能改善的程度。

（2）反馈系数：

$$F_V = R_{FI} / (R_F + R_{FI}) \tag{2.2}$$

（3）输入电阻：

$$R_{if} = (1 + A_V F_V) R_i \tag{2.3}$$

式中：R_i 为基本放大器的输入电阻。

（4）输出电阻：

$$R_{of} = R_o / (1 + A_{VO} F_V) \tag{2.4}$$

式中：R_o 为基本放大器的输出电阻；A_{VO} 为基本放大器 $R_L = \infty$ 时的电压放大倍数。

3. 实验电路

图 2.11 所示为带有负反馈的两级阻容耦合放大电路。在电路中，通过 R_f 把输出电压 U_o 引回到输入端，加在晶体管 T_1 的发射极上，在发射极电阻 R_{f1} 上形成反馈电压 U_f。根据反馈组态的判断方法可知，它属于电压串联负反馈。

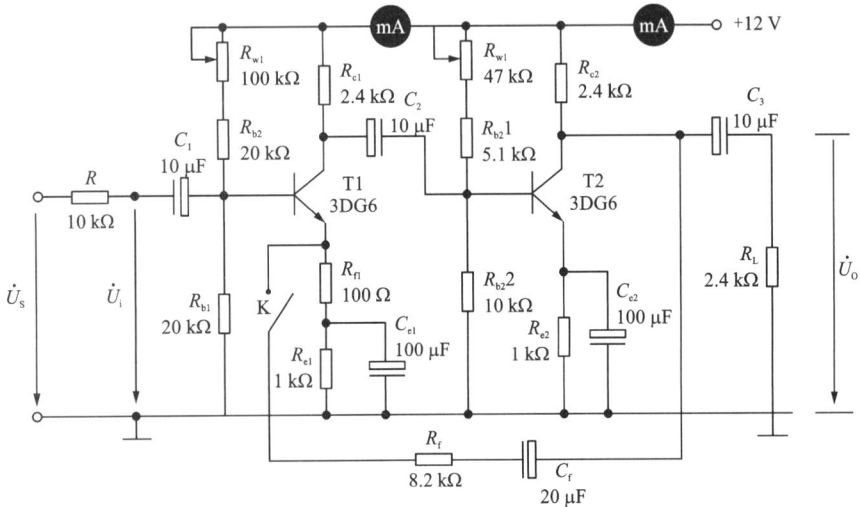

图 2.11　带有电压串联和电流串联负反馈的两级阻容耦合放大器

三、实验器材

实验需用设备与器材如表 2.12 所示。

表 2.12　实验需用设备与器材

序号	名称	型号与规格	数量	备注
1	网络型模拟电路实验装置	THDW – M1	1 套	
2	数字式存储示波器	GDS – 1102A	1 台	
3	数字式万用表	UT51	1 只	
4	元器件、连接导线		若干个	
5	实验电路模块		1 套	

四、实验内容及步骤

1. 实验电路安装

按图 2.11 所示安装电路，课前可采用电路仿真软件(如 Multisim 9)做仿真实验，加深对实验目的的理解。

2. 测试静态工作点

(1)首先用示波器检查函数信号发生器的输出是否正常。

(2)电路安装完毕且经检查无误后,接通直流电源 12 V,由函数信号发生器输入频率为 1 kHz、幅度为 50 mV(pp)左右的正弦波信号。

(3)分级调试,并测试电路静态工作点。

①第一级放大器静态工作点调试。接入第一级放大电路,调节第一级基极偏置电位器 R_{W1},同时配合调节输入信号 U_i 的幅度大小,使第一级输出波形为最大不失真输出波形,测试 T_1 晶体管的静态工作点参数,将测试数据记入表 2.13 中。

②第二级放大器静态工作点调试。接入两级放大电路,开关 K 断开,不接 R_f,将 U_i 输入端换成 U_s 输入端(即输入信号位置改变),调节第二级基极偏置电位器 R_{W2},同时配合调节输入信号 U_s 的幅度大小,使第二级输出波形为最大不失真输出波形,测试 T_2 晶体管的静态工作点参数,将测试数据记入表 2.13 中。

表 2.13　负反馈放大器静态工作点测量

测试参数	U_{BQ}/V	U_{EQ}/V	U_{CQ}/V	U_{BEQ}/V	U_{CEQ}/V	I_{CQ}/mA
第一级						
第二级						

3. 测试基本放大器(开环增益,不带反馈网络)的各项性能指标

(1)完成两级静态工作点的调试后,保持电位器 R_{W1}、R_{W2} 不动,开关 K 继续断开,即断开 R_f,由信号发生器输入频率为 1 kHz、幅度为 50 mV(pp)左右的正弦波,接到放大电路输入端,然后用示波器观察输出信号的波形。在整个实验过程中,要保证输出信号不产生失真;如输出信号产生失真,可适当减小输入信号的幅度。

(2)测量空载时的 A_V。

示波器监测:在 U_o(无负载电阻 R_L)不失真的情况下,用示波器测量输入输出波形参数,记入表 2.14 中。

示波器监测:在 U_{oL}(有负载电阻 R_L)不失真的情况下,保持 U_i 不变,接上负载电阻 R_L,用示波器测量输入输出波形参数,记入表 2.14 中。

4. 测试负反馈放大器(闭环增益,带反馈网络)的各项性能指标

将实验电路(如图 2.11 所示)中的开关 K 闭合,即接上 R_f,重复步骤 3,所测数据记入表 2.14 中。

表 2.14　基本放大器和负反馈放大器增益测量

开环放大器	$U_s/mV(pp)$	$U_i/mV(pp)$	$U_o/mV(pp)$	$U_{oL}/mV(pp)$	A_{VsL}	A_{ViL}
闭环放大器	$U_s/mV(pp)$	$U_i/mV(pp)$	$U_{of}/mV(pp)$	$U_{oLf}/mV(pp)$	A_{VsLf}	A_{ViLf}

续表 2.14

	闭环放大器
输入波形	
输出波形	

五、实验报告要求

(1)用理论分析方法计算出基本放大器和负反馈放大器的动态参数,再与测量值进行比较,分析误差产生的原因。

(2)根据实验结果,总结电压串联负反馈对放大器性能的影响。

六、思考题

(1)怎样把负反馈放大器改接成基本放大器? 为什么要把 R_f 并接在输入端和输出端?

(2)如果输入信号存在失真,能否用负反馈来改善?

实验四 结型场效应管(JFET)共源极放大电路的设计

一、实验目的

(1)熟悉 JFET 共源极放大电路的特点。

(2)掌握 JFET 共源极放大电路的设计方法及主要性能参数的分析、计算方法。

(3)学会用仿真软件(如 Multisim 9)设计仿真电路。

二、实验器材

实验需用设备与器材如表 2.15 所示。

表 2.15　实验需用设备与器材

序号	名称	型号与规格	数量	备注
1	网络型模拟电路实验装置	THDW－M1	1 套	
2	数字式存储示波器	GDS－1102A	1 台	
3	数字式万用表	UT51	1 台	
4	元器件、连接导线		若干个	

三、设计要求及提示

1. 设计要求

采用 3DJ6F 场效应管设计一个共源极单级放大电路,参数要求如下:

(1) 放大倍数: $A_V \geqslant 2$;

(2) 输入正弦信号电压: $V_i \geqslant 10$ mV(有效值);

(3) 负载电阻: $R_L \geqslant 1.5$ kΩ。

2. 设计提示

场效应管是一种电压控制型器件。按结构可分为结型和绝缘栅型两种类型。由于场效应管栅源之间处于绝缘或反向偏置,因此输入电阻很高(一般可达到百兆欧姆);又由于场效应管是一种多数载流子控制器件,因此热稳定性好,抗辐射能力强,噪声系数小。

(1) 结型场效应管的特性和参数。

场效应管的特性主要包括输出特性和转移特性。图 2.12 所示为 N 沟道结型场效应管 3DJ6F 的输出特性和转移特性曲线。其直流参数主要有饱和漏极电流 I_{DSS}、夹断电压 U_P 等;交流参数主要有低频跨导 g_m,且

$$g_m = \frac{\Delta I_D}{\Delta U_{GS}} \bigg|_{U_{DS} = \text{常数}} \tag{2.5}$$

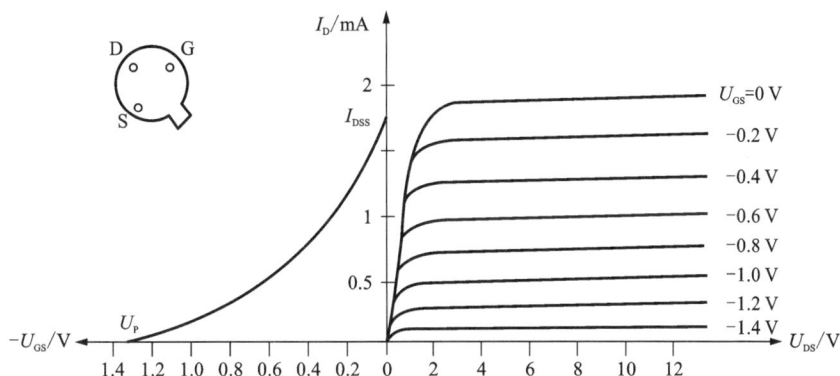

图 2.12 3DJ6F 输出特性和转移特性曲线

表 2.16 列出了 3DJ6F 的典型参数值及测试条件。

表 2.16 3DJ6F 典型参数值及测试条件

参数名称	饱和漏极电流 I_{DSS}/mA	夹断电压 U_P/V	跨导 g_m/(μA·V^{-1})
测试条件	$U_{DS} = 10$ V $U_{GS} = 0$ V	$U_{DS} = 10$ V $I_{DS} = 50$ μA	$U_{DS} = 10$ V $I_{DS} = 3$ mA $\quad f = 1$ kHz
参数值	1~3.5	<｜-9｜	>100

（2）场效应管放大电路性能分析。

图 2.13 所示为结型场效应管组成的共源极放大电路，其静态工作点

$$U_{GS} = U_G - U_S = \frac{R_{g1}}{R_{g1} + R_{g2}}U_{DD} - I_D R_S \tag{2.6}$$

$$I_D = I_{DSS}\left(1 - \frac{U_{GS}}{U_P}\right)^2 \tag{2.7}$$

中频电压放大倍数为

$$A_V = -g_m R_L' = -g_m R_D // R_L \tag{2.8}$$

输入电阻为

$$R_i = R_G + Rg_1 // Rg_2 \tag{2.9}$$

输出电阻为

$$R_o \approx R_D \tag{2.10}$$

式中：跨导 g_m 可由特性曲线作图解法或公式法求得

$$g_m = \frac{2I_{DSS}}{U_P}\left(1 - \frac{U_{GS}}{U_P}\right)$$

计算时，U_{GS} 要用静态工作点处的数值。

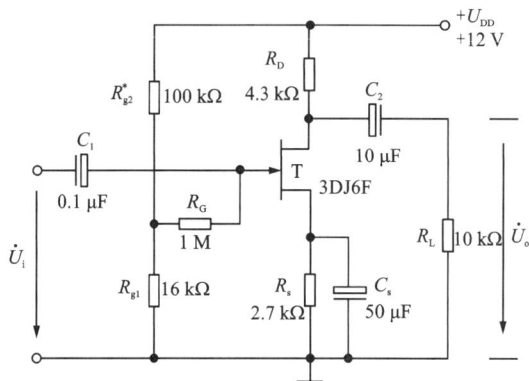

图 2.13　JFET 共源极放大电路

四、注意事项

（1）为了安全使用场效应管，在设计中不能超过场效应管的耗散功率、最大漏源电压、最大栅源电压和最大电流等参数的极限值。

（2）MOS 场效应管由于输入阻抗极高，所以在运输、贮藏中必须将引出脚短路，要用金属屏蔽包装，以防止外来感应电势将栅极击穿。尤其要注意，不能将 MOS 场效应管放入塑料盒子内，保存时最好放在金属盒内，同时也要注意管的防潮。

（3）为了防止 MOS 场效应管栅极感应击穿，要求一切测试仪器、工作台、电烙铁、线路本身都必须良好接地。

五、实验报告要求

(1) 用3DJ6F场效应管和阻容元器件设计电路原理图,标出元器件参数。

(2) 分别用图解法与公式法估算电路静态工作点,求出工作点处的跨导 g_m。

(3) 仿真测量 JFET 共源放大电路的静态工作点、放大倍数、输入电阻、输出电阻、幅频特性等性能指标,电路仿真设计可参考如图 2.14 所示。

(4) 在实验台上搭建实验电路并测量以上性能指标,然后与仿真结果进行比较。

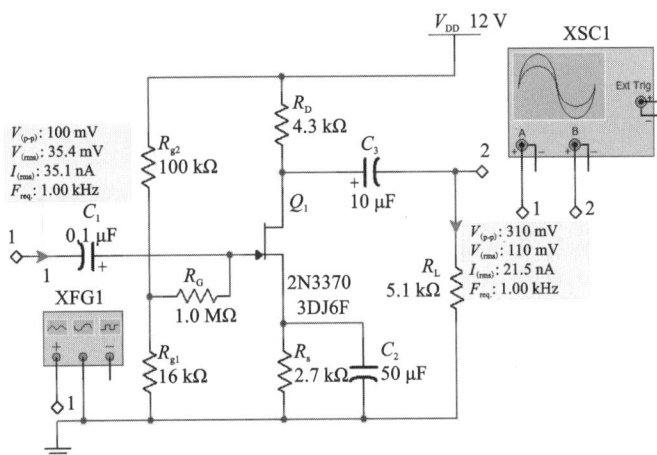

图 2.14　JFET 共源放大电路仿真

六、思考题

(1) 在设计场效应管放大电路时,如何采用最少的元器件来实现要求?

(2) 比较场效应管放大电路与晶体管放大电路,其性能指标主要有哪些不同?

(3) 场效应管放大电路与晶体管放大电路各适用于哪些场合?

实验五　分立元件 OTL 低频功率放大器研究

一、实验目的

(1) 熟悉 OTL 低频功率放大器的工作原理和特点。

(2) 熟悉 OTL 低频功率放大器输出波形产生交越失真的原因和克服方法。

(3) 掌握 OTL 低频功率放大器的调整和主要性能指标的测试方法。

二、实验原理

1. 电路工作原理

图 2.15 所示为 OTL(无输出变压器)低频功率放大器。其中由晶体三极管 T_1 组成推动级

（也称前置放大级），T_2、T_3是一对参数对称的 NPN 和 PNP 型晶体三极管，它们组成互补推挽OTL 功放电路。由于每一只管子都接成射极输出器形式，因此具有输出电阻低、带负载能力强等优点，适合于作功率输出级。T_1 管工作于甲类状态，它的集电极电流 I_{C1} 由电位器 R_{W1} 调节。I_{C1} 的一部分流经电位器 R_{W2} 及二极管 D，给 T_2、T_3 提供偏压。调节 R_{W2}，可以使 T_2、T_3 得到合适的静态电流而工作于甲、乙类状态，以克服交越失真。静态时要求输出端中点 A 的电位 $U_A = U_{CC}/2$，可以通过调节电位器 R_{W1} 实现；又由于 R_{W1} 的一端接在 A 点，因此，在电路中引入了交、直流电压并联负反馈，一方面能够稳定放大器的静态工作点，同时也改善了非线性失真。

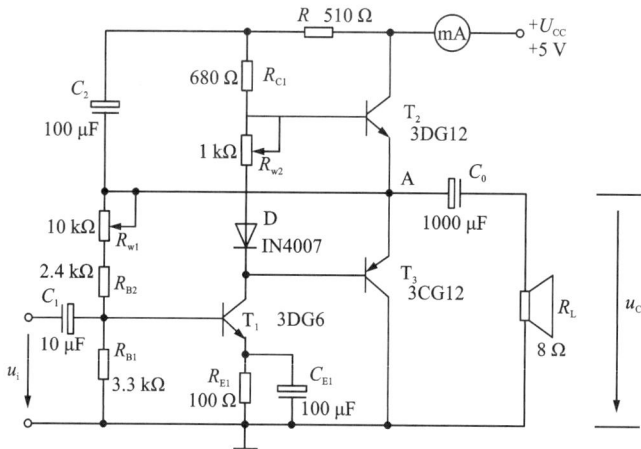

图 2.15   OTL 低频功率放大电路

当输入正弦交流信号 U_i 时，经 T_1 放大、反相后同时作用于 T_2、T_3 的基极，U_i 的负半周使 T_2 管导通（T_3 管截止），有电流流过负载 R_L，同时向电容 C_0 充电，在 U_i 的正半周，T_3 管导通（T_2 管截止），则已充好电的电容 C_0 起着电源的作用，通过负载 R_L 放电，这样在 R_L 上就得到完整的正弦波。

C_2 和 R 构成自举电路（升压电路），用于提高输出电压正半周的幅度，以得到大的动态范围。

2. OTL 电路的主要性能指标

（1）最大不失真输出功率 P_{om}，理想情况下为：

$$P_{om} = \frac{U_{CC}^2}{8R_L}$$

$$(2.11)$$

在实验中可通过测量两端的电压有效值来求得，实际为

$$P_{om} = \frac{U_0^2}{R_L}$$

$$(2.12)$$

（2）效率 η：

$$\eta = \frac{P_{om}}{P_E} \times 100\%$$

$$(2.13)$$

式中：P_E 为直流电源供给的平均功率。

理想情况下，$\eta_{\max} = 78.5\%$。在实验中，可测量电源供给的平均电流 I_{dc}，从而求得 $P_E = U_{CC} \times I_{dc}$，负载上的交流功率可用上述方法求出，因而也就可以计算实际效率了。

（3）输入灵敏度。

输入灵敏度是指输出最大不失真功率时，输入信号 U_i 之值。

三、实验器材

实验需用设备与器材如表 2.17 所示。

表 2.17　实验需用设备与器材

序号	名称	型号与规格	数量	备注
1	网络型模拟电路实验装置	THDW – M1	1 套	
2	数字式存储示波器	GDS – 1102A	1 台	
3	数字式万用表	UT51	1 只	
4	低频功率放大实验电路模块		1 套	
5	连接导线		若干条	

四、实验内容及步骤

1. 静态工作点的测试

（1）工作点静态调试方法。

①调节输出端中点电位 U_A。调节电位器 R_{W1}，用直流电压表测量 A 点电位，使 $U_A = \dfrac{U_{CC}}{2}$。

②调整输出级静态电流及测试各级静态工作点。

调节电位器 R_{W2}，使 T_2、T_3 管的 $I_{C2} = I_{C3} = 5 \sim 10$ mA。从减小交越失真（如图 2.16 所示）角度而言，应适当加大输出级静态电流，但该电流过大，会使效率降低，故一般控制在 $5 \sim 10$ mA 为宜。由于电流表测得的是整个放大器的电流，但一般 T_1 的集电极电流 I_{C1} 较小（与 I_{C2}、I_{C3} 比较），从而可将测得的总电流近似当作末级的静态电流。如要准确得到末级静态电流，则可从总电流中减去 I_{C1} 之值。

（2）工作点动态调试方法。

使 $R_{W2} = 0$，在输入端接入 $f = 1$ kHz 的正弦信号 U_i，逐渐加大输入信号的幅值，此时，输出波形应出现较严重的交越失真（如图 2.20 所示，注意：没有饱和或失真截止失真），然后缓慢增大 R_{W2}，当交越失真刚好消失时，停止调节 R_{W2}，恢复 $U_i = 0$，此时电流表读数即为末级静态电流。一般数值应在 $5 \sim 10$ mA，如过大，则需检查电路。

（3）输出级电流调整好后，测量各级静态工作点，记入表 2.18 中。

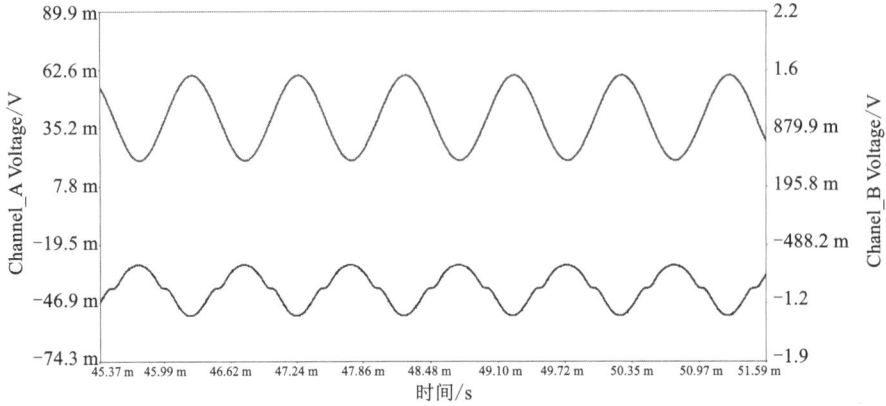

图 2.16　OTL 低频功率放大器仿真交越失真波形输出

表 2.18　OTL 低频功率放大器静态工作点、功率、效率等主要性能指标测试

测量对象	静态工作点			最大输出功率	效率 η/%		输入灵敏度 /mV(pp)	噪声电压 U_N/mV(pp)
	T_1	T_2	T_3	P_{om}/W	I_{dc} = 　　mA			$U_i = 0$
				U_{om} = 　　V(pp)	P_E = 　　W			
U_b/V								
U_c/V								
U_e/V								
静态工作点较好，输出无交越失真波形				静态工作点不好，输出有交越失真波形				
输入波形				输入波形				
输出波形				输出波形				

注意：在整个测试过程中，电路不应有自激现象。

2.最大输出功率 P_{om} 和效率 η 的测试

（1）测量 P_{om}。

输入端接入 $f=1$ kHz 的正弦信号 U_i，输出端用示波器观察输出电压 U_o 波形。逐渐增大 U_i，使输出电压达到最大不失真输出，用交流毫伏表测出负载 R_L 两端的电压 U_{om}，则

$$P_{om} = \frac{U_{om}^2}{R_L}$$

记入表 2.18 中。

（2）测量 η。

当输出电压为最大不失真时，读出直流毫安表中的电流值（如图 2.21 所示），此电流即为直流电源供给的平均电流 I_{dc}（有一定误差），由此可求得 $P_E = U_{CC} \times I_{dc}$，再根据上面测得的

P_{om}，即可求出

$$\eta = \frac{P_{\text{om}}}{P_{\text{E}}}$$

记入表 2.18 中。

3. 输入灵敏度测试

根据其定义，只要测出输出功率 $P_{\text{o}} = P_{\text{om}}$ 时的输入电压值 U_{i} 即可，将数据记入表 2.18 中。

4. 研究自举电路的作用

(1)测量有自举电路且 $P_{\text{o}} = P_{\text{omax}}$ 时的电压增益 $A_{\text{V}} = \dfrac{U_{\text{om}}}{U_{\text{i}}}$。

(2)将 C_2 开路，R 短路(无自举电路)，再测量 $P_{\text{o}} = P_{\text{omax}}$ 时的电压增益 A_{V}。

用示波器观察(1)(2)两种情况下的输出电压波形，并将以上两项测量结合进行比较，分析研究自举电路的作用。

5. 噪声电压的测试

测量时将输入端短路($U_{\text{i}} = 0$)，观察输出噪声波形，并用交流毫伏表测量输出电压，即为噪声电压 U_{N}。本电路中若 $U_{\text{N}} < 15$ mV，即满足要求。

6. 试听

将输入信号改为音频信号(可使用 MP3、手机等数码产品)，输出端接试听音箱和示波器。开机试听，并观察语言信号和音乐信号的输出波形。

五、实验报告要求

(1)整理实验数据，计算静态工作点、最大不失真输出功率 P_{om}、效率 η 等，并与理论值比较。

(2)分析自举电路的作用。

(3)讨论实验中发生的问题及解决方法。

六、思考题

(1)复习有关 OTL 低频功率放大器工作原理。

(2)为什么引入自举电路能够扩大输出电压的动态范围？

(3)交越失真产生的原因是什么？如何克服交越失真？

实验六　射极跟随器研究

一、实验目的

(1)掌握射极跟随器的特性及测试方法。

(2)进一步学习放大器各项性能指标测试方法。

二、实验原理

射极跟随器的原理图如图 2.17 所示。它是一个电压串联负反馈放大电路，具有输入阻

抗高，输出阻抗低，电压放大倍数接近于 1，输出电压能够在较大范围内跟随输入电压作线性变化以及输入、输出信号同相等特点。

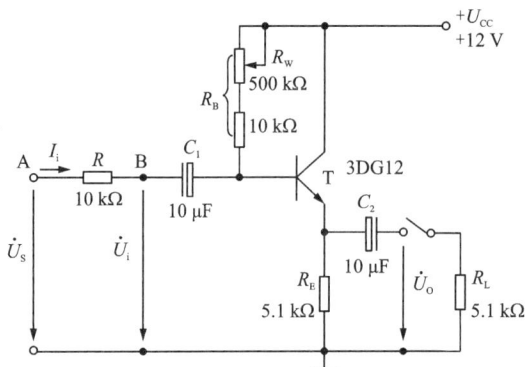

图 2.17　射极跟随器

射极跟随器的输出取自发射极，故称其为射极输出器，又因其电路的输入和输出共晶体管的集电极，我们也可称其为晶体管共集电极电路。

1. 输入电阻 R_i

如图 2.17 所示，可求得输入电阻 R_i 为

$$R_i = \frac{U_i}{I_i} = \frac{U_i}{U_s - U_i} R \tag{2.14}$$

故只需测得 A、B 两点的对地电位即可算出 R_i。

2. 输出电阻 R_o

如图 2.17 所示，要求输出电阻 R_o，可先测出空载输出电压 U_o，再测出接入负载 R_L 后的输出电压 U_{oL}，根据

$$U_{oL} = \frac{R_L}{R_o + R_L} U_o \tag{2.15}$$

即可求出 R_o 为

$$R_o = \left(\frac{U_o}{U_{oL}} - 1 \right) R_L \tag{2.16}$$

3. 电压放大倍数

$$A_V = \frac{(1+\beta) \times (R_E /\!/ R_L)}{r_{be} + (1+\beta) \times (R_E /\!/ R_L)_L} \tag{2.17}$$

式(2.17)反映了射极跟随器的电压放大倍数小于接近于 1，且为正值。这是深度电压负反馈的特性。但其射极电流仍比基极电流大 $(1+\beta)$ 倍，所以射极跟随器具有一定的电流放大和功率放大作用。

4. 电压跟随范围

电压跟随范围是指射极跟随器输出电压 U_o 跟随输入电压 U_i 作线性变化的区域。当 U_i 超过一定范围时，U_o 便不能跟随 U_i 作线性变化，即 U_o 波形产生了失真。为了使输出电压 U_o 正、

负半周对称，并充分利用电压跟随范围，电路的静态工作点应选在交流负载线的中点。

三、实验器材

实验需用设备与器材如表 2.19 所示。

表 2.19 实验需用设备与器材

序号	名称	型号与规格	数量	备注
1	网络型模拟电路实验装置	THDW－M1	1 套	
2	数字式存储示波器	GDS－1102A	1 台	
3	数字式万用表	UT51	1 只	
4	射极跟随器实验电路模块		1 套	
5	连接导线		若干条	

四、实验内容及步骤

1. 电路静态工作点的调试

接通 +12 V 直流电源，在 B 点接入频率为 1 kHz、幅度为 100 mV(pp) 的正弦信号 U_i，用示波器双通道分别监测输入、输出波形，反复调节 R_W 和输入信号幅度，使输出为最大不失真输出波形，然后置 $U_i = 0$，用直流电压表测量晶体管各电极对地电压，记入表 2.20 中。

表 2.20 最佳静态工作点测试

最佳静态工作点实际调试测量值						
最佳静态工作点	U_{BQ}/V	U_{CQ}/V	U_{EQ}/V	U_{BEQ}/V	U_{CEQ}/V	I_{EQ}/mA
不接负载 $R_L = \infty$						
接上负载 $R_L = 1\ k\Omega$						

注意：在以下的测量应保持 R_W 的值不变(即保持电路的静态工作点不变)。

2. 测量电压跟随范围

接入负载 $R_L = 1\ k\Omega$，在 B 点接入频率为 1 kHz、幅度为 0 的正弦信号 U_i，用示波器的双通道分别监测输入、输出波形，逐渐增大信号 U_i 的幅度，当输出波形 U_{oL} 为最大不失真时，将测量值记录在表 2.21 中。

表 2.21　电压增益与电压跟随性能测试

不接负载 $R_L = \infty$	U_i/mV(rms)	U_o/mV(rms)	A_V	接上负载 $R_L = 1\ k\Omega$	U_i/mV(rms)	U_{oL}/mV(rms)	A_{VL}

电压跟随性能 U_{oL}（正弦信号、$f = 1\ kHz$）						
U_i/mV(pp)	100	200	300	400	500	600
U_{oL}/mV(pp)						

3. 测量输入电阻 R_i

在 A 点接入频率为 1 kHz、幅度为 400 mV(pp)的正弦信号 U_s，用示波器双通道分别监测输入 U_s 和 U_i 输出波形，将测量值记录在表 2.22 中。

表 2.22　输入、输出电阻测试

计算公式	R_i/kΩ			R_o/kΩ		
$R_i = \dfrac{U_i}{U_s - U_i} \times R$	$R =$	kΩ	输入电阻	$R_L =$	kΩ	输出电阻
$R_o = \left(\dfrac{U_o}{U_{oL}} - 1\right) \times R_L$	$U_i =$	mV(rms)		$U_o =$	mV(rms)	
	$U_s =$			$U_{oL} =$		

4. 测量输出电阻 R_o

接入频率为 1 kHz、幅度为 400 mV(pp)的正弦信号 U_i，用示波器双通道分别监测输入、输出波形，测出空载输出电压 U_o 和带负载 $R_L = 1\ k\Omega$ 时的输出电压 U_{oL}，记入表 2.22 中。

五、实验报告要求

（1）整理实验数据并根据其进行解读。

（2）分析射极跟随器的性能和特点。

六、思考题

（1）复习射极跟随器的工作原理。

（2）根据图 2.17 的元器件参数值估算电路的静态工作点。

实验七　集成运放比例、求和运算电路的设计

一、实验目的

（1）熟悉集成运算放大器组成比例、求和运算电路的形式和功能，掌握反馈组态识别方法。

（2）掌握其电路的设计、测试和分析方法。

（3）体会软件仿真与实物实验的差异。

二、实验器材

实验需用设备与器材如表 2.23 所示。

表 2.23　实验需用设备与器材

序号	名称	型号与规格	数量	备注
1	网络型模拟电路实验装置	THDW－M1	1 套	
2	数字式存储示波器	GDS－1102A	1 台	
3	数字式万用表	UT51	1 只	
4	集成运算放大器	UA741	1 只	
5	元器件、连接导线		若干个	

三、设计要求及提示

1. 设计要求

采用集成运算放大器 UA741 和不同阻值的电阻设计模拟运算电路。

（1）设计一个反相或同相比例运算电路。

确定电路设计方案，计算并选取外电路的元件参数，自制测量表格。

（2）设计一个反相加法运算电路。

反相加法运算电路的基本电路结构如图 2.18 所示。从以下表达式中自选一组或多组，确定电路设计方案，计算并选取外电路的元件参数，自制测量表格。

数学运算表达式为：

$U_o = -(U_{i1} + U_{i2})$，$U_o = -(2U_{i1} + U_{i2})$，$U_o = -(3U_{i1} + 5U_{i2})$，$U_o = -(4U_{i1} + 2U_{i2})$

$U_o = -(5U_{i1} + 2U_{i2})$，$U_o = -(5U_{i1} + 4U_{i2})$，$U_o = -(5U_{i1} + 3U_{i2})$，$U_o = -(5U_{i1} + 2U_{i2})$

（3）设计一个减法运算电路。

减法运算电路的基本电路结构如图 2.19 所示。从以下表达式中自选一组或多组，确定电路设计方案，计算并选取外电路的元件参数，自制测量表格。

数学运算表达式为：

$U_o = 0.5(U_{i2} - U_{i1})$，$U_o = U_{i2} - U_{i1}$，$U_o = 1.5(U_{i2} - U_{i1})$，$U_o = 2(U_{i2} - U_{i1})$

$U_o = 2.5(U_{i2} - U_{i1})$，$U_o = 3(U_{i2} - U_{i1})$，$U_o = 3.5(U_{i2} - U_{i1})$，$U_o = 4(U_{i2} - U_{i1})$

2. 设计提示

集成运算放大器是一种具有高电压放大倍数的直接耦合多级放大电路。当外部接入不同的线性或非线性元器件组成输入和负反馈电路时，可以灵活地实现各种特定的函数关系。在线性应用方面，可组成比例、加法、减法等模拟运算电路。利用集成运放反馈组态、虚短、虚断、虚地的概念和分析方法，推导设计参数要求的表达式。

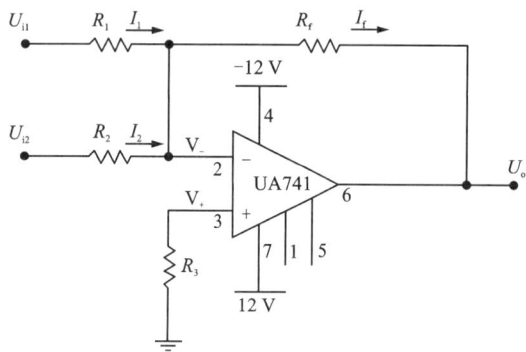

图 2.18　反相加法运算电路

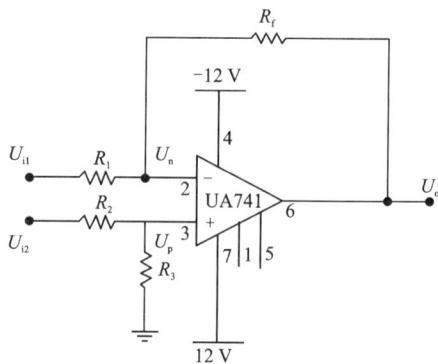

图 2.19　减法运算电路

如图 2.18 所示，根据虚短的概念有 $V_- = V_+ = 0$，根据虚断的概念有 $I_1 + I_2 = I_f$，可知

$$
\begin{cases}
I_1 = \dfrac{U_{i1} - V_-}{R_1} \\[2mm]
I_2 = \dfrac{U_{i2} - V_-}{R_2} \\[2mm]
I_f = \dfrac{V_- - U_o}{R_f} \\[2mm]
\dfrac{U_{i1}}{R_1} + \dfrac{U_{i2}}{R_2} = -\dfrac{U_o}{R_f}
\end{cases}
$$

从而可求得

$$
U_o = -\left(\frac{R_f}{R_1} U_{i1} + \frac{R_f}{R_2} U_{i2} \right)
$$

当 $R_1 = R_2 = R_f$ 时

$$
U_o = -(U_{i1} + U_{i2})
$$

四、注意事项

(1)为了方便验证结果，输入信号可采用直流，其幅值的大小应考虑运放的动态范围。

(2)计算元器件参数，要求电阻值选用系列标准。

五、实验报告要求

(1)画出设计电路结构，写出电路参数设计、计算的推导过程。

(2)验证设计电路的输入、输出关系是否满足设计要求。

(3)用计算机仿真完成测试内容。

六、思考题

(1)说明电路设计中采用的是何种反馈组态。

(2)根据设计参数，实验条件下可加的 U_{imax} 为多少？

实验八　集成运放组成的积分与微分电路

一、实验目的

(1) 熟悉集成运算放大器组成积分和微分运算电路的形式、功能和基本设计方法。

(2) 了解时间常数 τ 在电路暂态和稳态过程中的作用。

(3) 知道激励信号通过积分或微分电路响应成立的必要条件。

二、实验原理

集成运算放大器是一种具有高电压放大倍数的直接耦合多级放大电路。当外部接入不同的线性或非线性元器件组成输入和负反馈电路时，可以灵活地实现各种特定的函数关系。在线性和非线性应用方面，可组成比例、加法、减法、积分、微分、对数、指数等模拟运算电路。

1. 积分运算电路

反相积分电路如图 2.20 所示。在理想化条件下，输出电压 U_o 等于

$$U_o(t) = -\frac{1}{R_1 C}\int_0^t U_i \mathrm{d}t + U_c(0)$$

$$(2.18)$$

式中：$U_c(0)$ 是 $t=0$ 时刻电容 C 两端的电压值，即初始值。

如果 $U_i(t)$ 是幅值为 E 的阶跃电压，并设 $U_c(0)=0$，则

$$U_o(t) = -\frac{1}{R_1 C}\int_0^t E \mathrm{d}t = -\frac{E}{R_1 C}t$$

$$(2.19)$$

即输出电压 $U_o(t)$ 随时间增长而线性下降。显然 RC 的数值越大，达到给定的 U_o 值所需的时间就越长。积分输出电压所能达到的最大值受集成运放最大输出范围的限制。

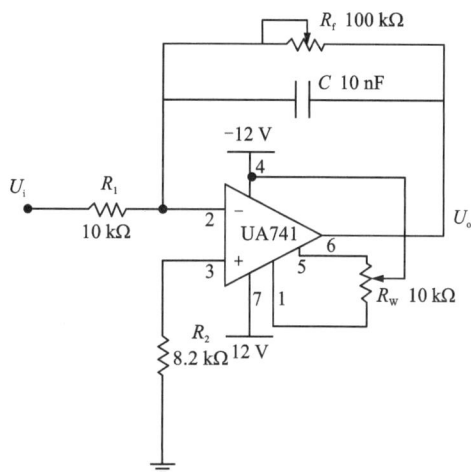

图 2.20　积分运算电路

一阶电路的暂态响应过程如图 2.21 所示，经过 $3\tau \sim 5\tau$ 时间后就基本完成了。

积分电路的主要应用有：

(1) 在电子开关中用于延时；

(2) 波形变换，例如，矩形波转换为锯齿波或三角波，锯齿波转换为抛物波等；

(3) A/D 转换中，将电压量转换为时间量；

(4) 移相，即输入和输出相位发生错位。

2. 微分运算电路

微分是积分的逆运算，将图 2.20 所示积分电路的 R_1 和 C 的位置互换一下，即可组成微分电路，如图 2.22 所示。

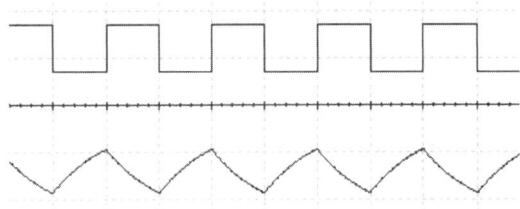

图 2.21 方波积分运算波形

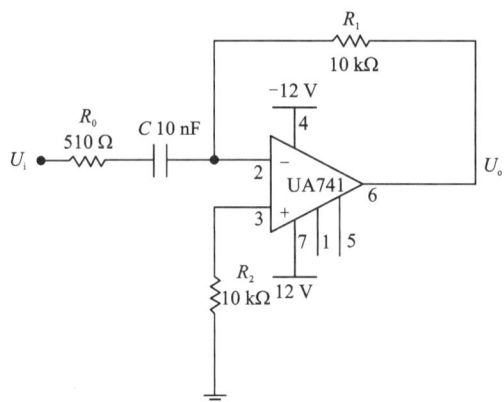

图 2.22 微分运算电路

由"虚地"和"虚断"可得

$$i_{R_1} = -\frac{u_o}{R_1} = i_c = C\frac{\mathrm{d}u_c}{\mathrm{d}t} = C\frac{\mathrm{d}u_i}{\mathrm{d}t} \tag{2.20}$$

即 $u_o = -R_1 C\frac{\mathrm{d}u_i}{\mathrm{d}t}$ 输出电压正比于输入电压的微分。

微分电路的主要应用如下：

（1）波形变换；

（2）典型应用是把矩形波转换为尖脉冲波。此电路的输出波形只反映输入波形的突变部分，即只有输入波形发生突变的瞬间才有输出［提取脉冲波形的变化沿（上升沿和下降沿）信息］，而对恒定部分则没有输出，如图 2.23 所示。

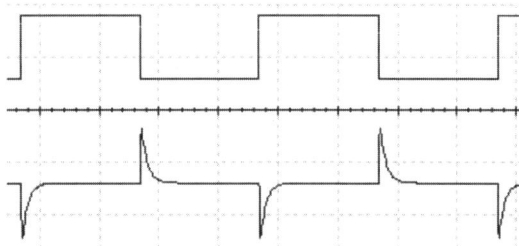

图 2.23 方波微分运算波形

三、实验器材

实验需用设备与器材如表 2.24 所示。

表 2.24 实验需用设备与器材

序号	名称	型号与规格	数量	备注
1	网络型模拟电路实验装置	THDW – M1	1 套	
2	数字式存储示波器	GDS – 1102A	1 台	
3	数字式万用表	UT51	1 只	
4	集成运算放大器	UA741	1 只	
5	元器件、连接导线		若干个	

四、实验内容及步骤

1. 积分运算

(1)按图 2.20 连接实验电路，然后接通 ±12 V 电源，输入端 U_i 对地短路。用万用表观测 U_o 是否为零，如果不为零，则应按图 2.20 所示接上集成运放的 1、5 脚，调节电位器 R_w，使 U_o 为零。

(2)输入信号采用方波信号，示波器分别观察输入 $f = 100$ Hz、$f = 1$ kHz、$f = 10$ kHz、$U_i = 1$ V(pp) 的 U_i 和 U_o 的波形关系，按表 2.25 要求完成计算和绘制波形。

(3)验证积分运算电路对输入信号频率的限制条件。

根据理想积分电路必须满足 $R_1 C \gg T/2$ (T 为输入方波信号的周期) 和 τ 的值，改变输入方波信号的频率，观察输出波形的变化情况并说明原因，记入表 2.25 中。

(4)波形变换。

改变输入信号波形为正弦波和三角波，在表 2.25 中画出其输出波形。根据积分算法说明其原理。

表 2.25 积分电路波形综合参数测量表

输入波形条件	计算电路时间常数 τ	$R_1 = 10$ kΩ，$C = 0.01$ μF，$\tau = R_1 C =$ ＿＿ ms	波形说明
		绘制不同频率输入、输出波形	
输入信号波形：方波 $U_i = 1$ V(pp) $f = 100$ Hz 占空比 = 50%			输入方波 $T =$ ＿＿
输出波形 1 $U_o =$ ＿＿ V(pp) X 轴扫描时间 = ＿＿			因为 $\tau =$ ＿＿ ≪ 输入和输出信号积分关系＿＿＿＿
输入信号波形：方波 $U_i = 1$ V(pp) $f = 1$ kHz 占空比 = 50%			输入方波 $T =$ ＿＿ ms
输出波形 2 $U_o =$ ＿＿ V(pp) X 轴扫描时间 = ＿＿			因为 $\tau =$ ＿＿ < ＿＿ 输入和输出信号积分关系＿＿＿＿

续表 2.25

输入波形条件	计算电路时间常数 τ	$R_1 = 10\ \text{k}\Omega$, $C = 0.01\ \mu\text{F}$, $\tau = R_1 C = \underline{\quad}$ ms	波形说明
		绘制不同频率输入、输出波形	
输入信号波形：方波 $U_i = 1\ \text{V(pp)}$ $f = 10\ \text{kHz}$ 占空比 $= 50\%$			输入方波 $T = \underline{\quad}$
输出波形 3 $U_o = \underline{\quad}\ \text{V(pp)}$ X 轴扫描时间 $= \underline{\quad}$			因为 $T = \underline{\quad}$ $\tau = \underline{\quad} > \underline{\quad}$ 激励和响应信号积分关系 $\underline{\quad}$
输入信号波形：正弦波 $U_i = 1\ \text{V(pp)}$ $f = 1\ \text{kHz}$			输入正弦波 $T = \underline{\quad}$
输出波形 4 $U_o = \underline{\quad}\ \text{V(pp)}$ X 轴扫描时间 $= \underline{\quad}$			输出波形发生了 $\underline{\quad}$
输入信号波形：三角波 $U_i = 1\ \text{V(pp)}$ $f = 1\ \text{kHz}$			输入三角波 $T = \underline{\quad}$
输出波形 5 $U_o = \underline{\quad}\ \text{V(pp)}$ X 轴扫描时间 $= \underline{\quad}$			输出波形发生了 $\underline{\quad}$

2. 微分运算

（1）按图 2.22 连接实验电路，然后接通 ± 12 V 电源，输入端 U_i 对地短路。用万用表观测 U_o 是否为零，如果不为零，则应接上集成运放的 1、5 脚，调节电位器 R_w，使 U_o 为零。

（2）输入信号采用方波信号，示波器分别观察输入频率为 $f = 100$ Hz、$f = 1$ kHz、$f = 10$ kHz 和幅度为 $U_i = 1$ V(pp) 下的 U_i 和 U_o 的波形关系，按表 2.26 要求完成计算和绘制波形。

（3）验证微分运算电路对输入信号频率的限制条件。

根据理想微分电路必须满足 $R_1 C \ll T/2$（T 为输入方波信号的周期）和 τ 的值，改变输入方波信号的频率，观察输出波形变化情况并说明原因，记入表 2.26 中。

表 2.26　微分电路波形综合参数测量表

输入波形条件	计算电路 时间常数 τ	$R_1 = 10\ \mathrm{k\Omega}$, $C = 0.01\ \mu\mathrm{F}$, $\tau = R_1 C =$ ＿＿＿ ms	波形说明
		绘制不同频率输入、输出波形	
输入波形：方波 $U_\mathrm{i} = 1\ \mathrm{V(pp)}$ $f = 100\ \mathrm{Hz}$ 占空比 = 50%			输入波形 $T =$ ＿＿＿
输出波形 1 $U_\mathrm{o} =$ ＿＿＿ $\mathrm{mV(pp)}$ X 轴扫描时间 = ＿＿＿ $\mathrm{ms/div}$			因为 $\tau =$ ＿＿＿ ≪ ＿＿＿ 输入和 输出信号微分关 系 ＿＿＿
输入波形：方波 $U_\mathrm{i} = 1\ \mathrm{V(pp)}$ $f = 1\ \mathrm{kHz}$ 占空比 = 50%			输入波形 $T =$ ＿＿＿
输出波形 2 $U_\mathrm{o} =$ ＿＿＿ $\mathrm{mV(pp)}$ X 轴扫描时间 = ＿＿＿ /div			因为 $\tau =$ ＿＿＿ < ＿＿＿ 输入和输出信号 微分关系 ＿＿＿
输入波形：方波 $U_\mathrm{i} = 1\ \mathrm{V(pp)}$ $f = 10\ \mathrm{kHz}$ 占空比 = 50%			输入波形 $T =$ ＿＿＿
输出波形 3 $U_\mathrm{o} =$ ＿＿＿ $\mathrm{V(pp)}$ X 轴扫描时间 = ＿＿＿ /div			因为 $\tau =$ ＿＿＿ > ＿＿＿ 输入和输出信号 微分关系 ＿＿＿

五、实验报告要求

（1）完成表 2.25、表 2.26 的数据计算、测量和波形绘制。输出波形绘制及判据要求如下。

①不同电路参数的波形要求画在同一坐标系中，并标出输入输出波形幅度 V(pp) 和示波器 X 轴的扫描时间。

②表 2.25 和表 2.26 波形说明项主要描述内容为：根据积分电路 $\tau = RC \gg T/2$ 和微分电路 $\tau = RC \ll T/2$ 的理想条件（按 1 个数量级以上考虑），比较上述不同参数条件下输入与输出波形变化的关系，验证输出波形的状态是否满足积分、微分电路要求，并验证积分电路的移

相和波形变换功能。

（2）总结运放输入/输出的关系是否满足其微分、积分电路的运算法则，并举例说明其电路的实际用途。

六、思考题

（1）复习微积分电路的工作原理。

（2）在 RC 积分电路中，若 $R_1 = 100\ \text{k}\Omega$，$C = 4.7\ \mu\text{F}$，求时间常数。

（3）根据一阶电路的暂态响应过程在经过 $3\tau \sim 5\tau$ 时间后就基本完成了的概念，如何理解理想积分电路必须满足 $R_1 C \gg T/2$ 和理想微分电路必须满足 $R_1 C \ll T/2$？

实验九　集成运放波形发生器的设计

一、实验目的

（1）熟悉集成运放波形发生器的基本电路结构。

（2）学习用集成运放构成波形发生器，掌握其调整和主要性能指标的测试方法。

（3）熟悉波形发生器的起振条件。

二、实验器材

实验需用设备与器材如表 2.27 所示。

表 2.27　实验需用设备与器材

序号	名称	型号与规格	数量	备注
1	网络型模拟电路实验装置	THDW – M1	1 套	
2	数字式存储示波器	GDS – 1102A	1 台	
3	数字式万用表	UT51	1 只	
4	运算放大器	UA741	2 只	
5	元器件、连接导线		若干个	

三、设计要求及提示

1. 设计要求

设计一个用集成运放构成的幅度和频率可调的正弦波、方波和三角波发生器。

2. 设计提示

（1）方波发生器电路原理参考图如图 2.24 所示。

①波形发生器各部分的作用。

RC 电路起反馈和延迟作用，获得一定的频率；下行迟滞比较器起开关作用，实现高、低电平的转换。

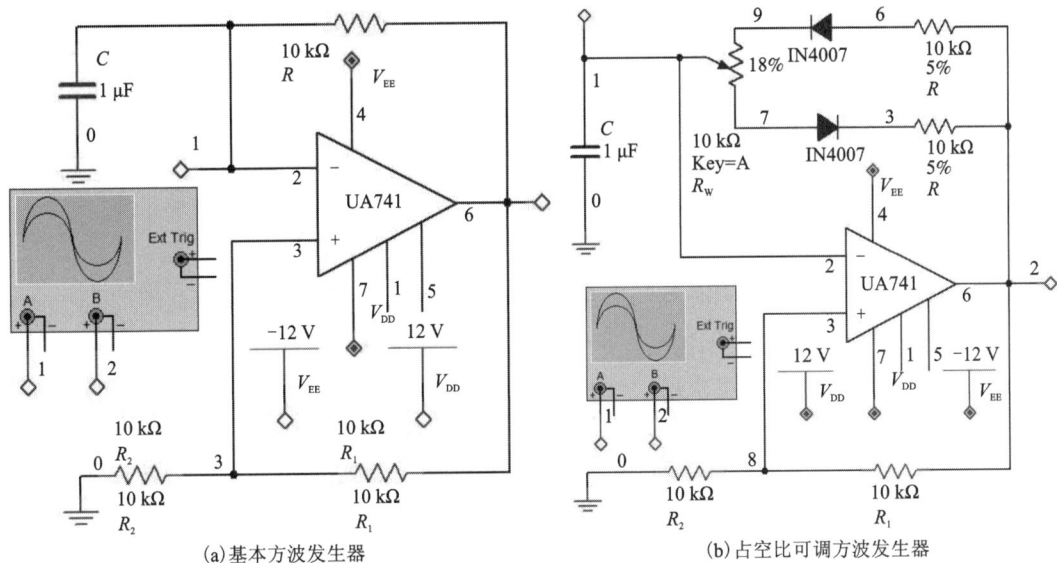

图 2.24　方波发生器电路

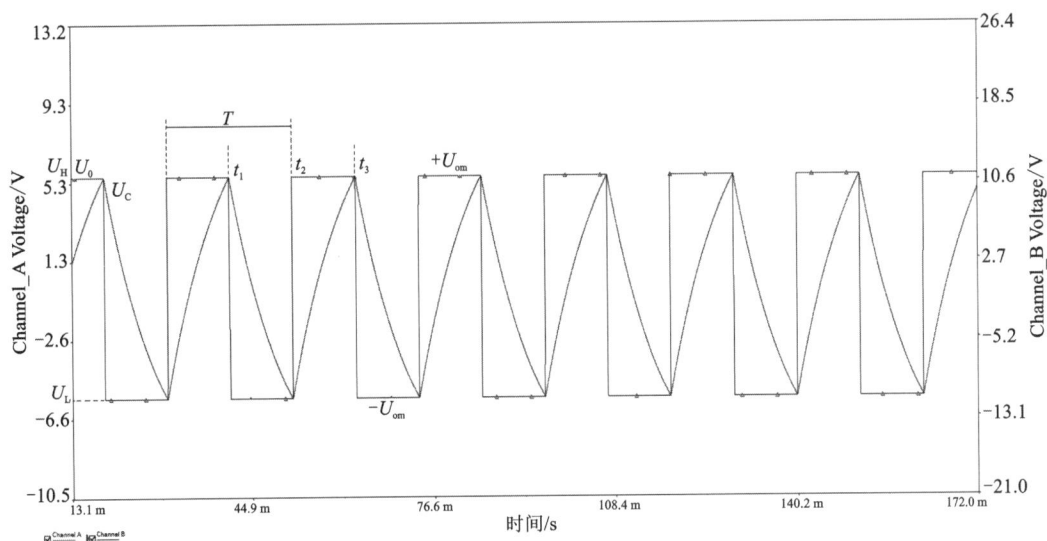

图 2.25　占空比为 50% 的方波输出波形

设运算放大器输出端的最高电压为 $+U_{om}$、最低电压为 $-U_{om}$，则下行迟滞比较器的上、下门限电压为

$$U_H = \frac{R_1}{R_1 + R_2} U_{om}, \quad U_L = -\frac{R_1}{R_1 + R_2} U_{om} \tag{2.21}$$

② 方波发生器周期与频率的计算。

由图 2.25 所示波形图可知，周期 $T = t_3 - t_1$。根据方波发生器中电容端电压 u_c 的变化情

况即可求出方波发生器输出方波的周期和频率。由图 2.25 还可知，$T = t_1 + t_2$，只要分别求出 t_1 和 t_2 即可。

u_c 上升阶段 $(t_2 - t_3)$：初始值为 U_L，最终稳态值为 $+U_{om}$，过渡过程表示式为

$$u_c(t) = U_{om} + (U_L - U_{om}) e^{-\frac{t}{RC}} \tag{2.22}$$

在 $t = t_2$ 时，$u_c(t) = U_H$，可求出

$$t_2 = RC\ln\left(1 + \frac{2R_1}{R_1}\right) \tag{2.23}$$

u_c 下降阶段 $(t_1 - t_2)$：初始值为 U_H，最终稳态值为 $-U_{om}$，过渡过程表示式为

$$u_c(t) = -U_{om} + (U_L + U_{om}) e^{-\frac{t}{RC}} \tag{2.24}$$

在 $t = t_1$ 时，$u_c(t) = U_L$，可求出

$$t_1 = RC\ln\left(1 + \frac{2R_1}{R_2}\right) \tag{2.25}$$

方波发生器的周期和频率分别为

$$T = 2RC\ln\left(1 + \frac{2R_1}{R_2}\right), f = \frac{1}{T} \tag{2.26}$$

当 $R_1 = R_2$ 时，有

$$T = 2RC\ln\left(1 + \frac{2R_1}{R_2}\right) \approx 2RC \tag{2.27}$$

③占空比可调方波发生器周期的计算公式

$$T = (R_W + 2R)C\ln\left(1 + \frac{2R_1}{R_2}\right) \tag{2.28}$$

(2)正弦波发生器电路(文氏电桥)原理参考图如图 2.26 所示。文氏电桥振荡电路由两部分组成，即放大电路和选频网络。其正反馈传输比为

$$F(j\omega) = \frac{U_+}{U_0} = \frac{1}{1 + \frac{C_2}{C_1} + \frac{R_1}{R_2} + j\left(\omega R_1 C_2 - \frac{1}{\omega R_2 C_1}\right)} \tag{2.29}$$

当 $C_1 = C_2 = C$，$R_1 = R_2 = R$ 时，有

$$f_0 = \frac{1}{2\pi RC}, \ |F|_{f_0} = \frac{1}{3}$$

显然，只要同相端放大倍数 $\left(1 + \frac{R_f}{R_1}\right) \geqslant 3$，就可引起频率为 f_0 的自激振荡。

如果两个 $R(R_1 \text{、} R_2)$ 同时等量改变数值，$|F|_{f_0}$ 不变，但 f_0 将变化，由此可以调节振荡频率。

当 $C_1 = C_2 = C$，$R_1 \neq R_2$ 时，有

$$f_0 = \frac{1}{2\pi C \sqrt{R_1 R_2}}, \ |F|_{f_0} = \frac{1}{2 + \dfrac{R_1}{R_2}}$$

若在 R_2 的调节范围内，R_2 始终使 $R_2 \gg R_1$，则 $|F|_{f_0} \approx \dfrac{1}{2}$。

如果使同相放大器的放大倍数 $\left(1+\dfrac{R_f}{R_1}\right)\geqslant 3$，也可产生正弦振荡，并且 f_0 随 R_2 单值变化。这样，只需调节电阻 R_2，就可改变振荡频率，比较方便。

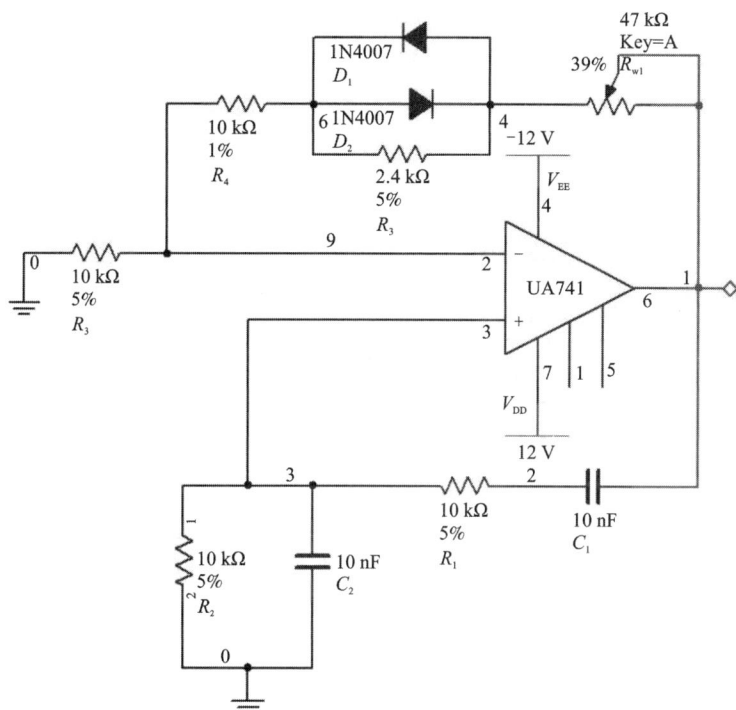

图 2.26　正弦波发生器

（3）三角波发生器参考电路原理如图 2.27 所示。它由一个方波发生器和一个积分电路组成，适当调整其相关参数，可得到不同参数的三角波和锯齿波。

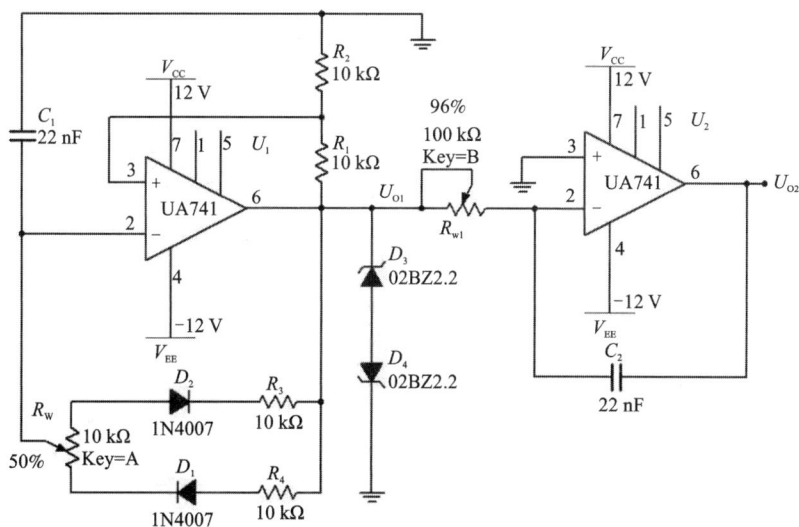

图 2.27　三角波发生器参考电路

四、注意事项

在波形发生器实验中，如果测得的波形频率与理论计算频率相差太远，应适当调整 C_1 或 C_2 的容值。

五、实验报告要求

（1）根据图 2.24 所示方波发生器，完成表 2.28 所列参数测量。

表 2.28　方波发生器数据测量

测试项目		基本方波发生器			
		f_{0L}（理论计算）		f_{0S}（实际测量）		δ（相对误差）	
图 2.24（a）输出波形	U_L/V_P	1 点波形			
	U_H/V_P				
	U_L/V_P	2 点波形			
	U_H/V_P				
图 2.24（b）输出波形	占空比 30%	2 点波形			
	f_{0S}（实际测量）				
	占空比 50%	2 点波形			
	f_{0S}（实际测量）				
	占空比 70%	2 点波形			
	f_{0S}（实际测量）				

（2）根据图 2.26 所示正弦波发生器，完成表 2.29 所列参数测量。

表 2.29　正弦波发生器综合测量数据记录表

测试项目	f_{0S}(实际测量)		f_{0L}(理论计算)		δ(相对误差)	
	电路设计中采用的是何种反馈组					
输出波形						

说明：f_0 为振荡器的输出波形较好(无明显失真)时的值。其中，$\delta = \dfrac{|f_{0S} - f_{0L}|}{f_{0L}} \times 100\%$。

六、思考题

(1)叙述方波和矩形波的区别及应用情况，并举 1 ~ 2 例说明。

(2)波形发生器有无信号输入端?

实验十　集成运放滤波器的设计

一、实验目的

(1)学习有源滤波器的设计方法，以及电路主要参数的计算和调整方法。

(2)了解频率特性对信号传输的影响。

(3)巩固有源滤波电路的理论知识，加深理解滤波电路的作用。

(4)掌握测量有源滤波器幅频特性的基本方法。

二、实验器材

实验需用设备与器材如表 2.30 所示。

表 2.30　实验需用设备与器材

序号	名称	型号与规格	数量	备注
1	网络型模拟电路实验装置	THDW – M1	1 套	
2	数字式存储示波器	GDS – 1102A	1 台	
3	数字式万用表	UT51	1 只	
4	元器件、连接导线		若干个	
5	运算放大器	UA741	1 只	

三、设计要求及提示

1. 设计要求

设计一个不同参数的二阶有源低通、高通、带通、带阻滤波器,了解品质因数 Q 对滤波器性能的影响,采用 Multisim 9 软件实现仿真。

2. 设计提示

(1)滤波器的基本概念。

由 RC 元件与运算放大器组成的滤波器称为 RC 有源滤波器,其功能是让一定频率范围内的信号通过,抑制或急剧衰减此频率范围以外的信号,可用于信息处理、数据传输、抵制干扰等,但因受运算放大器的频带限制,这类滤波器主要用于低频范围。根据对频率的选择不同,可分为低通(LPF)、高通(HPF)、带通(BPF)与带阻(BEF)四种,其幅频特性如图 2.28 所示。

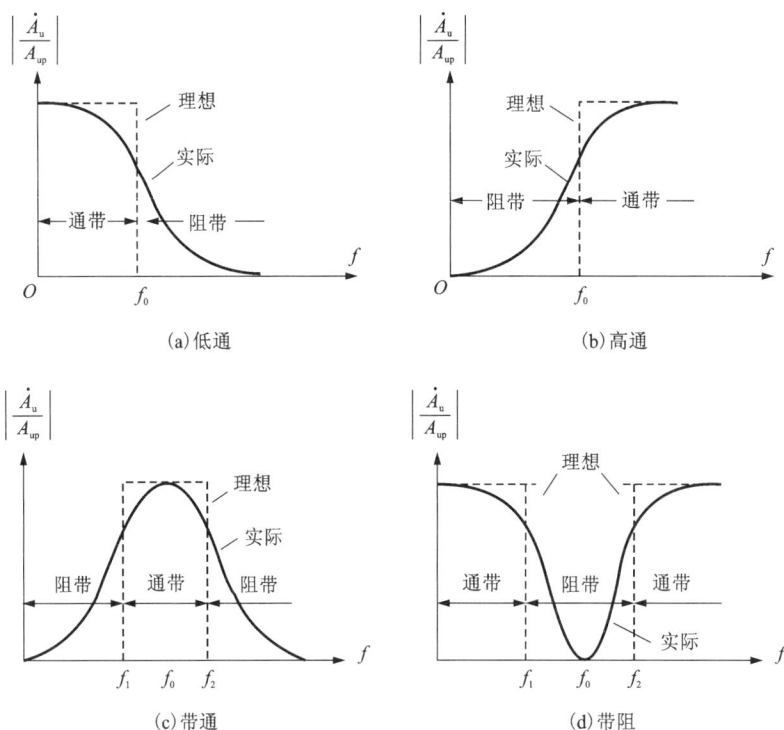

图 2.28　四种滤波电路的幅频特性示意图

具有理想幅频特性的滤波器很难实现,只能用实际的幅频特性去逼近理想的。一般来说,滤波器的幅频特性越好,其相频特性越差,反之亦然。滤波器的阶数越高,幅频特性衰减的速率越快,但 RC 网络的节数越多,元件参数计算越烦琐,电路调试也越困难。任何高阶滤波器均可以用较低的二阶 RC 有源滤波器通过级联实现。

(2)滤波器的作用与结构。

①低通滤波器(LPF)。低通滤波器是指低频信号能通过的而高频信号不能通过的滤波

器，用两级 RC 网络组成的称为二阶有源低通滤波器，如图 2.29 所示为典型的二阶有源低通滤波器。它由二级 RC 滤波环节与同相比例运算电路组成，其中第一级电容 C 接至输出端，引入适量的正反馈，以改善幅频特性。

图 2.30 所示为二阶低通滤波器幅频特性曲线。

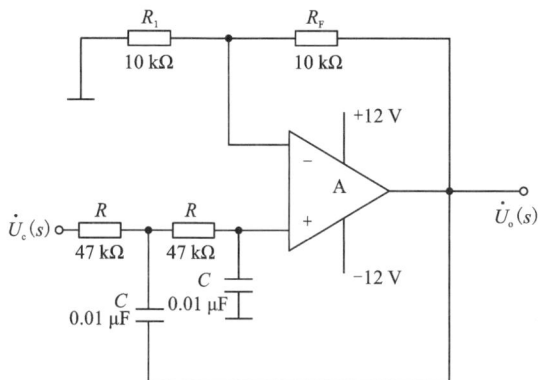

图 2.29　二阶有源低通滤波器

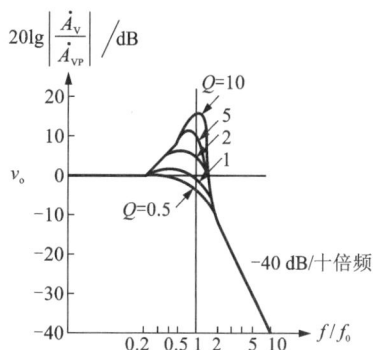

图 2.30　二阶低通滤波器幅频特性曲线

电路性能参数如下：

$A_{up} = 1 + R_f/R_1$，为二阶低通滤波器的通带增益。

$f_0 = 1/2\pi RC$，为截止频率，它是二阶低通滤波器通带与阻带的界限频率。

$Q = 1/3 - A_{up}$，为品质因数，它的大小影响低通滤波器在截止频率处幅频特性的形状。

当 $2 < A_{up} < 3$ 时，$Q > 1$，在 $f = f_0$ 处的电压增益大于 A_{up}，幅频特性在 $f = f_0$ 处将抬高，如图 2.30 所示。当 $A_{up} > 3$ 时，$Q \to \infty$，滤波器自激。由于将 C 接到输出端，相当于在高频段给 LPF 加了一些正反馈分量，故在高频段的放大倍数有所抬高，甚至可能引起自激。

②高通滤波器（HPF）。与低通滤波器相反，高通滤波器用来通过高频信号，衰减或抑制低频信号。只要将图 2.29 低通滤波电路中起滤波作用的电阻、电容互换，即可变成二阶有源高通滤波器，如图 2.31 所示。高通滤波器与低通滤波器的作用相反，其频率响应与低通滤波器是"镜像"关系，参照 LPF 的分析方法，不难求得 HPF 的频率特性。

当 $f \ll f_0$ 时，幅频特性曲线的斜率为 + 40 dB/dec（斜率衰减 20 dB/dec 为 1 个斜率，40 dB/dec 为 2 个斜率）；当 $A_{up} \geqslant 3$ 时，电路自激，电路性能参数定义同二阶低通滤波器。图 2.32 所示为二阶高通滤波器幅频特性曲线，它与二阶低通滤波器有"镜像"关系。

③带通滤波器（BPF）。这种滤波电路的作用是只允许在一个频率范围内的信号通过，而比通频带下限频率低和比上限频率高的信号都被阻断。典型的带通滤波器可以从二阶低通滤波电路中将其中一级改成高通而成，如图 2.33 所示。

图 2.34 所示为二阶带通滤波器幅频特性曲线。

电路性能参数如下。

通带增益：

$$A_{up} = (R_1 + R_f)/R_1 RCB$$

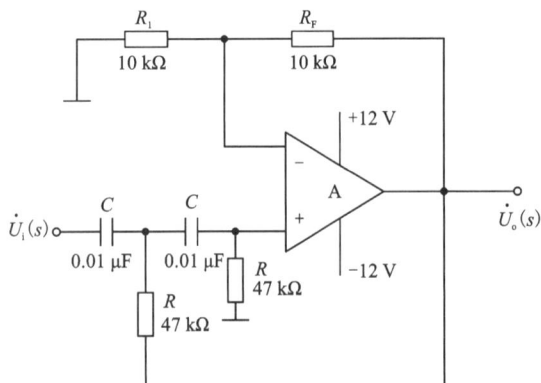

图 2.31　二阶有源高通滤波器

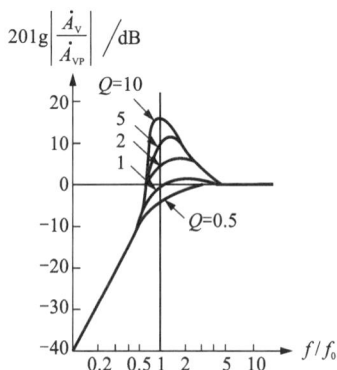

图 2.32　二阶高通滤波器幅频特性曲线

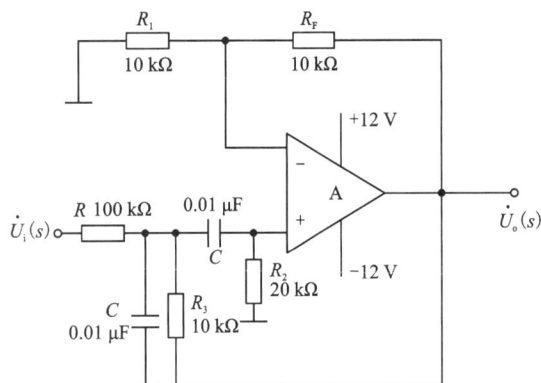

图 2.33　二阶有源带通滤波器

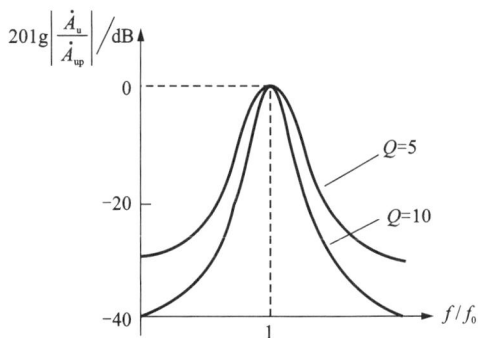

图 2.34　二阶带通滤波器幅频特性曲线

中心频率：

$$f_0 = \frac{1}{2\pi} \sqrt{\frac{1}{R_2 C^2} \left(\frac{1}{R} + \frac{1}{R_3} \right)}$$

通带宽带：

$$B = \frac{1}{C} \left(\frac{1}{R} + \frac{2}{R_2} - \frac{R_f}{R_3 R_1} \right)$$

品质因数：

$$Q = \omega_0 / B$$

此电路的优点是改变 R_f 和 R_1 的比例就可改变频宽而不影响中心频率 f_0。

④带阻滤波器（BEF）。这种电路的性能和带通滤波器相反，即在规定的频带内，信号不能通过（或受到很大的衰减），而在其余频率范围内，信号则能顺利通过，电路图如图 2.35 所示，幅频特性如图 2.36 所示。该电路常用于抗干扰设备中。

在双 T 网络后加一级同相比例运算放大器电路就可构成基本的二阶有源 BEF。

电路性能参数如下。

通带增益：

$$A_{up} = 1 + \frac{R_f}{R_1}$$

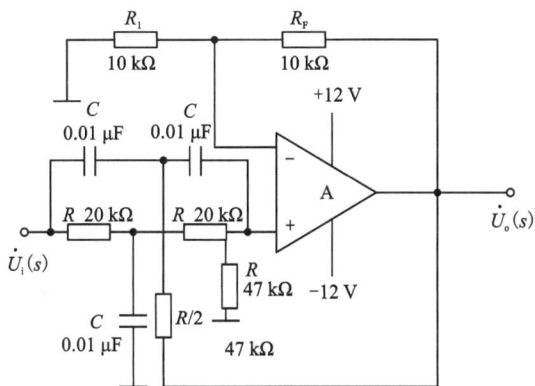

图 2.35 二阶有源带阻滤波器

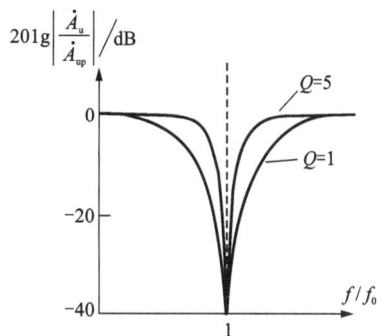

图 2.36 二阶带阻滤波器幅频特性曲线

中心频率：

$$f_0 = \frac{1}{2\pi RC}$$

带阻宽度：

$$B = 2(2 - A_{up})f_0$$

品质因数：

$$Q = \frac{1}{2(2 - A_{up})}$$

（3）低通滤波器（LPF）的设计举例。

① 参数计算。

令低通滤波器的截止频率 $f_0 = 15.8$ kHz，且 $C = 0.001$ μF，$A_{up} = 1.58$。由公式可知 $R = 10$ kΩ，$R_f = 5.8$ kΩ。

② 电路原理图。

电路原理图结构及元器件参数如图 2.37 所示。

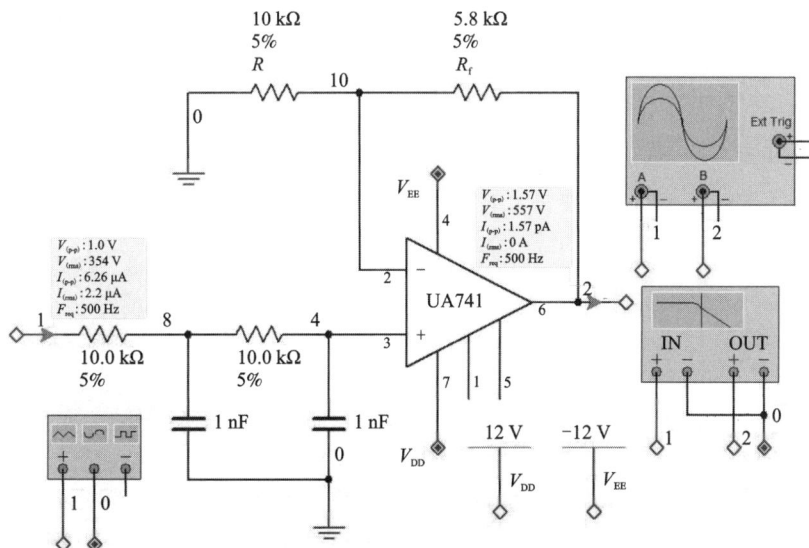

图 2.37 二阶有源低通滤波器仿真电路

③将参数测试结果记录在表 2.31 中。

表 2.31　二阶低通滤波器（LPF）幅频特性测量

输入信号条件	正弦波、幅度 = 1000 mV（pp）、频率 = 500 Hz					
幅频特性特征频率点	$f\cdots$		f_0		$f\cdots$	
U_i 输入信号频率/Hz						
U_o 输出信号幅度/mV（pp）						
$A_{up} = \dfrac{U_o}{U_i}$						
幅频特性曲线						

根据表 2.31 中的数据，描绘幅频特性曲线，总结低通滤波器的特点，并在曲线上找到 f_0 点，与理论计算得到的 f_0 进行比较，说明误差产生的原因。

误差说明：理论计算 $f_0 = 15.8$ kHz，$A_{up} = 1.58$，而实际仿真测得 $f_0 = 6$ kHz（波特仪测量），$A_{up} = 1.57$。f_0 有较大的偏差，分析后认为原因是：（a）设计公式误差；（b）仿真测试软件误差。

解决方案：对元件电容参数做适当调整，如图 2.38 所示。

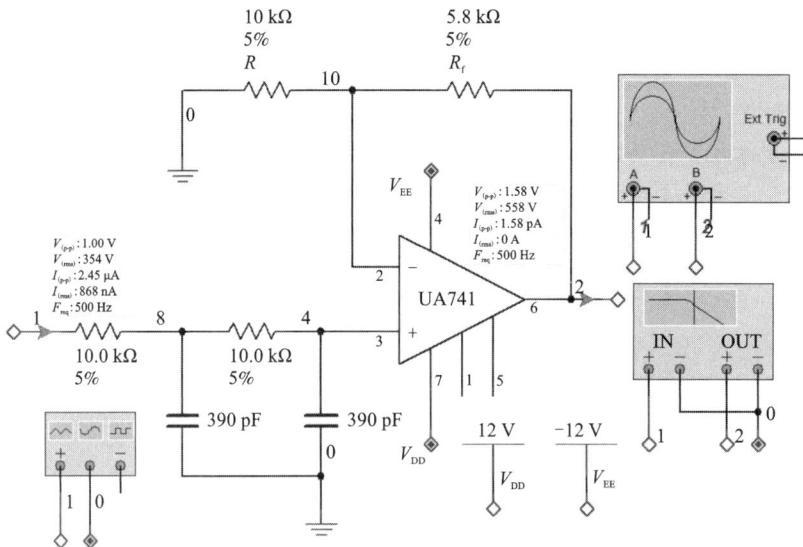

图 2.38　调整电容参数后的二阶有源低通滤波器仿真电路

修改后的参数：$C = 390$ pF。再次仿真测得 $f_0 = 15.34$ kHz，$A_{up} = 1.58$。

④对于高通滤波器（HPF）、带通滤波器（BPF）、带阻滤波器（BEF）的验证实验，数据记

录表格可参照表 2.32、表 2.33、表 2.34 设计。

表 2.32 二阶高通滤波器(HPF)幅频特性测量

输入信号条件	正弦波、幅度 = 1000 mV(pp)、频率 = 500 Hz						
幅频特性特征频率点	$f\cdots$		f_0		$f\cdots$		
U_i 输入信号频率/Hz							
U_o 输出信号幅度/mV(pp)							
$A_{up} = \dfrac{U_o}{u_i}$							
幅频特性曲线							

表 2.33 二阶带通滤波器(BPF)幅频特性测量

输入信号条件	正弦波、幅度 = 1000 mV(pp)、频率 = 500 Hz						
幅频特性特征频率点	$f\cdots$	f_L	$f\cdots$	f_0	$f\cdots$	f_H	$f\cdots$
U_i 输入信号频率/Hz							
U_o 输出信号幅度/mV(pp)							
$A_{up} = \dfrac{U_o}{U_i}$							
幅频特性曲线							

表 2.34 二阶带阻滤波器(BEF)幅频特性测量

输入信号条件	正弦波、幅度 = 1000 mV(pp)、频率 = 500 Hz						
幅频特性特征频率点	$f\cdots$	f_L	$f\cdots$	f_0	$f\cdots$	f_H	$f\cdots$
U_i 输入信号频率/Hz							
U_o 输出信号幅度/mV(pp)							
$A_{up} = \dfrac{U_o}{U_i}$							
幅频特性曲线							

四、注意事项

（1）实物制作时，要首先调零和消除自激振荡。

（2）要在保证输出波形不失真的条件下，选取适当幅度的正弦输入信号。

（3）在用示波器测量滤波器的幅频特性时，应先找出特征频率（如表 2.34 所示），再补充适当的测试点。

五、实验报告要求

（1）根据实验数据，画出各电路的幅频特性曲线。

（2）根据实验曲线，计算截止频率、中心频率、带宽及品质因数。

（3）总结有源滤波器的特性。

六、思考题

（1）一般常用滤波器频率特性的测量方法有哪些？

（2）滤波器频率特性对信号传输有什么影响？

实验十一　集成运放比较器电路研究

一、实验目的

（1）掌握电压比较器的电路结构及特点。

（2）学会测试比较器的方法。

（3）了解过零比较器、滞回比较器、窗口比较器特性的区别及应用场合。

二、实验原理

电压比较器是集成运放非线性应用电路，它将一个模拟电压信号和一个参考电压相比较，在二者幅度相等的附近，输出电压将产生跃变，相应输出高电平或低电平。比较器可以组成非弦波形变换电路，应用于模拟与数字信号转换等领域。

常用的电压比较器有过零比较器、具有滞回特性的过零比较器、双限比较器（又称窗口比较器）等。

1. 过零比较器

如图 2.39(a)所示为加限幅电路的过零比较器，D_Z 为限幅二极管。信号从运放的反相输入端输入，参考电压为零，从同相端输入。当 $U_i > 0$ 时，输出 $U_o = -(U_Z + U_D)$（其中 $U_Z + U_D$ 为双向稳压二极管的稳压值），当 $U_i < 0$ 时，$U_o = +(U_Z + U_D)$。其电压传输特性曲线如图 2.39(b)所示。过零比较器结构简单、灵敏度高，但抗干扰能力差。

当 $U_i > 0$ 时，

$$U_o = -(U_Z + U_D) \tag{2.30}$$

当 $U_i < 0$ 时，

$$U_o = +(U_Z + U_D) \tag{2.31}$$

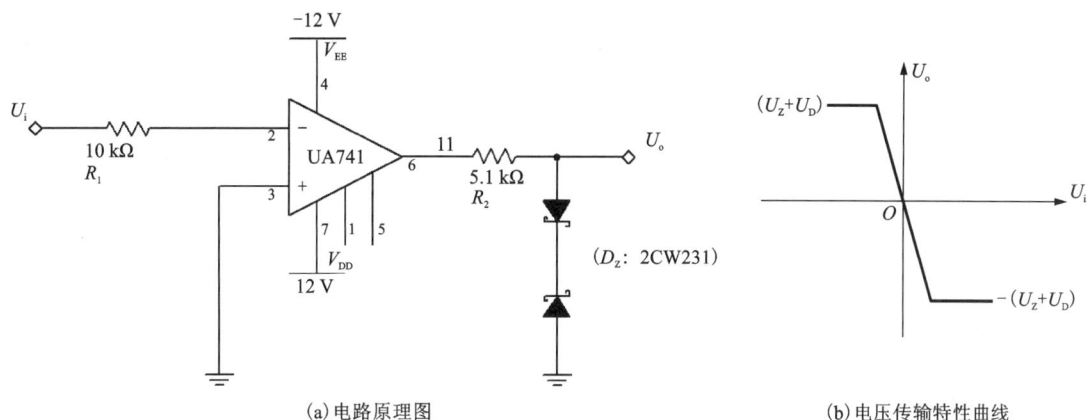

(a)电路原理图   (b)电压传输特性曲线

图 **2.39** 过零比较器

2. 滞回比较器

图 2.40(a)所示为具有滞回特性的过零比较器。过零比较器在实际工作时,如果输入信号 U_i 恰好在过零值附近,则由于运放零点漂移的存在,输出信号 U_o 将不断由一个极限值转换到另一个极限值(即输出信号 U_o 不断地翻转),这在控制系统中,对执行机构将是十分不利的。为此,就需要输出特性具有滞回现象。如图 2.40(a)所示,从输出端引一个电阻分压正反馈支路到同相输入端,若 U_o 改变状态,Σ 点也随之改变电位,使过零点离开原来的位置。

当 U_o 为正(记作 U_+)时,有

$$U_\Sigma = \frac{R_2}{R_f + R_2} U_+ \tag{2.32}$$

则当 $U_i > U_\Sigma$ 后,U_o 即由正变负(记作 U_-),此时 U_Σ 变为 $-U_\Sigma$。故只有当 U_i 下降到 $-U_\Sigma$ 以下,才能使 U_o 再度回升到 U_+,于是出现图 2.40(b)中所示的滞回特性。$-U_\Sigma$ 与 U_Σ 的差别称为回差。改变 R_2 的数值可以改变回差的大小。

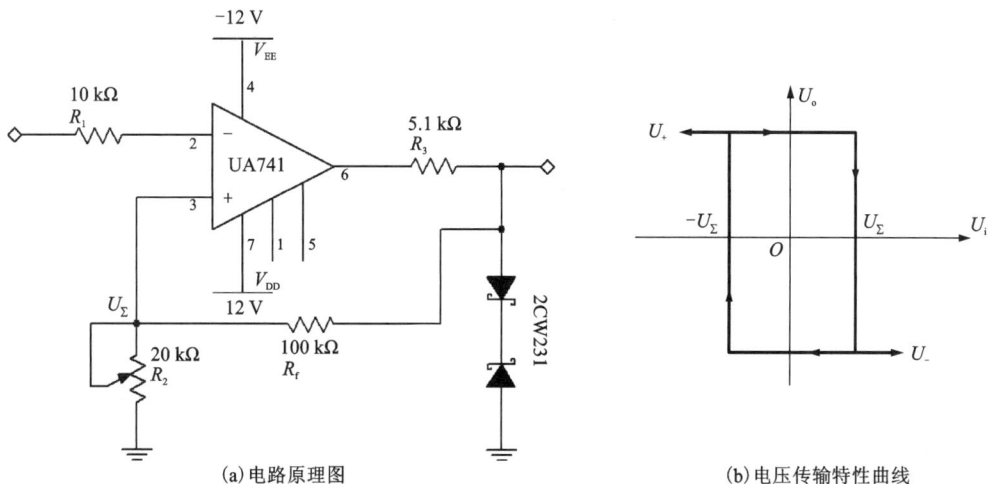

(a)电路原理图   (b)电压传输特性曲线

图 **2.40** 滞回比较器

3. 窗口(双限)比较器

简单的比较器仅能鉴别输入电压 U_i 比参考电压 U_R 高或低的情况,而窗口比较器是由两个简单比较器组成的,如图 2.41 所示,能指示出 U_i 值是否处于 U_R^+ 和 U_R^- 之间。如 $U_R^- < U_i < U_R^+$,窗口比较器的输出电压 U_o 等于运放的正饱和输出电压($+U_{omax}$);如果 $U_i < U_R^-$ 或 $U_i > U_R^+$,则输出电压 U_o 等于运放的负饱和输出电压($-U_{omax}$)。

$$U_R^- < U_i < U_R^+ \text{,} U_o = +U_{omax} \tag{2.33}$$

$$U_i < U_R^- \text{ 或 } U_i > U_R^+ \text{,} U_o = -U_{omax} \tag{2.34}$$

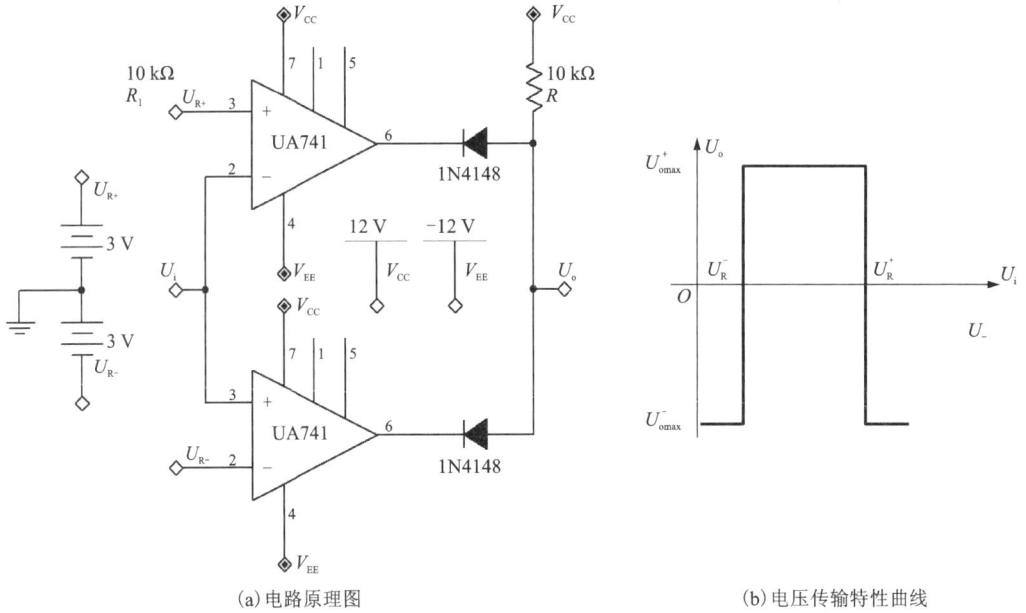

(a)电路原理图　　　　　　　　　　(b)电压传输特性曲线

图 2.41　由两个简单比较器组成的窗口比较器

三、实验器材

实验需用设备与器材如表 2.35 所示。

表 2.35　实验需用设备与器材

序号	名称	型号与规格	数量	备注
1	网络型模拟电路实验装置	THDW – M1	1 套	
2	数字式存储示波器	GDS – 1102A	1 台	
3	数字式万用表	UT51	1 只	
4	连接导线		若干个	

四、实验内容及步骤

1. 过零比较器

(1)按图 2.39(a)所示准确搭接实验电路,接通电源。

(2)测量 U_i 悬空时的 U_o 值。将输入信号端悬空,用直流电压表测量 U_i 悬空时的 U_o 值,记入表 2.36 对应项中。

(3)测量绘制输入输出波形。U_i 输入 500 Hz、幅度为 2 V(pp)的正弦信号,用示波器 CH$_1$、CH$_2$ 通道观察 U_i 与 U_o 信号,并将观察到的波形绘制在表 2.36 对应项中。

(4)测量电压传输特性曲线。U_i 输入 500 Hz、幅度为 2 V(pp)的正弦信号,用示波器 CH$_1$、CH$_2$ 通道观察 U_i 与 U_o 信号。示波器(数字式示波器)的挡位选在"HORIZONTAL ~ 水平"功能区的"MENU ~ 菜单"键上,再选择"XY"功能选项键即可。适当地改变 U_i 幅值,用示波器 CH$_1$、CH$_2$ 通道的灵敏度观察电压传输特性曲线的变化情况,并将观察到的波形绘制在表 2.36 对应项中。

表 2.36 过零比较器参数测量

U_i = 悬空	$U_o(V) = (U_Z + U_D) =$
U_i 输入 500 Hz、幅度为 2 V(pp)的正弦信号	
输入信号	
输出信号	
测量绘制电压传输特性曲线,标出典型参数值 $[+(U_Z + U_D)、-(U_Z + U_D)]$	

理论曲线	实测曲线

2. 反相滞回比较器

(1)按图 2.40(a)所示准确搭接实验电路,接通电源。

(2)测量绘制输入输出波形和测量 $+U_{omax}$ 和 $-U_{omax}$。U_i 输入 500 Hz、幅度为 2 V(pp)的正弦信号,用示波器 CH$_1$、CH$_2$ 通道观察 U_i 与 U_o 信号,测量 $+U_{omax}$ 和 $-U_{omax}$,并将观察到的波形绘制在表 2.37 对应项中。

(3)测量 U_o 由 $+U_{omax} \rightarrow -U_{omax}$ 时即 $U_{\Sigma}(R_2 = 10\ \text{k}\Omega$ 时)和 U_o 由 $-U_{omax} \rightarrow +U_{omax}$ 时 U_i 的临界值即 $-U_{\Sigma}(R_2 = 10\ \text{k}\Omega$ 时)。U_i 输入 500 Hz、幅度为 2 V(pp)的正弦信号,用示波器 CH$_1$、CH$_2$ 通道观察 U_i 与 U_o 信号,示波器(数字式示波器)的挡位选在"HORIZONTAL ~ 水平"功能

区的"MENU ~ 菜单"键上,再选择"XY"功能选项键,待电压传输特性曲线稳定后再选择示波器的"CURSOR ~ 游标",在"X 轴"方向找到要测量曲线点的位置测量 U_Σ 和 $-U_\Sigma$,记录在表 2.37 对应项中。

(4)参照上述第(1)条和第(4)条的要求和方法测量 R_2 分别为 5 kΩ、10 kΩ、15 kΩ 时电压传输特性,并将观察到的波形绘制在表 2.37 对应项中,同时标出 $R_2 = 10$ kΩ 时曲线的典型参数值(U_+、U_-、U_Σ、$-U_\Sigma$)。

表 2.37 反相滞回比较器参数测量

U_i 输入 500 Hz、幅度为 2 V(pp)的正弦信号	
$+U_{omax}$(V)参考点为"0" =	$-U_{omax}$(V)参考点为"0" =
$U_\Sigma(R_2 = 10$ kΩ)(V) =	$-U_\Sigma(R_2 = 10$ kΩ)(V) =
输入信号	
输出信号	

测量绘制电压传输特性曲线,标出 $R_2 = 10$ kΩ 时的典型参数值(U_+、U_-、U_Σ、$-U_\Sigma$)				
理论曲线		实测曲线	$R_2 = 5$ kΩ	$R_2 = 10$ kΩ	$R_2 = 15$ kΩ

3. 窗口比较器

(1)按图 2.41(a)所示准确搭接实验电路,接通电源。

(2)测量绘制输入输出波形和测量 $+U_{omax}$、$-U_{omax}$。U_i 输入 500 Hz、幅度为 4 V(pp)的正弦信号,用示波器 CH$_1$、CH$_2$ 通道观察 U_i 与 U_o 信号,测量 $+U_{omax}$ 和 $-U_{omax}$,并将观察到的波形绘制在表 2.38 对应项中。

(3)测量 U_o 由 $+U_{omax} \to -U_{omax}$ 时即 U_R^+ 和 U_o 由 $-U_{omax} \to +U_{omax}$ 时 U_i 的临界值即 U_R^-。U_i 输入 500 Hz、幅度为 4 V(pp)的正弦信号,用示波器 CH$_1$、CH$_2$ 通道观察 U_i 与 U_o 信号,示波器(数字式示波器)的挡位选在"HORIZONTAL ~ 水平"功能区的"MENU ~ 菜单"键上,再选择"XY"功能选项键,待电压传输特性曲线稳定后再选择示波器的"CURSOR ~ 游标",在"X 轴"方向找到要测量曲线点的位置测量 U_R^+ 和 U_R^-,记录在表 2.38 对应项中。

(4)参照上述第(1)条第(4)条要求和方法测量电压传输特性,并将观察到的波形绘制在表 2.38 对应项中,同时标出曲线的典型参数值($+U_{omax}$、$-U_{omax}$、U_R^+、U_R^-)。

表 2.38　窗口比较器综合参数数据记录表

U_i 输入 500 Hz、幅度为 4 V(pp)的正弦信号	
$+U_{omax}(V)$ 参考点为"0" =	$-U_{omax}(V)$ 参考点为"0" =
$U_R^+(V)$ =	$U_R^-(V)$ =
输入信号	
输出信号	
测量绘制电压传输特性曲线，标出典型参数值($+U_{omax}$、$-U_{omax}$、U_R^+、U_R^-)	
理论曲线	实测曲线

五、实验报告要求

(1)整理实验数据，绘制各类比较器的传输特性曲线。

(2)总结几种比较器的特点，举例说明各自的应用情况。

六、思考题

(1)复习书中有关比较器的内容。

(2)画出各类比较器的传输特性曲线。

(3)若要将图 2.41(b)所示窗口比较器的传输特性曲线高、低电平对调，应如何改动比较器电路?

实验十二　集成三端稳压器直流稳压电源的设计

一、实验目的

(1)熟悉集成三端稳压器直流稳压电源的电路结构及整流滤波电路的工作原理。

(2)掌握集成三端稳压器直流稳压电源的设计方法和元器件参数的计算、选择方法。

(3)掌握集成三端稳压器直流稳压电源的安装与调试方法。

二、实验器材

实验需用设备与器材如表 2.39 所示。

表 2.39　实验需用设备与器材

序号	名称	型号与规格	数量	备注
1	网络型模拟电路实验装置	THDW – M1	1 套	
2	数字式存储示波器	GDS – 1102A	1 台	
3	数字式万用表	UT51	1 只	
4	三端稳压器	78××、79××、LM317、LM337	若干只	
5	元器件、连接导线		若干个	

三、设计要求及提示

1. 设计要求

（1）初始条件。

电源输入交流电压 220 V，频率为 50 Hz。

（2）设计内容及要求。

①输出直流电压：

+5 V；+6 V；+8 V；+9 V；+12 V；+15 V；+3~28 V 连续可调。

−5 V；−6 V；−8 V；−9 V；−12 V；−15 V；−3~28 V 连续可调。

最大输出电流 1 A。

②电源变压器的次级电压应做初步的设计估算，计算初、次级绕组的匝数比及功率。

③选择电路类型（结构），估算选择元器件参数。

④可选用实验台上的变压器连接实验电路。

⑤自选设备和调试方案对电路进行调试，测试技术参数并填入表 2.40 中。

2. 设计提示

（1）三端集成稳压器电路形式较多，可供选择的参考电路如图 2.42 所示。它是用三端式稳压器 LM7812 构成的单电源电压输出串联型稳压电源的实验电路。其中，整流部分采用了由四个二极管组成的桥式整流器件（又称桥堆），相关型号较多，此处为 2W06；滤波电容 C_1、C_4 一般选取几百微法（470 μF/50 V）。当稳压器距离整流滤波电路比较远时，在输入端必须接入电容器 C_2（0.33 μF），以抵消线路的电感效应，防止产生自激振荡。输出端电容 C_3（0.1 μF）用以滤除输出端的高频信号，改善电路的暂态响应。

（2）电路测试步骤。

①先搭建如图 2.43 所示的降压、整流电路，检测 B 点的波形和直流电压，填入表 2.40 中。

②再搭建如图 2.44 所示的降压、整流、滤波电路，然后关闭开关 K，检测 B 点的波形和直流电压，填入表 2.40 中。

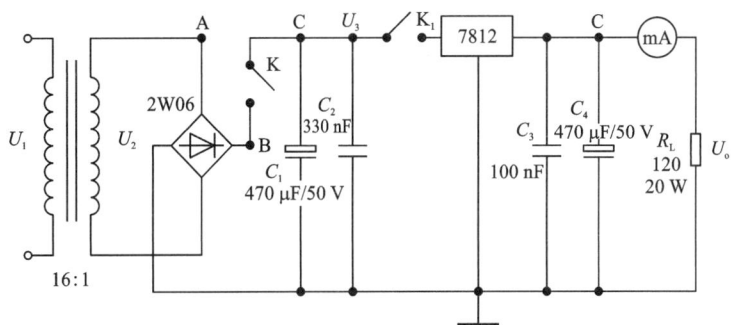

图 2.42　78××系列串联型直流稳压电源参考电路

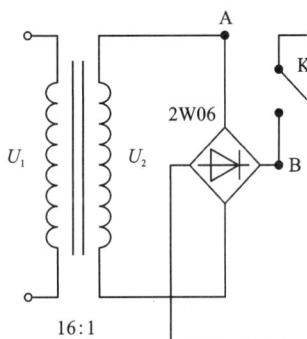

图 2.43　降压、整流电路

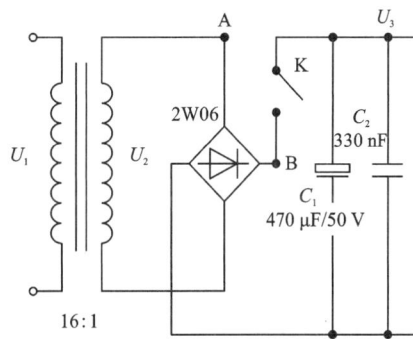

图 2.44　降压、整流、滤波电路

（3）关于元器件选择，本设计所用电源变压器是根据稳压电源的输出电压和输出电流来选择的，滤波电容则根据输出电压和电流的大小来选择。为了获得好的稳压性能，容量应适当大一些。对固定输出电压场合，可选用对应等级的三端稳压器。

（4）电路中各节点的电压波形如图 2.45 所示。

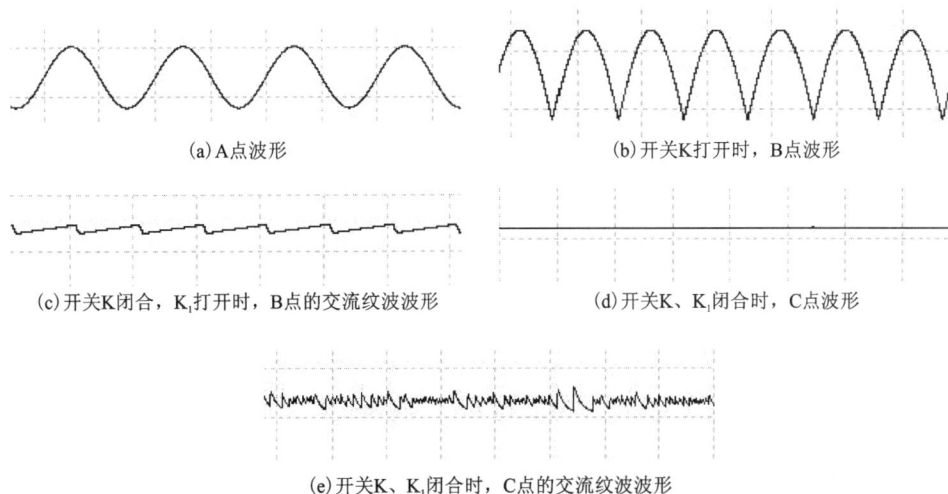

(a) A 点波形

(b) 开关 K 打开时，B 点波形

(c) 开关 K 闭合，K_1 打开时，B 点的交流纹波波形

(d) 开关 K、K_1 闭合时，C 点波形

(e) 开关 K、K_1 闭合时，C 点的交流纹波波形

图 2.45　三端集成稳压器电路各点测试波形

四、注意事项

（1）安装电路时，要注意二极管和滤波电容的极性，不能接反。

（2）安装稳压器前，应明确引脚排列顺序，部分常见三端集成稳压器型号及典型应用电路见附录 A。

（3）稳压器接地端（或称公共端）应可靠接地，不能悬空，否则易被烧毁。

五、实验报告要求

（1）画出设计电路结构，提供元器件参数选择依据。

（2）整理测试数据并分析误差产生的原因，然后与手册上的典型值进行比较。

（3）分析讨论实验中发生的现象和出现的问题，画出各节点的电压波形并说明其工作原理。

（4）用计算机仿真完成表 2.40 所列的内容。

表 2.40　集成三端直流稳压电源参数测试

三端稳压器_____测试参数

检测项目	测试数据	测试波形	注意事项
变压器初级 U_1	_____ V（ACrms）		1. 为保证安全，变压器初级 U_1 的波形可参照变压器次级 U_2 的波形画出，但波形的幅度有区别，应标出。
变压器次级 U_2	_____ V（ACrms）		
三端稳压器输入 U_3（不接 C_1、C_2），验证 $U_3 = 0.9U_2$	_____ V		
三端稳压器输入 U_3（接 C_1、C_2），验证 $U_3 = 1.1 \sim 1.4U_2$	_____ V		2. 实验装置电路实验区面板上的变压器次级有多组输出，请根据设计参数选择适当的变压器次级电压。
输出电压 U_o（不带负载）	_____ V		
输出电压 U_o（带负载 $R_L = 120\ \Omega$）	_____ V		
输出电流 I_L（带负载 $R_L = 120\ \Omega$）	_____（A）		3. 测量交流纹波的波形时应注意调整示波器的通道耦合方式。
交流纹波 U_o（带负载 $R_L = 120\ \Omega$）	_____ mV		

六、思考题

(1)常用直流稳压电源有几类？各有什么特点？请分别列举。

(2)集成稳压器与分立元件的稳压电路相比，各有哪些优缺点？

实验十三　集成运放宽频带放大器 OPA678 的设计与应用

一、实验目的

(1)了解宽频带放大器的基本原理、定义。

(2)学习 OPA678 的不同用法，掌握宽频带放大器设计方法。

(3)熟悉宽频带放大器性能参数指标的测试与分析方法。

二、实验器材

实验需用设备与器材如表 2.41 所示。

表 2.41　实验需用设备与器材

序号	名称	型号与规格	数量	备注
1	根据实验原理图准备元器件		若干个	
2	网络型模拟电路实验装置	THDW – M1	1 套	
3	数字式存储示波器	GDS – 1102A	1 台	
4	数字式万用表	UT51	1 只	
5	实际搭接时自制 PCB 板或采用万用板焊接		1 块	
6	装有 Multisim 软件的计算机		1 台	仿真设计时用

三、设计要求及提示

OPA678 是宽频带单片集成运算放大器，它具有两条独立的差分输入通道，可以由外部的 TTL 或 ECL 逻辑信号进行选择或快速切换，输入选择只需要 4 ns。OPA678 具有典型的运算放大器结构，输入部分为充分对称的差分输入方式，失调电压很小，只有 ±380 μV。因为它的频带较宽(200 MHz)，因此可以应用于一切要求高速和精密的运算放大场合。由于它失真小，两个输入信号之间的串扰小，因此可以用来放大射频和图像信号。OPA678 具有两条通道和可切换的特点，这使其应用更加灵活和方便，可用作增益可编程放大器、快速双路转换器和平衡调制解调器等。

1. 设计要求

利用美国 BURR – BROWN 公司的宽频带双输入集成运算放大器 OPA678 设计一款宽频带单片集成运算放大器，其基本性能需达到或接近其芯片的技术参数要求。

2. 设计提示

图 2.46 ~ 图 2.49 所示为 OPA678 的 4 个典型应用电路。图中，C_1、C_3、C_4、C_5 是电源去耦电容，为 1 μF 的钽电容。为防止其高频时产生电感效应，再并联一个 0.1 μF 的陶瓷电容。改变反馈网络的电阻 R_1、R_2，即可调节 OPA678 的放大倍数。表 2.42 中给出了不同反馈电阻所对应的电压增益，并给出了所需补偿电容 C_2 的值。现将各电路基本功能说明如下。

表 2.42　反馈电阻所对应的电压增益

电压增益	$R_1/\text{k}\Omega$	$R_2/\text{k}\Omega$	C_2/pF
+1	∞	100	8
+2	500	500	3

图 2.46 所示为当作单通道放大器使用的线路图。图中，把 2 输入通道选择信号接地，则 2 通道关断，只有 1 通道工作。它是一个输入和输出电阻都为 75 Ω 的视频放大器。

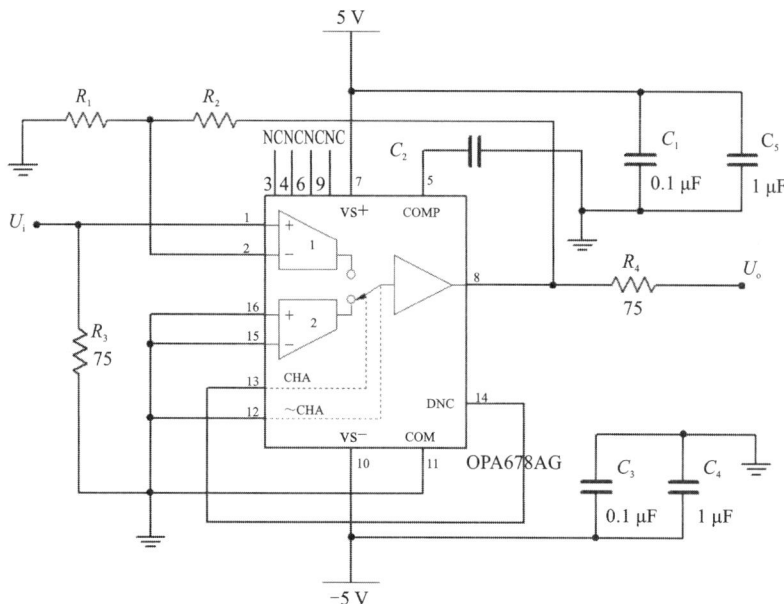

图 2.46　单通道放大器

图 2.47 所示为一个双通道转换放大器，两个通道均为同相输入。与一般的多路转换器相比，该电路还具有放大作用，可用作电视 IQ 信号混合器。表 2.43 给出了不同反馈电阻所对应的电压增益，并给出了所需补偿电容 C_2 的值。

图 2.48 所示为输入为差动信号的双通道转换放大器。按照图中的反馈电阻值，可得到两倍的电压增益。在引脚 5 接入一个可调的补偿电容，通过调节可得到最好的带宽、建立时间和通带增益平坦度。

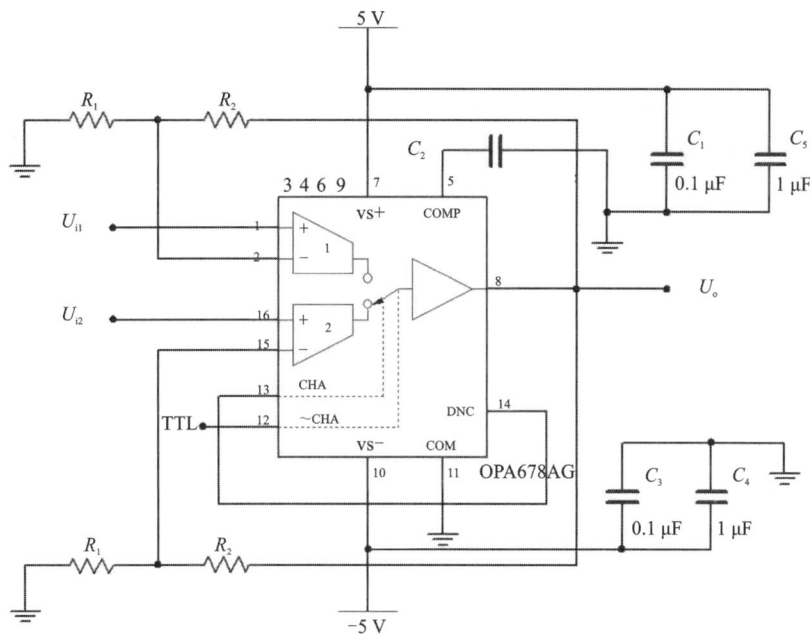

图 2.47 双通道转换放大器

表 2.43 反馈电阻所对应的电压增益

电压增益	$R_1/\text{k}\Omega$	$R_2/\text{k}\Omega$	C_2/pF
+1	∞	100	8
+2	500	200	3
+4	100	300	1
+8	50	350	0

图 2.49 所示为带有放大功能的平衡调制解调器。在无线电传输过程中，往往将载波抑制掉而只传输边频分量。上边频和下边频一同传输的叫作双边带传输，只传输一个边频分量叫作单边带传输。当采用边带传输方式时，接收到的信号必须恢复其载波，才能检出低频信息。能够抑制载波的调制器叫作平衡调制器，能够从双边带或单边带信号中检出低频信号的检波器叫作同步检波器。表 2.44 中给出了不同反馈电阻所对应的电压增益，并给出了所需补偿电容 C_2 的值。

表 2.44 反馈电阻所对应的电压增益

电压增益	$R_1/\text{k}\Omega$	$R_2/\text{k}\Omega$	$R_3/\text{k}\Omega$	$R_4/\text{k}\Omega$	C_2/pF
+2	100	200	200	200	4
+5	40	200	50	200	1

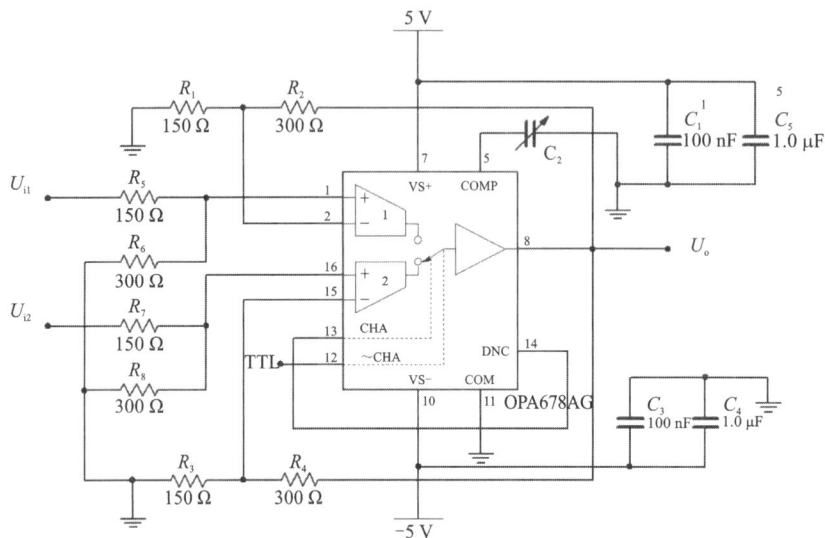

图 2.48　输入差动信号的双通道转换放大器

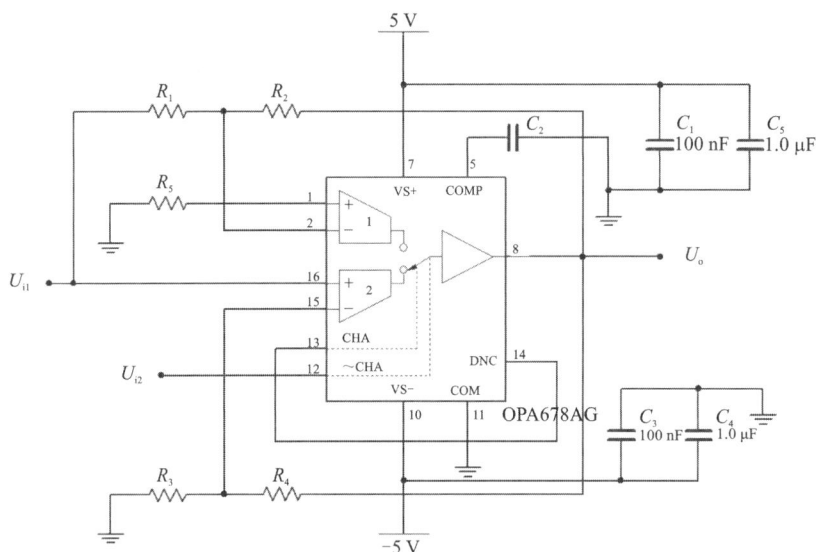

图 2.49　带有放大功能的平衡调制解调器

　　如果图 2.49 中的 U_{i1} 为低频调制信号，U_{i2} 为高频载波信号，而且载波信号的幅度足够大（可作为切换通道的开关信号），其输出就是载波被抑制的调制信号，即实现了平衡调幅。

　　如果图 2.49 中 U_{i1} 为接收到的边带信号，U_{i2} 为要恢复的载波信号（参考信号），则输出电压中就包含了低频调制信号分量，经滤波就能得到调制信号，从而实现同步检波。

四、注意事项

高频放大电路需要良好的布线技术，要保证 OPA678 本身的优良性能，信号路线必须短且直，地线必须宽厚。不良的布线会引起带宽减小、建立时间变慢、增益起伏以及振荡或间隙振荡等现象的发生。这些都是高频放大器的常见问题，OPA678 也不例外。对于几千兆赫增益带宽的放大器，使用中必须注意以下问题：

(1)在印刷电路板元件一侧，采用一块厚铜板作为地线，可以减小地线电感，同时有利于散热。

(2)采取良好的电源去耦措施。建议在紧靠器件电源引脚的地方用 1 μF 的钽电容和一个 0.1 μF 的瓷片电容相并联，且引线应尽可能短。

(3)采用感应小的片状电阻器和电容器，以尽量减小寄生电感和电容。在高频电路中，绝对不能采用线绕电阻，包括"无感型"线绕电阻。

(4)用于反馈的电阻可采用金属膜电阻或碳膜电阻，因受寄生并联电容的影响，其值不能大于 1 kΩ。当然，其最小值也受放大器输出级负载能力的限制。在用 OPA678 作为单位增益的电压跟随器时，从输出端到反相输入端一般用 100 Ω 的反馈电阻，以获得最佳效果。

(5)应避免放大器过载，过载就会导致失真。因为放大器的输出级既要驱动负载，又要为反馈网络提供电流。如前所述，反馈电阻不能太大，以免限制放大器的负载能力。

(6)高频放大器带电容负载的能力较差，当负载电容超过 10～20 pF 时，应考虑使用快速缓冲器，或在放大器与电容负载之间接一个小电阻。如果不进行补偿，电容负载会引起闭环回路的不稳定。

(7)如果输出到负载之间用传输线连接，必须接好负载。开路传输线(如同轴缆)对放大器而言相当于一个容性或感性负载。

(8)逻辑输入端应接一个适当的电阻到地，并尽量缩短连线，否则会引起间歇振荡，或使高速切换性能变差。

(9)必须根据射频技术的要求进行布线，不能采用一般的原型插入式电路板。信号线要短，电阻、电容等元件的引脚线不能长于 6 mm。为减小阻抗和电感，印刷电路板的电源线和信号线应尽量加粗。

五、实验报告要求

(1)阐述宽带放大器性能指标的测试、分析方法。
(2)比较普通放大器与宽带放大器性能指标的测试、分析方法。
(3)按实验电路，做好宽带放大器的仿真电路图。
(4)自拟实验数据表格，供测试时使用。

六、思考题

(1)为什么只有当负载与传输线的特性阻抗相等时，放大器的负载才呈现纯阻？
(2)如何理解宽带放大器的基本定义 $A_u \times B \geqslant 1$ MHz 的放大器即为宽带放大器(其中，A_u 为放大器增益；B 为放大器的通频带)？

实验十四 集成运放和单片 CD4046 组成压控振荡器的设计

一、实验目的

（1）掌握运算放大器及单片 CD4046 的综合运用。

（2）学习电压/频率转换（V/F）电路的基本工作原理。

（3）了解压控振荡器的组成及电路参数的调整方法。

二、实验器材

实验需用设备与器材如表 2.45 所示。

表 2.45 实验需用设备与器材

序号	名称	型号与规格	数量	备注
1	装有 Multisim 9 或 Proteus7.5SP3 软件的电脑		1 台	
2	根据实验原理图准备元器件		若干个	
3	实际搭接时自制 PCB 板或采用万用板焊接		1 块	

三、设计要求及提示

1. 设计要求

（1）分析图 2.50 和图 2.51 所示参考电路的工作原理，分析 U_i 与 U_o 的关系，计算当 R_{P1}、R_{P2} 的阻值为多少时，输出信号的幅值为 12 V。

（2）输入 $U_i = 4$ V，调整 R_{P1}、R_{P2}，使输出 U_o 为锯齿波，改变输入电压（在 0～5 V 范围内选取），测量输出电压的频率和波形。

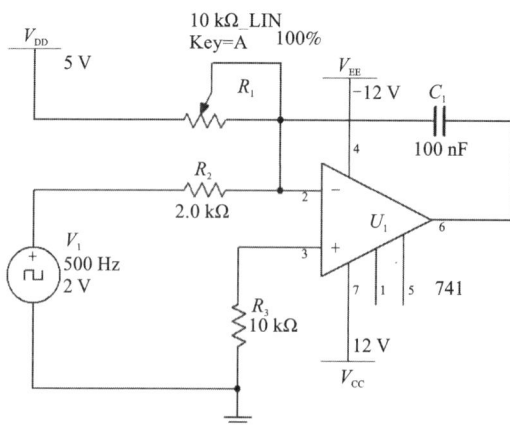

图 2.50 改变电压的积分电路

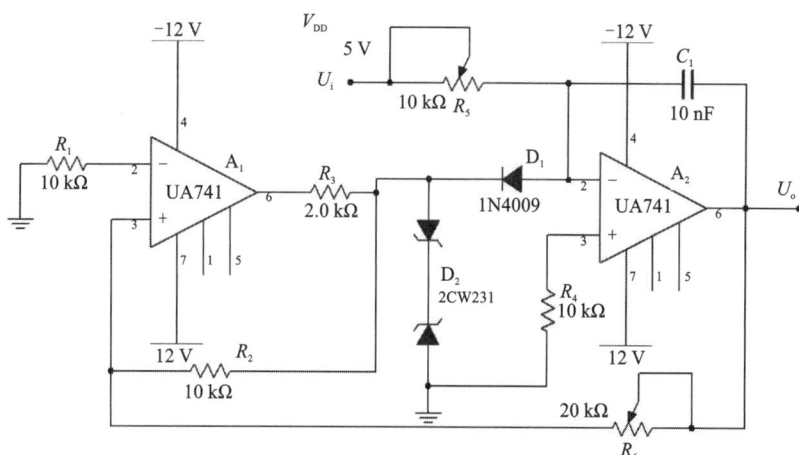

图 2.51　电压/频率转换电路

2. 设计提示

压控振荡器是指输出频率与输入控制电压有对应关系的振荡电路(voltage controlled oscillator，VCO)。其频率是输入信号电压的函数，如图 2.52 所示。振荡器的工作状态或振荡回路的元件参数受输入电压的控制，可构成一个压控振荡器。

一般压控振荡器的类型有 LC 压控振荡器、RC 压控振荡器和晶体压控振荡器。对压控振荡器的技术要求主要有频率稳定度好、控制灵敏度高、调频范围宽、频偏与控制电压呈线性关系并易宜于集成等。晶体压控振荡器的频率稳定度高但调频范围窄；RC 压控振荡器的频率稳定度低而调频范围宽；LC 压控振荡器居于二者之间。

压控振荡器特性用输出角频率 ω_0 与输入控制电压 u_c 之间的关系曲线来表示，如图 2.53 所示。其中，u_c 为零时的角频率点 $(\omega_0, 0)$ 的频率称为自由振荡角频率；曲线在 $(\omega_0, 0)$ 处的斜率 K_0 称为控制灵敏度。

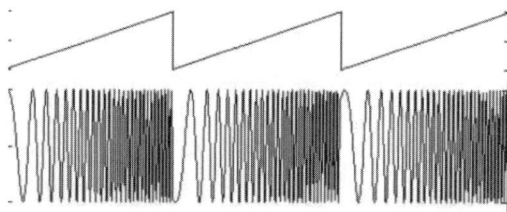

图 2.52　锯齿波控制输出信号频率的波形

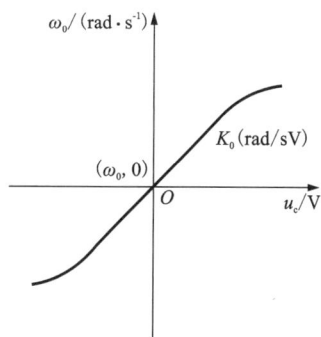

图 2.53　压控振荡器的控制特性

(1)改变积分电路输入电压。

电路如图 2.50 所示，在积分电路的反相输入端加入一个直流可调控制电压 V_{DD}(5 V，由

R_1 调节)和一个频率为 500 Hz、幅度为 2 V 的方波信号 V_1，在不断改变 R_1 阻值的情况下，用示波器观察输出电压 U_o 的波形及频率变化情况，并记录在相关的数据表格中。

(2)电压/频率转换电路。

电路如图 2.51 所示，将比较器和积分电路首尾相连，接成一个全闭环电路，运算放大器接 ±12 V 电源。该电路实际上为典型的 V/F(电压/频率)转换电路。当输入信号 U_i 为直流电压时，输出电压 U_o 将出现与其有一定函数关系的频率振荡波形(锯齿波)。

四、注意事项

(1)在工程应用中 VCO 一般不单独作为本振源、载波调制源或信号源使用，因为其频率稳定度差。

(2)VCO 与锁相环构成频率源时，必须有良好的环路设计才能获得良好的相噪和频率稳定度。

(3)VCO 使用的线性范围只占 f_0/U_T(反向偏置电压)特性的一部分。在对线性有要求的应用场合下，U_T 为 2~8 较合理。

(4)VCO 调频范围宽，U_T 变化大，相噪相应变化也大，因此低相噪使用应选取适当的频带宽度。

五、实验报告要求

(1)做出电压–频率关系曲线，并讨论其结果。

(2)可以选用不同的实验手段(即可以通过 Multisim 9 或 Proteus7.5 仿真实验，也可通过实物搭接电路)。

(3)自拟实验数据表格，供测试时使用。

(4)如图 2.54 所示，试用单片 IC(CD4046)实现一款压控振荡器的仿真设计。输入控制信号 U_i 是频率为 1 kHz 左右、幅度为 1 V 左右的正弦波、锯齿波、三角波，观察输出波形(可参考图 2.55 所示的电路输出波形)。

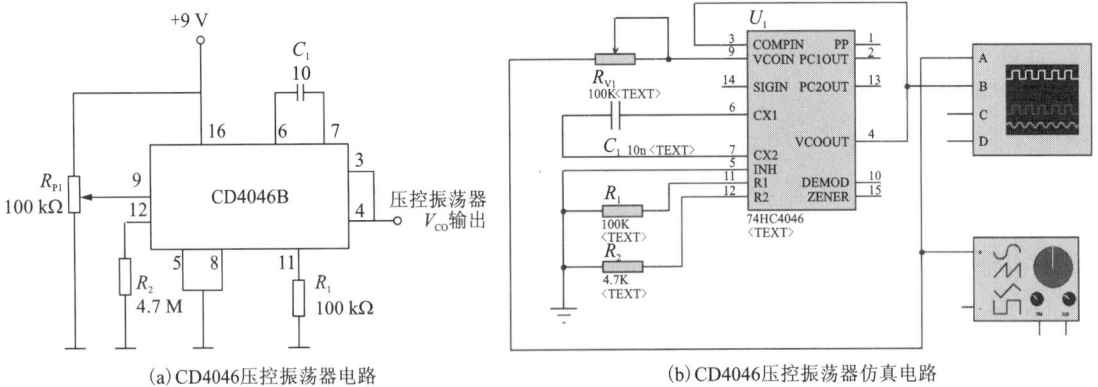

(a)CD4046压控振荡器电路　　　　(b)CD4046压控振荡器仿真电路

图 2.54　CD4046 压控振荡器电路

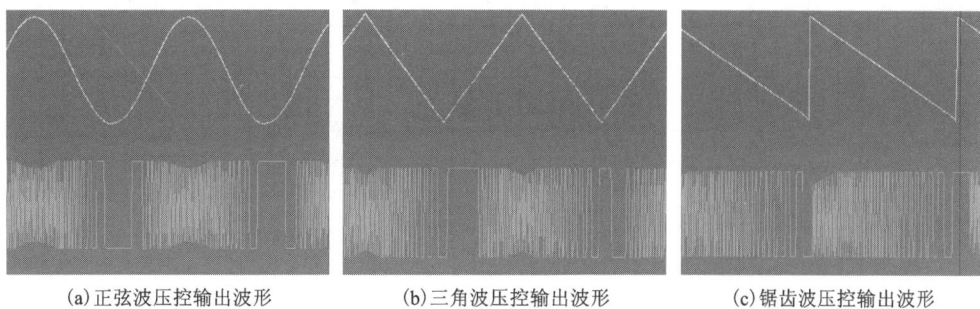

(a)正弦波压控输出波形　　　(b)三角波压控输出波形　　　(c)锯齿波压控输出波形

图 2.55　电路输出波形

六、思考题

(1)如果 U_i 为正弦波电压,电路其他参数不变,输出波形的幅值和频率将如何变化?

(2)积分电容器 C_1 的参数选择得太大(如 10 μF)或太小(如 100 pF),其他参数不变,对输出波形及参数有何影响?

实验十五　LM386 集成功率放大器研究

一、实验目的

(1)熟悉甲类、乙类、甲乙类功率放大器的基本概念、主要性能指标及用途。

(2)掌握各种功率放大器的特点及主要技术指标的测试方法。

二、实验原理

LM386 是一种低电压通用型音频集成功放。增益由内部默认设置为 20,以保证较少的外部元件数。但是,通过调节 1 脚和 8 脚间的电阻和电容可以使增益在 20~200 dB 内。输入以地作为参考电压,输出自动偏置到供电电压的一半,6 V 供电时,静态功耗仅为 24 mW。由于该电路具有功耗低、增益可调整、允许的电源电压范围宽、外接元件少、总谐波失真小等优点,使得 LM386 特别适用于电池供电的场合,广泛应用于收录音机、对讲机、电视伴音等系统中。

1. LM386 内部电路

LM386 内部电路如图 2.56 所示,与通用型集成运放相类似,它是一个三级放大电路。

第一级为差分放大电路, T_1 和 T_3、T_2 和 T_4 分别构成复合管,作为差分放大电路的放大管。T_5 和 T_6 组成镜像电流源,作为 T_1 和 T_2 的有源负载。T_3 和 T_4 信号从管的基极输入,从 T_2 管的集电极输出,为双端输入单端输出差分电路。使用镜像电流源作为差分放大电路有源负载,可使单端输出电路的增益近似等于双端输出电路的增益。

第二级为共射放大电路,T_7 为放大管,恒流源作有源负载,以增大放大倍数。

第三级中的 T_8 和 T_9 复合成 PNP 型管,与 NPN 型管 T_{10} 构成准互补输出级。二极管 D_1 和

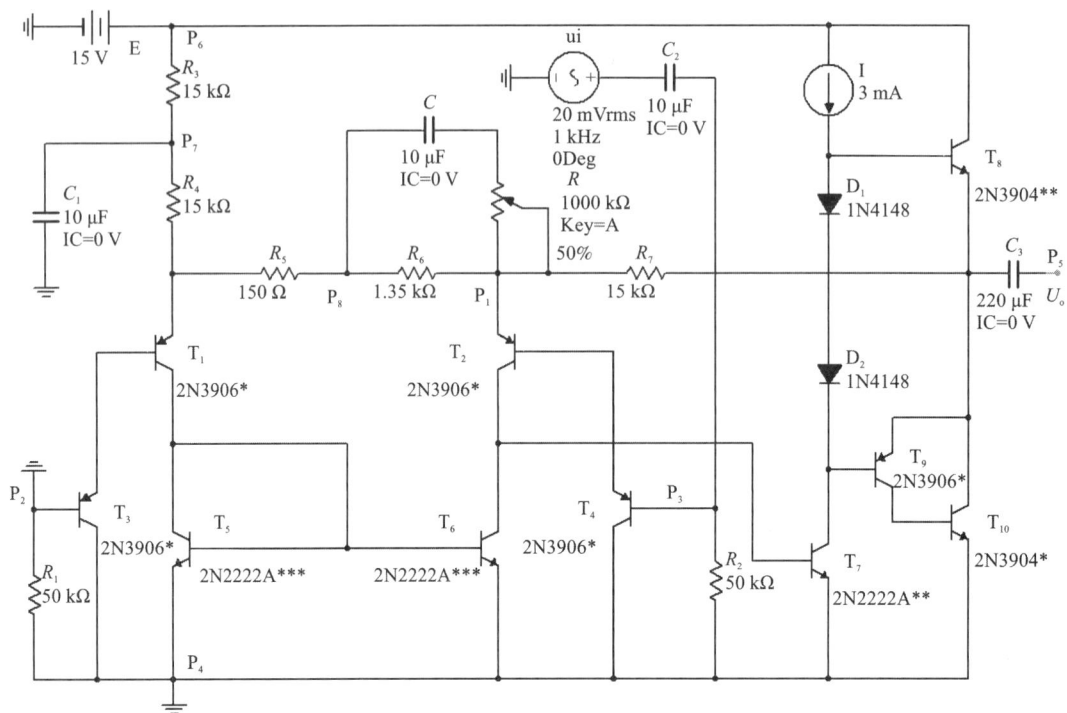

图 2.56　LM386 音频功率放大器内部电路

D_2 为输出级提供合适的偏置电压，可以消除交越失真。电阻 R_7 从输出端连接到 T_2 的发射极，形成反馈通路，并与 R_5 和 R_6 构成反馈网络，从而引入了深度电压串联负反馈，使整个电路具有稳定的电压增益。

2. LM386 的 4 种典型应用电路

LM386 的 4 种典型应用电路如图 2.57 所示。LM386 的引脚 2 为反相输入端，引脚 3 为同相输入端。电路由单电源供电，故为 OTL 电路。输出端(引脚 5)应外接输出电容后再接负载。

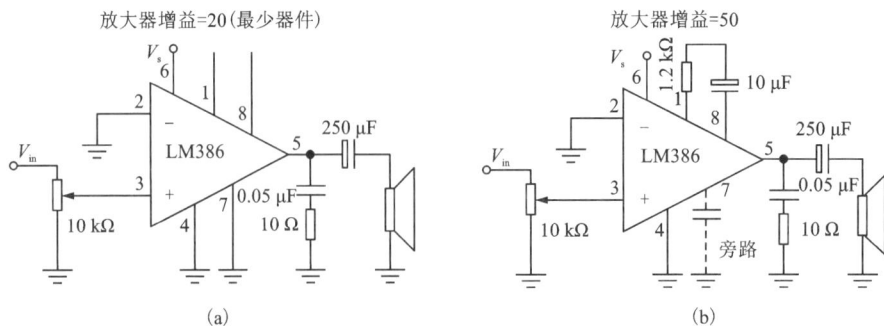

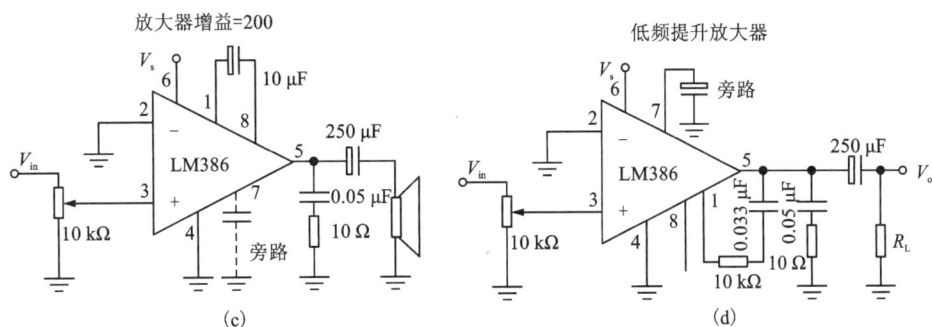

图 2.57 LM386 的 4 种典型应用电路

三、实验器材

实验需用设备与器材如表 2.46 所示。

表 2.46 实验需用设备与器材

序号	名称	型号与规格	数量	备注
1	根据实验原理图准备元器件		若干个	
2	网络型模拟电路实验装置	THDW－M1	1 套	
3	数字式双踪示波器	GDS－1102A	1 台	
4	数字式万用表	UT51	1 只	
5	自制 PCB 板		1 块	

四、实验内容及步骤

(1)可以选用不同的手段(可以通过 Multisim 仿真实验或实物实验)完成实验。

(2)如果采用实物实验,需注意以下几点:

①通过接在 1 脚、8 脚间的电容(1 脚接电容"＋"极)来改变增益,断开时,增益为 20 dB。当不用大的增益时,电容可不接,这样会给电路带来好处,如噪音减少。

②PCB 设计时,所有外围元件应尽可能靠近 LM386,地线尽可能粗一些,输入音频信号通路尽可能平行走线,输出亦如此。

③选好调节音量的电位器,质量太差的不能要,否则会影响音质。阻值不要太大,否则将影响音质,10 kΩ 最合适。

④尽可能采用双音频输入／输出。因为"＋""－"输出端可以很好地抵消共模信号,故能有效抑制共模噪声。

⑤第 7 脚(BYPASS)的旁路电容不可少。实际应用时,BYPASS 端必须外接一个电解电容到地,以滤除噪声。工作稳定后,该引脚电压值约等于电源电压的一半。增大这个电容的

容值，减缓直流基准电压的上升、下降速度，能有效抑制噪声。在电路上电、掉电时出现的噪声就是由该偏置电压的瞬间跳变所导致，因此该电容不能省。

⑥输出耦合电容的作用有两个：隔断直流电压，否则直流电压过大有可能损坏喇叭线圈；耦合音频的交流信号。它与扬声器负载构成了一阶高通滤波器。减小该电容值可使噪声能量冲击的幅度变小、宽度变窄，但太低又会使截止频率$\left[f_c = 1/\left(2\pi \times RL \times C_{out}\right)\right]$提高，故选取 10 μF/4.7 μF 较为合适。

⑦电源的处理也很重要，以多组电源较妥，由于电压不同、负载不同以及并联的去耦电容不同，每组电源的上升、下降时间有差异。非常可行的方法是：将上电、掉电时间短的电源放到 +12 V 处，选择上升相对较慢的电源作为 LM386 的 V_s，但不要低于 4 V。

五、实验报告要求

(1)常见功率放大器常分为几类？各自有什么特点？请简述其基本原理。
(2)总结功率放大器主要指标的测试原理，自拟出各技术指标的测试方法和测试步骤。
(3)自拟实验数据表格，供实验测试时使用。

六、思考题

(1)常见各种 IC 功率放大器外围元器件有哪些？其作用是什么？
(2)如何测量功率放大器的输出功率和效率？

实验十六　*RC* 串并联选频网络振荡器研究

一、实验目的

(1)进一步学习 *RC* 正弦波振荡器的组成及振荡条件。
(2)学会 *RC* 正弦波振荡器主要性能参数的测量及调试方法。

二、实验原理

从电路结构上观察，正弦波振荡器是没有输入信号的、带选频网络的正反馈放大器。若采用 *R*、*C* 元件组成选频网络，就称为 *RC* 振荡器，一般用来产生 1 Hz～1 MHz 的低频信号。

如图 2.58 所示为 *RC* 串并联网络(文氏桥)振荡器原理图。振荡频率 $f_0 = \dfrac{1}{2\pi RC}$，起振条件 $|A| > 3$，电路的特点为：可方便连续改变振荡频率，便于加负反馈稳幅；容易得到良好的振荡波形。

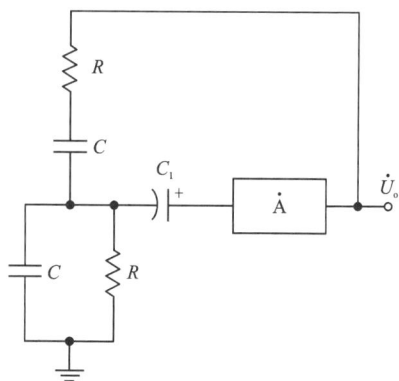

图 2.58　*RC* 串并联选频网络振荡器原理图

三、实验器材

实验需用设备与器材如表 2.47 所示。

表 2.47 实验需用设备与器材

序号	名称	型号与规格	数量	备注
1	网络型模拟电路实验装置	THDW – M1	1 套	
2	数字式存储示波器	GDS – 1102A	1 台	
3	数字式万用表	UT51	1 只	
4	RC 串并联选频网络振荡器实验电路模块		1 块	
5	连接导线		若干条	

四、实验内容及步骤

如图 2.59 所示为 RC 串并联选频网络振荡器，它由两级共射极分立元件放大器组成。

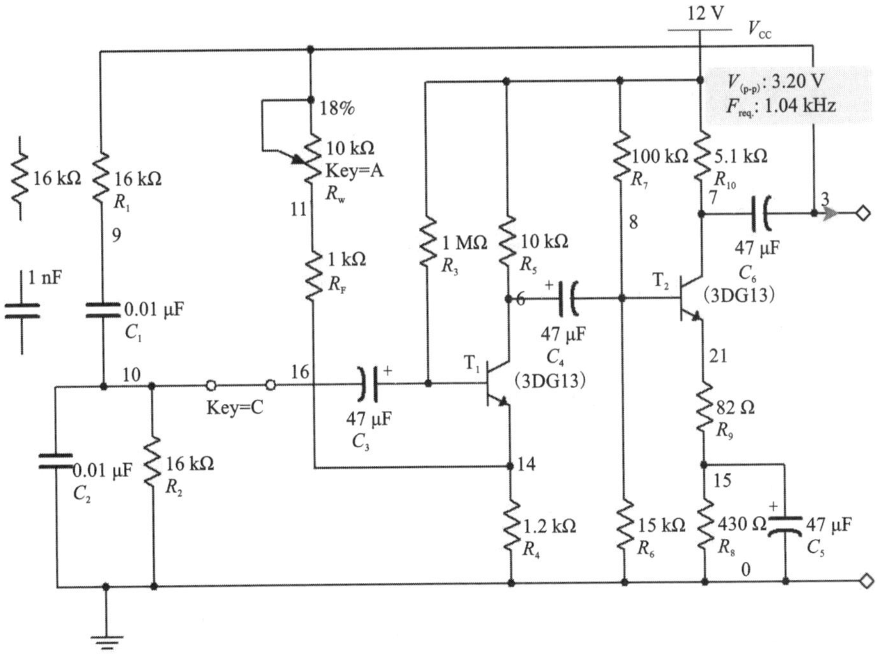

图 2.59 RC 串并联选频网络振荡器

1. 测量放大器静态工作点和电压放大倍数

（1）按图 2.59 所示连接实验电路，断开 RC 串并联网络（图 2.59 所示电路中 Key = C 的位置），在 C_3 的负端输入频率为 1 kHz、幅度可调的正弦波信号，示波器的 CH_1 和 CH_2 通道分

别监测输入 U_i 和输出 U_o 波形，调节放大器的最佳静态工作点是否正确，如果偏差太大，则可分别在第一级和第二级的基极上偏置电阻（R_3、R_7）旁并联一定阻值的电阻以调整该级工作点。工作点调试好后，将数据记录在表2.48中。

（2）放大器在上述工作条件下，用示波器的 CH_1 和 CH_2 通道分别监测输入电压 U_i 和输出电压 U_o 波形，调整输入信号幅度，以输出波形不出现失真为好，读出示波器上 U_i 和 U_o 的值，记录在表2.48中。

2. 测量振荡频率

（1）接通 RC 串并联网络，调节 R_W（负反馈量）使电路起振，用示波器观测输出电压 U_o 波形，反复调节 R_W 使获得满意的正弦波信号，测量振荡频率和波形，记录在表2.48中。

（2）改变 R 或 C 值，观察振荡频率变化情况。

①如图2.59所示，首先减小 R_1（使 R_1 并联一个 16 kΩ 的电阻），用示波器观察输出信号 U_o 频率和幅度的变化情况，记录在表2.48中。

②将电路参数复原后，再增大 C_1（使 C_1 并联一个 1 nF 的电容），用示波器观察输出信号 U_o 频率和幅度的变化情况，记录在表2.48中。

表2.48 RC 串并联选频网络振荡器参数测量

f_{0L}（理论计算）		f_{0S}（实际测量）	δ（相对误差）	采用何种反馈组态
改变 R 或 C 值	C_1 不变 减小 $R_1 = 8$ kΩ	f_{0L}（理论计算）	f_{0S}（实际测量）	δ（相对误差）
	R_1 不变 增大 $C_1 = 11$ nF	f_{0L}（理论计算）	f_{0S}（实际测量）	δ（相对误差）

放大器增益测量							
不接负载 $R_L = \infty$	U_i/mV(pp)	U_o/mV(pp)	A_u	接上负载 $R_L = 5.1$ kΩ	U_i/mV(pp)	U_{oL}/mV(pp)	A_{uL}

最佳静态工作点调试测量并说明其工作情况						
U_{BQ1}/V	U_{CQ1}/V	U_{EQ1}/V	U_{BQ2}/V	U_{CQ2}/V	U_{EQ2}/V	电路工作情况评估
输入波形						
输出波形						

其中：f_0 为振荡器输出波形较好（无明显失真）时的频率值。U_{BQ1}、U_{EQ1}、U_{CQ1} 与 U_{BQ2}、U_{EQ2}、U_{CQ2} 分别为放大器第1、2级静态工作点时晶体管的基极、发射极、集电极对地的直流电压。相对误差 $\delta = \dfrac{|f_{0S} - f_{0L}|}{f_{0L}} \times 100\%$。

五、实验报告要求

（1）调试测量振荡器的振荡频率，完成表 2.48 的数据测量和相关计算等。

（2）根据给定的 RC 振荡器电路参数计算振荡频率，并与实际测量值比较，分析误差产生的原因。

（3）总结三类 RC 振荡器（RC 移相振荡器、RC 串并联振荡器、双 T 选频网络振荡器）的特点。

六、思考题

（1）复习书中有关三种类型 RC 振荡器的结构与工作原理的内容。

（2）计算本实验电路的振荡频率。

（3）如何用示波器来测量振荡电路的振荡频率？

实验十七　信号发生器与波形变换

一、实验目的

（1）熟悉波形变换电路的工作原理及特性。

（2）掌握波形变换电路的参数选择和调试方法。

二、实验器材

实验需用设备与器材如表 2.49 所示。

表 2.49　实验需用设备与器材

序号	名称	型号与规格	数量	备注
1	网络型模拟电路实验装置	THDW – M1	1 套	
2	数字式存储示波器	GDS – 1102A	1 台	
3	数字式万用表	UT51	1 只	
4	集成运算放大器	LM324	1 只	
5	元器件、连接导线		若干个	

三、设计项目要求及提示

1. 设计要求

设计要求原理框图如图 2.60 所示。

2. 设计提示

电路采用集成运算放大器 LM324 进行设计，电路均要求单电源供电，请自行设计记录表格对电路进行数据检测。

图 2.60　波形变换设计原理框图

（1）设计一款正弦波发生器。

确定电路设计方案，计算并选取电路的元件参数，测试正弦波发生器输出波形的频率和最大不失真输出电压值。

（2）设计一款比较器。

确定电路设计方案，计算并选取电路的元件参数，将上级正弦波发生器输出连入比较器输入端，测试比较器输出波形的电压值、占空比及频率为 1 kHz 时芯片的压摆率。

（3）设计一款积分器。

确定电路设计方案，计算并选取电路的元件参数，将上级比较器输出连入积分器输入端，测试积分器输出波形的频率和最大不失真输出电压值。

四、注意事项

（1）注意电路为单电源供电模式。

（2）计算元器件参数，选取合适的电路元件。

五、实验报告要求

（1）系统整体设计。

（2）用 Multisim 或同类型电路设计软件进行电路仿真，记录结果。

（3）提交一份完整的设计说明书，包括电路设计原理图、技术重点、要点（理论知识点）、参数估算过程、仿真分析、调试过程、参考文献、设计总结等。

六、思考题

（1）单电源供电与双电源供电对电路有何影响？

（2）在 RC 积分电路中，时间常数应满足什么要求？

第 3 章

数字电路实验

实验一　基本门电路逻辑功能测试

一、实验目的

(1)熟悉各种基本逻辑门电路的逻辑符号和逻辑功能。

(2)掌握集成门电路器件的使用及逻辑功能测试方法。

(3)熟悉数字电路实验箱的结构、基本功能和使用方法。

二、实验原理

集成逻辑门电路是最简单和最基本的数字集成元件。任何复杂的组合电路和时序电路都可用逻辑门通过适当的组合连接而成。基本逻辑运算有与、或、非运算,相应的基本逻辑门有与、或、非门。目前已有门类齐全的集成门电路,如与非门、或非门、异或门等。虽然大、中规模集成电路相继问世,但要组成某一个系统时,仍少不了各种门电路。TTL 集成电路因其工作速度快、输出幅度大、种类多、不易损坏等特点而获得广泛使用。图 3.1 所示为 TTL 基本逻辑门电路的逻辑符号图。CMOS 集成电路功耗低,输出幅度大,扇出能力强,电源范围较宽,应用也很广泛。

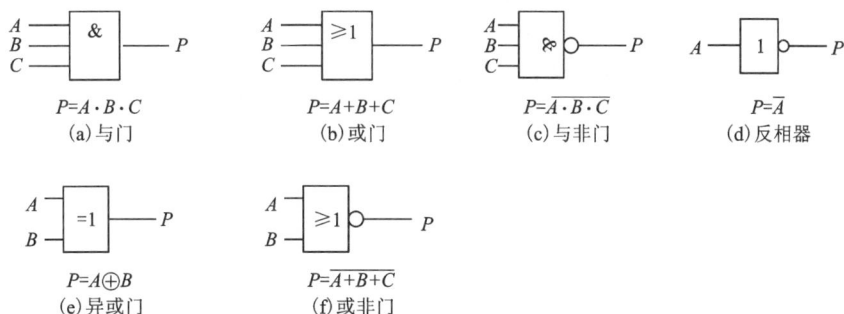

图 3.1　TTL 基本逻辑门电路

三、实验器材

实验需用设备见表 3.1。

表 3.1　实验需用仪器设备

序号	名称	型号与规格	数量	备注
1	直流电源	+5 V	1 只	
2	双列直插式集成电路插座		1 组	
3	逻辑电平开关		1 组	
4	LED 发光二极管显示器		1 组	

实验需用器材见表 3.2。

表 3.2　实验需用器材

序号	名称	型号与规格	数量	备注
1	四 2 输入与非门	74LS00	2 组	
2	双四输入与非门	74LS20	1 组	
3	四 2 输入异或门	74LS86	1 组	
4	连接导线		若干条	

四、实验内容及步骤

1. 芯片管脚的识别

74LS00、74LS20、74LS86 芯片管脚排列如图 3.2 所示，其电源和地一般在芯片的两端，对于 14 管脚的集成芯片，7 脚为电源地（GND），14 脚为电源正（V_{CC}），其余管脚为输入和输出。

管脚识别方法是：将集成块正面（有字的一面）对准使用者，以左边凹口或小标志点"·"为起始脚，从下往上按逆时钟方向向前数 1，2，3，…，n 脚。使用时，查找 IC 手册即可知各管脚的功能。

2. 74LS00 与非门逻辑功能的测试

将 74LS00 集成片插入 IC 空插座中，管脚排列见图 3.2(a)，输入端接逻辑电平开关，输出端接 LED 发光二极管显示器，管脚 14 接 +5 V 电源，管脚 7 接地，将实验结果用逻辑"0"或"1"表示并填入表 3.3 中。

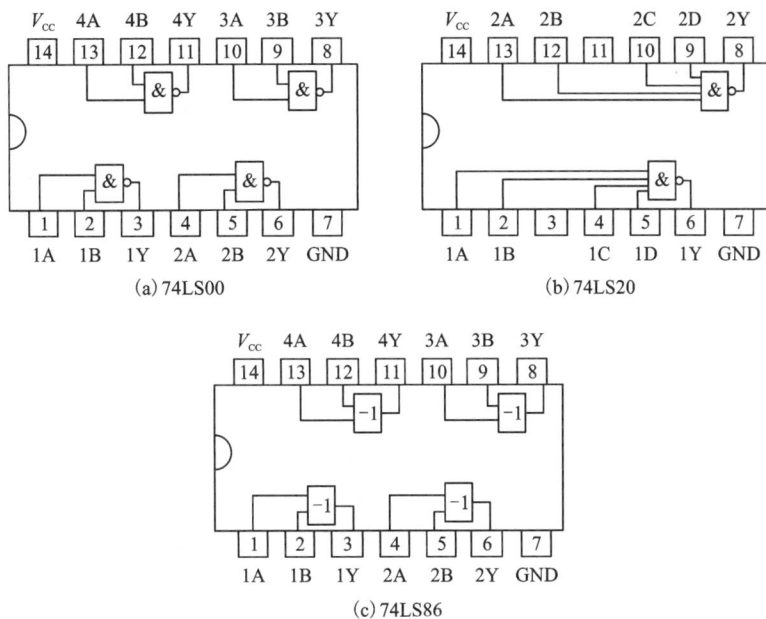

图 3.2　74LS00、74LS20、74LS86 芯片管脚排列

表 3.3　74LS00 与非门逻辑功能的测试结果

输入		输出
A	B	Q
0	0	
0	1	
1	0	
1	1	

3. 74LS20 与非门逻辑功能的测试

步骤同上,将实验结果用逻辑"0"或"1"表示并填入表 3.4 中。

表 3.4　74LS20 与非门逻辑功能的测试结果

输入				输出
A	B	C	D	Q
1	1	1	1	
0	1	1	1	
1	0	1	1	
1	1	0	1	
1	1	1	0	

4. 74LS86 异或门逻辑功能的测试

步骤同上，将实验结果用逻辑"0"或"1"表示并填入表3.5中。

表3.5　74LS86 异或门逻辑功能的测试结果

输入		输出
A	B	Q
0	0	
0	1	
1	0	
1	1	

5. 用 74LS00 与非门组成的半加器的逻辑功能的测试

（1）逻辑表达式：

$$S = \overline{A}B + A\overline{B} = A \oplus B$$

$$C = AB$$

（2）实验电路如图3.3所示，用逻辑功能正常的与非门组成半加器电路。

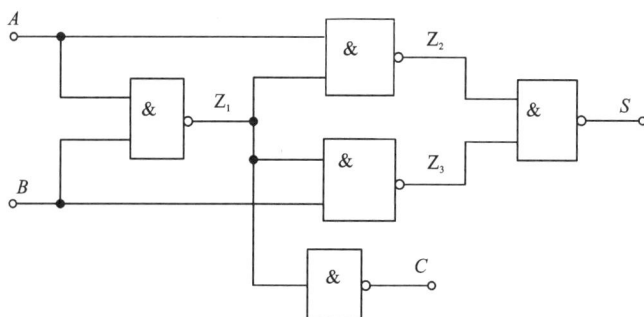

图3.3　用74LS00 与非门组成的半加器电路图

（3）实测半加器真值表。

将半加器逻辑功能的测试结果填入表3.6中。

表3.6　半加器逻辑功能的测试结果

输入		输出	
A	B	S	C
0	0		
0	1		
1	0		
1	1		

（4）分析、测试如图 3.4 所示的用 74LS86 异或门和 74LS00 与非门组成的半加器逻辑功能实验电路，实测真值表同表 3.6。

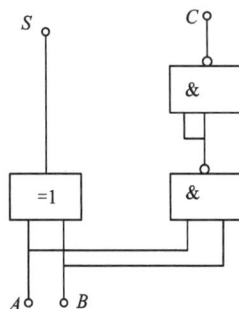

图 3.4　用异或门和与非门组成的半加器电路

五、实验报告要求

（1）按各步骤要求填表并画出逻辑图。
（2）整理测试所得数据，总结 TTL 基本逻辑门的逻辑功能。
（3）总结实验收获及心得体会。

六、思考题

（1）怎样判断门电路逻辑功能是否正常？
（2）什么是悬空？与非门器件有多余输入端应如何处理？

实验二　TTL 集成逻辑门的逻辑功能与参数测试

一、实验目的

（1）掌握 TTL 集成与非门的逻辑功能和主要参数的测试方法。
（2）掌握 TTL 器件的使用规则。
（3）进一步熟悉数字电路实验装置的结构、基本功能和使用方法。

二、实验原理

本实验采用双四输入与非门 74LS20，即在一块集成块内含有两个互相独立的与非门，每个与非门有四个输入端。其逻辑框图、符号及引脚排列如图 3.5 所示。

1. 与非门的逻辑功能

与非门的逻辑功能是：当输入端中有一个或一个以上是低电平时，输出端为高电平；只有当输入端全部为高电平时，输出端才是低电平（即有"0"得"1"，全"1"得"0"）。

其逻辑表达式为

$$Y = \overline{AB\cdots}$$

2. TTL 与非 1 门的主要参数

（1）低电平输出电源电流 I_{CCL} 和高电平输出电源电流 I_{CCH}。

I_{CCL} 是指所有输入端悬空、输出端空载时、电源提供器件的电流。I_{CCH} 是指输出端空载、每个门各有一个以上的输入端接地、其余输入端悬空时电源提供给器件的电流。通常 $I_{CCL} > I_{CCH}$，它们的大小标志着器件静态功耗的大小。I_{CCL} 和 I_{CCH} 测试电路如图 3.6（a）、（b）所示。

注意：TTL 电路对电源电压要求较高，电源电压 U_{cc} 只允许在 +5 V ±10% 的范围内工作，超过 5.5 V 将损坏器件；低于 4.5 V 器件的逻辑功能将不正常。

（2）低电平输入电流 I_{iL} 和高电平输入电流 I_{iH}。

I_{iL} 是指被测输入端接地、其余输入端悬空、输出端空载时，由被测输入端流出的电流值。在多级门电路中，I_{iL} 相当于前级门输出低电平后级向前级门灌入的电流。由于它关系到前级门的灌电流负载能力，即直接影响前级门电路带负载的个数，因此希望 I_{iL} 小些。

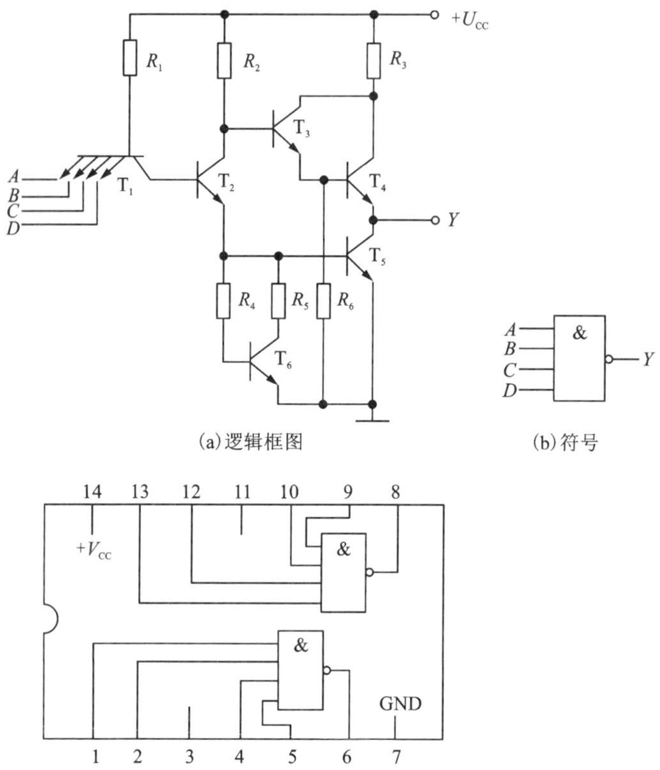

(a)逻辑框图　　　　　　　(b)符号

(c)引脚排列

图 3.5　74LS20 逻辑框图、逻辑符号及引脚排列

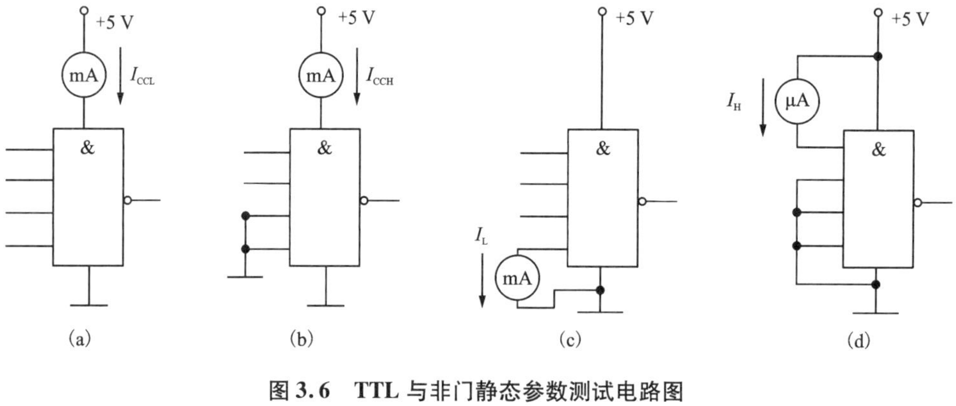

(a)　　　　　　(b)　　　　　　(c)　　　　　　(d)

图 3.6　TTL 与非门静态参数测试电路图

I_{iH}是指被测输入端接高电平、其余输入端接地、输出端空载时流入被测输入端的电流值。在多级门电路中，它相当于前级门输出高电平时前级门的拉电流负载，其大小关系到前级门的拉电流负载能力，因此希望 I_{iH} 小些。

I_{iL} 与 I_{iH} 的测试电路如图 3.6(c)、(d)所示。

（3）扇出系数 $N_{\rm O}$。

扇出系数 $N_{\rm O}$ 是指门电路能驱动同类门的个数，它是衡量门电路负载能力的一个参数，TTL 与非门有两种不同性质的负载，即灌电流负载和拉电流负载，因此有两种扇出系数，即低电平扇出系数 $N_{\rm OL}$ 和高电平扇出系数 $N_{\rm OH}$。通常 $I_{\rm iH} < I_{\rm iL}$，则 $N_{\rm OH} > N_{\rm OL}$，故常以 $N_{\rm OL}$ 作为门的扇出系数。

$N_{\rm OL}$ 的测试电路如图 3.7 所示，门的输入端全部悬空，输出端接灌电流负载 $R_{\rm L}$，调节 $R_{\rm L}$ 使 $I_{\rm OL}$ 增大，$U_{\rm OL}$ 随之增高，当 $U_{\rm OL}$ 达到 $U_{\rm OLm}$（手册中规定低电平规范值 0.4 V）时的 $I_{\rm OL}$ 就是允许灌入的最大负载电流，则有

$$N_{\rm OL} = \frac{I_{\rm OL}}{I_{\rm iL}} \tag{3.1}$$

通常 $N_{\rm OL} \geqslant 8$。

（4）电压传输特性。

门的输出电压 $U_{\rm o}$ 随输入电压 $U_{\rm i}$ 而变化的曲线 $U_{\rm o} = f(U_{\rm i})$ 称为门的电压传输特性，通过它可读得门电路的一些重要参数，如输出高电平 $U_{\rm oH}$、输出低电平 $U_{\rm oL}$、关门电平 $U_{\rm off}$、开门电平 $U_{\rm oN}$、阈值电平 $U_{\rm T}$ 及抗干扰容限 $U_{\rm NL}$、$U_{\rm NH}$ 等值。测试电路如图 3.8 所示，采用逐点测试法，即调节 $R_{\rm P}$，逐点测得 $U_{\rm i}$ 及 $U_{\rm o}$，然后绘成曲线。

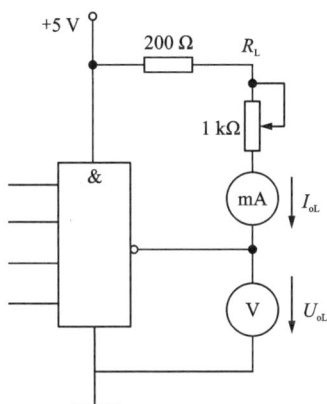

图 3.7　扇出系数测试电路　　　　图 3.8　传输特性测试电路

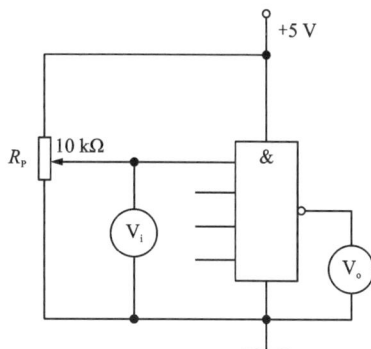

（5）平均传输延迟时间 $t_{\rm pd}$。

$t_{\rm pd}$ 是衡量门电路开关速度的参数，它是指输出波形边沿的 $0.5U_{\rm m}$ 至输入波形对应边沿 $0.5U_{\rm m}$ 点的时间间隔，如图 3.9（a）所示。

图 3.9（a）中的 $t_{\rm pdL}$ 为导通延迟时间，$t_{\rm pdH}$ 为截止延迟时间，平均传输延迟时间为：

$$t_{\rm pd} = \frac{1}{2}(t_{\rm pdL} + t_{\rm pdH}) \tag{3.2}$$

$t_{\rm pd}$ 的测试电路如图 3.9（b）所示，由于 TTL 门电路的延迟时间较小，直接测量时对信号发生器和示波器的性能要求较高，故实验采用测量由奇数个与非门组成的环形振荡器的振荡周期 T 来求得。其工作原理是：假设电路在接通电源后某一瞬间，电路中的 A 点为逻辑"1"，经过三级门的延迟后，使 A 点由原来的逻辑"1"变为逻辑"0"；再经过三级门的延迟后，A 点电

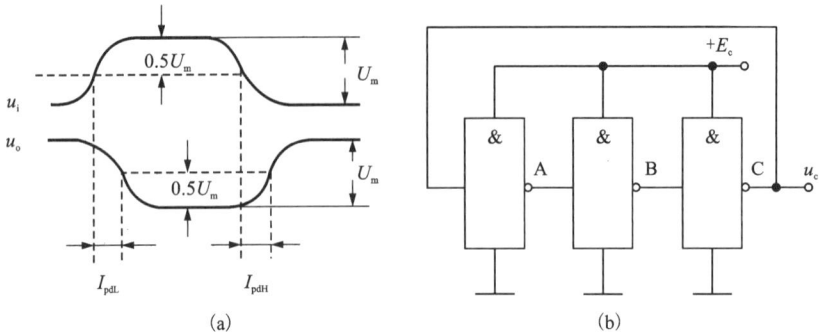

图 3.9   传输延迟特性与 t_{pd} 的测试电路

平又重新回到逻辑"1"。电路中其他各点电平也随之变化。说明使 A 点发生一个周期的振荡，必须经过 6 级门的延迟时间。因此平均传输延迟时间为

$$t_{pd} = \frac{T}{6} \tag{3.3}$$

TTL 电路的 t_{pd} 一般为 10 ~ 40 ns。

74LS20 主要电参数如表 3.7 所示。

表 3.7   74LS20 主要电参数规范

参数名称和符号			规范值	单位	测试条件
直流参数	导通电源电流	I_{CCL}	<14	mA	$U_{CC} = 5$ V，输入端悬空，输出端空载
	截止电源电流	I_{CCH}	<7	mA	$U_{CC} = 5$ V，输入端接地，输出端空载
	低电平输入电流	I_{iL}	≤1.4	mA	$U_{CC} = 5$ V，被测输入端接地，其他输入端悬空，输出端空载
	高电平输入电流	I_{iH}	<50	μA	$U_{CC} = 5$ V，被测输入端 $U_{in} = 2.4$ V，其他输入端接地，输出端空载
			<1	mA	$U_{CC} = 5$ V，被测输入端 $U_{in} = 5$ V，其他输入端接地，输出端空载
	输出高电平	U_{oH}	≥3.4	V	$U_{CC} = 5$ V，被测输入端 $U_{in} = 0.8$ V，其他输入端悬空，$I_{oH} = 400$ μA
	输出低电平	U_{oL}	<0.3	V	$U_{CC} = 5$ V，输入端 $U_{in} = 2.0$ V，$I_{oL} = 12.8$ mA
	扇出系数	N_O	4 ~ 8	V	同 U_{oH} 和 U_{oL}
交流参数	平均传输延迟时间	t_{pd}	≤20	ns	$U_{CC} = 5$ V，被测输入端输入信号：$U_{in} = 3.0$ V，$f = 2$ MHz

三、实验器材

实验需用设备见表3.8。

表 3.8　实验需用仪器设备

序号	名称	型号与规格	数量	备注
1	直流电源	+5 V	1 只	
2	逻辑电平开关		1 组	
3	LED 发光二极管显示器		1 只	
4	直流数字式电压表	0 ~ 10 V	1 只	
5	直流毫安表	0 ~ 50 mA	1 只	
6	直流微安表	0 ~ 100 μA	1 只	

实验所用器材见表3.9。

表 3.9　实验需用器材

序号	名称	型号与规格	数量	备注
1	双四输入与门	74LS20	2 组	
2	电位器	1 kΩ	1 只	
3	电位器	10 kΩ	1 只	
4	电阻	200 Ω/0.5 W	1 个	
5	连接导线		若干条	

四、实验内容及步骤

在合适的位置选取一个 14P 插座，按定位标记插好 74LS20 集成块。

1. 验证 TTL 集成与非门 74LS20 的逻辑功能

按图 3.10 接线，门的四个输入端接逻辑
开关输出插口，以提供"0"与"1"电平信号，开
关向上，输出逻辑"1"，向下则输出逻辑"0"。
门的输出端接由 LED 发光二极管组成的逻辑
电平显示器（又称 0 - 1 指示器）的显示插口，
LED 亮为逻辑"1"，不亮为逻辑"0"。按表 3.
10 的真值表逐个测试集成块中两个与非门的
逻辑功能。74LS20 有 4 个输入端，有 16 个最
小项，在实际测试时，只要通过对输入 1111、

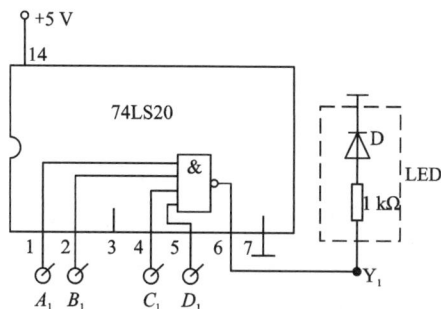

图 3.10　与非门逻辑功能测试电路

0111、1011、1101、1110 五项进行检测就可判断其逻辑功能是否正常。

表 3.10　真值表

输入				输出	
A_1	B_1	C_1	D_1	Y_1	Y_2
1	1	1	1		
0	1	1	1		
1	0	1	1		
1	1	0	1		
1	1	1	0		

2. 74LS20 主要参数的测试

(1)分别按图 3.6、图 3.7 与图 3.9(b)接线并进行测试,将测试结果记入表 3.11 中。

表 3.11　TTL 与非门主要参数实验数据

I_{CCL}/mA	I_{CCH}/mA	I_{iL}/mA	I_{oL}/mA	$N_O = \dfrac{I_{oL}}{I_{iL}}$	$t_{pd} = \dfrac{T}{6}$/ns

(2)按图 3.8 接线,调节电位器 R_P,使 U_i 从 0 V 向高电平变化,逐点测量 U_i 和 U_o 的对应值,记入表 3.12 中。

表 3.12　电压传输特性实验数据

U_i/V	0	0.2	0.4	0.6	0.8	1.0	1.5	2.0	2.5	3.0	3.5	4.0	…
U_o/V													

五、实验报告要求

(1)记录、整理实验结果,并对结果进行分析。
(2)画出实测的电压传输特性曲线,并从中读出各有关参数值。

六、思考题

(1)怎样判断门电路逻辑功能是否正常?
(2)与非门一个输入接连续脉冲,其余端什么状态时允许脉冲通过?什么状态时禁止脉冲通过?
(3)TTL 集成与非门的多余输入端应如何处理?

实验三　三态门和 OC 门研究

一、实验目的

(1)熟悉 OC 门和三态门的逻辑功能。

(2)掌握 OC 门的典型应用,了解 R_L 对 OC 门电路的影响。

(3)掌握 TTL 与 CMOS 电路的接口转换电路。

(4)掌握三态门的典型应用。

二、实验原理

OC 门即集电极开路门。三态门即除正常的高电平 1 和低电平 0 两种状态外,还有第三种状态输出——高阻态。OC 门和三态门均属于特殊的 TTL 电路,若干个 OC 门(或三态门)的输出端可并接在一起。而一般普通的 TTL 门电路由于输出电阻太小,所以其输出不可以并联接在一起构成"线与"。

1. 集电极开路门(OC 门)

集电极开路与非门的逻辑符号如图 3.11 所示,由于输出端内部电路——输出管的集电极是开路的,所以工作时需外接负载电阻 R_L。两个 OC 与非门输出端相连时,其输出为 $Q = \overline{AB} + \overline{CD}$。即把两个 OC 与非门的输出相与(称"线与"),完成"与或非"的逻辑功能,如图 3.12 所示。

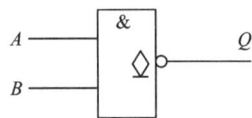

图 3.11　OC 与非门逻辑符合

电阻 R_L 值的计算方法可通过图 3.13 来说明。如果 n 个 OC 门"线与"驱动 N 个 TTL 与非门,则负载电阻 R_L 可以根据"线与"的与非门(OC)数目 n 和负载门的数目 N 来进行选择。

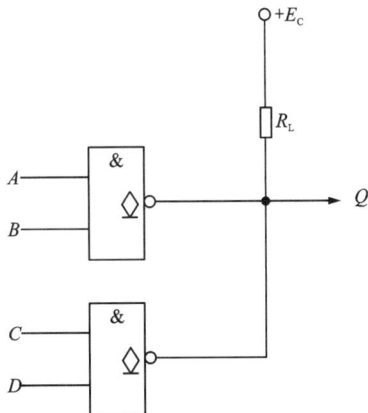

图 3.12　OC 与非门"线与"应用

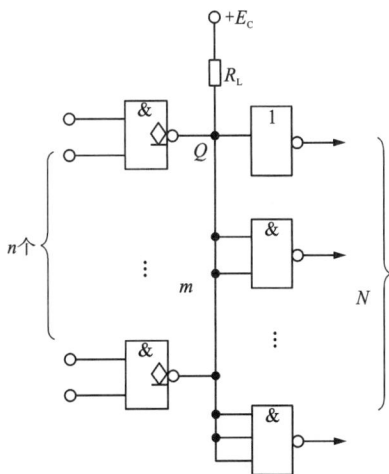

图 3.13　OC 门电阻 R_L 阻值的确定

为保证输出电平符合逻辑关系，电阻 R_{LR} 的阻值范围为：

$$R_{Lmax} = \frac{E_C - U_{oH}}{nI_{oH} + mI_{iH}} \tag{3.4}$$

$$R_{Lmin} = \frac{E_C - U_{oL}}{I_{LM} + NI_{iL}} \tag{3.5}$$

式中：I_{oH}——OC 门输出管的截止漏电流；

I_{LM}——OC 门输出管允许的最大负载电流；

I_{LL}——负载门的低电平输入电流；

E_C——负载电阻的 R_L 所接的外接电源电压；

I_{iH}——负载门的高电平输入电流；

n——"线与"输出的 OC 门的个数；

N——负载门的个数；

m——接入电路的负载门输入端个数。

R_L 阻值的大小会影响输出波形的边沿时间，在工作速度较高时，R_L 的阻值应尽量小，接近 R_{Lmin}。

实验电路中选用 74LS01 集电极开路输出的两输入端四与非门。

2. 三态门

三态门有三种状态，分别为 0、1 和高阻态。处于高阻态时，电路与负载之间相当于开路。图 3.14(a)所示为三态门的逻辑符合，它有一个控制端(又称禁止端或使能端)EN，$EN = 1$ 为禁止工作状态，Q 呈高阻状态；$EN = 0$ 为正常工作状态，$Q = A$。

三态电路最重要的用途是实现多路信息采集，即用一个传输通道(或称总线)以选通的方式传送多路信号，如图 3.14(b)所示。本实验选用 74LS125 三态门电路进行实验论证。

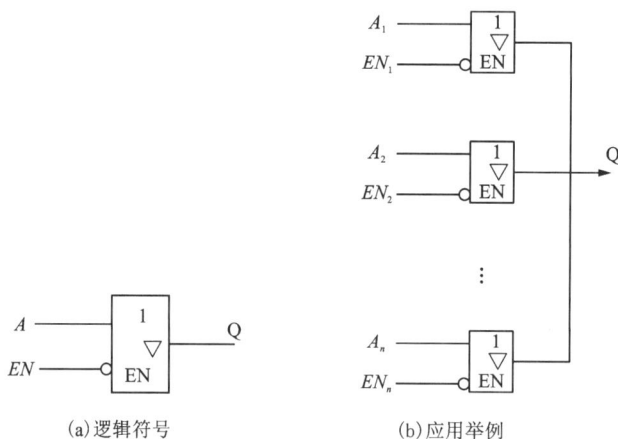

(a)逻辑符号 　　　　　　(b)应用举例

图 3.14　三态门

三、实验器材

实验需用设备见表 3.13。

表 3.13　实验需用仪器设备

序号	名称	型号与规格	数量	备注
1	直流电源	+5 V	1 只	
2	逻辑电平开关		1 组	
3	LED 发光二极管显示器		1 只	
4	单次脉冲源		1 只	
5	数字式万用表	0.1 mV ~ 1000 V	1 只	

实验所用器材见表 3.14。

表 3.14　实验需用器材

序号	名称	型号与规格	数量	备注
1	四 2 输入与非门	74LS01	1 组	
2	六反相器	74LS04	1 组	
3	四 2 输入与非门	74LS00	1 组	
4	反相器	CD4069	1 组	
5	三态缓冲器	74LS125	1 组	
6	电位器	10 kΩ	1 只	
7	电阻	200 Ω/0.5 W	1 个	
8	连接导线		若干条	

四、实验内容及步骤

1. 集电极开路门(OC)实验

选用 74LS01 与非 OC 门,其引脚排列如图 3.15 所示。

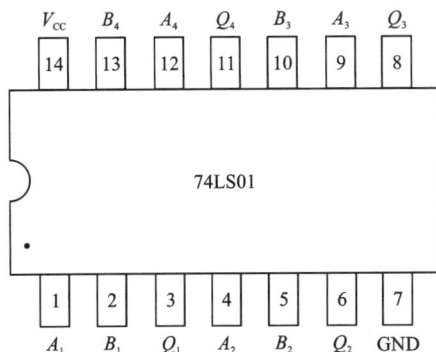

图 3.15　74LS01 引脚排列

（1）负载电阻 R_L 大小的确定。

按图 3.16 所示接线，反相器用 74LS04。负载电阻 R_L 用一只 200 Ω 电阻和 10 kΩ 电位器串联代替，用下面的实验方法确定 R_{Lmax} 和 R_{Lmin} 的值。

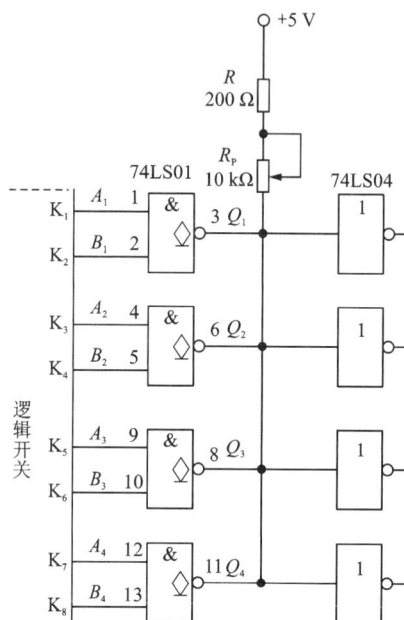

图 3.16 OC 门"线与"实验电路

将"线与" Q 端接实验板发光二极管，拨动逻辑开关 $K_1 \sim K_8$，观察输出端 Q 的状态，看其结果是否符合"线与"的逻辑关系，即 $Q = \overline{A_1B_1 + A_2B_2 + A_3B_3 + A_4B_4}$ 与或非逻辑功能。若不符合逻辑关系，则调节 R_P 或检查电路，直至符合逻辑关系为止；然后分别增大和减小 R_P 的值，直至不符合逻辑关系为止，记下相应 R_P 的值，即分别为 R_{Lmax} 和 R_{Lmin}，填入表 3.15 中。

表 3.15 负载电阻 R_L 大小的确定

参数	实测值	理论值
R_{Lmax}		
R_{Lmin}		

（2）OC 门实现电平转换。

按图 3.17 所示接线，实现 TTL 电路驱动 CMOS 电路的电平转换。

在图 3.17 所示电路中，TTL 门电路为 74LS00 与非门，OC 门为 74LS01，CMOS 器件为 CD4069 反相器，CD4069 引脚排列如图 3.18 所示。注意，CMOS 器件在接入电源后，其多余的输入端需加保护，在此只需将不用的 3、5、9、11、13 引脚连在一起，再接地即可。

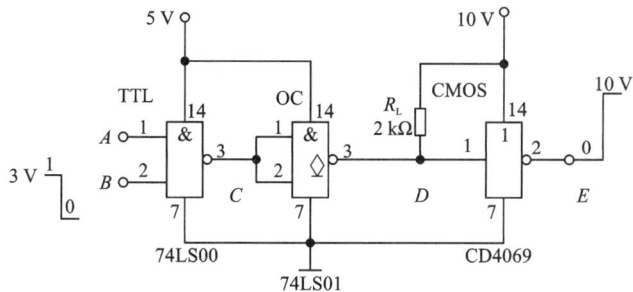

图 3.17　TTL 电路与 CMOS 电路的电平转换

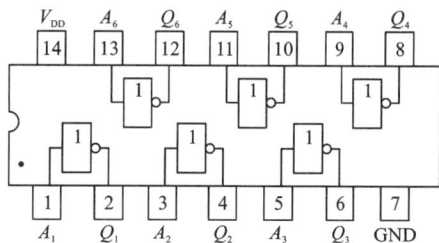

图 3.18　CD4069 引脚排列图

电路接线完成，经检查无误，接通电源，在输入端 A 和 B 均输入 1，用万用表测量 C、D、E 的电压，再将 B 输入置 0，用万用表测量 C、D、E 的电压。两次测得的结果填入表 3.16 中。

表 3.16　电平实测数据表

输入		C/V	D/V	E/V
A	B			
1	1			
1	0			

（3）三态门实验。

三态门选用 74LS125，引脚排列如图 3.19 所示，其实验电路如图 3.20 所示。

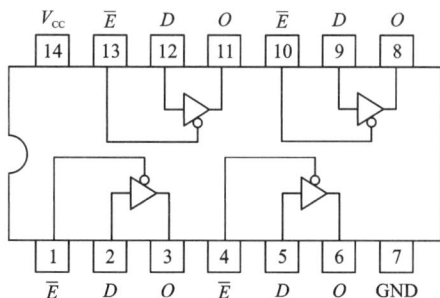

图 3.19　74LS125 引脚排列

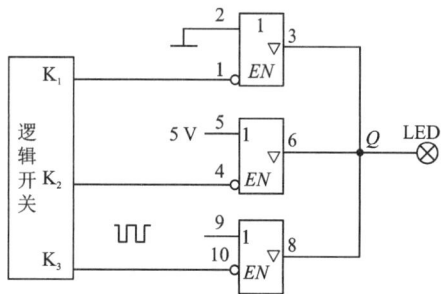

图 3.20　三态门实验电路

当 $EN=0$ 时，其逻辑关系为 $Q=A$；$EN=1$ 时，为高阻态。

按图 3.20 所示接线，其中三态门三个输入分别接地，高电平和脉冲源、输出连在一起接 LED。三个使能端分别接实验箱逻辑开关 K_1、K_2、K_3 并全置高电平。

在三个使能端均为 1 时，用万用表测量 Q 端输出。

分别使 K_1、K_2、K_3 为 0，观察 LED 输出 Q 端的情况。

注意：K_1、K_2、K_3 不能有一个以上同时为 0，否则造成与门输出相连，这是绝对不允许的。

五、实验报告要求

（1）整理、分析实验数据和结果。

（2）计算 R_{Lmax} 和 R_{Lmin} 的理论值，并与它们的实测值相比较。

六、思考题

（1）集电极开路门和三态输出门各有何优缺点？

（2）在使用总线传输时，总线上能不能同时接有 OC 门与三态输出门？为什么？

实验四　组合逻辑电路的设计

一、实验目的

掌握组合逻辑电路的设计与测试方法。

二、实验器材

实验需用设备与器材见表 3.17。

表 3.17　实验需用设备与器材

序号	名称	型号与规格	数量	备注
1	直流电源	+5 V	1 只	
2	双列直插式集成电路插座		1 组	
3	逻辑电平开关		1 组	
4	LED 发光二极管显示器		1 台	
5	四 2 输入与非门	74LS00	2 组	
6	双四输入与非门	74LS20	3 组	
7	连接导线		若干条	

三、设计要求与提示

1. 设计要求

（1）设计一个四人无弃权表决电路（多数赞成则提案通过），要求采用双四输入与非门（74LS20）实现。

（2）设计一个保险箱的数字代码锁，该锁有规定的 4 位代码 A、B、C、D 的输入端和一个开锁钥匙孔信号 E 的输入端，锁的代码由实验者自编（例如1001）。当用钥匙开锁时（$E = 1$），如果输入代码符合该锁设定的代码,保险箱被打开($Z_1 = 1$),如果不符,电路将发出报警信号($Z_2 = 1$)。要求用最少的与门(74LS00 和 74LS20)来实现,检测并记录实验结果。

(3)预习要求:根据实验内容设计出相应电路的逻辑图(要有设计步骤);根据设计要求选择器件,画出电路的接线图。

2. 设计提示

使用中、小规模集成电路来设计组合电路是最常见的逻辑电路。设计组合电路的一般步骤如图 3.21 所示。

根据设计任务的要求建立输入、输出变量,并列出真值表。然后用逻辑代数或卡诺图化简法求出简化的逻辑表达式。并按实际选用逻辑门的类型修改逻辑表达式。根据简化后的逻辑表达式,画出逻辑图,用标准器件构成逻辑电路。最后,用实验来验证设计的正确性。

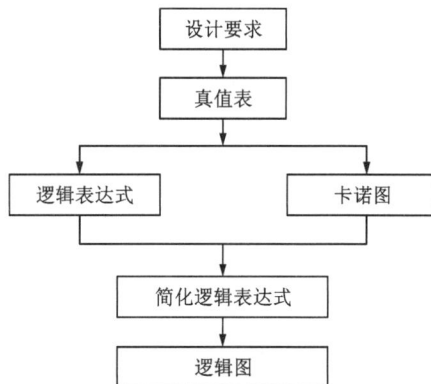

图 3.21 组合逻辑电路设计流程图

四、注意事项

(1)接插集成芯片时,要认清定位标志,不得插反。

(2)实验前请逐个检测芯片中各门电路是否正常工作,以确保用逻辑功能正常的门电路来组成所要求的组合逻辑电路。

(3)逻辑门电路输出端不允许直接接地或直接接 +5 V 电源,否则将损坏器件,这就要求在接线、拆线或改接电路时,一定要断开电源。

(4)悬空相当于高电平(状态为1)。对于比较简单的电路,实验允许悬空处理,但由于易受外界干扰,导致电路的逻辑功能不正常,因此,对于使用集成芯片较多的复杂电路,不允许悬空。

五、实验报告要求

(1)在预习报告的基础上,列写实验任务的设计过程,画出设计的电路图。

(2)画出测试结果处理表格,将实验数据填入其中,并进行分析处理。

(3)分析实验中出现的问题。

六、思考题

(1)使用中、小规模集成门电路设计组合逻辑电路的一般方法是什么?

(2)在进行组合逻辑电路设计时,什么是最佳设计方案?

(3)简述组合电路设计体会。

实验五 3/8 译码器

一、实验目的

(1)掌握中规模集成电路译码器的工作原理及逻辑功能。

(2)学习译码器的灵活应用。

二、实验原理

译码器是一个多输入、多输出的组合逻辑电路。它的作用是对给定的代码进行"翻译",变成相应的状态,使输出通道中相应的一路有信号输出。译码器在数字系统中有广泛的用途,不仅用于代码的转换、终端的数字显示,还用于数据分配、存储器寻址和组合控制信号等。根据不同功能可选用不同种类的译码器。译码器分成三类:

(1)二进制译码器:如中规模 2~4 线译码器 74LS139,3~8 线译码器 74LS138 等。

(2)二—十进制译码器:实现各种代码之间的转换,如 BCD—十进制译码器 74LS145 等。

(3)显示译码器:用来驱动各种数字显示器,如共阴数码管译码驱动 74LS48(或 74LS248)、共阳数码管译码驱动 74LS47(或 74LS247)等。

三、实验器材

实验需用设备见表 3.18。

表 3.18　实验需用仪器设备

序号	名称	型号与规格	数量	备注
1	直流电源	+5 V	1 只	
2	逻辑电平开关		1 组	
3	LED 发光二极管显示器		1 台	

实验需用器材见表 3.19。

表 3.19　实验需用器材

序号	名称	型号与规格	数量	备注
1	3~8 线译码器	74LS138	2 组	
2	双四输入与非门	74LS20	1 组	
3	连接导线		若干条	

四、实验内容及步骤

将二进制 3~8 线译码器 74LS138 集成片插入 IC 空插座中,图 3.22 分别为其逻辑图及引脚排列。

其中 A_2、A_1、A_0 为地址输入端,$\overline{Y}_0 \sim \overline{Y}_7$ 为译码输出端,S_1、$\overline{S}_2$、$\overline{S}_3$ 为使能端。

当 $S_1 = 1$,$\overline{S}_2 + \overline{S}_3 = 0$ 时,器件使能,地址码所指定的输出端有信号(为 0)输出,其他所有输出端均无信号(全为 1)输出。当 $S_1 = 0$,$\overline{S}_2 + \overline{S}_3 = X$ 时,或 $S_1 = X$,$\overline{S}_2 + \overline{S}_3 = 1$ 时,译码器被禁止,所有输出同时为 1。

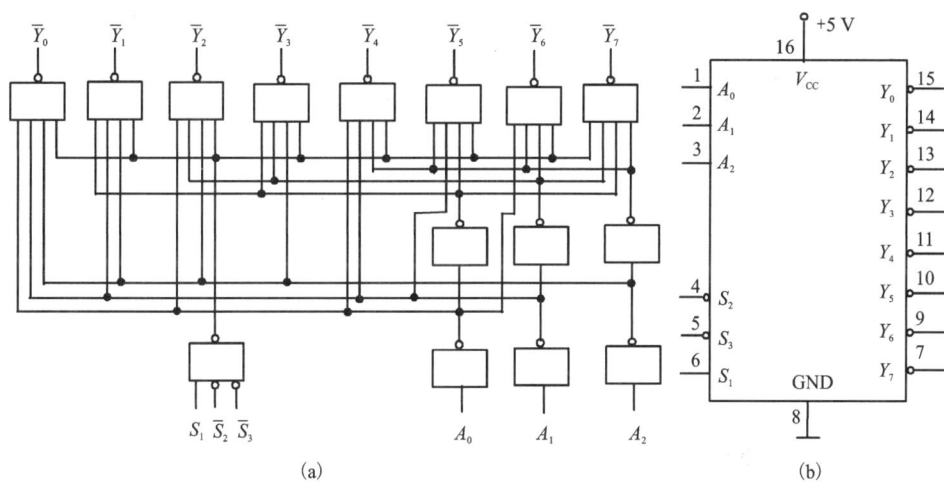

图 3.22　3~8 线译码器 74LS138 逻辑图及引脚排列

1. 译码器逻辑功能测试

按图 3.23 接线,根据表 3.20,利用逻辑电平开关设置 S_1、$\overline{S}_2$、$\overline{S}_3$ 及 A_2、A_1、A_0 的状态,借助 LED 发光二极管显示器观测 $Q_0 \sim Q_7$ 的状态,记入表 3.20 中。

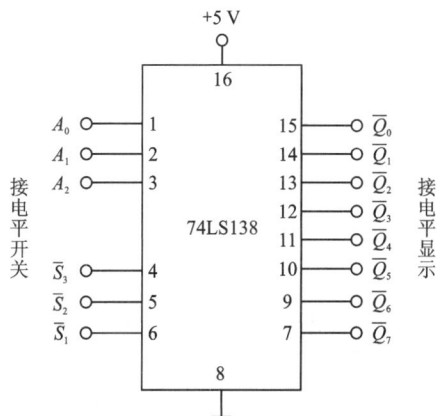

图 3.23　74LS138 实验接线图

表 3.20　74LS138 逻辑功能的测试结果

输入						输出							
S_1	$\overline{S_2}$	$\overline{S_3}$	A_2	A_1	A_0	$\overline{Q_0}$	$\overline{Q_1}$	$\overline{Q_2}$	$\overline{Q_3}$	$\overline{Q_4}$	$\overline{Q_5}$	$\overline{Q_6}$	$\overline{Q_7}$
0	×	×	×	×	×								
×	1	1	×	×	×								
1	0	0	0	0	0								
1	0	0	0	0	1								
1	0	0	0	1	0								
1	0	0	0	1	1								
1	0	0	1	0	0								
1	0	0	1	0	1								
1	0	0	1	1	0								
1	0	0	1	1	1								

2. 用两片 74LS138 组成 4～16 线译码器

按图 3.24 接线, 利用逻辑电平开关改变输入 D_0 ～ D_3 的状态, 借助 LED 发光二极管显示器监测输出端, 记入表 3.21 中, 写出各输出端的逻辑函数。

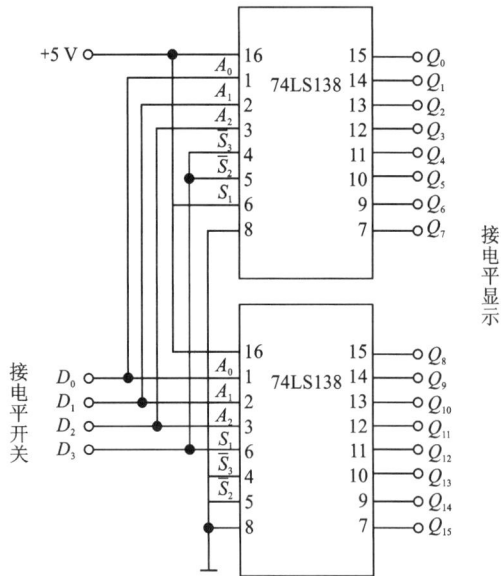

图 3.24　用两片 74LS138 组合成 4～16 线译码器

表 3.21　4～16 线译码器功能表

输入				输出															
D_3	D_2	D_1	D_0	Q_0	Q_1	Q_2	Q_3	Q_4	Q_5	Q_6	Q_7	Q_8	Q_9	Q_{10}	Q_{11}	Q_{12}	Q_{13}	Q_{14}	Q_{15}
0	0	0	0																
0	0	0	1																
0	0	1	0																
0	0	1	1																
0	1	0	0																
0	1	0	1																
0	1	1	0																
0	1	1	1																
1	0	0	0																
1	0	0	1																
1	0	1	0																
1	0	1	1																
1	1	0	0																
1	1	0	1																
1	1	1	0																
1	1	1	1																

3. 利用译码器组成全加器线路

用 74LS138 和 74LS20 按图 3.25 接线，74LS20 芯片 14 脚接 +5 V，7 脚接地。利用逻辑电平开关改变输入 A_i、B_i、C_{i-1} 的状态，借助 LED 发光二极管显示器观测输出 S_i、C_i 的状态，记入表 3.22 中，写出输出端的逻辑表达式。全加器逻辑表达式为：

$$S_i = \overline{A_i}\,\overline{B_i}C_{i-1} + \overline{A_i}B_i\overline{C_{i-1}} + A_iB_iC_{i-1} = m_1 + m_2 + m_4 + m_7 \tag{3.6}$$

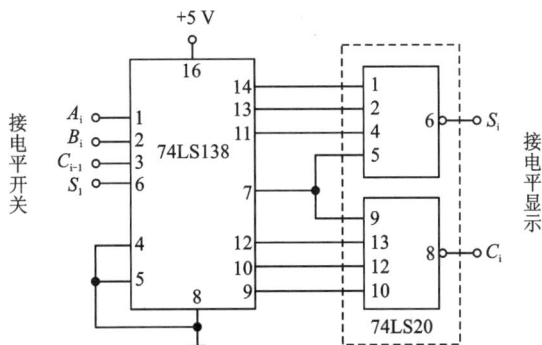

图 3.25　由 74LS138 组成的全加器电路

$$C_i = \overline{A_i} B_i C_{i-1} + A_i \overline{B_i} C_{i-1} + A_i B_i \overline{C_{i-1}} + A_i B_i C_{i-1} = m_3 + m_5 + m_6 + m_7 \tag{3.7}$$

表 3.22　全加器逻辑功能的测试结果

输入				输出	
S_1	A_i	B_i	C_{i-1}	S_i	C_i
0	×	×	×		
1	0	0	0		
1	0	0	1		
1	0	1	0		
1	0	1	1		
1	1	0	0		
1	1	0	1		
1	1	1	0		
1	1	1	1		

五、实验报告要求

(1)列出相应实测真值表,总结译码器的逻辑功能。

(2)总结用 74LS138 设计组合电路的方法。

(3)总结实验收获与心得体会。

六、思考题

(1)用门电路组成组合电路和应用专用集成电路各有什么优缺点?

(2)在实验中会碰到什么问题? 是怎样解决的?

实验六　触发器及其应用

一、实验目的

(1)掌握基本 RS、JK、D 和 T 触发器的逻辑功能。

(2)掌握集成触发器的逻辑功能及使用方法。

(3)熟悉触发器之间相互转换的方法。

二、实验原理

触发器具有两个稳定状态,用以表示逻辑状态"1"和"0",在一定的外界信号作用下,可以从一个稳定状态翻转到另一个稳定状态,它是一个具有记忆功能的二进制信息存贮器件,是构成各种时序电路的最基本逻辑单元。

1. 基本 RS 触发器

图 3.26 为由两个与非门交叉耦合构成的基本 RS 触发器，它是无时钟控制低电平直接触发的触发器。基本 RS 触发器具有置"0"、置"1"和"保持"三种功能。通常称 $\bar{S}$ 为置"1"端，因为 $\bar{S}=0(\bar{R}=1)$ 时触发器被置"1"；称 $\bar{R}$ 为置"0"端，因为 $\bar{R}=0(\bar{S}=1)$ 时触发器被置"0"；当 $\bar{S}=\bar{R}=1$ 时状态保持；当 $\bar{S}=\bar{R}=0$ 时，触发器状态不定，故应避免此种情况发生。表 3.23 为基本 RS 触发器的功能表。

基本 RS 触发器也可以用两个"或非门"组成，此时为高电平触发有效。

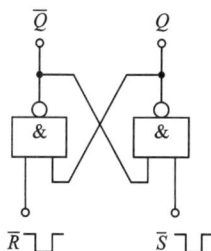

图 3.26　基本 RS 触发器

表 3.23　基本 RS 触发器功能表

输入		输出	
$\bar{S}$	$\bar{R}$	Q^{n+1}	$\bar{Q}^{n+1}$
0	1	1	0
1	0	0	1
1	1	Q^n	$\bar{Q}^n$
0	0	φ	φ

2. JK 触发器

在输入信号为双端的情况下，JK 触发器是功能完善、使用灵活和通用性较强的一种触发器。本实验采用 74LS112 双 JK 触发器，是下降边沿触发的边沿触发器。引脚功能及逻辑符号如图 3.27 所示。

JK 触发器的状态方程为

$$Q^{n+1} = J\,\bar{Q}^n + \bar{K}Q^n \tag{3.8}$$

J 和 K 是数据输入端，是触发器状态更新的依据，若 J、K 有两个或两个以上输入端时，组成"与"的关系。Q 与 $\bar{Q}$ 为两个互补输出端。通常把 $Q=0$、$\bar{Q}=1$ 的状态定为触发器"0"状态；而把 $Q=1$、$\bar{Q}=0$ 定为"1"状态。

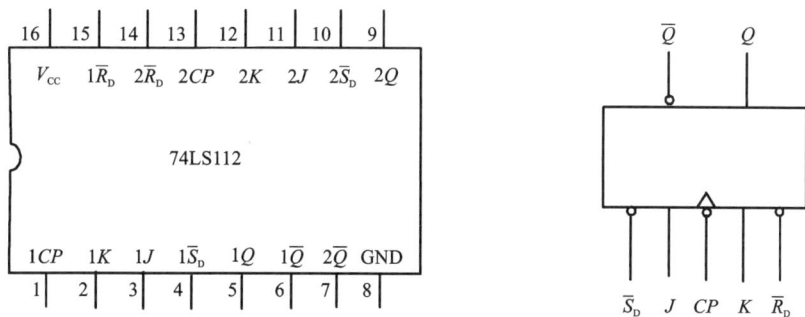

图 3.27　74LS112 双 JK 触发器引脚排列及逻辑符号

下降沿触发 JK 触发器的功能如表 3.24 所示。

表 3.24　JK 触发器的功能表

输入					输出	
$\overline{S}_{\mathrm{D}}$	$\overline{R}_{\mathrm{D}}$	CP	J	K	Q^{n+1}	$\overline{Q}^{n+1}$
0	1	×	×	×	1	0
1	0	×	×	×	0	1
0	0	×	×	×	φ	φ
1	1	↓	0	0	Q^n	$\overline{Q}^n$
1	1	↓	1	0	1	0
1	1	↓	0	1	0	1
1	1	↓	1	1	$\overline{Q}^n$	Q^n
1	1	↑	×	×	Q^n	$\overline{Q}^n$

注：×— 任意态；↓— 高到低电平跳变；↑— 低到高电平跳变；$Q^n(\overline{Q}^n)$— 现态；$Q^{n+1}(\overline{Q}^{n+1})$— 次态；$\varphi$— 不定态；JK 触发器常被用作缓冲存储器、移位寄存器和计数器。

3. D 触发器

在输入信号为单端的情况下，D 触发器用起来最为方便，其状态方程为 $Q^{n+1} = D^n$，其输出状态的更新发生在 CP 脉冲的上升沿，故又称为上升沿触发的边沿触发器，触发器的状态只取决于时钟到来前 D 端的状态。D 触发器的应用很广，可用作数字信号的寄存、移位寄存、分频和波形发生等。有多种型号以满足各种用途的需要。如双 D 触发器 74LS74、四 D 触发器 74LS175、六 D 触发器 74LS174 等。

图 3.28 为双 D 触发器 74LS74 的引脚排列及逻辑符号。功能如表 3.25 所示。

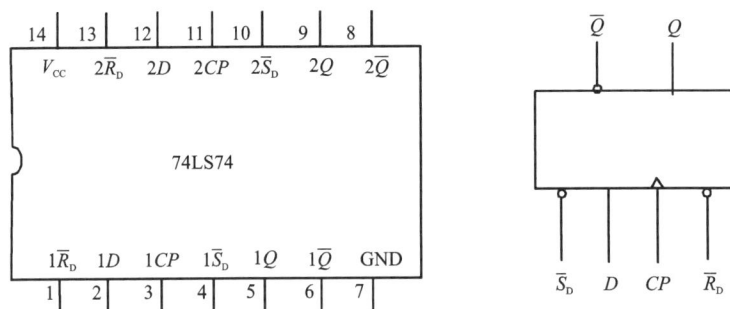

图 3.28　74LS74 引脚排列及逻辑符号

表 3.25　D 触发器的功能表

输入				输出	
$\overline{S}_D$	$\overline{R}_D$	CP	D	Q^{n+1}	$\overline{Q}^{n+1}$
0	1	×	×	1	0
1	0	×	×	0	1
0	0	×	×	φ	φ
1	1	↑	1	1	0
1	1	↑	0	0	1
1	1	↓	×	Q^n	$\overline{Q}^n$

4. 触发器之间的相互转换

在集成触发器的产品中，每一种触发器都有各自固定的逻辑功能，但可以利用转换的方法获得具有其他功能的触发器。例如将 JK 触发器的 J、K 两端连在一起，就得到所需的 T 触发器。如图 3.29(a) 所示，其状态方程为：

$$Q^{n+1} = T\overline{Q}^n + \overline{T}Q^n \tag{3.9}$$

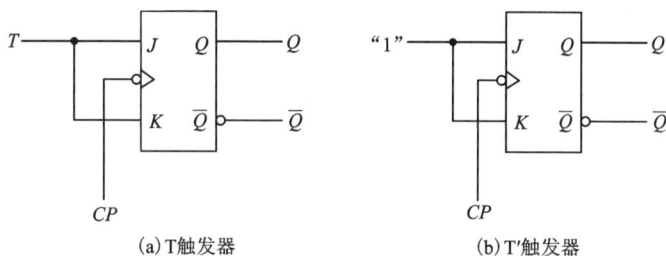

(a) T 触发器　　(b) T′ 触发器

图 3.29　JK 触发器转换为 T、T′ 触发器

T 触发器的功能如表 3.26 所示。

表 3.26　T 触发器的功能表

输入				输出
$\overline{S}_D$	$\overline{R}_D$	CP	T	Q^{n+1}
0	1	×	×	1
1	0	×	×	0
1	1	↓	0	Q^n
1	1	↓	1	$\overline{Q}^n$

由功能表可见，当 $T=0$ 时，时钟脉冲作用后，其状态保持不变；当 $T=1$ 时，时钟脉冲作用后，触发器状态翻转。因此，若将 T 触发器的 T 端置"1"，如图 3.29(b) 所示，即得 T′ 触发

器。在 T′触发器的 CP 端每来一个 CP 脉冲信号,触发器的状态就翻转一次,故被称为反转触发器,广泛用于计数电路中。

同样,若将 D 触发器的 $\overline{Q}$ 端与 D 端相连,便转换成 T′触发器,如图 3.30 所示。

JK 触发器也可转换为 D 触发器,如图 3.31 所示。

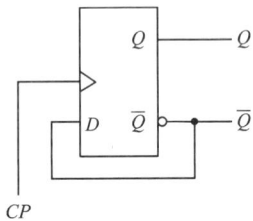

图 3.30　D 转成 T′

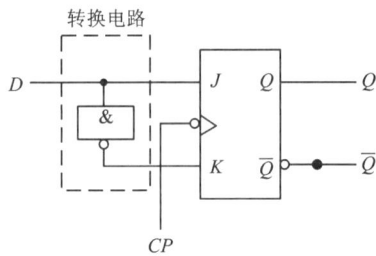

图 3.31　JK 转成 D

三、实验器材

实验需用设备见表 3.27。

表 3.27　实验需用仪器设备

序号	名称	型号与规格	数量	备注
1	直流电源	+5 V	1 只	
2	逻辑电平开关		1 组	
3	LED 发光二极管显示器		1 台	
4	单次脉冲源		1 只	
5	连续脉冲源	1 Hz ~ 10 kHz	1 只	
6	双踪示波器	0 ~ 20 MHz	1 台	

实验需用器材见表 3.28。

表 3.28　实验需用器材

序号	名称	型号与规格	数量	备注
1	四 2 输入与非门	74LS00	1 组	
2	双 JK 触发器	74LS112	1 组	
3	双 D 触发器	74LS74	1 组	
4	连接导线		若干条	

四、实验内容及步骤

1. 测试基本 RS 触发器的逻辑功能

按图 3.26,用两个与非门组成基本 RS 触发器,输入端 $\overline{R}$、$\overline{S}$ 接逻辑开关的输出插口,输

出端 Q、$\overline{Q}$ 接逻辑电平显示输入插口，按表 3.29 要求测试并记录。

表 3.29　基本 RS 触发器逻辑功能测试结果

$\overline{R}$	$\overline{S}$	Q	$\overline{Q}$
1	1→0		
	0→1		
1→0	1		
0→1			
0	0		

2. 测试双 JK 触发器 74LS112 逻辑功能

（1）测试 $\overline{R}_{\mathrm{D}}$、$\overline{S}_{\mathrm{D}}$ 的复位、置位功能。

任取一只 JK 触发器，$\overline{R}_{\mathrm{D}}$、$\overline{S}_{\mathrm{D}}$、$J$、$K$ 端接逻辑开关输出插口，CP 端接单次脉冲源，Q、$\overline{Q}$ 端接至逻辑电平显示输入插口。要求改变 $\overline{R}_{\mathrm{D}}$、$\overline{S}_{\mathrm{D}}$（$J$、$K$、$CP$ 处于任意状态），并在 $\overline{R}_{\mathrm{D}}=0$（$\overline{S}_{\mathrm{D}}$ $=1$）或 $\overline{S}_{\mathrm{D}}=0$（$\overline{R}_{\mathrm{D}}=1$）作用期间任意改变 J、K 及 CP 的状态，观察 Q、$\overline{Q}$ 状态。自拟表格并记录。

（2）测试 JK 触发器的逻辑功能。

按表 3.30 的要求改变 J、K、CP 端状态，观察 Q、$\overline{Q}$ 状态变化，观察触发器状态更新是否发生在 CP 脉冲的下降沿（即 CP 由 1→0）并记录。

（3）将 JK 触发器的 J、K 端连在一起，构成 T 触发器。

在 CP 端输入 1 Hz 连续脉冲，观察 Q 端的变化。

在 CP 端输入 1 kHz 连续脉冲，用双踪示波器观察 CP、Q、$\overline{Q}$ 端波形，注意相位关系并进行描绘。

表 3.30　JK 触发器的逻辑功能测试结果

J	K	CP	Q^{n+1}	
			$Q^n=0$	$Q^n=1$
0	0	0→1		
		1→0		
0	1	0→1		
		1→0		
1	0	0→1		
		1→0		
1	1	0→1		
		1→0		

3. 测试双 D 触发器 74LS74 的逻辑功能

（1）测试 $\overline{R}_D$、$\overline{S}_D$ 的复位、置位功能。

测试方法同测试双 JK 触发器 74LS112，自拟表格记录。

（2）测试 D 触发器的逻辑功能。

按表 3.31 要求进行测试，并观察触发器状态更新是否发生在 CP 脉冲的上升沿（即由 0→1）并记录。

表 3.31　D 触发器的逻辑功能测试结果

D	CP	Q^{n+1}	
		$Q^n = 0$	$Q^n = 1$
0	0→1		
	1→0		
1	0→1		
	1→0		

（3）将 D 触发器的 $\overline{Q}$ 端与 D 端相连接，构成 T′触发器。

测试方法测试双 JK 触发器 74LS112。

4. 乒乓球练习电路

电路功能要求：模拟两名运动员练球，乒乓球能往返运转。

提示：采用双 D 触发器 74LS74 设计实验线路，两个 CP 端触发脉冲分别由两名运动员操作，两触发器的输出状态用逻辑电平显示器显示。

五、实验报告要求

（1）列表整理各类触发器的逻辑功能。

（2）总结观察到的波形，说明触发器的触发方式。

（3）列举触发器的应用。

六、思考题

利用普通的机械开关组成的数据开关所产生的信号是否可作为触发器的时钟脉冲信号？是否可以用作触发器的其他输入端的信号？

实验七　数据选择器研究

一、实验目的

（1）掌握中规模集成数据选择器的逻辑功能及使用方法。

（2）学习用数据选择器构成组合逻辑电路的方法。

二、实验原理

数据选择器又叫"多路开关",它在地址码(或称为选择控制)电位的控制下,从几个输入数据中选择一个并将其送到一个公共的输出端,其功能类似一个多掷开关,如图 3.32 所示。图中有四路数据 $D_0 \sim D_3$,通过选择控制信号 A_1、A_0(地址码),从四路数据中选中某一路数据送至输出端 Q。

数据选择器是目前逻辑设计中应用十分广泛的逻辑部件,有 2 选 1、4 选 1、8 选 1、16 选 1 等类别。其电路结构一般由与或门阵列组成,也有用传输门开关和门电路混合而成的。

1. 八选一数据选择器 74LS151

74LS151 为互补输出的 8 选 1 数据选择器,引脚排列如图 3.33 所示,功能见表 3.32。

$A_2 \sim A_0$ 为选择控制端(地址端),按二进制译码,从 8 个输入数据 $D_0 \sim D_7$ 中,选择一个需要的数据送到输出端 Q,$\overline{S}$ 为使能端,低电平有效。

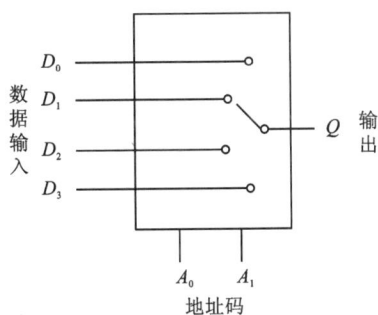

图 3.32　4 选 1 数据选择器示意图

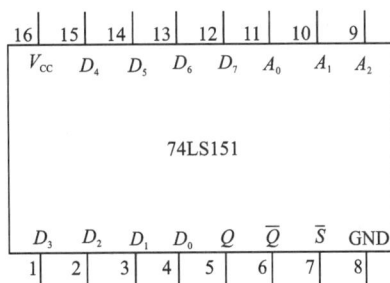

图 3.33　74LS151 引脚排列

表 3.32　74LS151 功能表

输入				输出	
$\overline{S}$	A_2	A_1	A_0	Q	$\overline{Q}$
1	×	×	×	0	1
0	0	0	0	D_0	$\overline{D_0}$
0	0	0	1	D_1	$\overline{D_1}$
0	0	1	0	D_2	$\overline{D_2}$
0	0	1	1	D_3	$\overline{D_3}$
0	1	0	0	D_4	$\overline{D_4}$
0	1	0	1	D_5	$\overline{D_5}$
0	1	1	0	D_6	$\overline{D_6}$
0	1	1	1	D_7	$\overline{D_7}$

(1)使能端 $\overline{S}=1$ 时,不论 $A_2 \sim A_0$ 状态如何,均无输出($Q=0$,$\overline{Q}=1$),多路开关被禁止。

（2）使能端 $\bar{S}=0$ 时，多路开关正常工作。根据地址码 A_2、A_1、A_0 的状态选择 $D_0 \sim D_7$ 中某一个通道的数据输送到输出端 Q。

如：$A_2A_1A_0=000$，则选择 D_0 数据到输出端，即 $Q=D_0$。

如：$A_2A_1A_0=001$，则选择 D_1 数据到输出端，即 $Q=D_1$，其余类推。

2. 双四选一数据选择器 74LS153

所谓双 4 选 1 数据选择器，就是在一块集成芯片上有两个 4 选 1 数据选择器。引脚排列如图 3.34 所示，功能如表 3.33 所示。

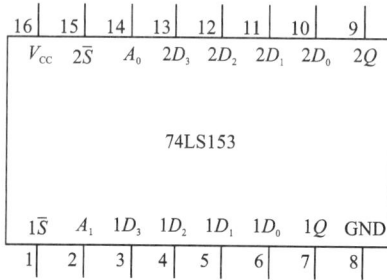

图 3.34 74LS153 引脚功能

表 3.33 74LS153 功能表

输入			输出
$\bar{S}$	A_1	A_0	Q
1	×	×	0
0	0	0	D_0
0	0	1	D_1
0	1	0	D_2
0	1	1	D_3

$1\bar{S}$、$2\bar{S}$ 为两个独立的使能端；A_1、A_0 为公用的地址输入端；$1D_0 \sim 1D_3$ 和 $2D_0 \sim 2D_3$ 分别为两个 4 选 1 数据选择器的数据输入端；Q_1、Q_2 为两个输出端。

（1）当使能端 $1\bar{S}(2\bar{S})=1$ 时，多路开关被禁止，无输出，$Q=0$。

（2）当使能端 $1\bar{S}(2\bar{S})=0$ 时，多路开关正常工作，根据地址码 A_1、A_0 的状态，将相应的数据 $D_0 \sim D_3$ 送到输出端 Q。

如 $A_1A_0=00$，则选择 D_0 数据到输出端，即 $Q=D_0$。

如 $A_1A_0=01$，则选择 D_1 数据到输出端，即 $Q=D_1$，其余类推。

3. 数据选择器的应用—实现逻辑函数

例 3.1 用 8 选 1 数据选择器 74LS151 实现函数 $F=\overline{AB}+\overline{AC}+\overline{BC}$。

解 采用 8 选 1 数据选择器 74LS151 可实现任意三输入变量的组合逻辑函数。

做出函数 F 的功能表，如表 3.34 所示，将函数 F 功能表与 8 选 1 数据选择器的功能表相比较，可知：

（1）将输入变量 C、B、A 作为 8 选 1 数据选择器的地址码 A_2、A_1、A_0。

（2）使 8 选 1 数据选择器的各数据输入 $D_0 \sim D_7$ 分别与函数 F 的输出值一一相对应。

即：

$$A_2A_1A_0=CBA$$
$$D_0=D_7=0$$
$$D_1=D_2=D_3=D_4=D_5=D_6=1$$

则 8 选 1 数据选择器的输出 Q 实现了函数 $F=\overline{AB}+\overline{AC}+\overline{BC}$。

接线图如图 3.35 所示。

显然，采用具有 n 个地址端的数据选择器实现 n 变量的逻辑函数时，应将函数的输入变量加到数据选择器的地址端(A)，选择器的数据输入端(D)按次序以函数 F 输出值来赋值。

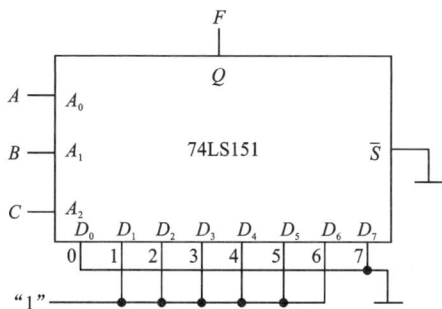

图 3.35　用 8 选 1 数据选择器实现 $F = \overline{A}B + \overline{A}C + \overline{B}C$

表 3.34　函数功能表

输入			输出
C	B	A	F
0	0	0	0
0	0	1	1
0	1	0	1
0	1	1	1
1	0	0	1
1	0	1	1
1	1	0	1
1	1	1	0

例 3.2　用 8 选 1 数据选择器 74LS151 实现函数 $F = \overline{A}B + A\overline{B}$。

解　(1)列出函数 F 的功能表，如表 3.35 所示。

(2)将 A、B 加到地址端 A_1、A_0，而 A_2 接地，由表 3.35 可见，将 D_1、D_2 接"1"及 D_0、D_3 接地，其余数据输入端 $D_4 \sim D_7$ 都接地，则 8 选 1 数据选择器的输出 Q 便实现了函数 $F = \overline{A}B + A\overline{B}$。

接线图如图 3.36 所示。

表 3.35　函数功能表

B	A	F
0	0	0
0	1	1
1	0	1
1	1	0

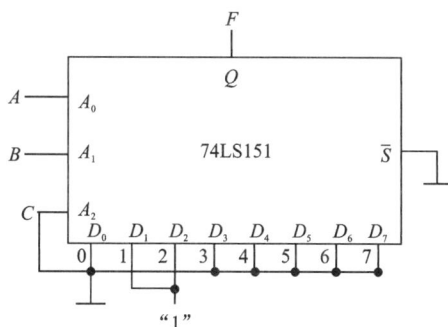

图 3.36　8 选 1 数据选择器实现
$F = \overline{A}B + A\overline{B}$ 的接线图

显然，当函数输入变量数小于数据选择器的地址端(A)时，应将不用的地址端及不用的数据输入端(D)都接地。

三、实验器材

实验需用设备见表 3.36。

表 3.36 实验需用仪器设备

序号	名称	型号与规格	数量	备注
1	直流电源	+5 V	1 只	
2	逻辑电平开关		1 组	
3	逻辑电平显示器		1 台	

实验需用器材见表 3.37。

表 3.37 实验需用器材

序号	名称	型号与规格	数量	备注
1	8 选 1 数据选择器	74LS151（或 CC4512）	1 组	
2	双 4 选 1 数据选择器	74LS153（或 CC4539）	1 组	
3	连接导线		若干条	

四、实验内容及步骤

1. 测试数据选择器 74LS151 的逻辑功能

接图 3.37 接线，地址端 A_2、A_1、A_0，数据端 $D_0 \sim D_7$，使能端 $\bar{S}$ 接逻辑开关，输出端 Q 接逻辑电平显示器，按 74LS151 功能表逐项进行测试，记录测试结果。

2. 测试 74LS153 的逻辑功能

测试方法及步骤同上，记录测试结果。

3. 用 8 选 1 数据选择器 74LS151 设计三输入多数表决电路

（1）写出设计过程。

（2）画出接线图。

（3）验证逻辑功能。

4. 用 8 选 1 数据选择器实现逻辑函数 $F(AB) = \overline{A}\overline{B} + \overline{A}B + AB$

（1）写出设计过程。

（2）画出接线图。

（3）验证逻辑功能。

5. 用双 4 选 1 数据选择器 74LS153 实现全加器

（1）写出设计过程。

（2）画出接线图。

（3）验证逻辑功能。

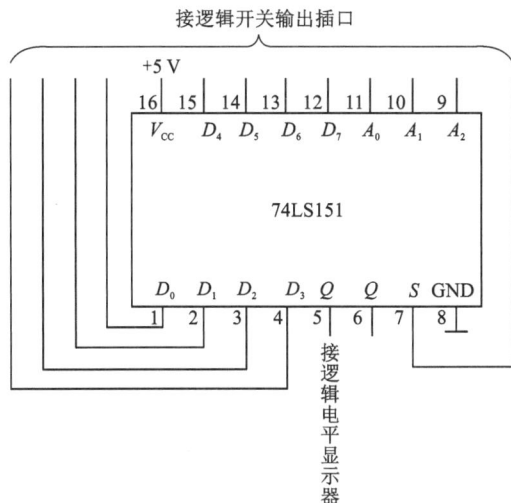

接逻辑开关输出插口

+5 V

图 3.37　74LS151 逻辑功能测试

五、实验报告要求

(1)用数据选择器对实验内容进行设计,写出设计全过程。

(2)画出接线图,分析和验证逻辑功能。

(3)总结实验收获与体会。

六、思考题

(1)数据选择器电路有何结构特点,地址变量对数据通道起什么作用?

(2)怎样用 8 选 1 数据选择器构成一个 16 选 1 的电路?

实验八　移位寄存器研究

一、实验目的

(1)掌握中规模 4 位双向移位寄存器逻辑功能及使用方法。

(2)熟悉移位寄存器的应用——实现数据的串行、并行转换和构成环形计数器。

二、实验原理

(1)移位寄存器是一个具有移位功能的寄存器,是指寄存器中所存的代码能够在移位脉冲的作用下依次左移或右移。既能左移又能右移的称为双向移位寄存器,只需要改变左、右移的控制信号便可实现双向移位要求。根据移位寄存器存取信息的方式不同分为串入串出、串入并出、并入串出、并入并出四种形式。

本实验选用的 4 位双向通用移位寄存器型号为 CC40194 或 74LS194,两者功能相同,可互换使用,其逻辑符号及引脚排列如图 3.38 所示。

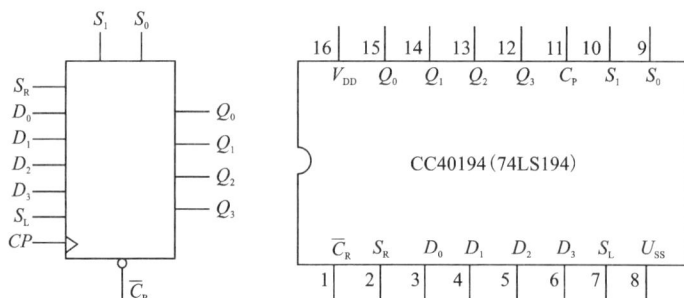

图 3.38　CC40194 的逻辑符号及引脚功能

其中 D_0、D_1、D_2、D_3 为并行输入端;Q_0、Q_1、Q_2、Q_3 为并行输出端;S_R 为右移串行输入端,S_L 为左移串行输入端;S_1、S_0 为操作模式控制端;$\overline{C}_R$ 为直接无条件清零端;CP 为时钟脉冲输入端。

CC40194 有 5 种不同操作模式,即并行送数寄存、右移(方向为 $Q_0 \rightarrow Q_3$)、左移(方向为 $Q_3 \rightarrow Q_0$)、保持及清零。

S_1、S_0 和 $\overline{C}_R$ 端的控制作用如表 3.38 所示。

表 3.38　S_1、S_0 和 $\overline{C}_R$ 的控制功能

功能	输入										输出			
	CP	$\overline{C}_R$	S_1	S_0	S_R	S_L	D_O	D_1	D_2	D_3	Q_0	Q_1	Q_2	Q_3
清除	×	0	×	×	×	×	×	×	×	×	0	0	0	0
送数	↑	1	1	1	×	×	a	b	c	d	a	b	c	d
右移	↑	1	0	1	D_{SR}	×	×	×	×	×	D_{SR}	Q_0	Q_1	Q_2
左移	↑	1	1	0	×	D_{SL}	×	×	×	×	Q_1	Q_2	Q_3	D_{SL}
保持	↑	1	0	0	×	×	×	×	×	×	Q_0^n	Q_1^n	Q_2^n	Q_3^n

(2)移位寄存器应用很广,可构成移位寄存器型计数器、顺序脉冲发生器、串行累加器,也可用作数据转换,即把串行数据转换为并行数据,或把并行数据转换为串行数据等。本实验研究移位寄存器用作环形计数器和数据的串、并行转换。

①环形计数器。

把移位寄存器的输出反馈到它的串行输入端,就可以进行循环移位,如图 3.39 所示,把输出端 Q_3 和右移串行输入端 S_R 相连接,设初始状态 $Q_0 Q_1 Q_2 Q_3 = 1000$,则在时钟脉冲作用下 $Q_0 Q_1 Q_2 Q_3$ 将依次变为 $0100 \rightarrow 0010 \rightarrow 0001 \rightarrow 1000 \rightarrow \cdots\cdots$如表 3.39 所示。可见它是一个具有四个有效状态的计数器,这种类型的计数器通常称为环形计数器。图 3.39 所示电路可以由各个输出端输出在时间上有先后顺序的脉冲,因此也可作为顺序脉冲发生器。

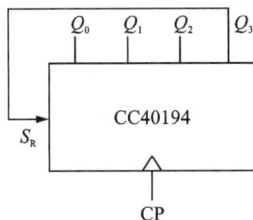

图 3.39　环形计数器

表 3.39　环形计数器状态

CP	Q_0	Q_1	Q_2	Q_3
0	1	0	0	0
1	0	1	0	0
2	0	0	1	0
3	0	0	0	1

如果将输出 Q_0 与左移串行输入端 S_L 相连接，即可实现左移循环移位。

②实现数据串、并行转换。

a. 串行/并行转换器。

串行/并行转换是指串行输入的数码，经转换电路之后变换成并行输出。图 3.40 是用两片 CC40194(74LS194)四位双向移位寄存器组成的七位串/并行数据转换电路。

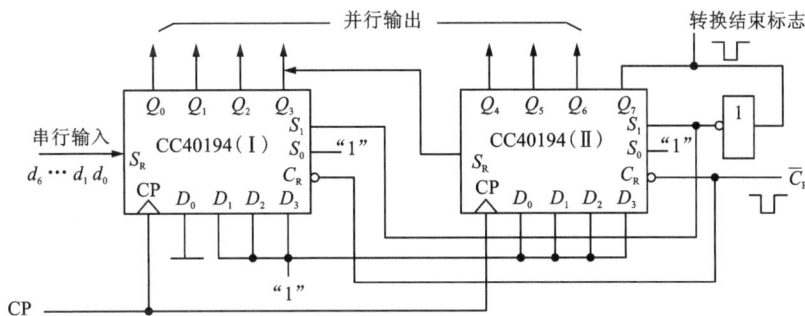

图 3.40　七位串行/并行转换器

电路中 S_0 端接高电平 1，S_1 受 Q_7 控制，两片寄存器连接成串行输入右移工作模式。Q_7 是转换结束标志。当 $Q_7 = 1$ 时，S_1 为 0，使之成为 $S_1 S_0 = 01$ 的串入右移工作方式，当 $Q_7 = 0$ 时，$S_1 = 1$，有 $S_1 S_0 = 10$，则串行送数结束，标志着串行输入的数据已转换成并行输出了。

串行/并行转换的具体过程如下：

转换前，$\overline{C_R}$ 端加低电平，使 1、2 两片寄存器的内容清零，此时 $S_1 S_0 = 11$，寄存器执行并行输入工作方式。当第一个 CP 脉冲到来后，寄存器的输出状态 $Q_0 \sim Q_7$ 为 01111111，与此同时 $S_1 S_0$ 变为 01，转换电路变为执行串入右移工作方式，串行输入数据由 1 片的 S_R 端加入。随着 CP 脉冲的依次加入，输出状态的变化如表 3.40 所示。

表 3.40　串行/并行转换器的输出状态

CP	Q_0	Q_1	Q_2	Q_3	Q_4	Q_5	Q_6	Q_7	说明
0	0	0	0	0	0	0	0	0	清零
1	0	1	1	1	1	1	1	1	送数

续表 3.40

CP	Q_0	Q_1	Q_2	Q_3	Q_4	Q_5	Q_6	Q_7	说明
2	d_0	0	1	1	1	1	1	1	
3	d_1	d_0	0	1	1	1	1	1	右
4	d_2	d_1	d_0	0	1	1	1	1	移
5	d_3	d_2	d_1	d_0	0	1	1	1	操 作
6	d_4	d_3	d_2	d_1	d_0	0	1	1	七
7	d_5	d_4	d_3	d_2	d_1	d_0	0	1	次
8	d_6	d_5	d_4	d_3	d_2	d_1	d_0	0	
9	0	1	1	1	1	1	1	1	送数

由表 3.40 可见，右移操作 7 次之后，Q_7 变为 0，S_1S_0 又变为 11，说明串行输入结束。这时，串行输入的数码已经转换成了并行输出了。当再来一个 CP 脉冲时，电路又重新执行一次并行输入，为第二组串行数码转换做好了准备。

b. 并行/串行转换器。

并行/串行转换器是指并行输入的数码经转换电路之后，换成串行输出。

图 3.41 是用两片 CC40194(74LS194)组成的七位并行/串行转换电路，它比图 3.40 多了两只与非门 G_1 和 G_2，电路工作方式同样为右移。

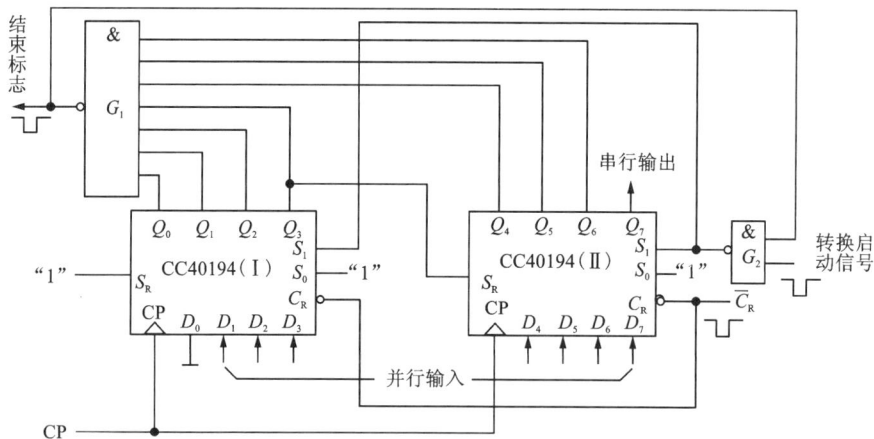

图 3.41　七位并行/串行转换器

寄存器清"0"后，加一个转换启动信号(负脉冲或低电平)。此时，由于方式控制 S_1S_0 为 11，转换电路执行并行输入操作。当第一个 CP 脉冲到来后，$Q_0Q_1Q_2Q_3Q_4Q_5Q_6Q_7$ 的状态为 $0D_1D_2D_3D_4D_5D_6D_7$，并行输入数码存入寄存器，从而使得 G_1 输出为 1，G_2 输出为 0。结果，S_1S_2 变为 01，转换电路随着 CP 脉冲的加入，开始执行右移串行输出，随着 CP 脉冲的依次加入，输出状态依次右移，待右移操作七次后，$Q_0 \sim Q_6$ 的状态都为高电平 1，与非门 G_1 输出为低电平，G_2门输出为高电平，S_1S_2又变为 11，表示并行/串行转换结束，且为第二次并行输入创造了条件。转换过程如表 3.41 所示。

表 3.41　串行/并行转换过程

CP	Q_0	Q_1	Q_2	Q_3	Q_4	Q_5	Q_6	Q_7	串行输出							
0	0	0	0	0	0	0	0	0								
1	0	D_1	D_2	D_3	D_4	D_5	D_6	D_7								
2	1	0	D_1	D_2	D_3	D_4	D_5	D_6	D_7							
3	1	1	0	D_1	D_2	D_3	D_4	D_5	D_6	D_7						
4	1	1	1	0	D_1	D_2	D_3	D_4	D_5	D_6	D_7					
5	1	1	1	1	0	D_1	D_2	D_3	D_4	D_5	D_6	D_7				
6	1	1	1	1	1	0	D_1	D_2	D_3	D_4	D_5	D_6	D_7			
7	1	1	1	1	1	1	0	D_1	D_2	D_3	D_4	D_5	D_6	D_7		
8	1	1	1	1	1	1	1	0	D_1	D_2	D_3	D_4	D_5	D_6	D_7	
9	0	D_1	D_2	D_3	D_4	D_5	D_6	D_7								

中规模集成移位寄存器的位数往往以 4 位居多，当需要的位数多于 4 位时，可把几片移位寄存器用级联的方法来扩展位数。

三、实验器材

实验需用设备见表 3.42。

表 3.42　实验需用仪器设备

序号	名称	型号与规格	数量	备注
1	直流电源	+5 V	1 只	
2	单次脉冲源		1 只	
3	逻辑电平开关		1 组	
4	逻辑电平显示器		1 台	

实验需用器材见表 3.43。

表 3.43　实验需用器材

序号	名称	型号与规格	数量	备注
1	双向通用移位寄存器	CC40194（74LS194）	2 个	
2	四 2 输入与非门	CC4011（74LS00）	1 组	

续表 3.43

序号	名称	型号与规格	数量	备注
3	八输入端与非门	CC4068(74LS30)	1组	
4	连接导线		若干条	

四、实验内容及步骤

1. 测试 CC40194(或 74LS194)的逻辑功能

按图 3.42 接线，$\overline{C}_R$、S_1、S_0、S_L、S_R、D_0、D_1、D_2、D_3 分别接至逻辑开关的输出插口；Q_0、Q_1、Q_2、Q_3 接至逻辑电平显示输入插口。CP 端接单次脉冲源。按表 3.44 所规定的输入状态逐项进行测试。

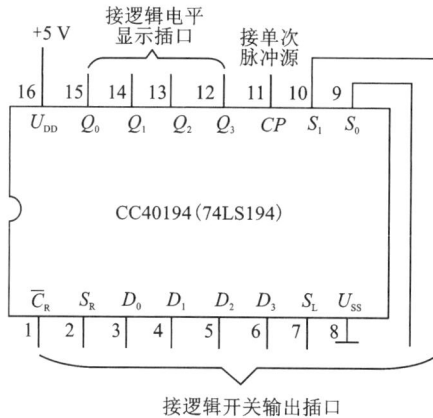

图 3.42 CC40194 逻辑功能测试

（1）清除：令 $\overline{C}_R = 0$，其他输入均为任意态，这时寄存器输出 Q_0、Q_1、Q_2、Q_3 应均为 0。清除后，置 $\overline{C}_R = 1$。

（2）送数：令 $\overline{C}_R = S_1 = S_0 = 1$，送入任意 4 位二进制数，如 $D_0 D_1 D_2 D_3 = abcd$，加 CP 脉冲，观察 $CP = 0$、CP 由 $0 \to 1$、CP 由 $1 \to 0$ 三种情况下寄存器输出状态的变化，观察寄存器输出状态变化是否发生在 CP 脉冲的上升沿。

（3）右移：清零后，令 $\overline{C}_R = 1$，$S_1 = 0$，$S_0 = 1$，由右移输入端 S_R 送入二进制数码如 0100，由 CP 端连续加 4 个脉冲，观察输出情况并记录。

（4）左移：先清零或预置，再令 $\overline{C}_R = 1$，$S_1 = 1$，$S_0 = 0$，由左移输入端 S_L 送入二进制数码如 1111，连续加四个 CP 脉冲，观察输出端情况并记录。

（5）保持：寄存器预置任意 4 位二进制数码 abcd，令 $\overline{C}_R = 1$，$S_1 = S_0 = 0$，加 CP 脉冲，观察寄存器输出状态并记录。

表 3.44　输入状态

清除	模式		时钟	串行		输入	输出	功能总结
$\overline{C_R}$	S_1	S_0	CP	S_L	S_R	$D_0\ D_1\ D_2\ D_3$	$Q_0\ Q_1\ Q_2\ Q_3$	
0	×	×	×	×	×	× × × ×		
1	1	1	↑	×	×	a b c d		
1	0	1	↑	×	0	× × × ×		
1	0	1	↑	×	1	× × × ×		
1	0	1	↑	×	0	× × × ×		
1	0	1	↑	×	0	× × × ×		
1	1	0	↑	1	×	× × × ×		
1	1	0	↑	1	×	× × × ×		
1	1	0	↑	1	×	× × × ×		
1	1	0	↑	1	×	× × × ×		
1	0	0	↑	×	×	× × × ×		

2. 环形计数器

自拟实验线路，用并行送数法预置寄存器为某二进制数码（如 0100），然后进行右移循环，观察寄存器输出端状态的变化，记入表 3.45 中。

表 3.45　寄存器输出状态

CP	Q_0	Q_1	Q_2	Q_3
0	0	1	0	0
1				
2				
3				
4				

3. 实现数据的串、并行转换

（1）串行输入、并行输出。

按图 3.40 接线，进行右移串入、并出实验，串入数码自定；改接线路用左移方式实现并行输出。自拟表格并记录。

（2）并行输入、串行输出。

按图 3.41 接线，并行输入，右移串行输出，并行输入数据。再改接线路用左移方式实现串行输出。自拟表格并记录。

五、实验报告要求

（1）分析表 3.44 的实验结果，总结移位寄存器 CC40194（或 74LS194）的逻辑功能，并写入表格功能总结一栏中。

（2）根据实验的结果，画出 4 位环形计数器的状态转换图及波形图。

（3）分析串/并、并/串转换器测试所得结果的正确性。

六、思考题

（1）使寄存器清零，除采用 $\overline{C_R}$ 输入低电平外，可否采用右移或左移的方法？可否使用并行送数法？若可行，如何进行操作？

（2）若要在输出得到一串数：1001 或 0101，可采取哪些方法？

实验九　多谐振荡器与单稳触发器的设计

一、实验目的

（1）掌握用基本门电路构成多谐振荡器的方法。

（2）熟悉单稳态触发器的工作原理和参数选择。

二、实验原理

脉冲信号产生电路是数字系统中必不可少的单元电路，如同步信号、时钟信号和时基信号等都由它产生。产生脉冲信号的电路有一类是自激多谐振荡器，它不需信号源，只要加上直流电源，就可以自动产生信号。另一类是他激多谐振荡器，有单稳态触发器，它需要在外加触发信号的作用下输出具有一定宽度的矩形脉冲波。与非门作为一个开关倒相器件，可用以构成各种脉冲波形的产生电路。

1. 多谐振荡器

（1）TTL 门电路构成的对称型多谐振荡器。

由于 TTL 门电路速度快，它适宜于作为中频段脉冲源，图 3.43 是由 TTL 反向器构成的全对称多谐振荡器，由于电路完全对称，电容器的充放电时间常数相同，故输出为对称的方波。改变 R 和 C 的值，可以改变输出振荡频率。非门 3 用于输出波形整形。

一般取 $R \leqslant 1\ \text{k}\Omega$，当 $R = 1\ \text{k}\Omega$，$C = 100\ \text{pF} \sim 100\ \mu\text{F}$ 时，$f = 10\ \text{Hz} \sim 10\ \text{MHz}$，脉冲宽度 $t_{W1} = t_{W2} = 0.7RC$，$T = 1.4RC$。

（2）环形多谐振荡器。

图 3.44 是用 TTL 与非门构成的带 RC 电路的环形振荡器，非门 4 用于输出波形整形，R 为限流电阻，一般取 $100\ \Omega$，电位器 R_W 要求 $\leqslant 1\ \text{k}\Omega$，电路利用电容 C 的充放电过程，控制 D 点电压 V_D，从而控制与

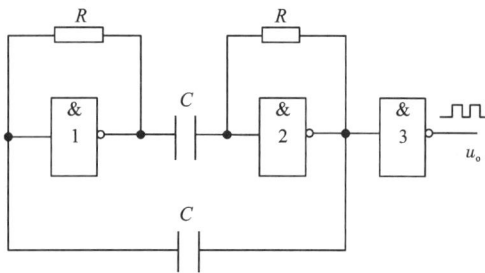

图 3.43　TTL 反向器构成的全对称多谐振荡器

非门的自动启闭,形成多谐振荡,电容 C 的充电时间 t_{W1}、放电时间 t_{W2} 和总的振荡周期 T 分别为

$$t_{W1} \approx 0.94RC, \quad t_{W2} \approx 1.26RC, \quad T \approx 2.2RC$$

调节 R 和 C 的大小可改变电路输出的振荡频率。

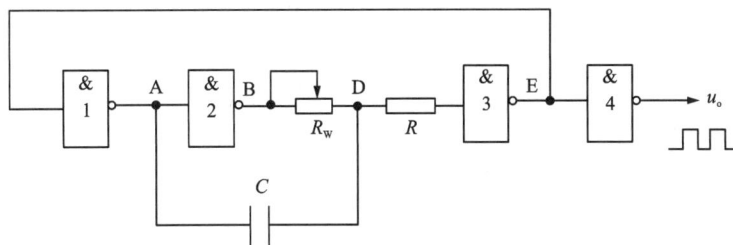

图 3.44　带有 RC 电路的环形振荡器

(3)晶体振荡器。

用 TTL 或 CMOS 门电路构成的振荡器幅度稳定性较好,但频率稳定性较差,一般只能达到 $10^{-3} \sim 10^{-2}$ 数量级。在对频率的稳定度、精度要求高的场合,选用石英晶体组成的振荡器较为适合,其频率稳定度可达 10^{-5} 以上。图 3.45 是用石英晶体与 CMOS 器件构成的多谐振荡器,一般用于电子表中,其中晶体的 $f_0 = 32768$ Hz。图中门 1 用于振荡,门 2 用于缓冲整形。R_f 是反馈电阻,阻值通常取几十兆欧,一般选 22 MΩ。R 起稳定振荡作用,通常取十至几百千欧。C_1 是频率微调电容器,C_2 用于温度特性校正。

2. 单稳态触发器

稳态触发器的特点是它只有一个稳定状态,在外来脉冲的作用下,能够由稳定状态翻转到暂稳态。暂稳态维持一段时间 T_W 以后,将自动返回到稳定状态。T_W 大小与触发脉冲无关,仅取决于电路本身的参数。图 3.46 是用与非门构成的微分型单稳态触发器,该电路为负脉冲触发。其中 R_P、C_P 构成输入端微分隔直电路。R、C 构成微分型定时电路,定时元件 R、C 的取值不同,输出脉宽 t_W 也不同。$t_W \approx (0.7 \sim 1.3)RC$。与非门 G_3 起整形、倒相作用。

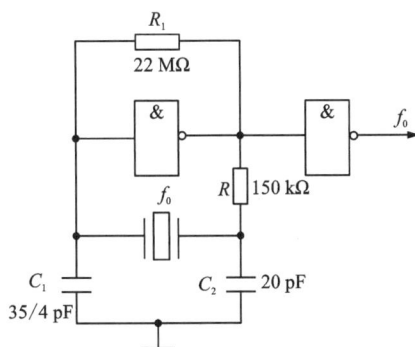

图 3.45　晶体振荡器

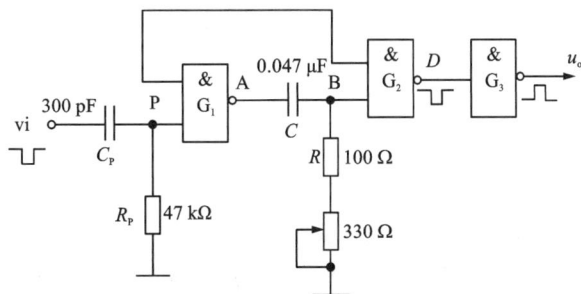

图 3.46　微分型单稳态触发器

三、实验器材

实验需用设备见表 3.46。

表 3.46　实验需用仪器设备

序号	名称	型号与规格	数量	备注
1	直流电源	+5 V	1 只	
2	双踪示波器	20 MHz	1 台	
3	连续脉冲源	1 Hz ~ 10 kHz	1 只	

实验需用器材见表 3.47。

表 3.47　实验需用器材

序号	名称	型号与规格	数量	备注
1	四 2 输入与非门	74LS00（ 或 CC4011 ）	1 组	
2	CMOS 六反向器	CD4069	1 只	
3	石英晶体振荡器	32768 Hz	1 只	
4	CMOS 计数器	CD4060	1 只	
5	电位器、电阻、电容		若干只	
6	连接导线		若干条	

四、实验内容及步骤

1. 多谐振荡器实验

从图 3.43、图 3.44 中选择一种振荡电路，使其振荡。用示波器观察其输出频率，测量周期，并与理论值比较。图 3.43 中取 $R = 1$ kΩ，$C = 0.047$ μF。图 3.44 中定时电阻 R_W 用一个 510 Ω 与一个 1 kΩ 的电位器串联，取 $R = 100$ Ω，$C = 0.1$ μF。

2. 单稳态电路实验

（1）按图 3.46 接线，输入 1 kHz 连续脉冲，用双踪示波器观察 V_i、V_P、V_A、V_B、V_D 及 V_0 的波形并记录。

（2）改变 C 或 R 的值，重复以上实验内容。

3. 秒脉冲输出电路实验

图 3.47 是产生秒脉冲的电路原理图。选用 32768 Hz 的石英晶体，$R = 10$ MΩ，C_S 为 0 ~ 50 pF，CD4060 是 14 位的计数器，自己查出管脚图，设计出产生秒脉冲的逻辑电路，并通过实验进行验证。

五、实验报告要求

（1）绘出实验线路图，用方格纸记录波形。

（2）分析各次实验结果的波形，验证有关的理论。

（3）总结多谐振荡器及单稳态触发器的特点及应用。

六、思考题

欲使集成与非门构成的环形多谐振荡器和微分型单稳态触发器获得更大的频率范围，应采取什么措施？

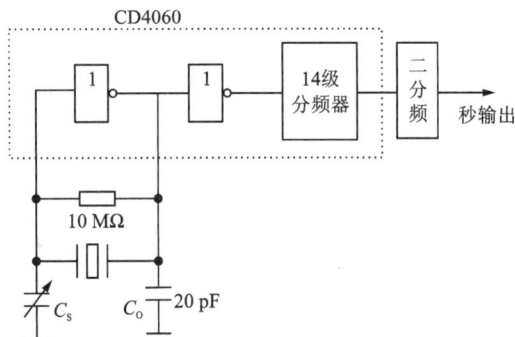

图 3.47　秒脉冲产生电路

实验十　集成计数器的设计

一、实验目的

（1）掌握中规模集成计数器的使用及功能测试。

（2）掌握集成计数器的设计方法。

二、实验器材

实验需用设备与器材见表 3.48。

表 3.48　实验需用设备与器材

序号	名称	型号与规格	数量	备注
1	直流电源	+5 V	1 只	
2	逻辑电平开关		1 组	
3	LED 发光二极管显示器		1 台	
4	连续脉冲源	1 Hz ~ 10 kHz	1 只	
5	单次脉冲源		1 只	
6	四 2 输入与非门	74LS00	1 组	
7	十进制计数器	74LS192	2 只	
8	连接导线		若干条	

三、设计要求及提示

1. 设计要求

（1）根据实验室提供的器材确定实验方案，拟出每项实验任务中的具体线路，并对集成计数器 74LS192 的逻辑功能进行测试，自拟实验表格。

（2）采用级联法，用两片 74LS192 级联实现 100 进制计数器，设计相应电路，自行拟出实验步骤。

（3）采用反馈置数法，用 74LS192 和 74LS00 设计一个八进制计数器，并测试其逻辑功能，将测试结果填入自己设计的表格中。

（4）采用反馈归零法，用 74LS192 和 74LS00 设计一个 24 进制计数器，并测试其逻辑功能，将测试结果填入自己设计的表格中。

2. 设计提示

（1）中规模十进制计数器 74LS192。

74LS192 是同步十进制可逆计数器，具有双时钟输入、清零和置数等功能，其引脚排列及逻辑符号如图 3.48 所示。其中：$\overline{LD}$ 为置数端；CP_U 为加计数端；CP_D 为减计数端；$\overline{CO}$ 为非同步进位输出端；$\overline{BO}$ 为非同步借位输出端；D_0、D_1、D_2、D_3 为计数器输入端；Q_0、Q_1、Q_2、Q_3 为数据输出端；CR 为清零端。74LS192 逻辑功能表如表 3.49 所示。

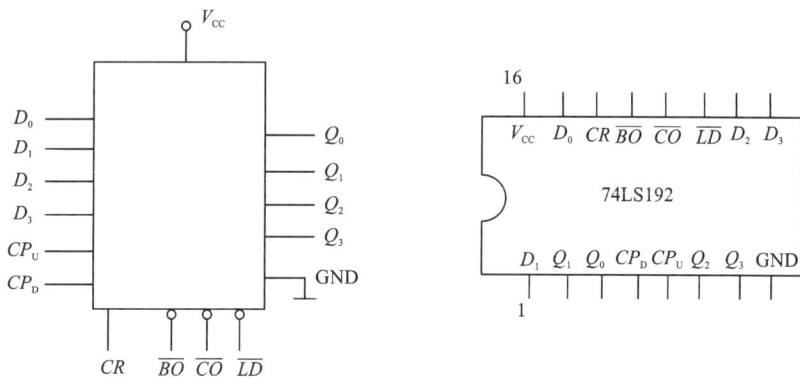

图 3.48　74LS192 逻辑符号及引脚排列

表 3.49　74LS192 逻辑功能表

输入								输出			
CR	$\overline{LD}$	CP_U	CP_D	D_3	D_2	D_1	D_0	Q_3	Q_2	Q_1	Q_0
1	×	×	×	×	×	×	×	0	0	0	0
0	0	×	×	d	c	b	a	d	c	b	a
0	1	↑	1	×	×	×	×	加计数			
0	1	1	↑	×	×	×	×	减计数			

（2）计数器级联使用及任意进制的实现。

一个十进制计数器只能表示 0～9，要扩大计数范围，常常将多个十进制计数器级联后使用。74LS192 设有进位（或借位）输出端，因此可用其进位（或借位）输出信号驱动下一级计数器。如图 3.49 所示。

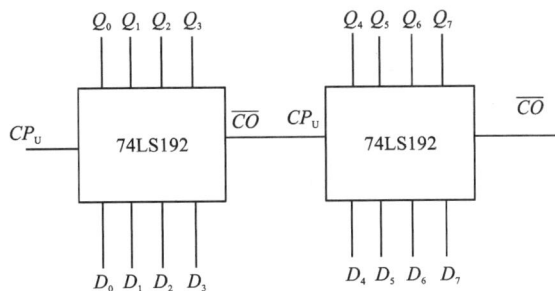

图 3.49　计数器扩展

　　利用集成计数器芯片可方便地构成任意(N)进制计数器，常用的方法有：①反馈归零法（复位法）：假定已有 N 进制计数器，而需要得到一个 M 进制计数器时，只要 $M < N$，用复位法使计数器计数到 M 时置"0"，即获得 M 进制计数器。图 3.50 所示为一个用反馈归零法构成的六进制计数器。②反馈置数法：是利用具有置数功能的计数器，截取从 N_b 到 N_a 之间的 N 个有效状态构成 N 进制计数器。其方法是当计数器的状态循环到 N_a 时，由 N_a 构成的反馈信号提供置数指令，由于事先将并行置数数据输入端置成了 N_b 的状态，所以当置数指令到来时，计数器输出端被置成 N_b，再来计数脉冲，计数器在 N_b 基础上继续计数直至 N_a，又进行新一轮置数、计数。图 3.51 所示为一个利用反馈置数法构成的六进制计数器。

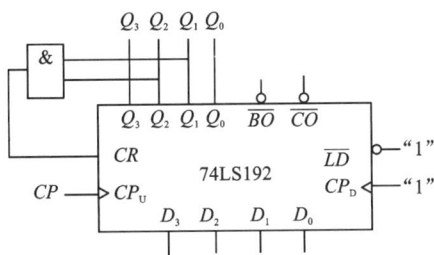

图 3.50　用反馈归零法构成的六进制计数器

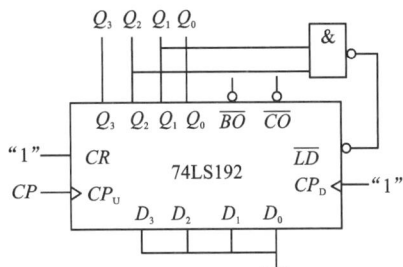

图 3.51　用反馈置数法构成的六进制计数器

四、注意事项

（1）安装电路时，要注意芯片电源和地的极性，不能接反。
（2）实验用到的计数器芯片及门电路需进行逻辑功能测试。
（3）级联时先进行单级调试，然后再进行整体测试。

五、实验报告要求

（1）画出设计电路，拟出实验步骤，整理数据并分析测试结果。
（2）说明构成任意进制计数器的两种方法。
（3）讨论实验中遇到的问题。

六、思考题

(1)74LS192 处于加法计数状态时，CR、$\overline{LD}$、CP 各应接什么电平？

(2)若要设计一个秒、分时钟计数、译码显示电路，该如何实现？

实验十一　交通灯控制电路的设计

一、实验目的

(1)巩固数字逻辑电路的理论知识。

(2)学习将数字逻辑电路灵活运用于实际生活。

二、实验器材

实验需用设备与器材见表3.50。

表 3.50　实验需用设备与器材

序号	名称	型号与规格	数量	备注
1	双 D 触发器	74LS74	1 只	
2	三 3 输入与非门	74LSl0	1 组	
3	四 2 输入与非门	74LS00	2 组	
4	双 4 选 1 数据选择器	74LS153	2 只	
5	4 位二进制同步计数器	74LS163	2 只	
6	集成定时器	NE555	1 只	
7	电阻	51 kΩ	1 只	
8	电阻	200 Ω	6 只	
9	电容	10 μF	1 只	
10	导线		若干条	

三、设计要求及提示

1. 设计要求

(1)设计一个十字路口的交通灯控制电路，要求实现甲车道和乙车道两条交叉道路上的车辆交替通行，每次通行时间都设为 25 s。

(2)要求黄灯先亮 5 s，才能变换通行车道。

(3)黄灯亮时，要求每秒钟闪亮一次。

(4)用 Protel 设计电路印刷板图，焊接安装电路。

(5)自选设备和调试方案，对电路进行调试。

2. 设计提示

(1)分析系统的逻辑功能,画出其框图。

交通灯控制系统的原理框图如图 3.52 所示。它主要由控制器、定时器、译码器和秒脉冲信号发生器等部分组成。秒脉冲发生器是该系统中定时器和控制器的标准时钟信号源,译码器输出两组信号灯的控制信号,经驱动电路后驱动信号灯工作,控制器是系统的主要部分,由它控制定时器和译码器的工作。图中:

T_L:表示甲车道或乙车道绿灯亮的时间间隔为 25 s,即车辆正常通行的时间间隔。定时时间到,$T_L = 1$;否则,$T_L = 0$。

T_Y:表示黄灯亮的时间间隔为 5 s。定时时间到,$T_Y = 1$;否则,$T_Y = 0$。

S_T:表示定时器到了规定的时间后,由控制器发出状态转换信号。由它控制定时器开始下一个工作状态的定时。

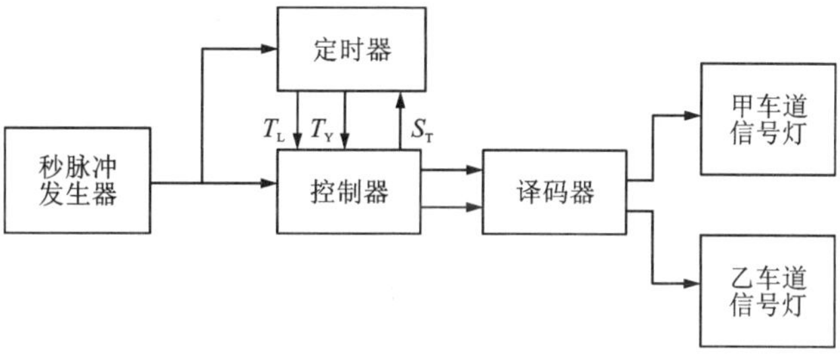

图 3.52 交通灯系统框图

(2)定时器的设计。

定时器由与系统秒脉冲(由时钟脉冲产生器提供)同步的计数器构成,要求计数器在状态转换信号 S_T 作用下,首先清零,然后在时钟脉冲上升沿作用下,计数器从零开始进行增 1 计数,向控制器提供模 5 的定时信号 T_Y 和模 25 的定时信号 T_L。

计数器选用集成电路 74LS163 进行设计较简便。74LS163 是 4 位二进制同步计数器,它具有同步清零、同步置数的功能。由两片 74LS163 级联组成的定时器电路如图 3.53 所示。

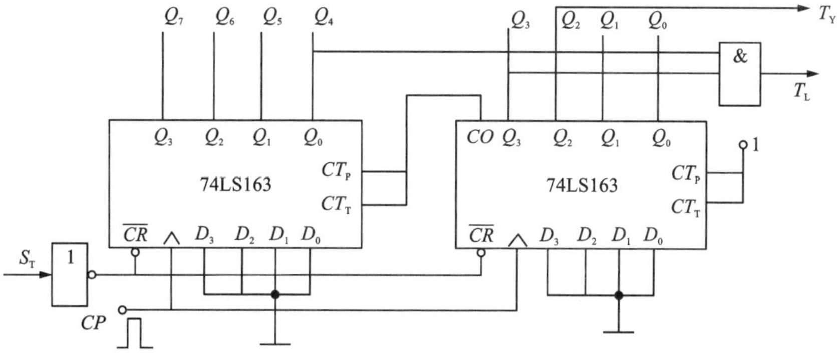

图 3.53 74LS163 构成的定时器电路

（3）控制器的设计。

控制器是交通管理的核心，它应该能够按照交通管理规则控制信号灯工作状态的转换。选用两个 D 触发器 FF_1、FF_0 作为时序寄存器产生 4 种状态，控制器状态转换的条件为 T_L 和 T_Y，当控制器处于 $Q_1^n Q_0^n = 00$ 状态时，如果 $T_L = 0$，则控制器保持在 00 状态；如果 $T_L = 1$，则控制器转换到 $Q_1^{n+1} Q_0^{n+1} = 01$ 状态。这两种情况与条件 T_Y 无关，所以用无关项"×"表示。控制器的逻辑图如图 3.54 所示。图中 R、C 构成上电复位电路。

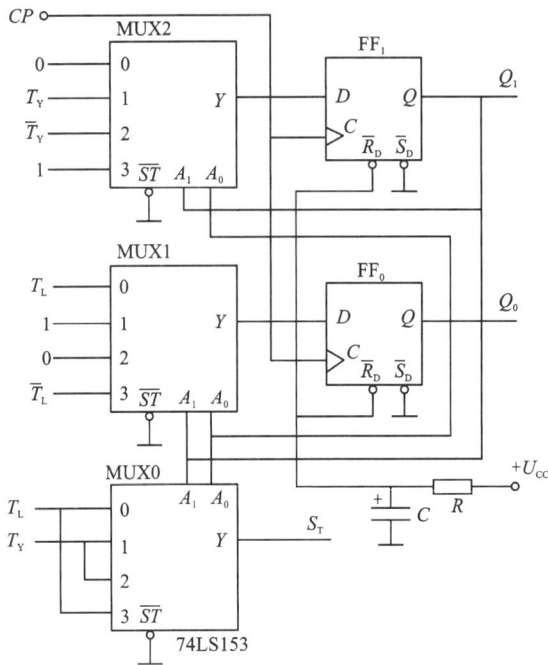

图 3.54　控制器电路图

四、注意事项

（1）安装电路时，要注意数码管公共端的接法，不能接反。

（2）注意 74LS163 是同步工作还是异步工作。

（3）如作双面板，注意钻孔的对齐。

五、实验报告要求

（1）写出设计过程，画出实验电路原理图，并标明各元件的参数值。

（2）提供元器件选择依据，整理测试数据并分析误差。

（3）写出实验过程中出现的故障现象及其解决办法。

六、思考题

（1）如果要改变亮灯的时间，应当如何调整电路或元件参数？

（2）试利用 6 MHz 的晶振设计一个秒脉冲发生电路。

实验十二　数字频率计的设计

一、实验目的

（1）掌握数字频率计的工作原理及测量方法。

（2）掌握数字频率计的设计、组装及调试方法。

二、实验器材

实验需用设备与器材见表 3.51。

表 3.51　实验需用设备与器材

序号	名称	型号与规格	数量	备注
1	数字电路实验箱		1 套	
2	双踪示波器	20 MHz	1 台	
3	数字频率计		1 只	
4	直流数字电压表	0 ~ 10 V	1 只	
5	二－十进制同步计数器	CC4518	4 只	
6	三位十进制计数器	CC4553	2 只	
7	双 D 触发器	CC4013	2 只	
8	四 2 输入与非门	CC4011	2 组	
9	六反相器	CC4069	1 只	
10	四 2 输入或非门	CC4001	1 组	
11	四 2 输入或门	CC4071	1 组	
12	二极管	2AP9	1 只	
13	电位器	1 MΩ	1 只	
14	电阻、电容、导线		若干个	

注：表中的设备与器件仅供参考，可根据设计方案自行选择。

三、设计要求及提示

1. 设计要求

用中、小规模集成电路设计与制作一台简易的数字频率计，功能如下。

（1）位数。

计 4 位十进制数。计数位数主要取决于被测信号频率的高低，如果被测信号频率较高，精度又较高，可相应增加显示位数。

（2）量程。

第一挡：最小量程挡，最大读数是 9.999 kHz，闸门信号的采样时间为 1 s。

第二挡：最大读数为 99.99 kHz，闸门信号的采样时间为 0.1 s。

第三挡：最大读数为 999.9 kHz，闸门信号的采样时间为 10 ms。

第四挡：最大读数为 9999 kHz，闸门信号的采样时间为 1 ms。

（3）显示方式。

①用七段 LED 数码管显示读数，做到显示稳定、不跳变。

②小数点的位置跟随量程的变更而自动移位。

③为了便于读数，要求数据显示的时间在 0.5 ~ 5 s 内连续可调。

（4）具有自检功能。

（5）被测信号为方波信号。

（6）画出设计的数字频率计的电路总图。

（7）组装和调试。

①时基信号通常使用石英晶体振荡器输出的标准频率信号经分频电路获得。为了实验调试方便，可用实验设备上脉冲信号源输出的 1 kHz 方波信号经 3 次 10 分频获得。

②按设计的数字频率计逻辑图在实验装置上布线。

③用 1 kHz 方波信号送入分频器的 CP 端，用数字频率计检查各分频级的工作是否正常。用周期为 1 s 的信号作为控制电路的时基信号输入，用周期等于 1 ms 的信号作为被测信号，用示波器观察和记录控制电路的输入、输出波形，检查控制电路所产生的各控制信号能否按正确的时序要求控制各个子系统。用周期为 1 s 的信号送入各计数器的 CP 端，用发光二极管指示检查各计数器的工作是否正常。用周期为 1 s 的信号作为延时、整形单元电路的输入，用两只发光二极管作为指示，检查延时、整形单元电路的工作是否正常。若各个子系统的工作都正常，再将各子系统连起来统调。

（8）调试合格后，写出综合设计实验报告。

2. 设计提示

（1）简易数字频率计的原理方框图见图 3.55。

（2）有关单元电路的设计及工作原理。

①控制电路。

控制电路与主控门电路如图 3.56 所示。主控电路由双 D 触发器 CC4013 及与非门 CC4011 构成。CC4013（a）的任务是输出闸门控制信号，以控制主控门 2 的开启与关闭。如果通过开关 S_2 选择一个时基信号，当给与非门 1 输入一个时基信号的下降沿时，与非门 1 就输出一个上升沿，则 CC4013（a）的 Q_1 端就由低电平变为高电平，将主控门 2 开启。允许被测信号通过该主控门并送到计数器输入端进行计数。相隔 1 s（或 0.1 s、10 ms、1 ms）后，又给与非门 1 输入一个时基信号的下降沿，与非门 1 输出端又产生一个上升沿，使 CC4013（a）的 Q_1 端变为低电平，将主控门关闭，使计数器停止计数，同时 $\overline{Q_1}$ 端产生一个上升沿，使 CC4013（b）翻转成 $Q_2 = 1$，$\overline{Q_2} = 0$。由于 $\overline{Q_2} = 0$，它立即封锁与非门 1，不再让时基信号进入 CC4013（a），保证在显示读数的时间内 Q_1 端始终保持低电平，使计数器停止计数。

将 Q_2 端的上升沿送到下一级的延时、整形单元电路，当到达所调节的延时时间时，延时电路输出端立即输出一个正脉冲，将计数器和所有 D 触发器全部置0。复位后，$Q_1 = 0$，$\overline{Q_1} = 1$，

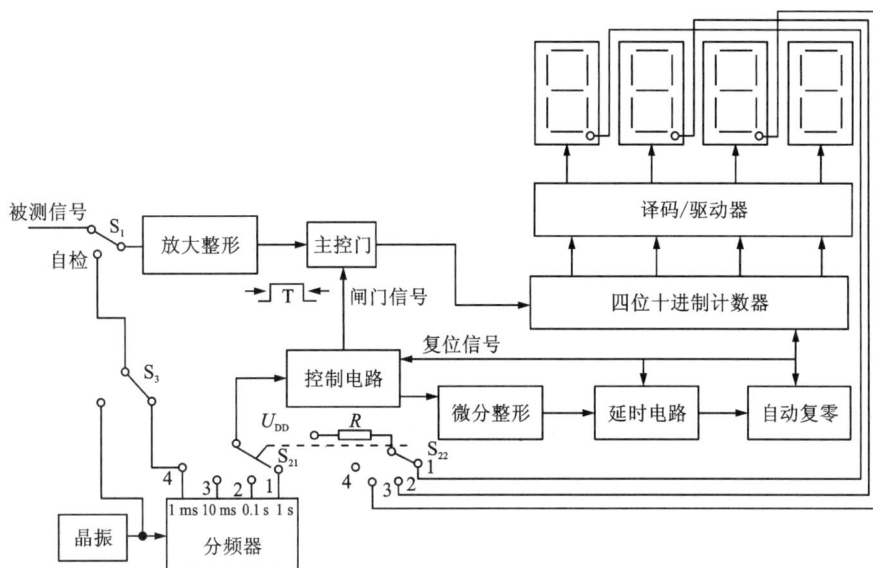

图 3.55 简易数字频率计原理方框图

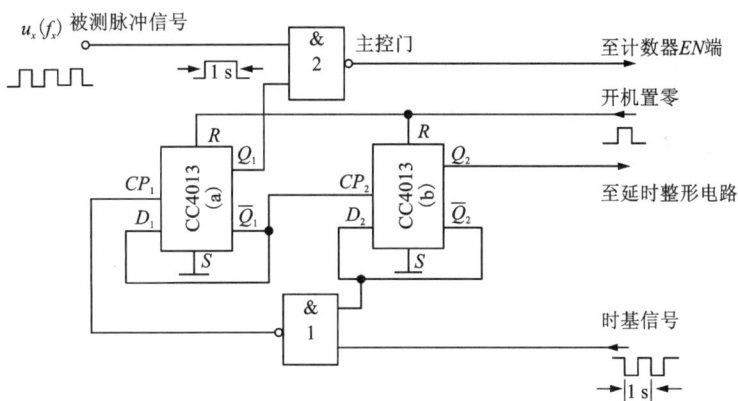

图 3.56 控制电路及主控门电路

为下一次测量做好准备。

②微分、整形电路。

电路如图 3.57 所示。CC4013(b)的 Q_2 端所产生的上升沿经微分电路后,送到由与非门 CC4011 组成的施密特整形电路的输入端,在其输出端可得到一个边沿十分陡峭且具有一定脉冲宽度的负脉冲,然后再送至下一级延时电路。

③延时电路。

由 D 触发器 CC4013(c)、积分电路(由电位器 R_{W1} 和电容器 C_2 组成)、非门 3 以及单稳态电路所组成,如图 3.58 所示。由于 CC4013(c)的 D_3 端接 U_{DD},因此,在 P_2 点所产生的上升沿作用下,CC4013(c)翻转,翻转后 $\overline{Q_3}=0$。由于开机置"0"时,或门 1(见图 3.59)输出的正脉

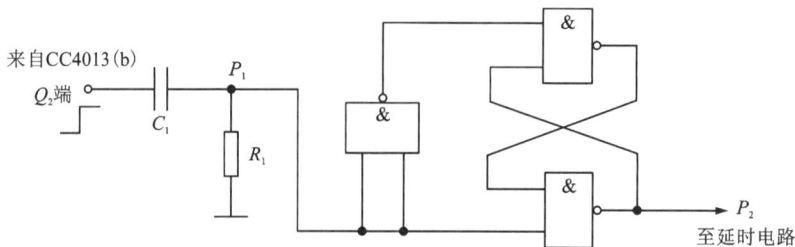

图 3.57　微分、整形电路

冲将 CC4013（c）的 Q_3 端置"0"，因此 $\overline{Q_3}=1$，经二极管 2AP9 迅速给电容 C_2 充电，使 C_2 两端的电压达"1"电平，而此时 $\overline{Q_3}=0$，电容器 C_2 经电位器 R_{W1} 缓慢放电。当电容器 C_2 上的电压放电降至非门 3 的阈值电平 U_T 时，非门 3 的输出端立即产生一个上升沿，触发下一级单稳态电路。此时，P_3 点输出一个正脉冲，该脉冲宽度主要取决于时间常数 R_tC_t 的值，延时时间为上一级电路的延时时间及这一级电路的延时时间之和。

由实验求得，如果电位器 R_{P1} 用 510 Ω 的电阻代替，C_2 取 3 μF，则总的延迟时间也就是显示器所显示的时间为 3 s 左右。如果电位器 R_{P1} 用 2 MΩ 的电阻取代，C_2 取 22 μF，则显示时间可达 10 s 左右。可见，调节电位器 R_{P1} 可以改变显示时间。

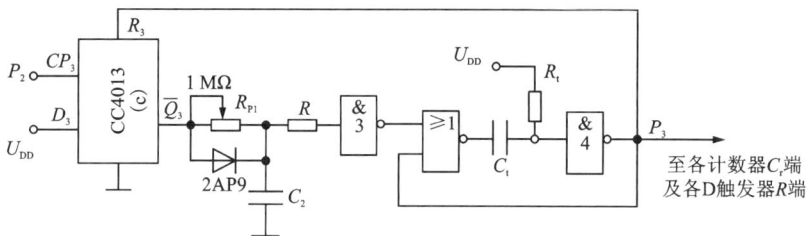

图 3.58　延时电路

④自动清零电路。

P_3 点产生的正脉冲送到图 3.59 所示的或门组成的自动清零电路，将各计数器及所有的触发器置零。在复位脉冲的作用下，$Q_3=0$，$\overline{Q_3}=1$，于是 $\overline{Q_3}$ 端的高电平经二极管 2AP9 再次对电容 C_2 充电，补上刚才放掉的电荷，使 C_2 两端的电压恢复为高电平，又因为 CC4013（b）复位后使 Q_2 再次变为高电平，所以与非门 1 又被开启，电路重复上述变化过程。

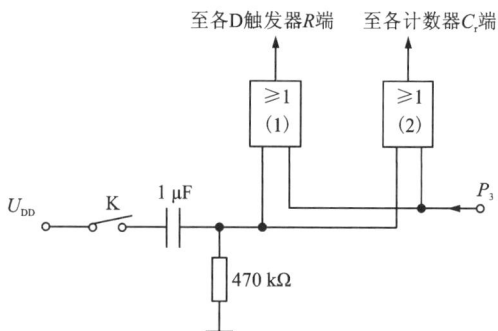

图 3.59　自动清零电路

四、实验报告要求

(1)根据设计任务,写出自己的设计方案论证、总体方框图的构成、必要的设计计算和主要工作波形,简述各部分电路的工作原理。

(2)画出逻辑电路图。

(3)写出调试中遇到的故障及排除方法。

(4)总结实验收获和心得体会。

五、思考题

(1)在数字频率计中,逻辑控制电路有何作用?

(2)当被测信号的频率超出测量范围时,如需增加一个报警电路,怎样设计?

实验十三　多路智力竞赛抢答器的设计

一、实验目的

(1)学习数字电路中 D 触发器、分频电路、多谐振荡器、CP 时钟脉冲源等单元电路的综合运用。

(2)熟悉智力竞赛抢答器的工作原理。

(3)了解简单数字系统实验、调试及故障排除方法。

二、实验原理

图 3.60 为供四人用的智力竞赛抢答装置线路,用以判断抢答优先权。

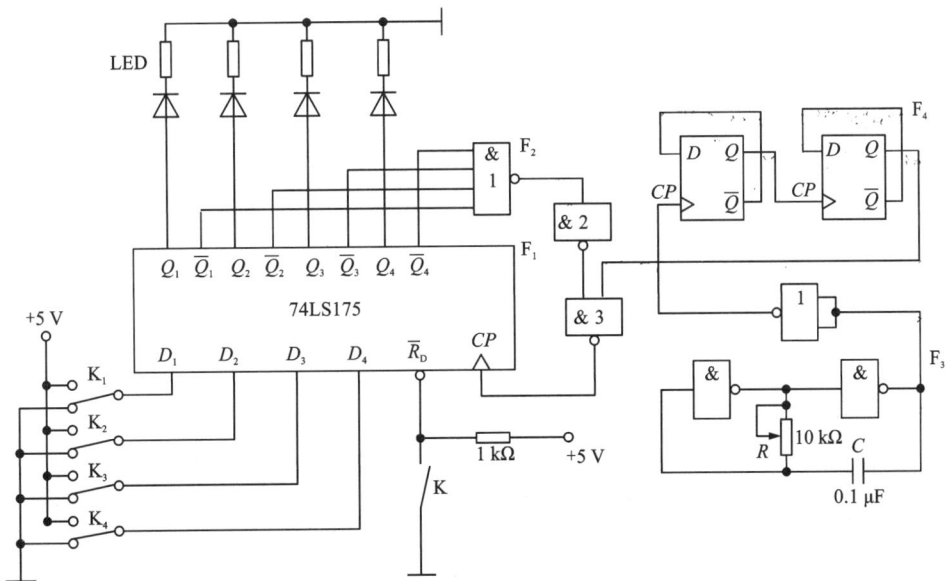

图 3.60　智力竞赛抢答装置原理图

图中 F_1 为四 D 触发器74LS175，它具有公共置 0 端和公共 CP 端，引脚排列见附录 A；F_2 为双 4 输入与非门74LS20；F_3 是由 74LS00 组成的多谐振荡器；F_4 是由 74LS74 组成的四分频电路，F_3、F_4 组成抢答电路中的 CP 时钟脉冲源，抢答开始时，由主持人清除信号，按下复位开关 S，74LS175 的输出 $Q_1 \sim Q_4$ 全为 0，所有发光二极管 LED 均熄灭，当主持人宣布"抢答开始"后，首先做出判断的参赛者立即按下开关，对应的发光二极管点亮，同时，通过与非门 F_2 送出信号锁住其余三个抢答者的电路，不再接收其他信号，直到主持人再次清除信号为止。

三、实验器材

实验需用设备见表 3.52。

表 3.52　实验需用仪器设备

序号	名称	型号与规格	数量	备注
1	直流电源	+5 V	1 只	
2	双踪示波器	0 ~ 20 MHz	1 台	
3	直流数字式电压表	0 ~ 10 V	1 只	
4	数字频率计	10 Hz ~ 2.4 GHz	1 只	
5	逻辑电平开关		1 组	
6	LED 发光二极管显示器		1 台	

实验需用器材见表 3.53。

表 3.53　实验需用器材

序号	名称	型号与规格	数量	备注
1	双四输入与非门	74LS20	1 组	
2	四 2 输入与非门	74LS00	2 组	
3	双 D 触发器	74LS74	1 只	
4	四 D 触发器	74LS175	1 只	
5	电阻、电位器、电容		若干个	
6	连接导线		若干条	

四、实验内容及步骤

（1）测试各触发器及各逻辑门的逻辑功能。

（2）按图 3.60 接线，抢答器五个开关接实验装置上的逻辑开关、发光二极管接逻辑电平显示器。

（3）断开抢答器电路中 CP 脉冲源电路，单独对多谐振荡器 F_3 及分频器 F_4 进行调试，调整多谐振荡器 10 kΩ 电位器,使其输出脉冲频率约为 4 kHz,观察 F_3 及 F_4 输出波形并测试其频率。

(4)测试抢答器电路功能。

接通 +5 V 电源,CP 端接实验装置上连续脉冲源,取重复频率约 1 kHz。

①抢答开始前,开关 K_1、K_2、K_3、K_4 均置"0",准备抢答,将开关 S 置"0",发光二极管全熄灭,再将 S 置"1"。抢答开始,K_1、K_2、K_3、K_4 某一开关置"1",观察发光二极管的亮、灭情况,然后再将其他三个开关中任一个置"1",观察发光二极管的亮、灭情况是否改变。

②重复①的内容,改变 K_1、K_2、K_3、K_4 任一个开关状态,观察抢答器的工作情况。

③整体测试。

断开实验装置上的连续脉冲源,接入 F_3 及 F_4,再进行实验。

五、实验报告要求

(1)分析智力竞赛抢答装置各部分功能及工作原理。

(2)总结数字系统的设计、调试方法。

(3)分析实验中出现的故障及解决办法。

六、思考题

若在图 3.60 电路中加一个计时功能,要求计时电路显示时间精确到秒,最多限制为 2 min,一旦超出限时,则取消抢答权,电路应如何改进?

实验十四　555 时基电路及应用

一、实验目的

(1)熟悉 555 型集成时基电路的结构、工作原理及特点。

(2)掌握 555 型集成时基电路的基本应用。

二、实验原理

555 集成时基电路是一种数字、模拟混合型的中规模集成电路,应用十分广泛。其电路类型有双极型和 CMOS 型两大类,二者结构与工作原理类似。几乎所有的双极型产品型号最后三位数码都是 555 或 556;所有的 CMOS 产品型号最后四位数码都是 7555 或 7556,二者的逻辑功能和引脚排列完全相同,易于互换。555 和 7555 是单定时器。556 和 7556 是双定时器。双极型的电源电压 U_{CC} 为 +5 V ~ +15 V,输出最大电流可达 200 mA,CMOS 型的电源电压为 +3 ~ +18 V。

1.555 电路的工作原理

555 电路的内部电路方框图及引脚排列如图 3.61 所示。含有两个电压比较器,一个基本 RS 触发器,一个放电开关管 T,比较器的参考电压由三只 5 kΩ 的电阻器构成的分压器提供。它们分别使高电平比较器 A_1 的同相输入端和低电平比较器 A_2 的反相输入端的参考电平为

$\dfrac{2}{3}U_{CC}$ 和 $\dfrac{1}{3}U_{CC}$。A_1 与 A_2 的输出端控制 RS 触发器状态和放电管开关状态。当输入信号自 6 脚，即高电平触发输入并超过参考电平 $\dfrac{2}{3}U_{CC}$ 时，触发器复位，555 的输出端 3 脚输出低电平，同时放电开关管导通；当输入信号自 2 脚输入并低于 $\dfrac{1}{3}U_{CC}$ 时，触发器置位，555 的 3 脚输出高电平，同时放电开关管截止。

$\overline{R}_D$ 是复位端(4 脚)，当 $\overline{R}_D = 0$，555 输出低电平。平时 $\overline{R}_D$ 端开路或接 U_{CC}。

U_C 是控制电压端(5 脚)，平时输出 $\dfrac{2}{3}U_{CC}$ 作为比较器 A_1 的参考电平，当 5 脚外接一个输入电压，即改变了比较器的参考电平，从而实现对输出的另一种控制。在不接外加电压时，通常接一个 $0.01\ \mu F$ 的电容器到地，起滤波作用，以消除外来的干扰，确保参考电平的稳定。

T 为放电管，当 T 导通时，将给接于脚 7 的电容器提供低阻放电通路。

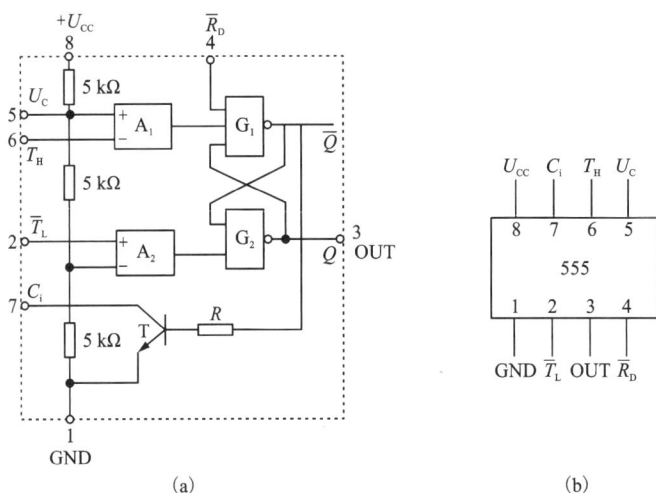

图 3.61　555 定时器内部方框图及引脚排列

2.555 定时器的典型应用

(1)构成单稳态触发器。

图 3.62(a)为由 555 定时器和外接定时元件 R、C 构成的单稳态触发器。触发电路由 C_1、R_1、D 构成，其中 D 为钳位二极管，稳态时 555 电路输入端处于电源电平，内部放电开关管 T 导通，输出端 F 输出低电平。当有一个外部负脉冲触发信号经 C_1 加到 2 端，并使 2 端电位瞬时低于 $\dfrac{1}{3}U_{CC}$ 时，低电平比较器动作，单稳态电路即开始一个暂态过程，电容 C 开始充电，U_C 按指数规律增长。当 U_C 充电到 $\dfrac{2}{3}U_{CC}$ 时，高电平比较器动作，比较器 A_1 翻转，输出 U_o 从高电平返回低电平，放电开关管 T 重新导通，电容 C 上的电荷很快经放电开关管放电，暂态结束，恢复稳态，为下个触发脉冲的到来做好准备。波形如图 3.62(b)所示。

暂稳态的持续时间 t_w(即为延时时间)决定于外接元件 R、C 值的大小。

$$T_{w} = 1.1RC \tag{3.10}$$

通过改变 R、C 的大小，可使延时时间在几微秒到几十分钟之间变化。用这种单稳态电路作为计时器，可直接驱动小型继电器，并可以使用复位端（4 脚）接地的方法来中止暂态，重新计时。此外尚须用一个续流二极管与继电器线圈并接，以防继电器线圈反电势损坏内部功率管。

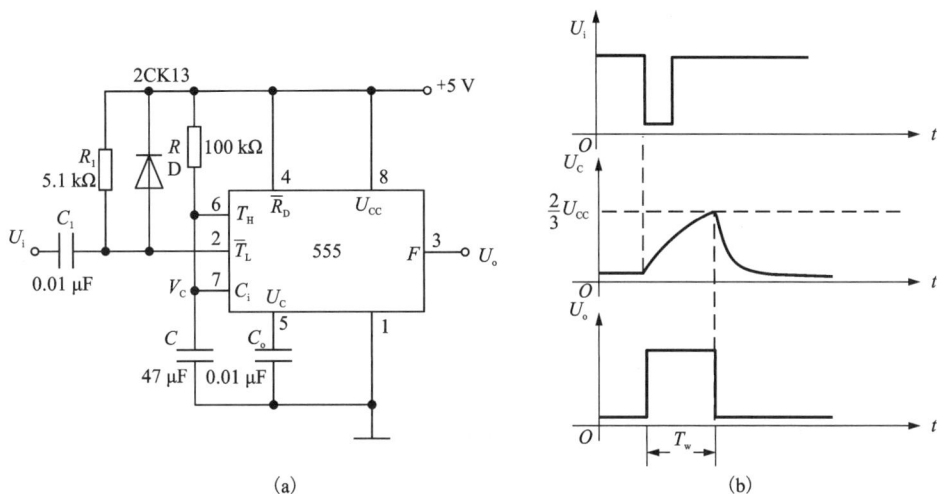

图 3.62　单稳态触发器

（2）构成多谐振荡器。

由 555 定时器和外接元件 R_1、R_2、C 构成的多谐振荡器如图 3.63（a）所示。脚 2 与脚 6 直接相连。电路没有稳态，仅存在两个暂稳态，电路亦不需要外加触发信号，利用电源通过 R_1、R_2 向 C 充电，以及 C 通过 R_2 向放电端 C_t 放电，使电路产生振荡。电容 C 在 $\frac{1}{3}U_{CC}$ 和 $\frac{2}{3}U_{CC}$ 之间充电和放电，其波形如图 3.63（b）所示。输出信号的时间参数是

$$T = T_{w1} + T_{w2} \tag{3.11}$$
$$T_{w1} = 0.7(R_1 + R_2)C \tag{3.12}$$
$$T_{w2} = 0.7R_2C \tag{3.13}$$

555 电路要求 R_1 与 R_2 均应大于或等于 1 kΩ，但 $R_1 + R_2$ 应小于或等于 3.3 MΩ。

多谐振荡器的稳定性主要由外部元件决定，555 定时器配以少量的元件即可获得较高精度的振荡频率和较强的功率输出能力。

（3）组成占空比可调的多谐振荡器。

电路如图 3.64 所示，比图 3.63 所示电路增加了一个电位器和两个导引二极管 D_1、D_2，用来决定电容充、放电电流流经电阻的途径（充电时 D_1 导通，D_2 截止；放电时 D_2 导通，D_1 截止）。占空比

$$P = \frac{T_{w1}}{T_{w1} + T_{w2}} \approx \frac{0.7R_AC}{0.7C(R_A + R_B)} = \frac{R_A}{R_A + R_B} \tag{3.14}$$

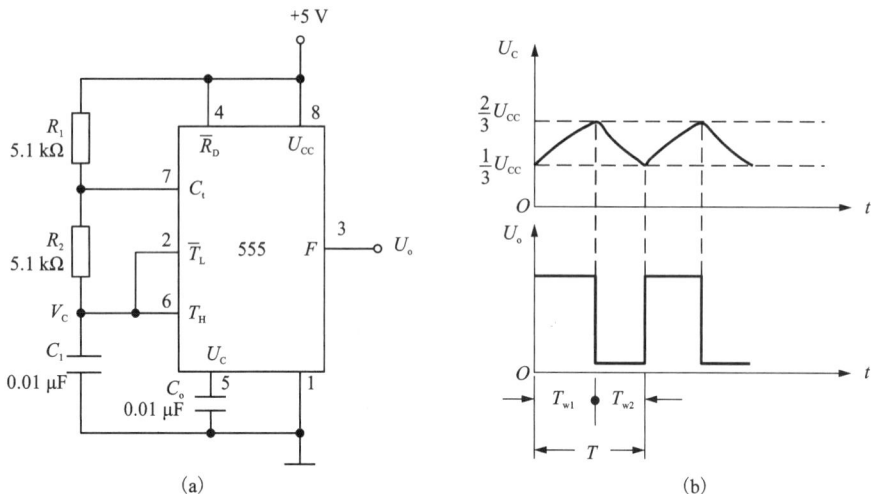

图 3.63　多谐振荡器

可见，若取 $R_A = R_B$，电路即可输出占空比为 50% 的方波信号。

（4）组成占空比与振荡频率均可调的多谐振荡器。

电路如图 3.65 所示。对 C_1 充电时，充电电流通过 R_1、D_1、R_{P2} 和 R_{P1}；放电时通过 R_{P1}、R_{P2}、D_2、R_2。当 $R_1 = R_2$，R_{P2} 调至中心点时，因充放电时间基本相等，其占空比约为 50%，此时调节 R_{P1} 仅改变频率，占空比不变。如 R_{P2} 调至偏离中心点，再调节 R_{P1}，不仅振荡频率改变，而且对占空比也有影响。如 R_{P1} 不变，调节 R_{P2}，仅改变占空比，则对频率无影响。因此，接通电源后，应先调节 R_{P1} 使频率至规定值，再调节 R_{P2}，以获得需要的占空比。若频率调节范围大，可用波段开关改变 C_1 的值。

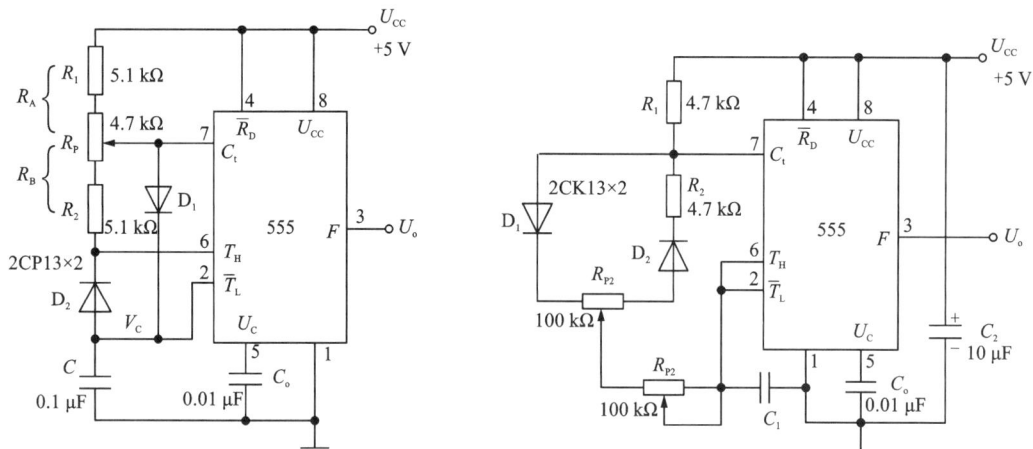

图 3.64　占空比可调的多谐振荡器

图 3.65　占空比与频率均可调的多谐振荡器

（5）组成施密特触发器。

电路如图 3.66 所示，将脚 2、6 连在一起作为信号输入端，即得到施密特触发器。

图 3.67 示出了 U_s、U_i 和 U_o 的波形。

设被整形变换的电压为正弦波 U_s，其正半波通过二极管 D 同时加到 555 定时器的 2 脚和 6 脚，得半波整流波形 U_i。当 U_i 上升到 $\frac{2}{3}U_{CC}$ 时，U_o 从高电平翻转为低电平；当 U_i 下降到 $\frac{1}{3}U_{CC}$ 时，U_o 又从低电平翻转为高电平。电路的电压传输特性曲线如图 3.68 所示。

回差电压

$$\Delta U = \frac{2}{3}U_{CC} - \frac{1}{3}U_{CC} = \frac{1}{3}U_{CC} \tag{3.15}$$

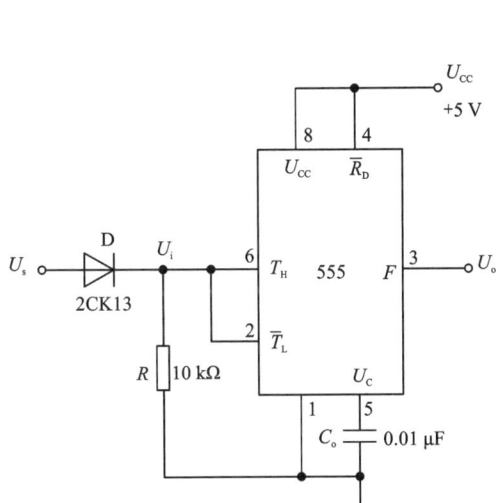

图 3.66　施密特触发器

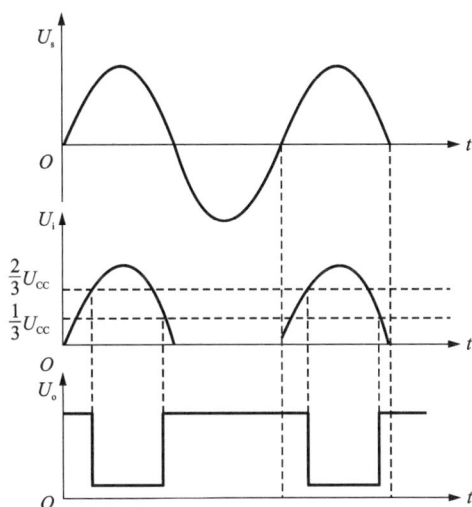

图 3.67　波形变换图

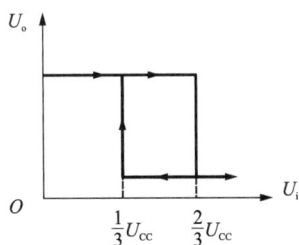

图 3.68　电压传输特性

三、实验器材

实验需用设备见表 3.54。

表 3.54　实验需用仪器设备

序号	名称	型号与规格	数量	备注
1	直流电源	+5 V	1 只	
2	双踪示波器	0 ~ 20 MHz	1 台	
3	连续脉冲源	1 Hz ~ 10 kHz	1 只	
4	单次脉冲源		1 只	
5	音频信号源	10 Hz ~ 1 MHz	1 只	
6	数字频率计	10 Hz ~ 2.4 GHz	1 只	
7	逻辑电平显示器		1 台	

实验需用器材见表 3.55。

表 3.55　实验需用器材

序号	名称	型号与规格	数量	备注
1	集成定时器	NE555	2 只	
2	二极管	2CK13	2 只	
3	电阻		若干只	
4	电位器		若干只	
5	电容		若干只	
6	连接导线		若干条	

四、实验内容及步骤

1. 单稳态触发器

（1）按图 3.62 连线，取 $R = 100$ kΩ，$C = 47$ μF，输入信号 U_i 由单次脉冲源提供，用双踪示波器观测 U_i、U_c、U_o 波形。测定幅度与暂稳时间。

（2）将 R 改为 1 kΩ，C 改为 0.1 μF，输入端加 1 kHz 的连续脉冲，观测 U_i、U_c、U_o 的波形，测定幅度及暂稳时间。

2. 多谐振荡器

（1）按图 3.63 接线，用双踪示波器观测 U_c 与 U_o 的波形，测定频率。

（2）按图 3.64 接线，组成占空比为 50% 的方波信号发生器。观测 U_c 与 U_o 的波形，测定波形参数。

（3）按图 3.65 接线，通过调节 R_{P1} 和 R_{P2} 来观测输出波形。

3. 施密特触发器

按图 3.66 接线，输入信号由音频信号源提供，预先调好 U_s 的频率为 1 kHz，接通电源，逐渐加大 U_s 的幅度，观测输出波形，测绘电压传输特性，算出回差电压 ΔU。

4. 模拟声响电路

按图 3.69 接线，组成两个多谐振荡器，调节定时元件，使Ⅰ输出较低频率、Ⅱ输出较高频率。连好线，接通电源，试听音响效果。调换外接阻容元件，再试听音响效果。

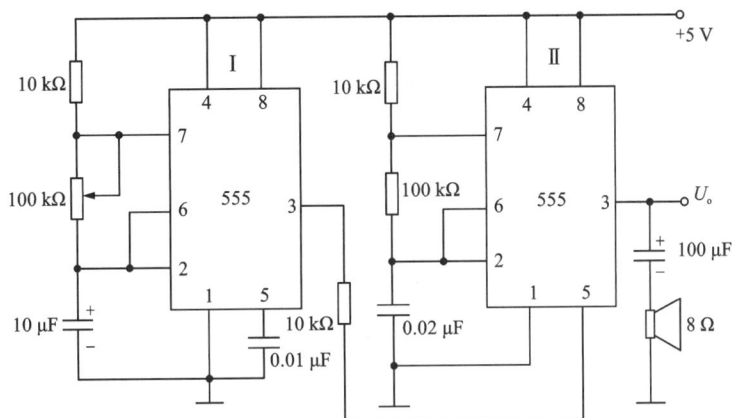

图 3.69　模拟声响电路

五、实验报告要求

(1) 绘出详细的实验线路图，定量绘出观测到的波形。

(2) 分析、总结实验结果。

六、思考题

(1) 由 555 定时器构成的振荡电路，其振荡周期和占空比与哪些参数有关？若只改变周期而不改变占空比，应如何调整元件参数？

(2) 改变 555 定时器的工作电压，对振荡电路的振荡周期有无影响？

(3) 如何用示波器测定施密特触发器的电压传输特性曲线？

实验十五　D/A、A/D 转换器及应用

一、实验目的

(1) 了解 D/A 和 A/D 转换器的工作原理和基本结构。

(2) 掌握大规模集成 D/A 和 A/D 转换器的功能及典型应用。

二、实验原理

在很多应用场合，常常需要把模拟量转换为数字量，称为模/数转换(A/D 转换，简称 ADC)；或把数字量转换成模拟量，称为数/模转换(D/A 转换，简称 DAC)。完成这种转换的线路有多种，使用者可借助手册提供的器件性能指标及典型应用电路。本实验采用大规模集

成电路 DAC0832 实现 D/A 转换，ADC0809 实现 A/D 转换。

1. D/A 转换器 DAC0832

DAC0832 是采用 CMOS 工艺制成的单片电流输出型 8 位数/模转换器。图 3.70 是它的逻辑框图及引脚排列。

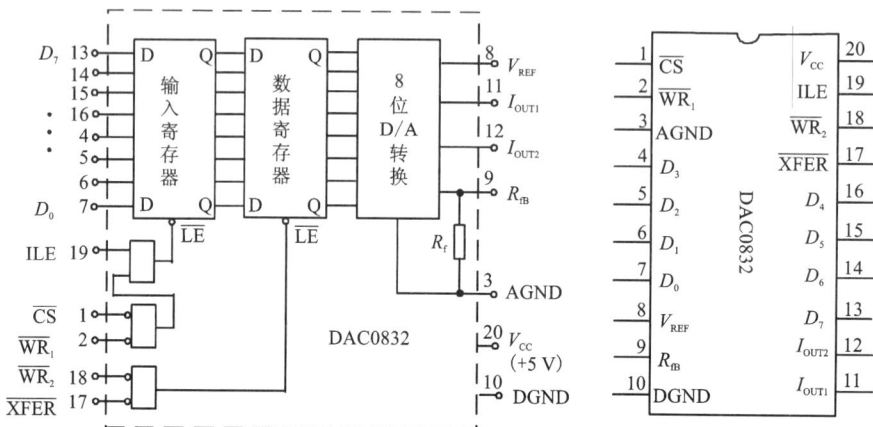

图 3.70 DAC0832 单片 D/A 转换器逻辑框图和引脚排列

器件的核心部分采用倒 T 形电阻网络 8 位 D/A 转换器，如图 3.71 所示。它由倒 T 形 $R-2R$ 电阻网络、模拟开关、运算放大器和参考电压 U_{REF} 四部分组成。

运放的输出电压为

$$U_o = \frac{U_{REF} \cdot R_f}{2^n R} (D_{n-1} \cdot 2^{n-1} + D_{n-2} \cdot 2^{n-2} + \cdots + D_0 \cdot 2^0) \tag{3.16}$$

可见，输出电压 U_o 与输入的数字量成正比，实现了从数字量到模拟量的转换。

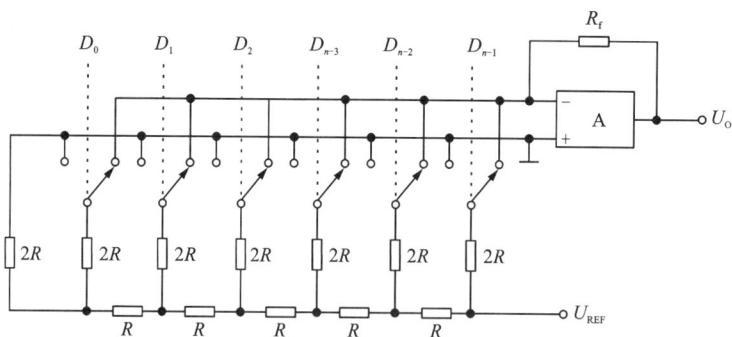

图 3.71 倒 T 形电阻网络 D/A 转换电路

一个 8 位的 D/A 转换器，有 8 个输入端，每个输入端是 8 位二进制数的一位，有一个模拟输出端，输入可有 $2^8 = 256$ 个不同的二进制组态，输出为 256 个电压之一，即输出电压不是整个电压范围内任意值，而只能是 256 个可能值。

DAC0832 的引脚功能说明如下：

$D_0 \sim D_7$：数字信号输入端；

ILE：输入寄存器允许，高电平有效；

$\overline{\text{CS}}$：片选信号，低电平有效；

$\overline{\text{WR}}_1$：写信号 1，低电平有效；

$\overline{\text{XFER}}$：传送控制信号，低电平有效；

$\overline{\text{WR}}_2$：写信号 2，低电平有效；

I_{OUT1}，I_{OUT2}：DAC 电流输出端；

R_{fB}：反馈电阻，是集成在片内的外接运放的反馈电阻；

V_{REF}：基准电压（ $-10 \sim +10$ V）；

V_{CC}：电源电压（ $+5 \sim +15$ V）；

AGND：模拟地；

DGND：数字地。

DAC0832 输出为电流，要转换成电压，必须经过一个外接的运算放大器，实验线路如图 3.72 所示。

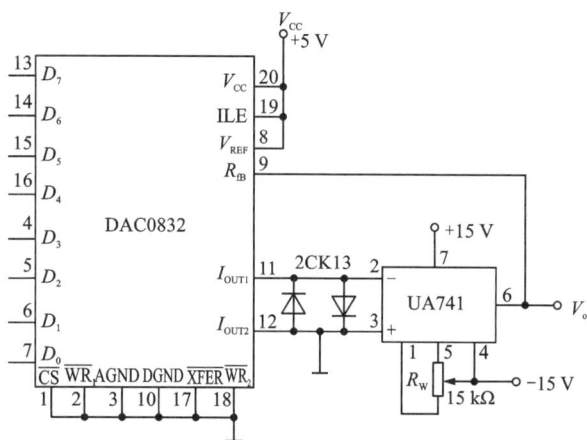

图 3.72　D/A 转换器实验线路

2. A/D 转换器 ADC0809

ADC0809 是采用 CMOS 工艺制成的单片 8 位 8 通道逐次渐近型模/数转换器，其逻辑框图及引脚排列如图 3.73 所示。

器件的核心部分是 8 位 A/D 转换器，它由比较器、逐次渐近寄存器、D/A 转换器、控制及定时 5 部分组成。

ADC0809 的引脚功能如下：

$IN_0 \sim IN_7$：8 通道模拟信号输入端。

A_2、A_1、A_0：地址输入端。

ALE：地址锁存允许输入信号，在此脚施加正脉冲，上升沿有效，此时锁存地址码，从而选通相应的模拟信号通道，以便进行 A/D 转换。

START：启动信号输入端，应在此脚施加正脉冲，当上升沿到达时，内部逐次逼近寄存器

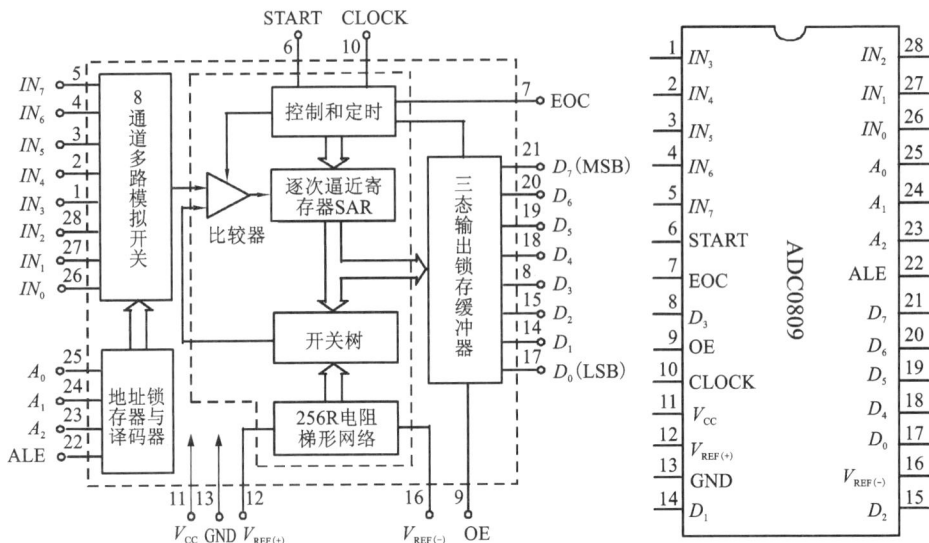

图 3.73 ADC0809 转换器逻辑框图及引脚排列

复位,在下降沿到达后,开始 A/D 转换过程。

EOC:转换结束输出信号(转换结束标志),高电平有效。

OE:输入允许信号,高电平有效。

CLOCK(CP):时钟信号输入端,外接时钟频率一般为 640 kHz。

V_{CC}: +5 V 单电源供电。

$V_{REF(+)}$、$V_{REF(-)}$:基准电压的正极、负极。一般 $V_{REF(+)}$ 接 +5 V 电源,$V_{REF(-)}$ 接地。

$D_7 \sim D_0$:数字信号输出端。

(1)模拟量输入通道选择。

8 通道模拟开关由 A_2、A_1、A_0 三地址输入端选通 8 通道模拟信号中的任何一路进行 A/D 转换,地址译码与模拟输入通道的选通关系如表 3.56 所示。

表 3.56 地址译码与模拟输入通道的选通关系

被选模拟通道		IN_0	IN_1	IN_2	IN_3	IN_4	IN_5	IN_6	IN_7
地址	A_2	0	0	0	0	1	1	1	1
	A_1	0	0	1	1	0	0	1	1
	A_0	0	1	0	1	0	1	0	1

(2)D/A 转换过程。

在启动端(START)加启动脉冲(正脉冲),D/A 转换即开始。如将启动端(START)与转换结束端(EOC)直接相连,转换将是连续的,在采用这种转换方式时,开始应在外部加启动脉冲。

三、实验器材

实验需用设备见表 3.57。

表 3.57　实验需用仪器设备

序号	名称	型号与规格	数量	备注
1	直流电源	+5 V，±15 V	1 只	
2	双踪示波器	20 MHz	1 台	
3	逻辑电平开关		1 组	
4	逻辑电平显示器		1 台	
5	计数脉冲源		1 只	
6	直流数字式电压表	0 ~ 10 V	1 只	

实验需用器材见表 3.58。

表 3.58　实验需用器材

序号	名称	型号与规格	数量	备注
1	D/A 转换器	DAC0832	1 只	
2	A/D 转换器	ADC0809	1 只	
3	运算放大器	UA741	1 只	
4	电位器		若干只	
5	电阻、电容、连接导线		若干个	

四、实验内容及步骤

1. D/A 转换器(DAC0832)实验

(1)按图 3.72 接线，电路接成直通方式，即 $\overline{CS}$、$\overline{WR1}$、$\overline{WR2}$、$\overline{XFER}$接地；ALE、V_{CC}、V_{REF} 接 +5 V 电源；运放电源接 ±15 V；$D_0 \sim D_7$ 接逻辑开关的输出插口；输出端 U_o 接直流数字式电压表。

(2)调零，令 $D_0 \sim D_7$ 全置零，调节运放的电位器使 UA741 输出为零。

(3)按表 3.59 所示输入数字信号，用数字式电压表测量运放输出电压 U_o，将测量结果填入表中，并与理论值进行比较。

表 3.59　实验数据记录表

输入数字量								输出模拟量 V_o/V
D_7	D_6	D_5	D_4	D_3	D_2	D_1	D_0	$V_{CC} = +5$ V
0	0	0	0	0	0	0	0	
0	0	0	0	0	0	0	1	
0	0	0	0	0	0	1	0	
0	0	0	0	0	1	0	0	
0	0	0	0	1	0	0	0	
0	0	0	1	0	0	0	0	
0	0	1	0	0	0	0	0	
0	1	0	0	0	0	0	0	
1	0	0	0	0	0	0	0	
1	1	1	1	1	1	1	1	

2. A/D 转换器(ADC0809)实验

(1)按图 3.74 接线。

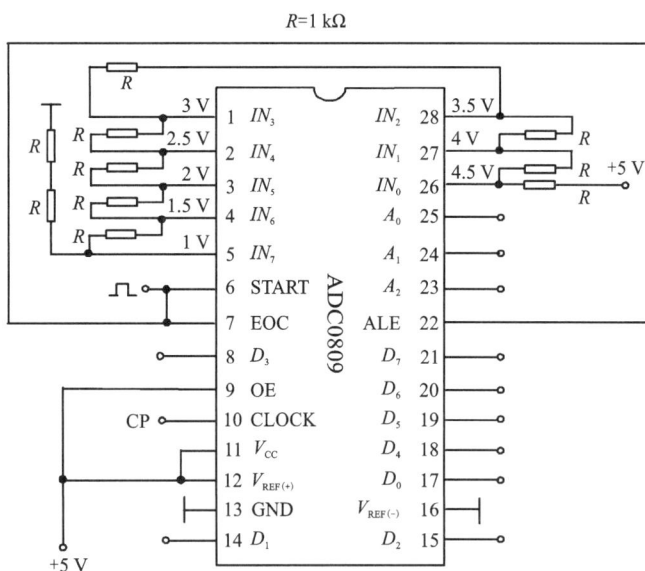

图 3.74　ADC0809 实验线路

(2)8 通道输入模拟信号 1 ~ 4.5 V,由 +5 V 电源经电阻 R 分压组成;变换结果 D_0 ~ D_7 接逻辑电平显示器输入插口,CP 时钟脉冲由计数脉冲源提供,取 $f = 100$ kHz;A_0 ~ A_2 地址端接逻辑电平输出插口。

(3)接通电源后,在启动端(START)加一正单次脉冲,下降沿一到即开始 A/D 转换。

（4）按表 3.60 的要求观察，记录 $IN_0 \sim IN_7$ 8 通道模拟信号的转换结果，将转换结果换算成十进制数表示的电压值，与数字电压表实测的各路输入电压值进行比较，分析误差产生的原因。

表 3.60　实验数据记录表

被选模拟通道	输入模拟量	地址			输出数字量								
IN	U_i/V	A_2	A_1	A_0	D_7	D_6	D_5	D_4	D_3	D_2	D_1	D_0	十进制
IN_0	4.5	0	0	0									
IN_1	4.0	0	0	1									
IN_2	3.5	0	1	0									
IN_3	3.0	0	1	1									
IN_4	2.5	1	0	0									
IN_5	2.0	1	0	1									
IN_6	1.5	1	1	0									
IN_7	1.0	1	1	1									

五、实验报告要求

（1）整理所测实验数据。

（2）分析理论值和实际值的误差产生的原因。

（3）计算 D/A 转换器和 A/D 转换器的转换精度。

六、思考题

（1）DAC0832 输出的是电流还是电压？

（2）ADC0809 的电源电压范围、基准电压范围是多少？为什么设置两个地端（AGDN 与 DGND）？使用时应如何处理？

实验十六　$3\frac{1}{2}$ 位直流数字式电压表

一、实验目的

（1）了解双积分式 A/D 转换器的工作原理。

（2）熟悉 $3\frac{1}{2}$ 位 A/D 转换器 CC14433 的性能及引脚功能。

（3）掌握用 CC14433 构成直流数字式电压表的方法。

二、实验原理

直流数字式电压表的核心器件是一个间接型 A/D 转换器，它首先将输入的模拟电压信号变换成易于准确测量的时间量，然后在这个时间宽度里用计数器计数，计数结果就是正比于输入模拟电压信号的数字量。

1. $U-T$ 变换型双积分 A/D 转换器

图 3.75 是双积分 ADC 的控制逻辑框图。它由积分器(包括运算放大器 A_1 和 RC 积分网络)、过零比较器 A_2，N 位二进制计数器，开关控制电路，门控电路，参考电压 U_R 与时钟脉冲源 CP 组成。

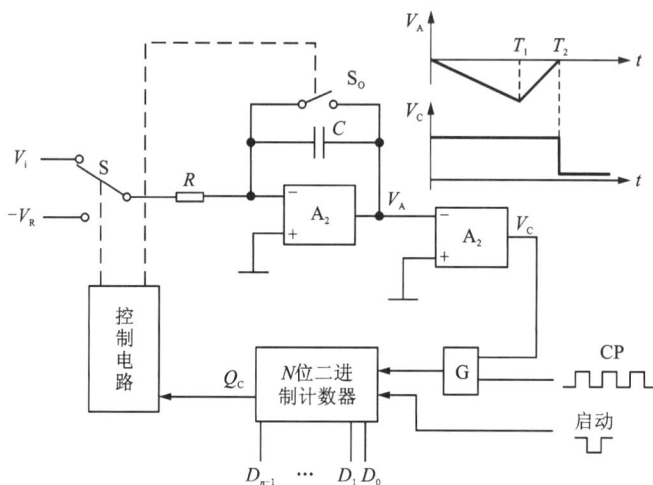

图 3.75　双积分 ADC 原理框图

转换开始前，先将计数器清零，并通过控制电路使开关 S_0 接通，将电容 C 充分放电。由于计数器进位输出 $Q_C=0$，控制电路使开关 S 接通 U_i，模拟电压与积分器接通，同时，门 G 被封锁，计数器不工作。积分器输出 U_A 线性下降，经零值比较器 A_2 获得一方波 U_C，打开门 G，计数器开始计数，当输入 2^n 个时钟脉冲后 $t=T_1$，各触发器输出端 $D_{n-1} \sim D_0$ 由 $111\cdots1$ 回到 $000\cdots0$，其进位输出 $Q_C=1$，作为定时控制信号，通过控制电路将开关 S 转换至基准电压源 $-U_R$，积分器向相反方向积分，U_A 开始线性上升，计数器重新从 0 开始计数，直到 $t=T_2$，U_A 下降到 0，比较器输出的正方波结束，此时计数器中暂存二进制数字就是与 U_i 相对应的二进制数码。

2. $3\frac{1}{2}$ 位双积分 A/D 转换器 CC14433 的性能特点

CC14433 是 CMOS 双积分式 $3\frac{1}{2}$ 位 A/D 转换器，将构成数字和模拟电路的约 7700 多个 MOS 晶体管集成在一个硅芯片上，有 24 只引脚，采用双列直插式，其引脚排列与功能如图 3.76 所示。

引脚功能说明：

U_{AG}(1 脚)：被测电压 U_X 和基准电压 U_R 的参考地；

U_R(2 脚)：外接基准电压(2 V 或 200 mV)输入端；

U_X(3 脚)：被测电压输入端；

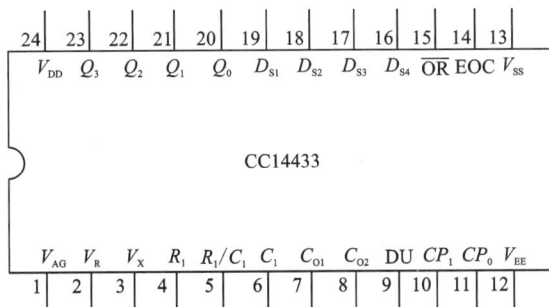

图 3.76　CC14433 引脚排列

R_1(4 脚)、R_1/C_1(5 脚)、C_1(6 脚)：外接积分阻容元件端；

$C_1 = 0.1\ \mu F$(聚酯薄膜电容器)，$R_1 = 470\ k\Omega$(2 V 量程)；

$R_1 = 27\ k\Omega$(200 mV 量程)；

C_{01}(7 脚)、C_{02}(8 脚)：外接失调补偿电容端，典型值 0.1 μF；

DU(9 脚)：实时显示控制输入端。若与 EOC(14 脚)端连接，则每次 A/D 转换均显示；

CP_1(10 脚)、CP_0(11 脚)：时钟振荡外接电阻端，典型值为 470 kΩ；

U_{EE}(12 脚)：电路的电源最负端，接 −5 V；

U_{SS}(13 脚)：除 CP 外所有输入端的低电平基准(通常与 1 脚连接)；

EOC(14 脚)：转换周期结束标记输出端，每一次 A/D 转换周期结束，EOC 输出一个正脉冲，宽度为时钟周期的二分之一；

$\overline{OR}$(15 脚)：过量程标志输出端，当 $|U_X| > U_R$ 时，$\overline{OR}$ 输出为低电平；

$D_{S4} \sim D_{S1}$(16 ~ 19 脚)：多路选通脉冲输入端，D_{S1} 对应于千位，D_{S2} 对应于百位，D_{S3} 对应于十位，D_{S4} 对应于个位；

$Q_0 \sim Q_3$(20 ~ 23 脚)：BCD 码数据输出端，D_{S2}、D_{S3}、D_{S4} 选通脉冲期间，输出三位完整的十进制数，在 D_{S1} 选通脉冲期间，输出千位 0 或 1 及过量程、欠量程和被测电压极性标志信号。

CC14433 具有自动调零、自动极性转换等功能。可测量正或负的电压值。当 CP_1、CP_0 端接入 470 kΩ 电阻时，时钟频率 ≈66 kHz，每秒钟可进行 4 次 A/D 转换。它的使用调试简便，能与微处理机或其他数字系统兼容，广泛用于数字式面板表、数字式万用表、数字式温度计、数字式量具及遥测、遥控系统。

3.3　$\frac{1}{2}$ 位直流数字式电压表的组成

线路结构如图 3.77 所示。

(1) 被测直流电压 U_X 经 A/D 转换后以动态扫描形式输出，数字量输出端 Q_0、Q_1、Q_2、Q_3 上的数字信号(8421 码)按照时间先后顺序输出。位选信号 D_{S1}、D_{S2}、D_{S3}、D_{S4} 通过位选开关 MC1413 分别控制千位、百位、十位和个位上的四只 LED 数码管的公共阴极。数字信号经七段译码器 CC4511 译码后，驱动四只 LED 数码管的各段阳极，把 A/D 转换器按时间顺序输出的数据以扫描形式在四只数码管上依次显示出来。由于选通重复频率较高，工作时从高位到

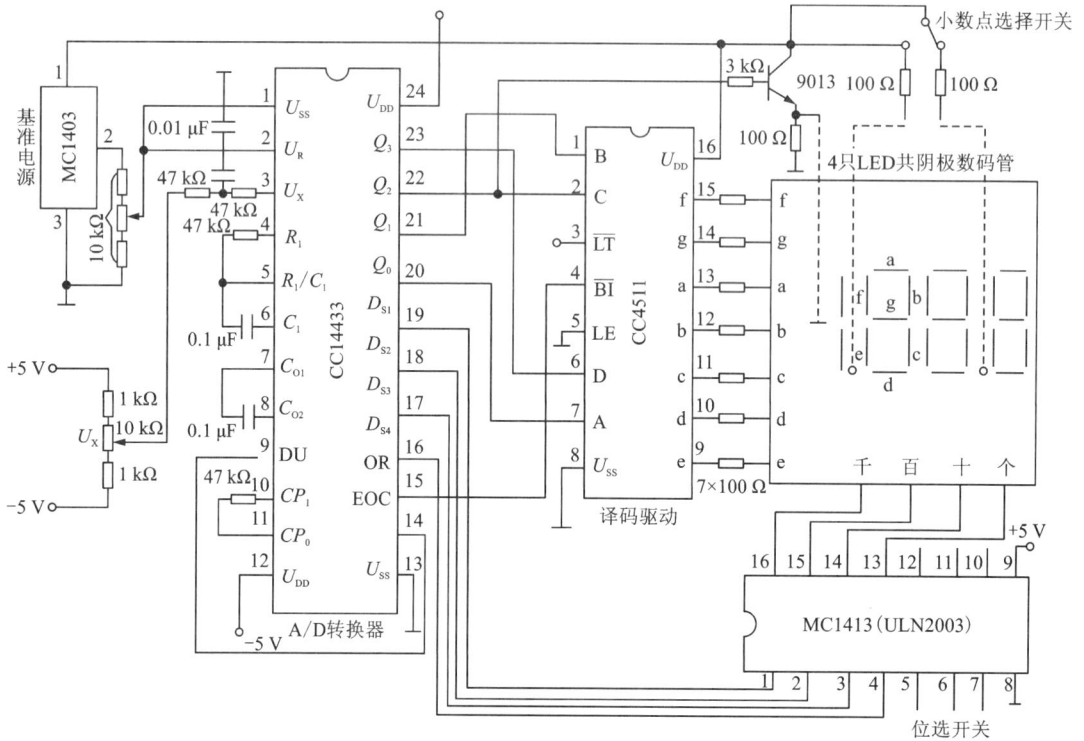

图 3.77　直流数字式电压表线路结构

低位以每位每次约 300 μs 的速率循环显示，即一个 4 位数的显示周期是 1.2 ms，所以人的肉眼能清晰地看到四位数码管同时显示三位半十进制数字量。

（2）当参考电压 U_R = 2 V 时，满量程显示 1.999 V；U_R = 200 mV 时，满量程为 199.9 mV。可以通过选择开关来控制千位和十位数码管的 h 笔段，实现对相应小数点显示的控制。

（3）最高位（千位）显示时只有 b、c 两根线与 LED 数码管的 b、c 脚相接，所以千位只显示 1 或不显示，用千位的 g 笔段来显示模拟量的负值（正值不显示），即由 CC14433 的 Q_2 端通过 NPN 晶体管 9013 来控制 g 笔段。

（4）A/D 转换需要外接标准电压源作为参考电压，标准电压源的精度应当高于 A/D 转换器的精度。本实验采用 MC1403 集成精密稳压源作为参考电压，MC1403 的输出电压为 2.5 V，当输入电压在 4.5～15 V 内变化时，输出电压的变化不超过 3 mV，一般只有 0.6 mV 左右，输出最大电流为 10 mA。MC1403 引脚排列见图 3.78。

（5）CMOS BCD 七段译码/驱动器 CC4511 引脚排列如图 3.79 所示。其中 A、B、C、D 为 BCD 码输入端；a、b、c、d、e、f、g 为译码输出端，输出"1"有效，用来驱动共阴极 LED 数码管。

$\overline{LT}$——测试输入端，$\overline{LT}$ = "0" 时，译码输出全为"1"；

$\overline{BI}$——消隐输入端，$\overline{BI}$ = "0" 时，译码输出全为"0"；

LE——锁定端，LE = "1" 时译码器处于锁定（保持）状态，译码输出保持在 LE = 0 时的数值，LE = 0 为正常译码。

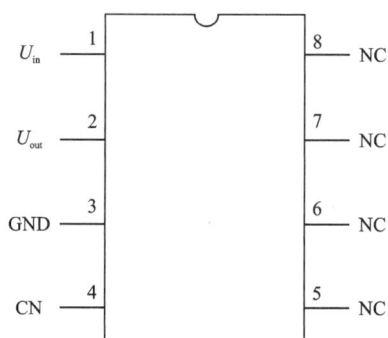

图 3.78　MC1403 引脚排列

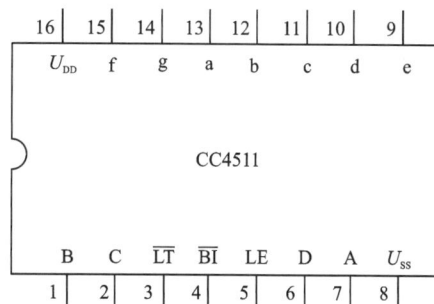

图 3.79　CC4511 引脚排列

（6）七路达林顿晶体管列阵 MC1413，采用 NPN 达林顿复合晶体管的结构，有很高的电流增益和很高的输入阻抗，可直接接收 MOS 或 CMOS 集成电路的输出信号，并把电压信号转换成足够大的电流信号来驱动各种负载。该电路内含有 7 个集电极开路反相器(也称 OC 门)。MC1413 电路结构和引脚排列如图 3.80 所示，采用 16 引脚的双列直插式封装。每一驱动器输出端均接有一释放电感负载能量的抑制二极管。

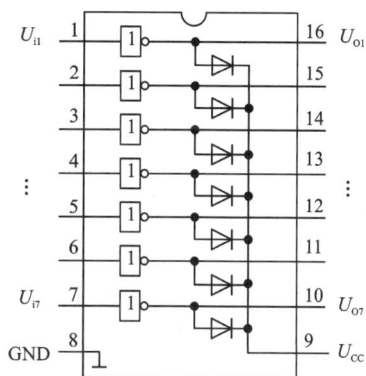

图 3.80　MC1413 引脚排列和电路结构图

三、实验器材

实验需用设备见表 3.61。

表 3.61　实验需用仪器设备

序号	名称	型号与规格	数量	备注
1	直流电源	+ 5 V	1 只	
2	双踪示波器	20 MHz	1 台	
3	直流数字式电压表	0 ~ 10 V	1 只	

实验需用器材见表 3.62。

表 3.62　实验需用器材

序号	名称	型号与规格	数量	备注
1	$3\frac{1}{2}$ A/D 转换器	CC14433	1 只	
2	七段译码/驱动器	CC4511	1 只	

续表3.62

序号	名称	型号与规格	数量	备注
3	七路达林顿晶体管列阵	MC1413	1套	
4	基准电源	MC1403	1只	
5	LED共阴极数码管		4只	
6	电阻、电容、导线等		若干个	

四、实验内容及步骤

本实验要求按图3.77组装并调试好一台$3\frac{1}{2}$位直流数字电压表。

(1)数码显示部分的组装与调试。

①建议将4只数码管插入40P集成电路插座上,将4个数码管同名笔段与显示译码的相应输出端连在一起,其中最高位只要将b、c、g三笔段接入电路,按图3.77接好连线,但暂不插所有的芯片,待用。

②插好芯片CC4511与MC1413,并将CC4511的输入端A、B、C、D接至拨码开关对应的A、B、C、D四个插口处;将MC1413的1、2、3、4脚接至逻辑开关输出插口上。

③将MC1413的2脚置"1",1、3、4脚置"0",接通电源,拨动码盘(按"+"或"-"键)使其自0向9变化,检查数码管是否按码盘的指示值变化。

④检查译码显示是否正常。

⑤分别将MC1413的3、4、1脚单独置"1",重复③的内容。

如果所有4位数码管显示正常,则去掉数字译码显示部分的电源,备用。

(2)标准电压源的连接和调整。

插上MC1403基准电源,用标准数字电压表检查输出是否为2.5 V,然后调整10 kΩ电位器,使其输出电压为2.00 V,调整结束后去掉电源线,供总装时备用。

(3)总装总调。

①插好芯片MC14433,按图3.77接好全部线路。

②将输入端接地,接通+5 V,-5 V电源(先接好地线),此时显示器将显示"000"值,否则,应检测电源正负电压。用示波器测量、观察$D_{S1} \sim D_{S4}$,$Q_0 \sim Q_3$波形,判别故障所在。

③用电阻、电位器构成一个简单的输入电压U_X调节电路,调节电位器,4位数码将相应变化,然后进入下一步精调。

④用标准数字式电压表(或用数字式万用表代替)测量输入电压,调节电位器,使$U_X = 1.000$ V,这时被调电路的电压指示值不一定显示"1.000",应调整基准电压源,使指示值与标准电压表误差个位数在5之内。

⑤改变输入电压U_X极性,使$U_i = -1.000$ V,检查"-"是否显示,并按④方法校准显示值。

⑥在+1.999 V~0~-1.999 V量程内再一次仔细调整(调基准电源电压),使全部量程内的误差均不超过个位数在5之内。

至此一个测量范围为 ± 1.999 的 $3\frac{1}{2}$ 位数字式直流电压表调试成功。

（4）记录输入电压为 ± 1.999，± 1.500，± 1.000，± 0.500，0.000 时（标准数字电压表的读数）被调数字电压表的显示值，列表记录。

（5）用自制数字式电压表测量正、负电源电压，自行设计扩程测量电路。

（6）若积分电容 C_1、C_{02}（$0.1\ \mu\mathrm{F}$）换用普通金属化纸介电容，观察测量精度的变化。

五、实验报告要求

（1）绘出 $3\frac{1}{2}$ 位直流数字式电压表的电路接线图。

（2）说明组装、调试数字式电压表的方法和步骤。

（3）说明调试过程中遇到的问题和解决的方法。

（4）总结实验收获与心得体会。

六、思考题

（1）若参考电压 U_R 上升，显示值增大还是减少？

（2）要使显示值保持某一时刻的读数，电路应如何改动？

实验十七　电子秒表

一、实验目的

（1）学习数字电路中基本 RS 触发器、单稳态触发器、时钟发生器及计数、译码显示等单元电路的综合应用。

（2）学习电子秒表的调试方法。

二、实验原理

图 3.81 为电子秒表的电原理图。按功能分成四个单元电路进行分析。

1. 基本 RS 触发器

图 3.81 中单元 Ⅰ 为用集成与非门构成的基本 RS 触发器。属低电平直接触发的触发器，有直接置位、复位的功能。它的一路输出 $\overline{Q}$ 作为单稳态触发器的输入，另一路输出 Q 作为与非门 5 的输入控制信号。按动按钮开关 K_2（接地），则门 1 输出 $\overline{Q}=1$；门 2 输出 $Q=0$，K_2 复位后 Q、$\overline{Q}$ 状态保持不变。再按动按钮开关 K_1，则 Q 由 0 变为 1，门 5 开启，为计数器启动做好准备。$\overline{Q}$ 由 1 变 0，送出负脉冲，启动单稳态触发器工作。基本 RS 触发器在电子秒表中的功能是启动和停止秒表的工作。

2. 单稳态触发器

图 3.81 中单元 Ⅱ 为用集成与非门构成的微分型单稳态触发器，图 3.82 为各点波形图。

单稳态触发器的输入触发负脉冲信号 v_i 由基本 RS 触发器 $\overline{Q}$ 端提供，输出负脉冲 v_o 通过非门加到计数器的清除端 R。

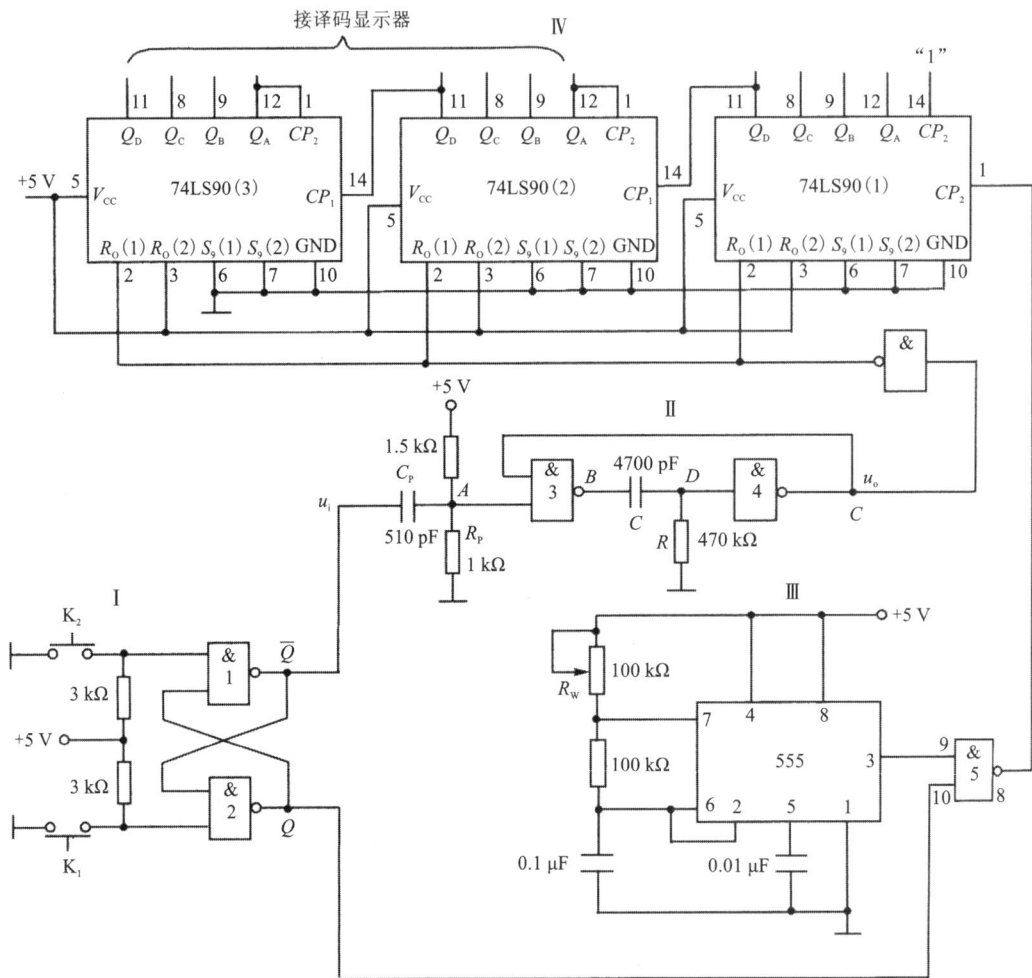

图 3.81　电子秒表原理图

　　静态时，门 4 应处于截止状态，故电阻 R 必须小于门的关门电阻 R_{Off}。定时元件 RC 取值不同，输出脉冲宽度也不同。当触发脉冲宽度小于输出脉冲宽度时，可以省去输入微分电路的 R_P 和 C_P。单稳态触发器在电子秒表中的功能是为计数器提供清零信号。

3. 时钟发生器

　　图 3.81 中单元Ⅲ为用 555 定时器构成的多谐振荡器，是一种性能较好的时钟源。

　　调节电位器 R_W，使在输出端 3 获得频率为 50 Hz 的矩形波信号，当基本 RS 触发器 $Q = 1$ 时，门 5 开启，此时 50 Hz 脉冲信号通过门 5 作为计数脉冲加于计数器（1）的计数输入端 CP_2。

4. 计数及译码显示

　　二/五/十进制加法计数器 74LS90 构成电子秒表的计数单元，如图 3.81 中单元Ⅳ所示。其中计数器（1）接成五进制形式，对频率为 50 Hz 的时钟脉冲进行五分频，在输出端 Q_D 取得周期为 0.1 s 的矩形脉冲，作为计数器（2）的时钟输入。计数器（2）及计数器（3）接成 8421 码十进制形式，其输出端与实验装置上译码显示单元的相应输入端连接，可显示 0.1～0.9 s 和

$1\sim9.9$ s 计时。

5. 集成异步计数器 74LS90

74LS90 是异步二/五/十进制加法计数器，它既可以作为二进制加法计数器，又可以作为五进制和十进制加法计数器。

图 3.83 为 74LS90 引脚排列，表 3.63 为功能表。

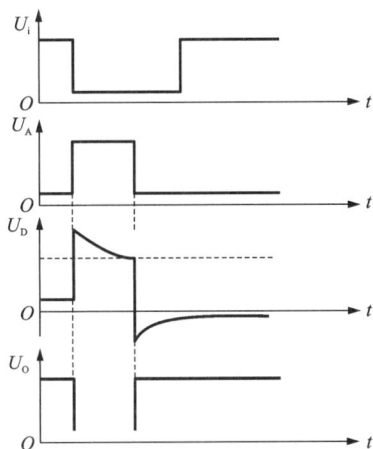

图 3.82　单稳态触发器波形图

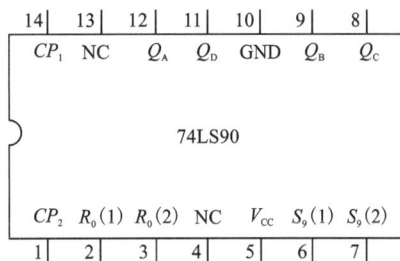

图 3.83　74LS90 引脚排列

通过不同的连接方式，74LS90 不仅可以实现四种不同的逻辑功能，而且还可借助 $R_0(1)$、$R_0(2)$ 对计数器清零，借助 $S_9(1)$、$S_9(2)$ 将计数器置 9。其具体功能详述如下：

(1) 计数脉冲从 CP_1 输入，Q_A 作为输出端，为二进制计数器。

(2) 计数脉冲从 CP_2 输入，$Q_DQ_CQ_B$ 作为输出端，为异步五进制加法计数器。

(3) 若将 CP_2 和 Q_A 相连，计数脉冲由 CP_1 输入，Q_D、Q_C、Q_B、Q_A 作为输出端，则构成异步 8421 码十进制加法计数器。

(4) 若将 CP_1 与 Q_D 相连，计数脉冲由 CP_2 输入，Q_A、Q_D、Q_C、Q_B 作为输出端，则构成异步 5421 码十进制加法计数器。

(5) 清零、置 9 功能。

①异步清零。

当 $R_0(1)$、$R_0(2)$ 均为"1"，$S_9(1)$、$S_9(2)$ 中有"0"时，实现异步清零功能，即 $Q_DQ_CQ_BQ_A$ =0000。

②置 9 功能。

当 $S_9(1)$、$S_9(2)$ 均为"1"，$R_0(1)$、$R_0(2)$ 中有"0"时，实现置 9 功能，即 $Q_DQ_CQ_BQ_A$ =1001。

表 3.63　74LS90 功能表

输入						输出				功能
清零		置9		时钟		Q_D	Q_C	Q_B	Q_A	
$R_0(1)$、$R_0(2)$		$S_9(1)$、$S_9(2)$		CP_1	CP_2					
1	1	0 × × 0		×	×	0	0	0	0	清零
0 × × 0		1	1	×	×	1	0	0	1	置9
0 × × 0		0 × × 0		↓	1	Q_A 输出				二进制 计数
				1	↓	$Q_DQ_CQ_B$ 输出				五进制 计数
				↓	Q_A	$Q_DQ_CQ_BQ_A$ 输出 8421BCD 码				十进制 计数
				Q_D	↓	$Q_AQ_DQ_CQ_B$ 输出 5421BCD 码				十进制 计数
				1	1	不变				保持

三、实验器材

实验需用设备见表 3.64。

表 3.64　实验需用仪器设备

序号	名称	型号与规格	数量	备注
1	直流电源	+5 V	1 只	
2	双踪示波器	0～20 m	1 台	
3	连续脉冲源	1 Hz～10 kHz	1 只	
4	单次脉冲源		1 只	
5	直流数字电压表	0～10 V	1 只	
6	数字式频率计	10 Hz～2.4 GHz	1 只	
7	逻辑电平开关		1 组	
8	逻辑电平显示器		1 台	
9	译码显示器		1 台	

实验需用器材见表 3.65。

表 3.65　实验需用器材

序号	名称	型号与规格	数量	备注
1	四 2 输入与非门	74LS00	2 组	
2	集成定时器	NE555	1 只	
3	加法计数器	74LS90	3 只	
4	电阻、电位器、电容		若干个	
5	连接导线		若干条	

四、实验内容及步骤

由于实验电路中使用器件较多，实验前必须合理安排各器件在实验装置上的位置，使电路逻辑清楚，接线较短。

实验时，应按照实验任务的次序，将各单元电路逐个进行接线和调试，即分别测试基本 RS 触发器、单稳态触发器、时钟发生器及计数器的逻辑功能，待各单元电路工作正常后，再将有关电路逐级连接起来进行测试……直到测试电子秒表整个电路的功能。这样的测试方法有利于检查和排除故障，保证实验顺利进行。

(1)基本 RS 触发器的测试。

(2)单稳态触发器的测试。

①静态测试。

用直流数字式电压表测量 A、B、D、F 各点电位值并记录。

②动态测试。

输入端接 1 kHz 连续脉冲源，用示波器观察并描绘 D 点(v_D)、F 点(v_o)波形，如嫌单稳输出脉冲持续时间太短，难以观察，可适当加大微分电容 C(如改为 0.1 μF)。待测试完毕，再恢复为 4700 pF。

(3)时钟发生器的测试。

测试方法参考实验十四 555 时基电路及其应用，用示波器观察输出电压波形并测量其频率，调节 R_W，使输出矩形波频率为 50 Hz。

(4)计数器的测试。

①计数器(1)接成五进制形式，$R_0(1)$、$R_0(2)$、$S_9(1)$、$S_9(2)$接逻辑开关输出插口，CP_2接单次脉冲源，CP_1接高电平"1"，$Q_D \sim Q_A$接实验设备上译码显示输入端 D、C、B、A，按表 3.63 测试其逻辑功能并记录。

②计数器②及计数器③接成 8421 码十进制形式，同步骤①进行逻辑功能测试，记录测试结果。

③将计数器(1)、计数器(2)、计数器(3)级联，进行逻辑功能测试，记录测试结果。

(5)电子秒表的整体测试。

各单元电路测试正常后，按图 3.81 把几个单元电路连接起来，进行电子秒表的总体测试。

先按一下按钮开关 K_2，此时电子秒表不工作，再按一下按钮开关 K_1，则计数器清零后便开始计时，观察数码管显示计数情况是否正常，如不需要计时或暂停计时，按一下开关 K_2，计时立即停止，但数码管保留所计时之值。

(6)电子秒表准确度的测试。

利用电子钟或手表的秒计时对电子秒表进行校准。

五、实验报告要求

(1)分析电子秒表电路各部分工作原理及功能。

(2)总结数字系统的设计、调试方法。

(3)分析实验中出现的故障及解决办法。

六、思考题

除了本实验中所采用的时钟源外，请另外选用两种不同类型的时钟源供本实验使用。画出电路图，选取元器件。

第4章

单片机原理实验

实验一　Keil C51 集成开发环境与实验平台的使用

一、实验目的

(1)熟悉 Keil C51 集成开发环境的使用方法。

(2)熟悉单片机实验装置的使用方法。

二、实验原理

Keil C51 是基于 MCS – 51 系列单片机的开发软件,内嵌多种符合当前工业标准的开发工具,并且支持 C 语言和汇编语言,可完成从工程建立到管理、编译、链接、目标代码的生成、软件仿真及硬件仿真等完整的开发流程。

本次实验主要以 Keil C51 为平台,对单片机编程实现 P1 口控制 LED 的亮和灭,通过建立工程项目文件、选择目标器件、输入源程序、编译、调试并下载到单片机实验装置等一系列步骤,来深入了解 Keil C51 目标代码的生成、的开发流程。实验原理图如图 4.1 所示,8 个 LED 的阳极通过电阻接到 V_{CC} 电源,阴极分别接到 P1 的 8 个端口。当某个端口输出为高电平时,该端口的 LED 熄灭,为低电平时,LED 点亮。

三、实验器材

本实验可以在单片机仿真实验系统和开发板上进行。本实验采用的设备器材如表 4.1 所示。

表 4.1　实验需用设备与器材

序号	名称	型号与规格	数量	备注
1	计算机		1 台	
2	单片机仿真实验系统	DP – 51PROC	1 套	
3	连接插线		若干条	

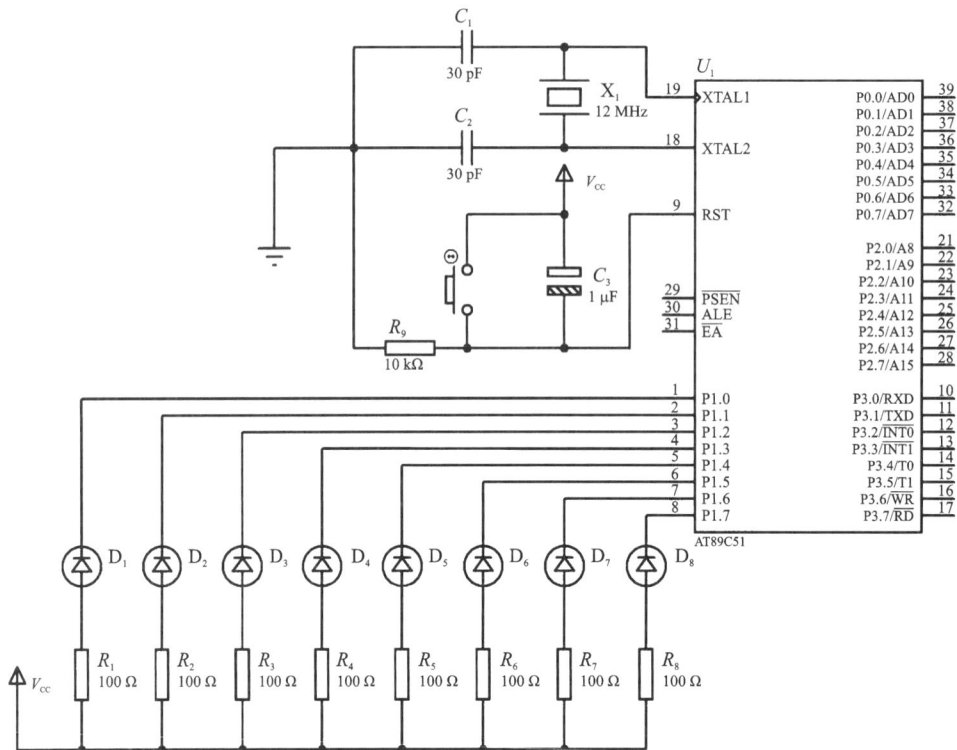

图 4.1　实验原理图

四、实验内容及步骤

在 Keil C51 集成开发环境下，编写一段简单的源程序，用 P1 口作为控制端口，实现对 8 个 LED 灯的控制，使其同时点亮和熄灭。

1. 建立工程项目文件

（1）Keil uVision2 是一个标准的 Windows 应用程序，直接点击程序图标进入 Keil C51 集成开发环境。每次启动 uVision2 后，uVision2 总是打开前一个正确处理的工程，当新建一个工程项目文件，就会自动关闭已打开的工程项目。选择"Project"菜单中的"New Project"命令，如图 4.2 所示，这将打开一个标准的 Windows 对话框，此对话框要求用户输入工程项目文件名。

在对话框的文件名一栏输入一个工程项目名称，保存类型为 Project File，点击保存后，文件的扩展名为".uv2"，这是 uVision2 工程项目文件的扩展名，以后可以直接点击该文件名，以打开该工程项目。

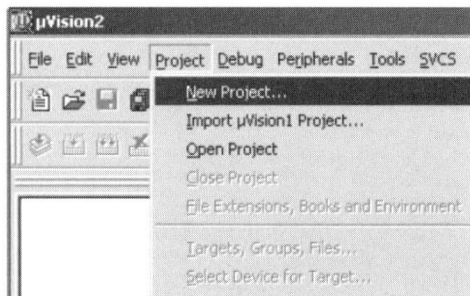

图 4.2　建立新的工程项目

建议用户为每个项目建立一个单独的文件夹，该工程的所有文件都保存在此文件夹里，以方便寻找和维护。

（2）为工程选择目标器件。工程项目建立完后，会自动弹出如图 4.3 所示的目标器件选择对话框。从该对话框可以看出，uVision2 所支持的 CPU 型号根据生产厂家形成器件组，用户可以在相应的器件组里找到所需要的器件，在器件选取对话框的右边显示有对该器件的简单描述。找到合适的器件后，点击"确定"完成对器件的选择。如果用户在选择完目标器件后想重新改变目标器件，也可以通过选择"Project"→"Select Device for Target"为项目选择一个新的器件。

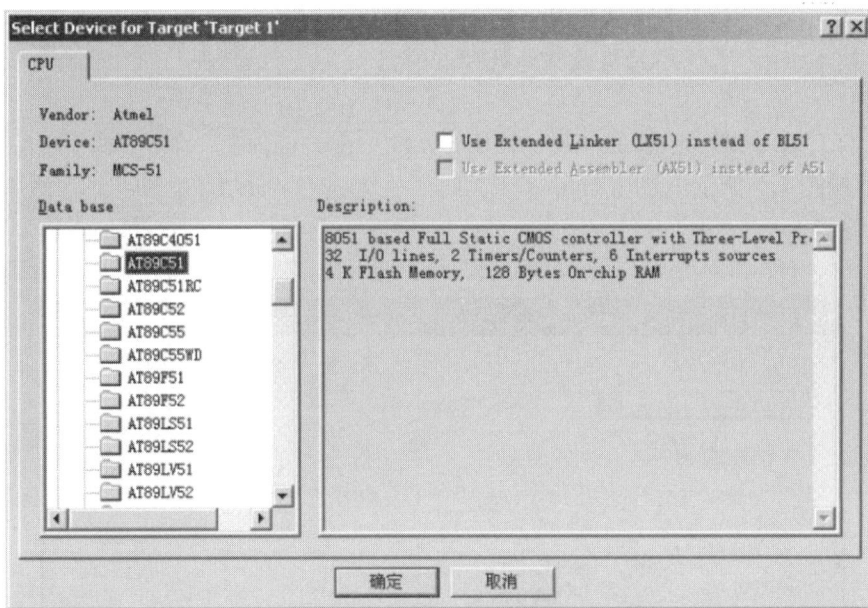

图 4.3　器件选取对话框

（3）编写源程序。选择"File"→"New"，或者直接按快捷键"Ctrl + N"，会弹出一个新的文本编辑窗口 Text1。在这个文字编辑窗口，用户可以执行输入、删除、选择、粘贴、拷贝等文字处理命令。由于 Keil C51 支持汇编语言和 C 语言，且 uVision2 要根据后缀判断文件的类型，从而自动进行处理，因此存盘时输入的文件名应带扩展名".ASM"或".C"。如果源文件是一个汇编语言 A51 源代码程序，保存时输入的文件名应带上扩展名".ASM"；如果建立的是一个 C 语言源程序，则输入的后缀名为".C"。将文件保存在工程项目所在的文件夹以后，源程序的关键字在编辑窗口中出现不同的颜色，这有利于用户检查程序命令行是否有明显的语法错误。

（4）添加源程序到工程。以上仅完成了源程序的编辑和保存，源程序虽然保存在工程项目所在的文件夹里，但这个文件与工程还没有建立起任何关系，需要把源程序添加到工程项目中去，形成一个完整的工程项目。如图 4.4 所示，在屏幕左边的"Project Windows"窗口内，鼠标右击 Source Group1 文件夹图标，弹出菜单，选择"Add File to Group 'Source Group 1'"弹出文件选择窗口，选择刚刚保存的源程序文件，点击"ADD"按钮，然后点击"Close"关闭文件窗，源程序文件就添加到项目中了。这时点击 Source Group1 文件夹图标左边的小"＋"号，展开程序组，可以查看到已经添加到工程的源程序。同样在图4.4所示的下拉菜单中，除了添加文件命令外，还有删去工程项目中的源文件的命令。

2. 程序文件的编译、连接

为了程序能通过编程器写入51芯片中，就要让编译器在编译程序时，生成可供编程下载的 HEX 文件。HEX 文件格式是 Intel 公司提出的按地址排列的数据信息，数据宽度以字节形式出现，所有数据使用16进制数字表示，作为单片机或其他处理器的目标程序代码。

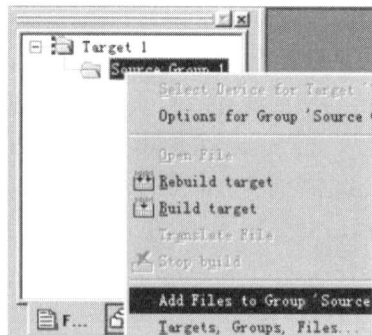

图4.4　添加源程序

（1）编译环境设置。点击"Project"→"Option for target'target1'"命令，即出现编译环境设置对话框，如图4.5所示，点击"Output"选项卡，在勾选"Create HEX File"前，然后点击"确定"，完成设置。

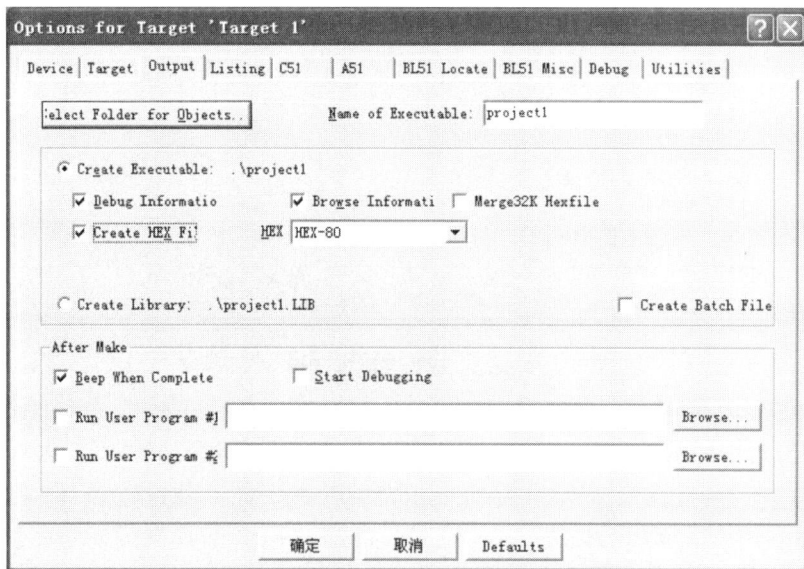

图4.5　调试环境设置对话框

（2）程序的编译。选择"Projecte"→"Build target"对源程序文件进行编译，当然也可以用"Rebuild all target files"命令对所有工程文件进行编译。此时会在"Output Windows"信息输出窗口输出编译的信息和使用的系统资源情况等，如提示有错误，可以根据其中的提示信息修改程序中的错误。经过修改后，当提示无错误，即出现"0 Error(s)"，同时会在编译输出提示信息窗口中显示 HEX 文件创建到指定的路径中的信息，如图4.6所示。

（3）调试。选择"Debug"→"Start/Stop Debug Session"，进入调试模式，调试界面如图4.7所示，界面左边是寄存器窗口，显示各寄存器状态和程序运行时间。在调试模式下也可以观

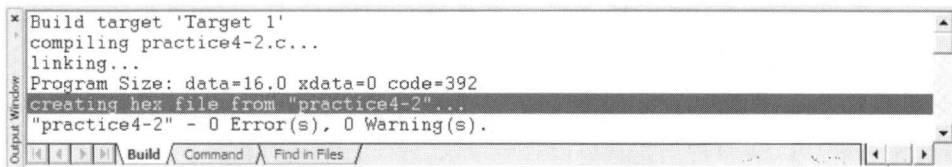

```
Build target 'Target 1'
compiling practice4-2.c...
linking...
Program Size: data=16.0 xdata=0 code=392
creating hex file from "practice4-2"...
"practice4-2" - 0 Error(s), 0 Warning(s).
```

图 4.6　编译并生成目标文件

察到各个端口的状态，选择"Peripherals"，在下拉菜单中选择要观察的端口，调出端口观察窗。选择"Debug"→"Step"，观察寄存器窗口和端口观察窗，如不符合设计要求，需修改源程序，再次编译和调试，直到各个端口输出的数据达到设计要求，调试结束后点击"Debug"→"Start/Stop Debug Session"命令停止调试。

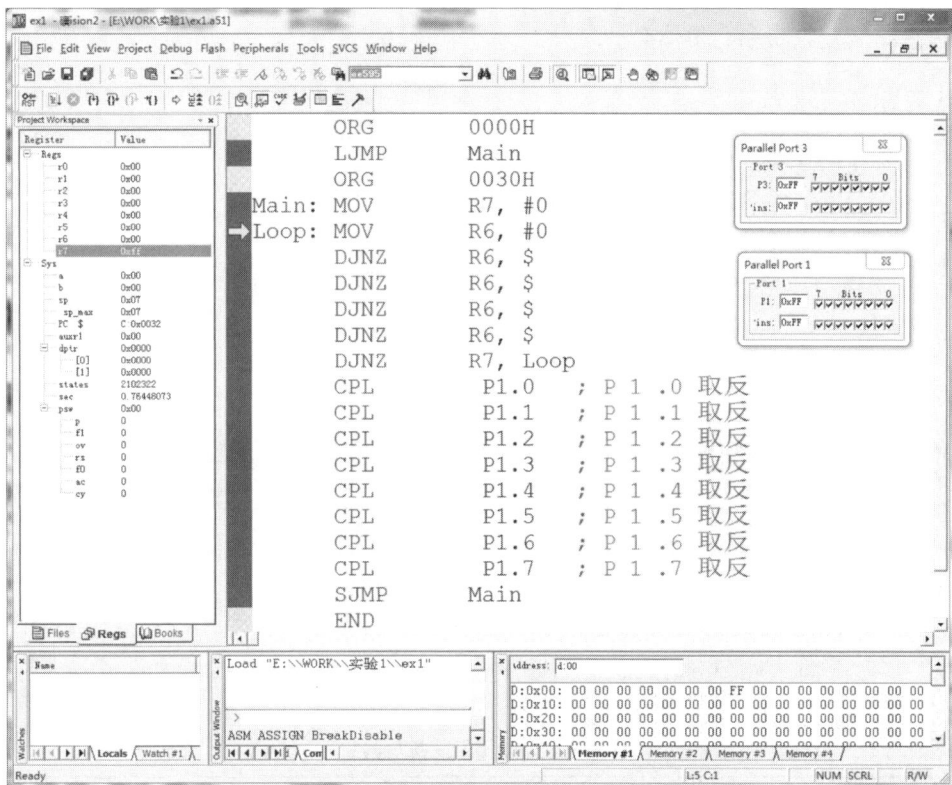

图 4.7　调试程序

3. 目标代码的编程下载和硬件测试

（1）硬件准备。将单片机实验装置的 P1 口与 LED 显示电路按照图 4.1 所示的实验原理图连接好。这里以 DP－51PROC 单片机仿真实验系统为例，连接电路操作如下：用 40 针排线把实验仪上的 A₁ 区的 J76 接口和 A₂ 区的 J79 接口相连，用排线将 A₂ 区的 J61 与 D₁ 区的 J52 相连。用串口通信电缆连接 TKSmonitor 51 仿真器的 RS－232 的串行通信口，另一端连到

PC 机的串行口，把 TKSmonitor 51 仿真器上的开关拨到 LOAD 模式，即下载状态，将 TKSmonitor 51 的仿真头插入到单片机综合实验仪的 U13 锁紧座上。ISP 跳线 JP14 跳开（即不短接），按下复位键 RESET。此时单片机仿真综合实验仪进入下载状态。

（2）打开 DPflash 下载软件，点击"文件"→"装载"命令，装入 HEX 文件，并点击左边栏的"编程"命令将 HEX 文件写入单片机仿真器上。

（3）将 TKSmonitor 51 仿真器上的开关拨到 RUN 模式，然后按下复位键 RESET，这时程序开始在单片机上运行，如果编写的源程序符合要求，则可以在实验装置上看到 8 个 LED 点亮和熄灭的现象。

参考程序见图 4.7 所示的程序编辑窗。

五、实验报告要求

（1）写出实验的详细步骤和源程序。
（2）给出程序调试时寄存器和 P1 口的数据变换情况。
（3）总结实验收获和心得体会。

六、思考题

（1）如何在仿真调试环境下设置断点和观察窗口？
（2）TKSmonitor 51 监控程序和用户程序存储在哪里？

实验二　单片机 I/O 口控制实验

一、实验目的

（1）学习 P1 作为基本 I/O 口的使用方法。
（2）掌握延时子程序的编写方法。

二、实验器材

本实验可以在单片机仿真实验系统和开发板上进行，本实验采用的设备器材如表 4.2 所示。

表 4.2　实验需用设备与器材

序号	名称	型号与规格	数量	备注
1	计算机		1 台	
2	单片机仿真实验系统	DP－51PROC	1 套	
3	连接插线		若干条	

三、设计要求及提示

1. 设计要求

(1) P1 口作输出口。使 P1 口连接的 8 个 LED 按照一定方向,每次点亮一个,不断循环点亮,实验连线按照图 4.8 实验原理图进行连接。

(2) P3.3 口作输入端,P1 口作输出口。P3.3 口外接一按键控制 P1 口的 8 个 LED 循环点亮的方向,实验线路连接如图 4.8 所示。

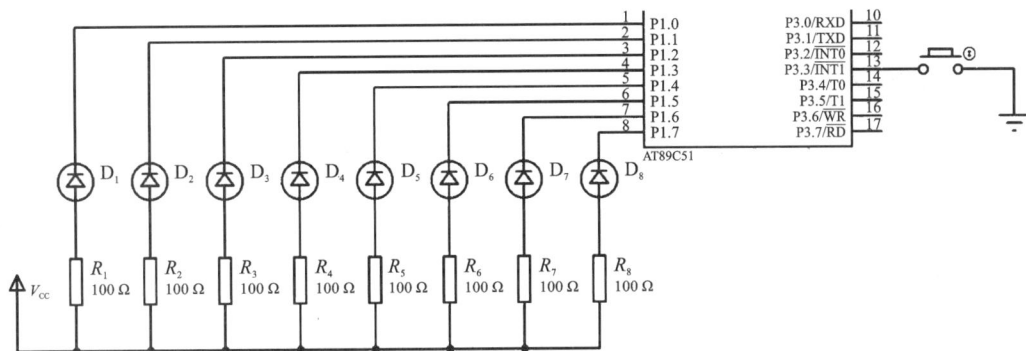

图 4.8 单片机 I/O 口控制实验电路图

2. 设计提示

51 系列单片机内部集成 4 个并行 I/O 口,分别是 P0、P1、P2 和 P3,共占用 32 个引脚,每个端口都是 8 位的准双向 I/O 口。P0 口作为通用 I/O 口使用时,要求外接上拉电阻;P1、P2 和 P3 口是带内部上拉电阻的 8 位双向 I/O 口。本实验用到的 P1 口为准双向口,P1 口的每一位都能定义为输入位或输出位。当作为输出位时,它可以通过高低电平控制 LED 等外围设备。作为输入位时,必须向相应位的内部锁存器进行写"1"操作方可。

在单片机系统中,LED 作为常用的显示设备,其工作原理如图 4.9 所示。当 LED 的阳极通过电阻与电源连接,阴极连接单片机 I/O 端口,即图 4.9(a),当端口输出高电平时,二极管不亮,反之才会亮;当 LED 阳极直接与端口相连,阴极与地相连时,即图 4.9(b),端口输出高电平,LED 才会亮。这样就可以通过程序控制灯的亮和灭,对于图(a)的连接方法,程序如下:

```
SETB    P1.0;    将 P1.0 置"1",使 LED 不亮
CLR     P1.0;    将 P1.0 置"0",使 LED 点亮
```

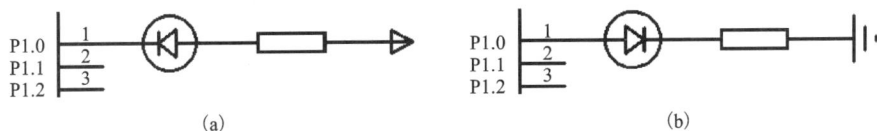

图 4.9 LED 控制原理图

在 LED 控制程序中，需要调用延时子程序使 LED 保持一定时间的亮和灭。延时子程序的实现方法通常有两种：一是采用执行指令来实现延时，另一种是用定时器来实现延时。在本实验中，要求采用第一种方法实现延时。

延时子程序参考如下：

```
LOOP: MOV   R7, #0
      MOV   R6, #0
      DJNZ  R6, $
      DJNZ  R6, $
      DJNZ  R7, LOOP
```

四、实验报告要求

(1)画出实验原理图和程序流程图，提供实验源程序，并注释。

(2)描述实验现象。

(3)总结实验中出现的问题和解决办法并写出心得体会。

六、思考题

(1)延迟时间和什么有关？如何计算延迟时间？

(2)P0 口作输入/输出口用时，线路如何连接？

实验三　基于 Proteus 单片机仿真与程序调试

一、实验目的

(1)熟悉 Proteus 的使用。

(2)掌握用 Proteus 对单片机系统进行仿真的方法。

二、实验原理

Proteus ISIS 是英国 Labcenter 公司开发的电路分析与实物仿真软件。它运行于 Windows 操作系统上，可以实现单片机仿真和 SPICE 电路仿真相结合，具有模拟电路仿真、数字电路仿真、单片机及外围电路组成的系统的仿真、RS232 动态仿真等，有各种虚拟仪器，如示波器、信号发生器、逻辑分析仪等；支持的主流单片机系统包括 68000 系列、8051 系列、AVR 系列、PIC12 系列及各种外围芯片等；提供软件调试功能，在硬件仿真系统中具有单步、全速、设置断点等调试功能，支持第三方的软件编译和调试环境，如 Keil C51 uVision；具有强大的原理图绘制功能。总之该软件是一款集单片机和 SPICE 分析于一身的仿真软件，功能非常强大。

三、实验器材

本实验可以在单片机仿真实验系统和开发板上进行，本实验采用的设备器材如表 4.3 所示。

表 4.3　实验所用设备与器材

序号	名称	型号与规格	数量	备注
1	计算机		1 台	

四、实验内容及步骤

本实验采用 Keil C51 集成开发环境与 Proteus 仿真平台相结合进行，按照本章实验一的实验步骤和方法，编写一段单片机控制源程序，将 8 个 LED 灯轮流点亮的程序，经编译和调试，生成 HEX 文件。再用 Protues 设计一单片机仿真系统，将 HEX 文件添加到单片机内部，实现在仿真系统中调试、运行单片机程序。

（1）按照实验一的方法，设计好源程序并产生 HEX 文件。

（2）运行 Proteus ISIS，出现如图 4.10 所示的界面。

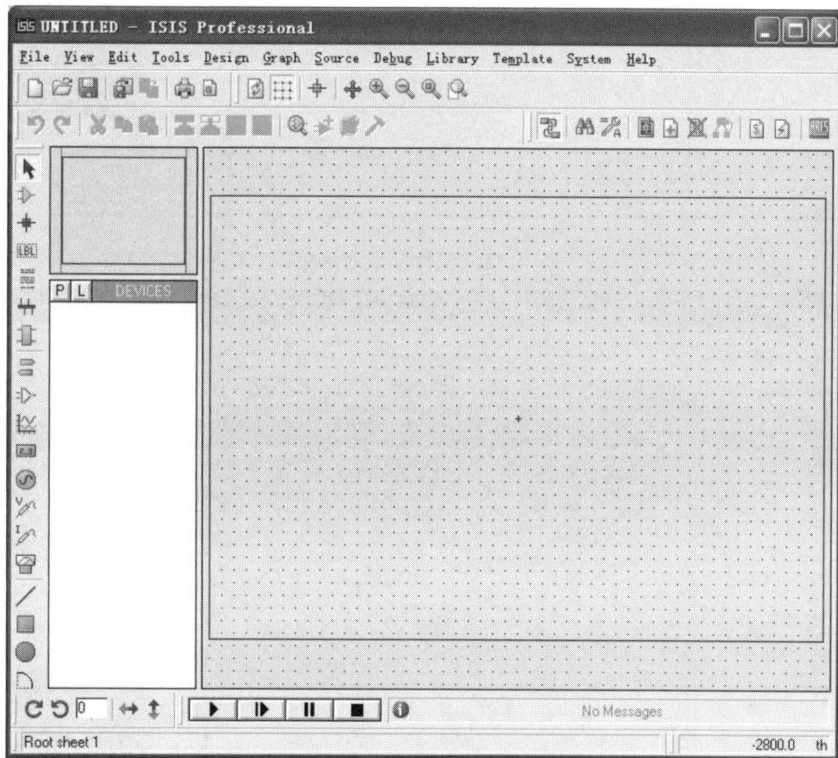

图 4.10　Proteus ISIS 界面

（3）添加元件到元件列表。本实验用到的元件有：AT89C51、LED、电阻、+5 V 电源。单击图 4.10 左侧"P"按钮（如果"P"按钮处不是处于"DEVICES"状态 P L DEVICES，应先点击 Components Mode 图标），弹出元件选取对话框，如图 4.11 所示。

在对话框中输入 AT89C51，出现如图 4.12 所示结果，这时 ISIS 界面左侧的元件列表中列出了 AT89C51，选择 AT89C51，单击"OK"，元件就会放入如图 4.13 所示的对象选择窗口。用同样的方法找出 LED 和电阻。

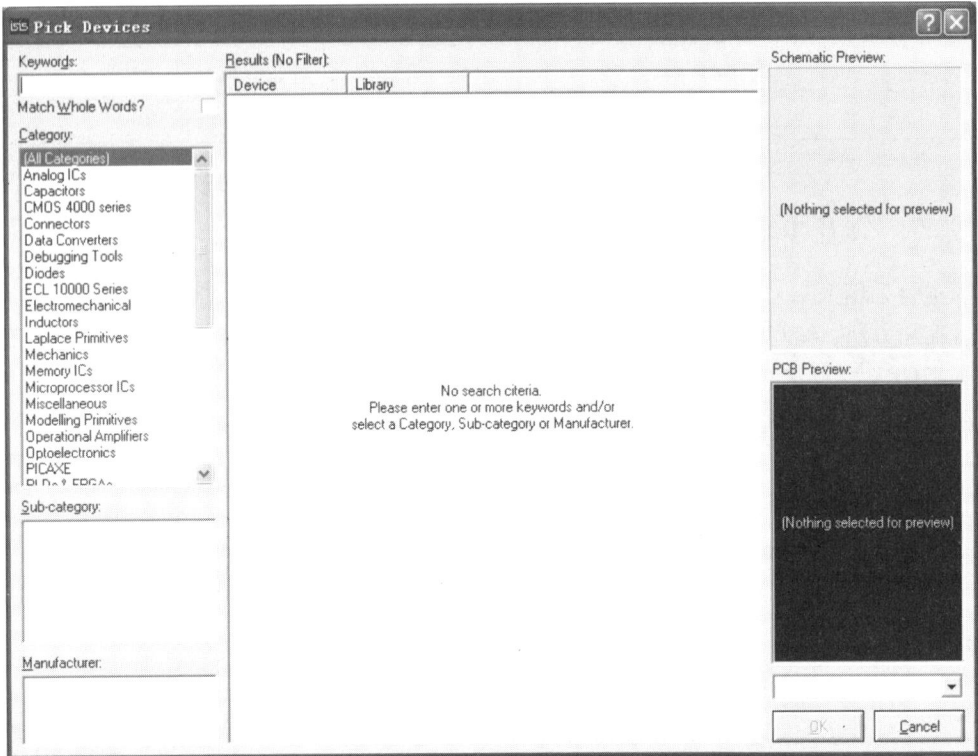

图 4.11　元件选取对话框

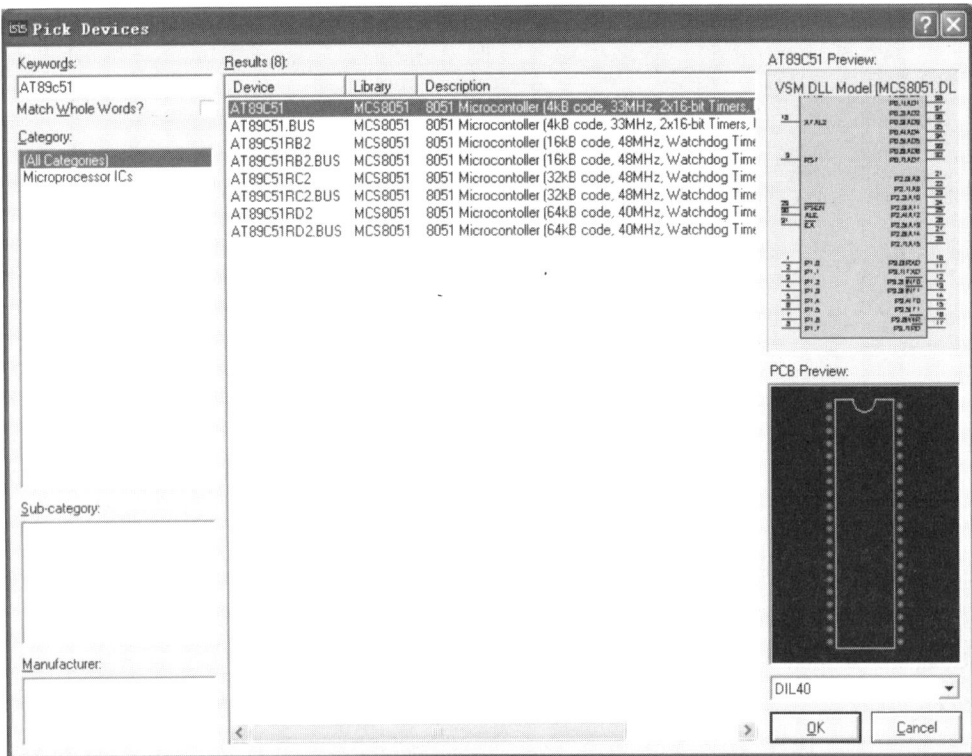

图 4.12　在器件库中选取器件

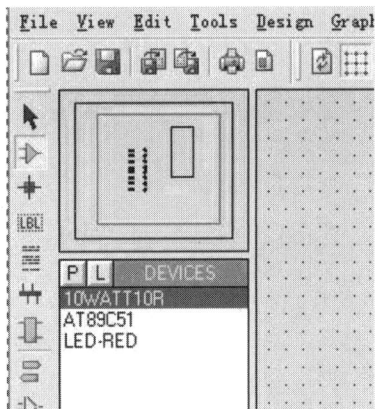

图 4.13　元件放入对象选择窗口

（4）放置元件。在元件列表中左键选中 AT89C51，在 ISIS 右侧的原理图编辑窗口中单击左键，这样 AT89C51 就被放到了原理图编辑窗口。用同样的方法放置 8 个 LED 和电阻，如图 4.14 所示。

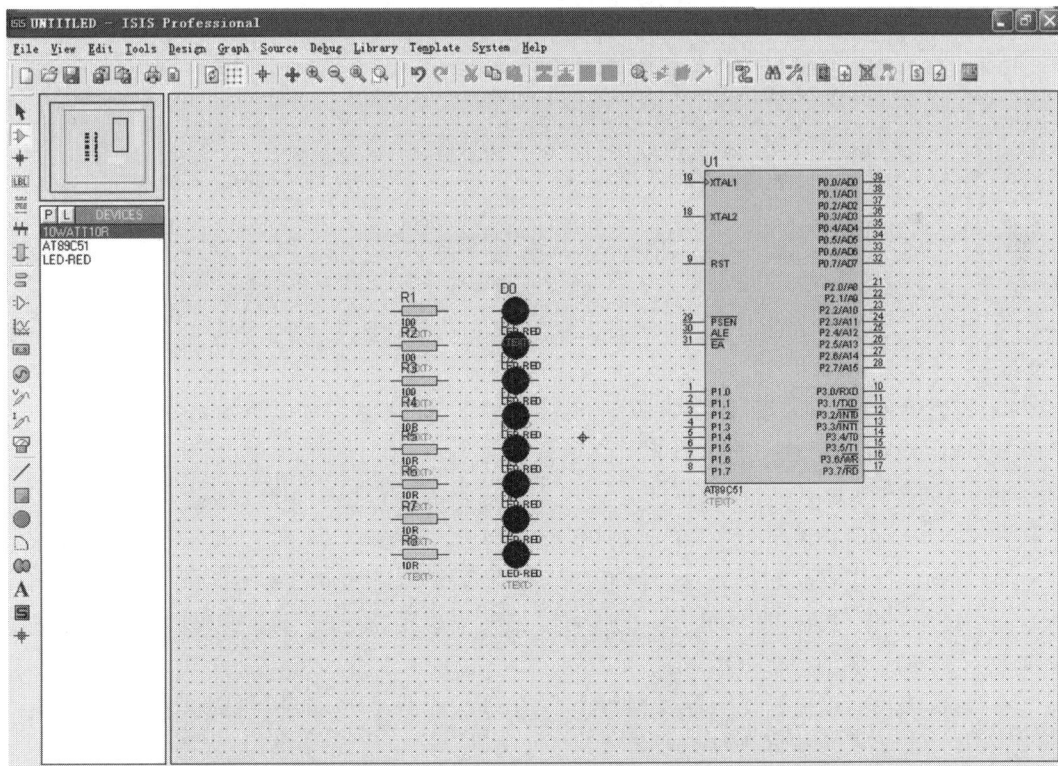

图 4.14　放置元件

添加 +5 V 电源。点击 ISIS 界面最左侧的 Terminals Mode 图标 ，在"Terminals"中选择"POWER"，并将其放置到原理图编辑窗口中，如图 4.15 所示。

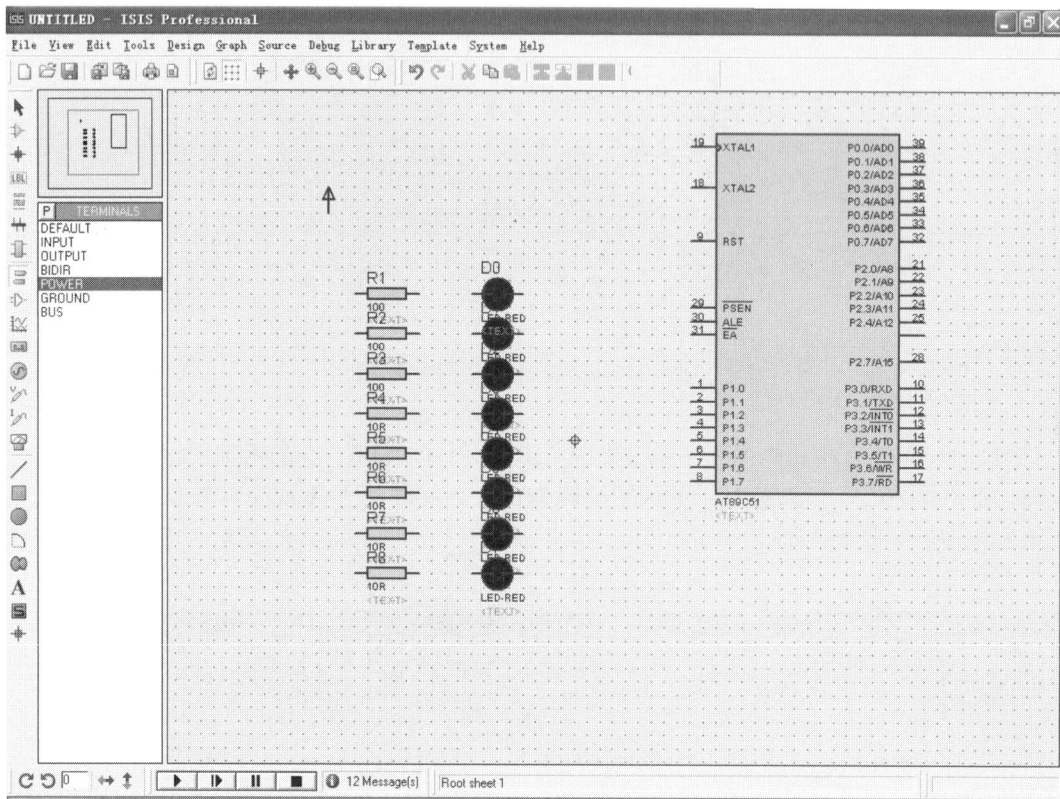

图 4.15　选择并放置电源

（5）连线。左键单击选中端口，然后再选中要连的另一端口，再单击左键，这样，两个端点就连在了一起，如图 4.16 所示。

（6）设置器件参数。软件默认电源 V_{CC} 为 +5 V，因此只要设置电阻的阻值就行了，在本实验中，电阻设为 100 Ω。选中电阻，然后双击左键，出现如图 4.17 所示设置窗口。将 Resistance 后的值改为 100。用同样的方法将 8 个电阻的值都设为 100 Ω，也可修改一个后，再采用"Block Copy"功能进行复制，而后再连线。

（7）加载目标代码。左键选中 AT89C51，再点左键，出现如图 4.18 所示对话框，单击 Program File 后的文件夹，在 Keil C51 的工程文件夹中找到相应的 HEX 文件，单击确定完成仿真文件的添加，然后点击"OK"退出。

（8）运行仿真。单击原理图输入窗口下面的 Play 或 Step 按钮进行仿真，LED 灯轮流点亮，并在相应的连线上也同现红色或者蓝色的小方块，红色代表高电平，蓝色代表低电平。

（9）如果仿真结果与设计要求不符，在 uVision 2 中修改程序，再编译，生成新的 HEX 文件，然后在 ISIS 中点击"Play"，运行仿真。

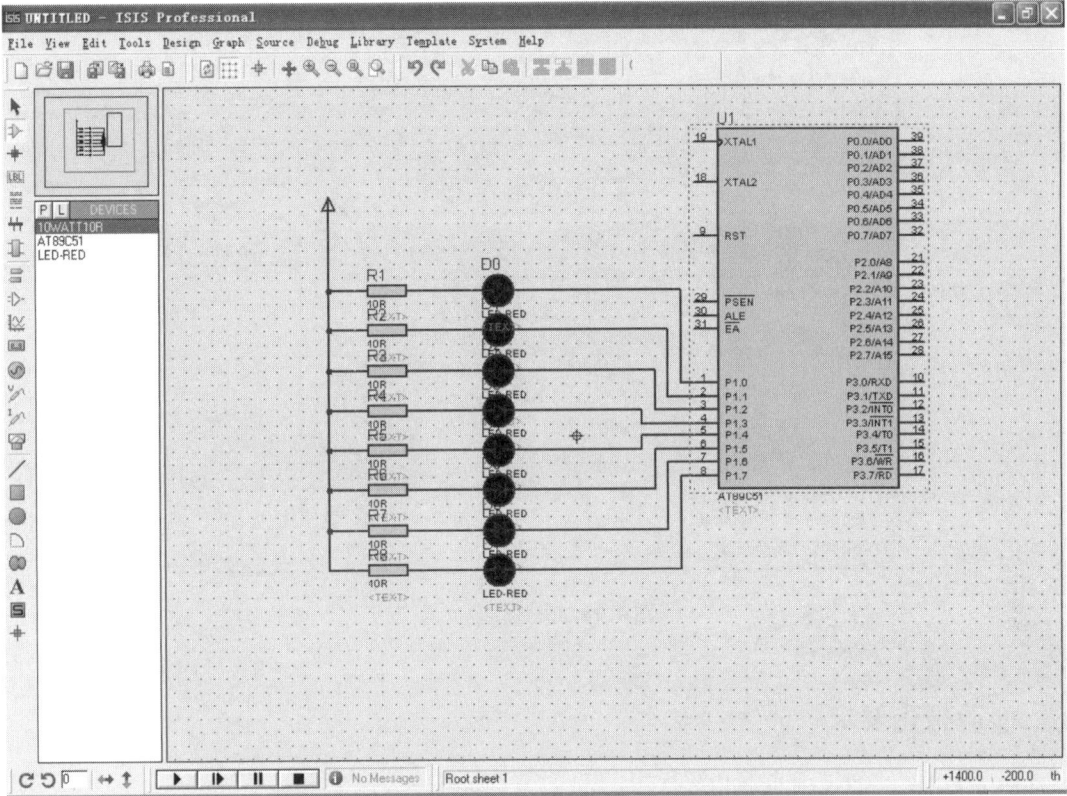

图 4.16　连线

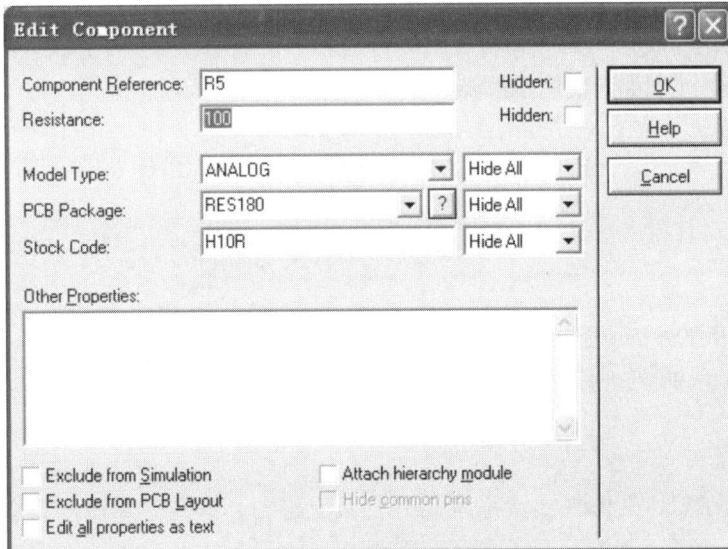

图 4.17　设置电阻阻值

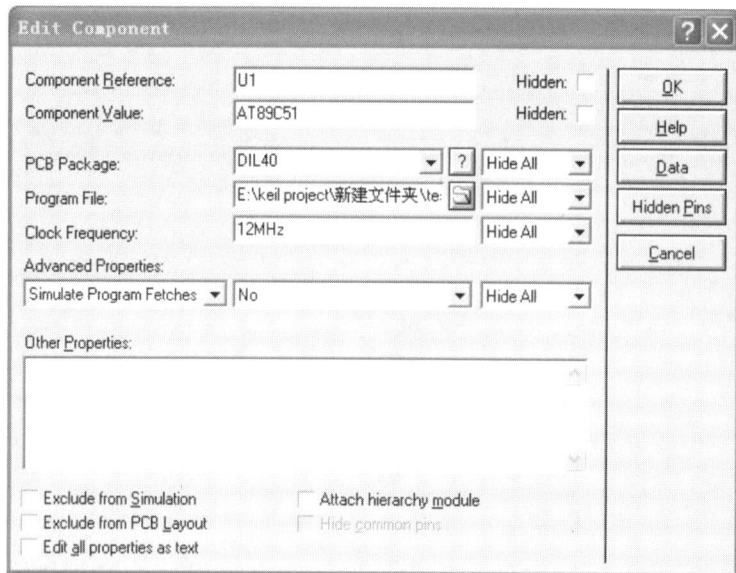

图 4.18　添加仿真文件

五、实验报告要求

(1)写出实验的详细步骤和源程序。

(2)对比采用 Proteus 仿真与单片机实验设备两种实验方式。

(3)总结实验收获和心得体会。

六、思考题

(1)如何采用 Proteus 仿真方式实现 P3 口控制 P1 口输出,使多种方式点亮 8 个 LED?

(2)在 Proteus 下,如何使用示波器和逻辑分析仪等仿真仪器?

实验四　单片机的中断及应用

一、实验目的

(1)学习单片机外部中断的处理过程及中断技术的基本使用方法。

(2)掌握外部中断处理程序的编程方法。

二、实验器材

本实验可以在单片机仿真实验系统和开发板上进行,本实验采用的设备器材如表 4.4
所示。

表4.4 实验所用设备与器材

序号	名称	型号与规格	数量	备注
1	计算机		1台	
2	单片机仿真实验系统	DP-51PROC	1套	
3	连接插线		若干条	

三、设计要求及提示

1.设计要求

（1）编写主程序，使 P1 口控制的 8 位 LED 按照二进制数计数方式循环点亮。将外部中断 INT0 连接按键 K_0，使每按下按键一次，单片机响应外部中断，使 P1 口控制 8 位 LED 的亮和灭，出现 3 种不同显示花样，每种花样循环 3 次。中断完成后，能正常返回主程序继续处理中断前的工作。

（2）外部中断 INT1 连接按键 K_1，按键的优先权大于 K_0 按键，即按 K_0 按键在执行中断服务程序时，按 K_1 按键可以接管 K_0 按键的中断控制权，执行 K_1 按键的中断服务程序。完毕后再返回 K_0 按键所执行的中断服务程序断点，继续执行 K_0 按键所执行的中断服务程序，完毕后正常返回主程序继续处理中断前的工作。

实验电路原理图如图 4.19 所示。

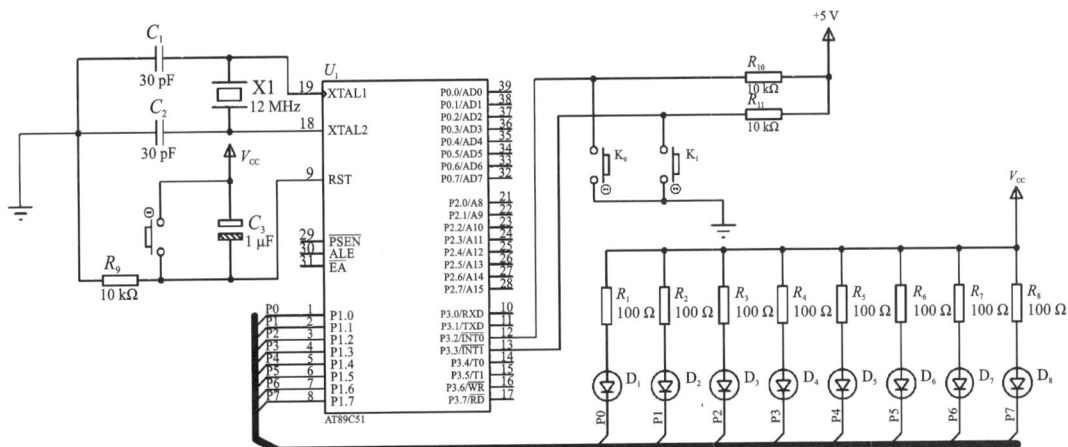

图4.19 中断实验电路图

2.设计提示

中断依靠硬件来改变 CPU 的运行方向。当 CPU 正在处理某事件时，外部发生了其他事件，需要 CPU 马上处理，这时 CPU 暂停当前的工作，转去处理所发生的事件，处理完后，再回到被打断的地方，继续处理原来的工作。

51 系列单片机共有 5 个中断源，与外部中断有关的特殊功能寄存器有定时/计数器状态控制寄存器 TCON、串行接口控制寄存器 SCON、中断允许控制寄存器 IE、中断优先级控制寄存器 IP,这 4 个寄存器在中断过程中分别承担不同的功能和作用,其中有 2 个外部中断请求口 INT0(P3.2;12 脚)和 INT1(P3.3;13 脚)。每个中断源由程序控制为允许或禁止中断,要明白中断的具体工作原理则必须了解和掌握这 4 个寄存器的功能、作用及应用方法。

本实验列出定时/计数器状态控制寄存器 TCON、中断允许控制寄存器 IE、中断优先级控制寄存器 IP 的功能格式和说明。

(1)定时/计数器状态控制寄存器 TCON 控制外部中断的触发方式,格式如表 4.5 所示。

表 4.5 定时/计数器状态控制寄存器 TCON 位定义表

位地址	8FH	8EH	8DH	8CH	8BH	8AH	89H	88H
位数	D7	D6	D5	D4	D3	D2	D1	D0
位符号	TF1	TR1	TF0	TR0	IE1	IT1	IE0	IT0

格式说明:

IT0——外部中断 0($\overline{INT1}$)触发方式控制位:"1"为边沿触发方式;"0"为电平触发方式;

IE0——外部中断 0 中断请求标志位:"1"为有效,反之无效;

IT1——外部中断 1($\overline{INT1}$)触发方式控制位:"1"为边沿触发方式;"0"为电平触发方式;

IE1——外部中断 1 中断请求标志位:"1"为有效,反之无效;

TR0——定时/计数器 T0(TMOD 的低 4 位)的启停控制位:"1"为有效,反之无效;

TR1——定时/计数器 T1(TMOD 的高 4 位)的启停控制位:"1"为有效,反之无效;

TF0——定时/计数器 T0 溢出中断请求标志位:定时/计数器的核心工作原理就是加法计数器,当这个加法计数器发生定时或计数溢出(达到设计规定的范围)时,硬件自动对 TF0 清零;

TF1——定时/计数器 T1 溢出中断请求标志位:工作控制原理同 TF0。

(2)中断允许寄存器 IE 格式如表 4.6 所示。

表 4.6 中断允许寄存器 IE 功能表

位地址	AFH	Disabled	ADH	ACH	ABH	AAH	A9H	A8H
位数	D7	D6	D5	D4	D3	D2	D1	D0
位符号(编程时可直接引用)	EA	Disabled	ET2	ES	ET1	EX1	ET0	EX0

格式说明:

EA:总中断允许控制位(总开关);EA = 1,开放所有中断;EA = 0,禁止所有中断;

ET2:定时/计数器 T2(52 单片机),功能同 ET1;

ES:串行口中断允许控制位;ES = 0,禁止串行口中断;ES = 1,允许串行口中断;

ET1:定时/计数器 T1 的溢出中断允许控制位;ET1 = 0,禁止 T1 的溢出中断;ET1 = 1,允许 T1 的溢出中断;

EX1:外部中断 $\overline{INT1}$ 中断允许控制位;EX1 = 0,禁止 $\overline{INT1}$ 中断;EX1 = 1,允许 $\overline{INT1}$ 中断;

ET0：定时/计数器 T0 的溢出中断允许控制位；ET0 = 0，禁止 T0 的溢出中断；ET0 = 1，允许 T0 的溢出中断；

EX0：外部中断$\overline{INT0}$中断允许控制位：EX0 = 0，禁止$\overline{INT0}$中断；EX0 = 1，允许$\overline{INT0}$中断。

（3）中断优先级控制寄存器 IP 锁存各中断源优先级控制位，格式如表 4.7 所示。

表 4.7　中断优先级控制寄存器 IP 功能表

位数	D7	D6	D5	D4	D3	D2	D1	D0
位符号（编程时可直接引用）	Disabled	Disabled	Disabled	PS	PT1	PX1	PT0	PX0

格式说明：

PS：串行口中断优先级控制位；PS = 1，高优先级中断；PS = 0，低优先级中断；

PT1：定时/计数器 T1 中断优先级控制位；PT1 = 1，高优先级中断；PT1 = 0，低优先级中断；

PX1：外部中断 1（$\overline{INT1}$）优先级控制位；PX1 = 1，高优先级中断；PX1 = 0，低优先级中断；

PT0：定时/计数器 T0 中断优先级控制位；PT0 = 1，高优先级中断；PT0 = 0，低优先级中断；

PX0：外部中断 0（$\overline{INT0}$）优先级控制位；PX0 = 1，高优先级中断；PX0 = 0，低优先级中断。

同一优先级的各中断源在同时请求中断时，由片内逻辑查询顺序来决定优先响应次序，也称之为自然优先权。

自然优先权的优先级别排序为表 4.7 的"位符号"项目从右至左，或表 4.7 的"位数"项目从低至高。

例 4.1　编写一段中断系统初始化程序，要求允许$\overline{INT1}$、T0 中断，$\overline{INT1}$为边沿触发方式，低优先级，T0 溢出中断为高优先级。

解　①打开各中断允许位，参考表 4.6，IE 值为 1000,0110B，即 IE 控制字为 86H；

②定义触发方式，参考表 4.5，$\overline{INT1}$触发方式控制位 IT1 = 1；

③定义优先级，参考表 4.7，IP 值为 0000,0010B，即 IP 控制字为 02H；

局部编程代码：

```
    MOV    IE, #86H
    SETB   IT1
    MOV    IP, #02H
```

（3）实验参考程序。

```
    ORG    0000H        ;主程序初始化
    LJMP   MAIN
    ORG    00XXH        ;中断入口地址初始化
    LJMP   ZDFW         ;跳转至中断服务程序
    ORG    0100H        ;主程序初始化
```

```
MAIN：                           ；主程序
    MOV      IE，#86H            ；中断初始化
    SETB     IT1
    MOV      IP，#02H
    ……
ZDFW：                           ；中断服务程序开始
    PUSH     ……               ；进栈，保护现场
    ……                        ；执行中断服务程序
    POP      ……               ；出栈，中断结束前恢复现场
    RETI                         ；中断返回
```

四、注意事项

（1）保护进入中断程序中使用的各寄存器的状态，并在退出中断之前恢复进入时的状态。

（2）在中断服务程序中保护寄存器时，采用的 PUSH 和 POP 指令必须成对出现，否则无法正常实现中断返回。

五、实验报告要求

（1）画出实验原理图和程序流程图。

（2）编写实验源程序，分析程序中指令的功能。

（3）总结实验中出现的问题和解决办法并写出心得体会。

六、思考题

（1）51 单片机只有两个外部中断 I/O 口，应怎样进行扩展？

（2）将外部中断口 P3.2 口和 P3.3 口分别接 K_0 和 K_1，采用中断方式，如何实现按一次 K_1，LED 循环左移显示 5 s，在 K_1 按下后再按 K_2，LED 循环右移显示 5 s？

实验五　单片机定时器及应用

一、实验目的

（1）熟悉单片机定时功能，掌握初始化编程方法。

（2）进一步掌握中断处理程序的编程方法。

二、实验器材

本实验可以在单片机仿真实验系统和开发板上进行，本实验采用的设备器材如表 4.8 所示。

表 4.8　实验需用设备与器材

序号	名称	型号与规格	数量	备注
1	计算机		1 台	
2	单片机仿真实验系统	DP－51PROC	1 套	
3	示波器		1 台	
4	连接插线		若干条	

三、设计要求及提示

1. 设计要求

(1)用单片机内部定时器中断方式计时,使 P1.0 口和 P1.1 口分别输出 800 Hz 和 1.2 kHz 的方波信号,并驱动连接在 P1.0 引脚上的蜂鸣器,实现蜂鸣器鸣叫。实验电路如图 4.20 所示。

(2)利用按键控制方波信号,按下一次按键,P1.0 口输出 800 Hz 的方波信号;再按下一次按键,P1.0 口输出 1.2 kHz 的方波信号,如此循环下去。

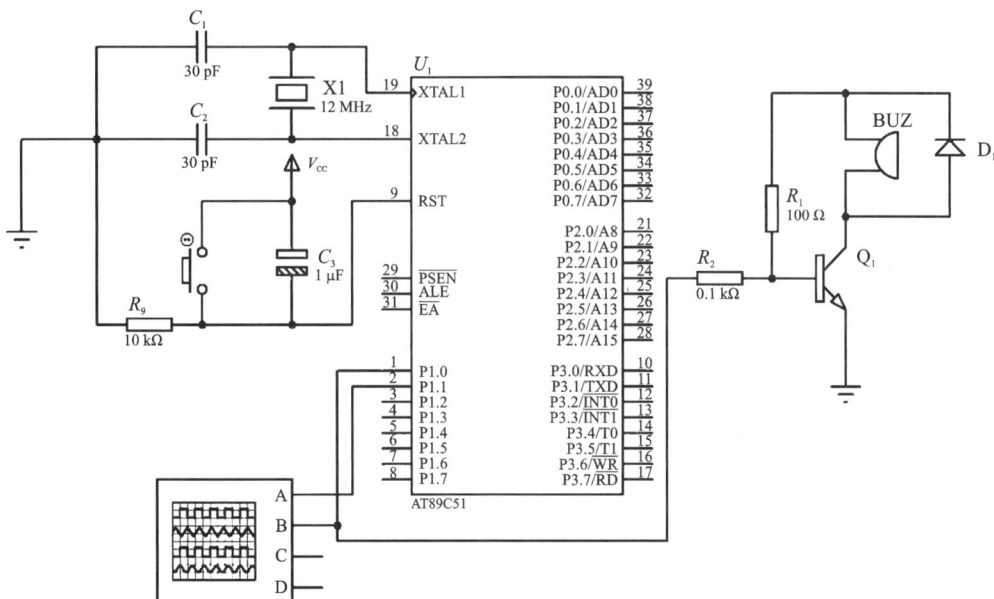

图 4.20　蜂鸣器电路图

2. 设计提示

在单片机应用系统中,常需要每隔一定时间执行特定操作或对外部脉冲进行计数,因此定时/计数器是单片机控制系统重要的外设部件。定时/计数器的核心部件是加 1 计数器,输入加 1 计数器的计数脉冲源有 2 个,在做定时器使用时,输入的是机器周期信号,故其频率等于晶振频率的 1/12。在晶振频率为 12 MHz 时,则定时器每接收一个输入脉冲的时间为 1 μs。当它用作对外部事件计数时,输入的是外部脉冲。单片机在每个机器周期采样一次外部脉冲，因此单片机至少需要两个机器周期才能检测到一次跳变，这就要求输入的外部脉冲至少维持一个完整的机器周期，以保证电平在变化之前被检测到，这也体现出定时/计数器工作于计数方式时输入脉冲的频率不能超过机器周期频率。

对单片机定时/计数器的编程主要是时间常数的设置和有关控制寄存器的设置。定时/计数器在单片机中主要有定时和计数两种功能，与定时/计数器设置有关的寄存器有工作方式寄存器 TMOD 和控制寄存器 TCON。

定时/计数器工作方式控制寄存器 TMOD 功能说明如表 4.9 所示。

表 4.9　定时/计数器工作方式控制寄存器 TMOD 功能说明

位数	D7	D6	D5	D4	D3	D2	D1	D0
位符号	GATE	C/$\overline{\text{T}}$	M1	M0	GATE	C/$\overline{\text{T}}$	M1	M0
高、低位分区	高 4 位　T1 方式字段				低 4 位　T0 方式字段			

格式说明：

M1、M0 为工作方式选择位；4 种工作方式（00、01、10、11）详见表 4.10。

表 4.10　定时/计数器工作方式选择说明

M1　M0	工作方式	功能描述
00	方式 0	13 位定时/计数器：TH0（8 位）+ TL0（5 位）
01	方式 1	16 位定时/计数器：TH0（8 位）+ TL0（8 位）
10	方式 2	自动重装初值的 8 位定时/计数器：TH0 保存初值，TL0 作计数器
11	方式 3	T0 为 2 个 8 位定时/计数器；T1 仅能工作于 0、1、2 三种方式

C/$\overline{\text{T}}$——定时/计数功能使能设置位："0"为定时器方式；"1"为计数器方式；

GATE——门控位：为"0"时，可由软件启动定时/计数器（TR0 或 TR1 可由软件设置为"1"）；为"1"时必须使 P3.2（$\overline{\text{INT0}}$）和 P3.3（$\overline{\text{INT1}}$）引脚为高电平且 TR0 或 TR1 设置为"1"时方能启动定时/计数器开始工作。

定时/计数器状态控制寄存器 TCON 格式如本章实验四中表 4.5 所示。TCON 主要功能是为定时器在溢出时设定标志位，并控制定时器的运行或停止等。内部计数器用作定时器时，是对机器周期计数。每一个机器周期对应 12 个振荡周期（时钟周期），如果实验系统的晶振频率是 12 MHz，定时器工作在方式 1（16 位方式）时，则有最大定时时间为：$2^{16} \times 1$ μs = 65536 μs，当一次中断时间不够时，在中断处理程序中，就要采用计算中断次数方式实现。为了避免在中断处理程序中产生不定状态，编程时，在设置时间常数前要先关闭对应的中断，设置完时间常数之后再打开相应的中断。

在设置定时/计数器的时间常数前，需要根据实际情况计算计数初值。

例 4.2　利用 T0（Timer 0）工作在方式 0 状态下产生频率为 1 kHz 的方波信号，在 P1.0 口输出。

解　要在 P1.0 口输出频率为 1 kHz 的方波信号只要每隔(1 kHz = 1 ms)500 μs 取反一次即可，即计算 T0 定时 500 μs 的初值；51 单片机一个机器周期对应 12 个时钟周期，故12 MHz 时钟周期对应 51 单片机一个机器周期时间为 1 μs。T0 工作在方式 0 最大的定时值为 $2^{13} \times 1$ μs，即 81921 μs。

由此可知，T0 在工作方式 0 下，定时 500 μs，所需的初值为：

$$8192 - 500 = 7692D = 11110000, 01100B$$

即高 8 位 TH0 = 11110000B = F0H；低 5 位 TL0 的初值为：1100B = 0CH。

局部参考编程代码：

```
MOV    TMOD, #00H        ; Timer 0 工作方式 0, 13 位定时/计数器
MOV    TL0, #0CH         ; 赋初值低 5 位
MOV    TH0, # 0F0H       ; 赋初值高 8 位(立即数 F0H 前补 0)
SETB   TR0               ; 启动定时器 T0
```

四、注意事项

(1)要实现精确定时，在计算好的定时初值基础上，还需按实际情况对定时初值进行修正。

(2)编程时，在设置时间常数前要先关对应的中断，设置完时间常数之后再打开相应的中断。

五、实验报告要求

(1)画出实验原理图和程序流程图。

(2)列出定时初值的计算式。

(3)编写实验源程序，分析程序中指令的功能。

(4)总结实验中出现的问题和解决办法并写出心得体会。

六、思考题

(1)分析采用定时器延时与循环程序产生延时有什么不同。

(2)如何进行长时间(1 s 以上)的定时编程？给出解决方案。

(3)如何编程实现 24 h 制式电子时钟？

(4)利用定时/计数器和按键，如何让蜂鸣器发出 7 种不同音阶对应的音调？

实验六　单片机计数器及应用

一、实验目的

(1)熟悉单片机计数功能，掌握初始化编程方法。

(2)进一步掌握中断处理程序的编程方法。

二、实验器材

本实验可以在单片机仿真实验系统和开发板上进行，本实验采用的设备器材如表 4.11

所示。

表 4.11　实验需用设备与器材

序号	名称	型号与规格	数量	备注
1	计算机		1 台	
2	单片机仿真实验系统	DP-51PROC	1 套	
3	连接插线		若干条	

三、设计要求及提示

1. 设计要求

(1)使用单片机内部计数器 T0 或 T1，按一次 K_1 或 K_2 键，单片机将按二进制数方式进行计数，其计数状态由 8 位 LED 显示出来，当计数值溢出后，8 位 LED 显示重新计数。

(2)任务要求同上，要求显示计数值为 10 进制，由 4 位 7 段 LED 显示出来，当计数值超过 9999 后，4 位 7 段 LED 显示(7 段 LED 显示方式不限)重新计数。检测方式可在 P3.4 口或 P3.5 口输入 100 Hz 的方波信号。实验电路图如图 4.21 所示。

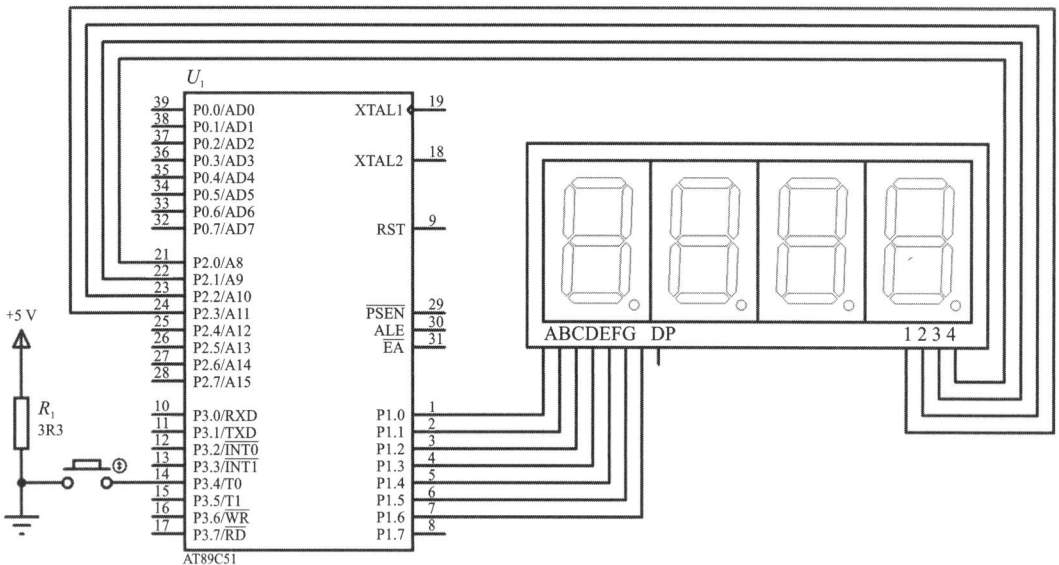

图 4.21　计数器实验电路图

2. 设计提示

在单片机应用系统中，常需要对外部脉冲进行计数或每隔一定时间执行特定操作，因此定时/计数器是单片机控制系统重要的外设部件。定时/计数器在单片机中主要有定时和计数两种功能，本实验设计指定要求用的是计数功能。

对单片机定时/计数器的编程而言，重点需要掌握的方法有两点：一是对方式控制寄存器 TMOD(见表 4.9)和状态控制寄存器 TCON(见表 4.5)的参数配置;二是计算计数初值 TH(TH0、TH1)和 TL(TL0、TL1)并将其装入 TH、TL 寄存器。

本实验设计需要将定时/计数器作为计数器使用。外部输入计数脉冲通过 K_1、K_2 由 T0(P3.4 口)、T1(P3.5 口)脚引入计数器 T0、T1。单片机在每个机器周期采样一次输入脉冲,因此单片机至少需要两个机器周期才能检测到一次跳变,这就要求输入的脉冲至少维持一个完整的机器周期,以保证电平在变化之前被检测到,这也体现出定时/计数器工作于计数方式时输入脉冲的频率不能超过机器周期频率(晶振频率按 12 MHz 考虑,最大输入脉冲的频率不能超过 1 MHz)。

TMOD 的控制字可参照本章实验四的相关章节。

例 4.3 要求 T1 设置为计数方式,按方式 2 工作,软件启动,求 TMOD 的控制字。

解 根据任务要求可知 TMOD 的控制字为 60H。

局部编程代码

```
MOV     TMOD,#60      ;T1 为计数模式,工作方式 2,自动重装初值 8 位
MOV     TL1,#00H      ;赋初值低 4 位
MOV     TH1,#00H      ;赋初值高 4 位,从 0 开始计数
SETB    TR1           ;启动计数器 T1
```

四、注意事项

(1)对按键次数进行计数时,应考虑增加设计按键消除抖动程序。

(2)提示音的频率和时间可通过电脑音响设备或者示波器进行初步观察和测量。

五、实验报告要求

(1)总结实验目标达到情况。

(2)画出实验电路原理图和程序设计流程图。

(3)列出计数初值的计算式和计算过程及装入 TH、TL 寄存器结果。

(4)提供验证通过的实验源程序,分析程序中指令的功能。

(5)总结实验中出现的问题和解决办法并写出心得体会。

实验七　按键识别实验

一、实验目的

(1)熟悉并掌握使用按键实现多种不同功能的编程逻辑和手段。

(2)掌握按键防抖动的基本控制原理和方法。

二、实验器材

本实验可以在单片机仿真实验系统和开发板上进行,本书采用的设备器材如表 4.12 所示。

表 4.12　实验需用设备与器材

序号	名称	型号与规格	数量	备注
1	计算机		1 台	
2	单片机仿真实验系统	DP－51PROC	1 套	
3	连接插线		若干条	

三、设计要求及提示

1. 设计要求

（1）编程实现按键 K 按下 1 次，LED 灯 D_1 亮，其他 LED 灯灭，按键 K 按下 2 次，LED 灯 D_2 亮，其他 LED 灯灭，按键 K 按下 3 次，LED 灯 D_3 亮，其他 LED 灯灭……按键 K 按下 9 次，LED 灯 D_1 亮，其他 LED 灯灭，如此循环下去。实验原理图如图 4.22 所示。

（2）LED 灯亮的控制模式同上，要求点亮的 LED 灯闪烁，即按键 K 按下 1 次，LED 灯 D1 亮，且按一定频率闪烁，其他 LED 灯灭，以此类推。

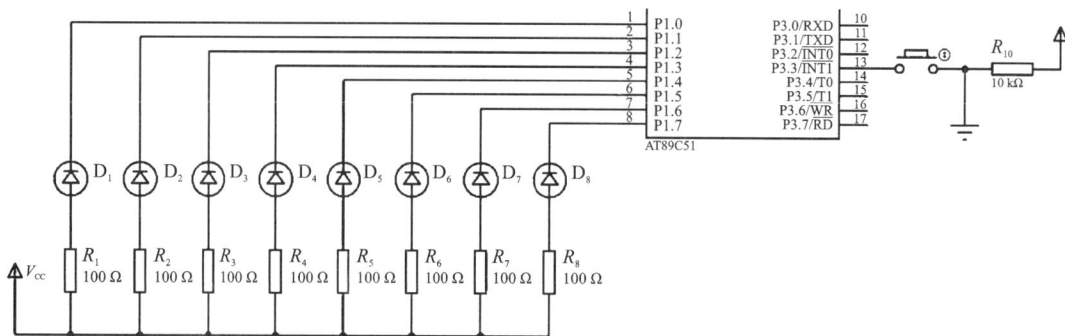

图 4.22　按键识别实验电路图

2. 设计提示

在日常生活中，常通过人的姓名、身份证等信息来识别不同人的身份。同样，对于要通过一个按键来执行不同的功能，需要给每个不同的功能模块赋予各自的标识号，并执行不同的程序，实现相应的功能。

从设计要求可以看出，D_1 到 D_8 发光二极管在每个时刻的状态是受开关 K 控制的。D_1 到 D_8 的时段定义不同的 ID 号：当 ID = 0 时 D_1 点亮，当 ID = 1 时 D_2 点亮……当 ID = 7 时 D_8 点亮。很显然，只要每次按下开关 K 时分别给出不同的 ID 号就能够完成上面的任务了。

作为一个按键，从没有按下到按下以及释放是一个完整的过程，也就是说，当一个按键被按下时，某个命令只执行一次。但是，按键在按下的过程中，由抖动带来的干扰可能造成误触发过程。因此在按键按下的时候，需要过滤掉因抖动造成的机械接触等干扰信号。一般情况下，硬件上可以采用电容来滤除掉这些干扰信号，但这会增加硬件电路的体积和成本。更常用的是软件滤波的方法去除干扰信号。图 4.23 说明了一个按键从按下到释放的全过程。

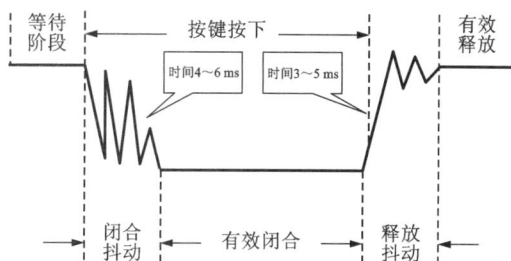

图 4.23 按键的抖动现象

软件消抖的一般方法是：第一次检测到有按键按下时，先不响应，经过延时，等待抖动过程结束，再次检测；如果确认该按键按下则执行操作。如果使用不能自锁的按键开关，要保证按键每按下一次，仅执行一次，还必须等待按键释放后再作相应处理。软件消抖的流程如图 4.24 所示。

四、注意事项

(1)按键状态监测采用扫描方式。

(2)实验中应反复调整延时时间，并计算延时参数。

五、实验报告要求

(1)画出实验电路原理图和程序设计流程图。

(2)计算延时程序中的参数。

(3)提供验证通过的实验源程序，加以注释。

(4)总结实验中出现的问题和解决办法并写出心得体会。

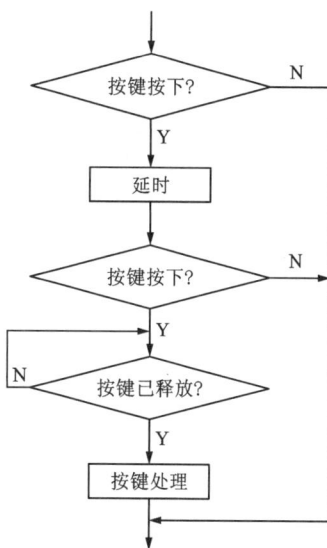

图 4.24 按键检测与处理流程图

六、思考题

如何实现用 7 段 LED 显示 K 按键按下的次数？请编程实现。

实验八 串行输入转并行输出 I/O 口实验

一、实验目的

(1)掌握利用单片机串行接口进行串行输入转并行输出 I/O 口的扩展方法。

(2)熟悉串转并芯片的使用方法。

二、实验器材

本实验可以在带有 74HC164 模块的单片机仿真实验系统和开发板上进行，本实验采用的设备器材如表 4.13 所示。

表 4.13　实验需用设备与器材

序号	名称	型号与规格	数量	备注
1	计算机		1 台	
2	单片机仿真实验系统	DP－51PROC	1 套	
3	连接插线		若干条	

三、设计要求及提示

1. 设计要求

编写一段程序，实现控制 P1 口的 8 个 LED 灯点亮，同时实现 P3.0 口向 74HC164 发送串行数据使 74HC164 的输出端口控制 8 个 LED 灯点亮，点亮的方式与 P1 口的 8 个 LED 灯相同。实验电路原理图如图 4.25 所示。

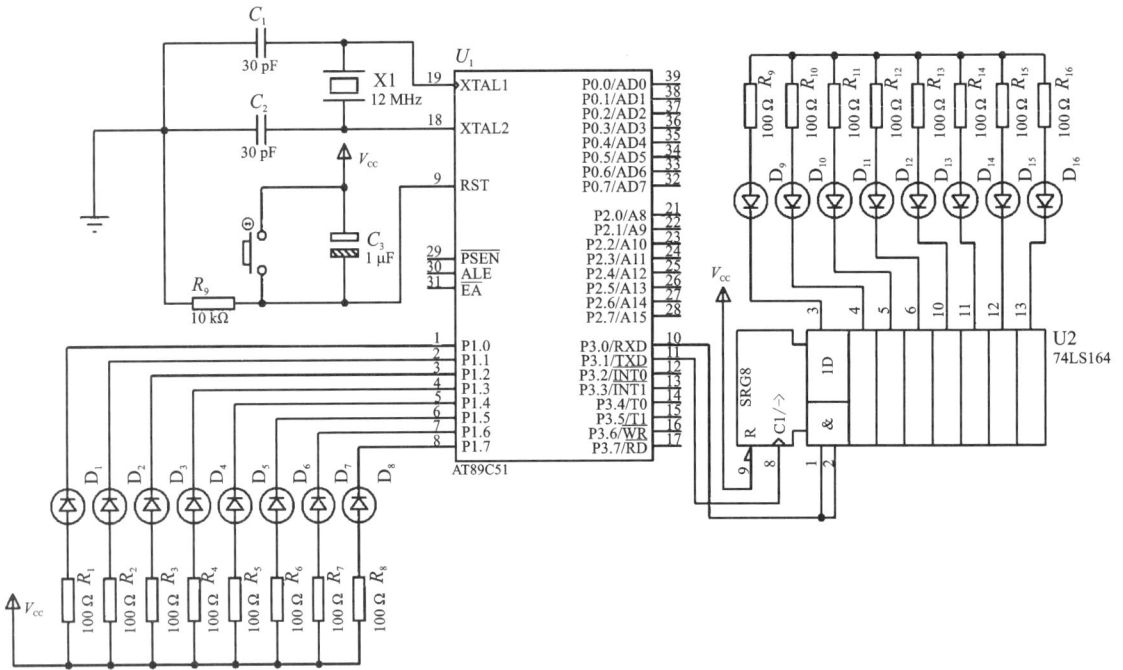

图 4.25　串行输入转并行输出实验电路图

2. 设计提示

在单片机 I/O 口的资源不够的情况下，通常采用串行方式来扩展 I/O 口资源。串行传输数据的优点是占用 I/O 口少，缺点是数据传输速率低，串行控制芯片可分为串入并出和并入串出等类型，具体采用哪种类型，要根据实际情况而定。与串并转换相关的特殊功能寄存器是串行接口控制寄存器 SCON，其功能与格式如表 4.14 所示。

表 4.14　串行接口控制寄存器 SCON 功能表

位地址	9FH	9EH	9DH	9CH	9BH	9AH	99H	98H
位数	D7	D6	D5	D4	D3	D2	D1	D0
位符号（编程时可直接引用）	SM0	SM1	SM2	REN	TB8	RB8	TI	RI

SM0、SM1：串行口工作方式选择位，其状态组合和对应工作方式如表 4.15 所示。

表 4.15　串行口工作方式选择位功能说明

SM0	SM1	工作方式	功能描述（f_{osc} ~ 晶振频率）
0	0	0	移位寄存器输入/输出，波特率为 $f_{osc}/12$
0	1	1	8 位 UART（异步通信），波特率可变（T1 溢出率/n，$n = 32$ 或 16）
1	0	2	9 位 UART，波特率为 f_{osc}/n（$n = 32$ 或 64）
1	1	3	9 位 UART，波特率可变（T1 溢出率/n，$n = 32$ 或 16）

格式说明：

SM2：多机通信控制位，置"1"为允许多机通信，置"0"为禁止多机通信，由软件设定；具体使用情况应视串行口的工作方式而定；

REN：允许/禁止串行口接收数据控制位，置"1"为允许接收，置"0"为禁止接收，由软件设定；

TB8：在方式 2 和方式 3 中，是被发送的第 9 位数据，可根据需要由软件置"1"或清"0"，也可以作为奇偶校验位，在方式 1 中是停止位；

RB8：在方式 2 和方式 3 中，是被接收的第 9 位数据（来自第 TB8 位）；在方式 1 中，RB8 收到的是停止位；在方式 0 中不用该位；

TI：串行端口发送中断请求标志位，当发送完一帧串行数据后，由硬件置"1"；在转向中断服务程序后，用软件清"0"；

RI：串行端口接收中断请求标志位；单片机每接收完一帧数据，由硬件自动将 RI 置"1"，向 CPU 提出中断请求，CPU 响应中断后，RI 必须在中断服务程序中由软件对 RI 置"0"。

串行接口工作方式 0 为移位寄存器输入输出方式，主要作用之一是将串行端口与外接的移位寄存器结合起来扩展单片机的输入/输出接口。单片机与 74HC164、CD4094 等芯片实现串行输入转并行输出电路的扩展。

串行控制芯片可分为串入并出和并入串出等类型，具体采用哪种类型，要根据实际情况而定。本实验采用串入并出的 74HC164 为 8 位移位寄存器（时序逻辑芯片），其主要电特性的典型值如下：当清除端 MR（$\overline{CLEAR}$）为低电平时（9 脚），输出端即 $Q_0 \sim Q_7$ 均为低电平。串行数据输入端（A、B）可控制数据。当 A、B 任意一个为低电平，则禁止新数据输入，在时钟端(CP)脉冲上升沿的作用下 Q_0 为低电平。当 A、B 有一个为高电平，则另一个就允许输入数据，并在 CP 上升沿的作用下决定 Q_0 的状态。

74HC164 引脚功能：

CLOCK：时钟输入端(8 脚)；

$\overline{\text{CLEAR}}$($\overline{\text{MR}}$)：同步清除输入端(9 脚～低电平有效)；

A，B：串行数据输入端(1、2 脚)；

$Q_0 \sim Q_7$：数据输出端(3、4、5、6、10、11、12 和 13 脚)。

74HC164 管脚封装如图 4.26 所示。

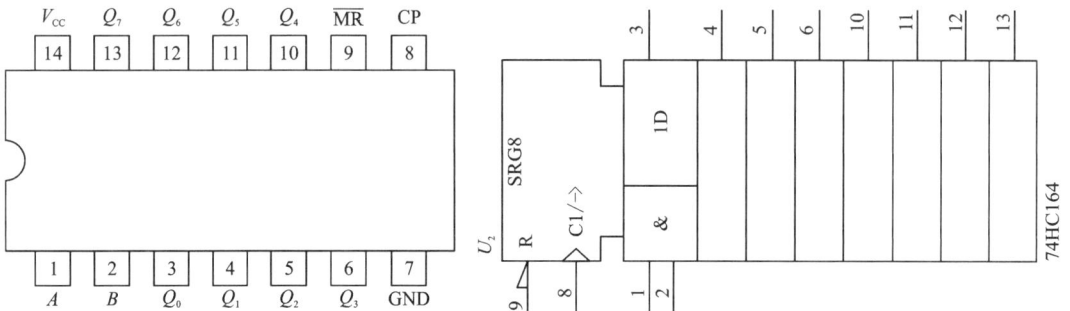

图 4.26　74HC164 管脚封装图

74HC164 内部逻辑如图 4.27 所示。

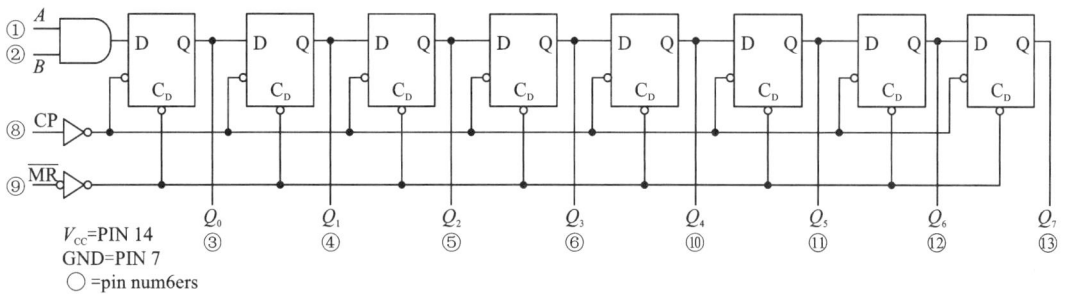

图 4.27　74HC164 内部逻辑图

74HC164 工作时序如图 4.28 所示。

由图 4.28 可见，74HC164 工作移位一次的时序是在$\overline{\text{CLEAR}}$(同步清除)两个信号下降沿相隔时间内完成的，且$\overline{\text{CLEAR}}$为高电平。如果将$\overline{\text{CLEAR}}$置为高电平(如图 4.28 所示，无同步清除)，74HC164 工作移位将始终循环下去。这样通过编程改变$\overline{\text{CLEAR}}$的高、低状态，可实现控制 74HC164 的开启和关闭。A、B 为信号输入口，且为"与"的关系(见图 4.28)。$Q_A \sim Q_H$(即 $Q_0 \sim Q_7$)分别显示了将 A 端输入的 8 位数据向右移动一位的结果，如图 4.28 显示的数字。

TI 为 0 时，执行指令"MOV SBUF"，A 即可启动发送。串行口将 SBUF 中的 8 位数据以

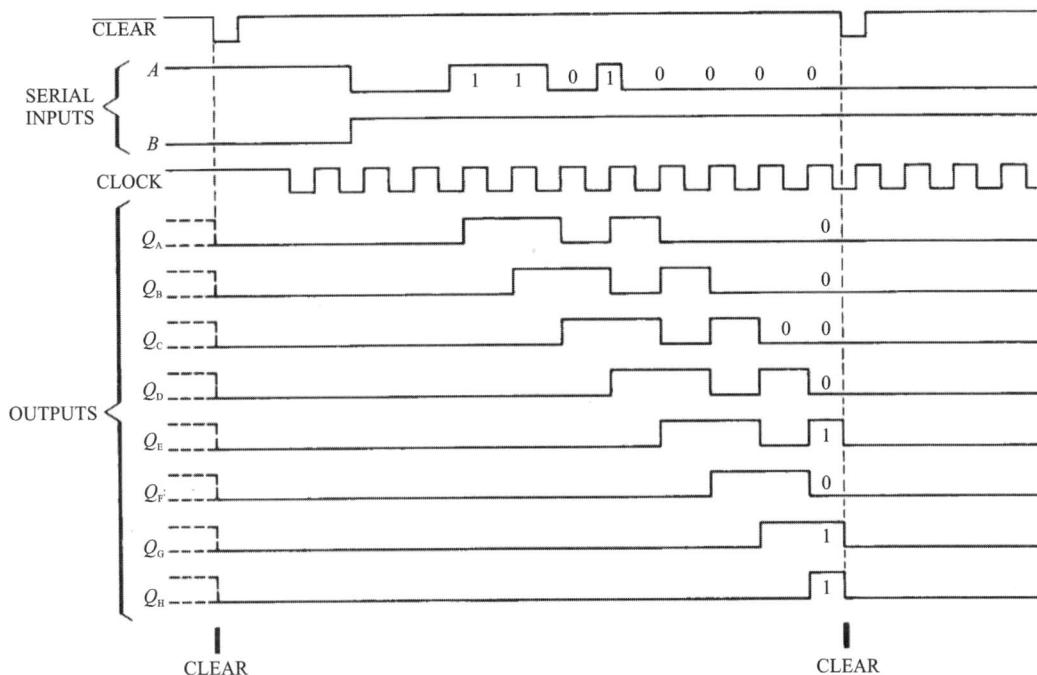

图 4.28　74HC164 工作时序图

$f_{osc}/12$ 的波特率由低位至高位顺序通过 P3.0(RXD)输出,并在 P3.1(TXD)输出 $f_{osc}/12$ 的移位时钟。发送完毕,中断标志 TI 置"1"。

实验部分参考程序如下:

```
        MOV     SCON, #00H      ;工作方式 0, TI = 0
        MOV     A, #01H         ;待发送数据
        MOV     SBUF, A         ;启动发送
LP0:
        JNB     TI, LP0         ;等待一帧数据发送完毕
        CLR     TI              ;软件清零
```

四、注意事项

(1)编写控制时序时,要保障控制信号的有效性,即每发一个信号要延时 2 μs 左右。
(2)观察 74HC164 输入和输出数据高位和低位位置的变化情况。

五、实验报告要求

(1)画出实验电路原理图和程序设计流程图。
(2)提供验证通过的实验源程序,加以注释。
(3)总结实验中出现的问题和解决办法并写出心得体会。

六、思考题

（1）根据74HC164的工作原理，有几种能控制74HC164移位数据次数的方式？如何编程实现？

（2）74HC164与74HC595工作原理和编程控制方式有什么相同与不同之处？

实验九　并行输入转串行输出 I/O 口实验

一、实验目的

（1）熟悉并掌握利用单片机串行接口进行并转串的I/O口扩展方法。

（2）熟悉并转串芯片的使用方法。

二、实验器材

本实验可以在带有74HC165模块的单片机仿真实验系统和开发板上进行，本实验采用的设备器材如表4.16所示。

表4.16　实验所用设备与器材

序号	名称	型号与规格	数量	备注
1	计算机		1台	
2	单片机仿真实验系统	DP－51PROC	1套	
3	连接插线		若干条	

三、设计要求及提示

1. 设计要求

采用8位的拨码开关作为并行数据输入，将数据从74HC165并行输入口输入，由74HC165的串行输出口输出，实验原理图如图4.29所示。编写一段程序，通过单片机的P3.1口控制74HC165的串行输出端口，实现并串转换，并将数据送给8位的LED，在单片机的P1口验证并串转换的正确性。

2. 设计提示

单片机串行口在工作方式0时，为同步移位寄存器。外接一个并入串出的移位寄存器，就可以扩展成一个并行输入口。可实现此功能的移位寄存器有74HC165、CD4014等芯片。与串并转换相关的特殊功能寄存器是串行接口控制寄存器SCON，其功能与格式见本章实验七。

本实验采用74HC165作为外接移位寄存器来实现接口的扩展。74HC165是典型并入串出芯片，可以用它来读取外界并行输入信息，如读取键盘信息。74HC165的引脚分布封装如图4.30所示，内部逻辑图如图4.31所示。

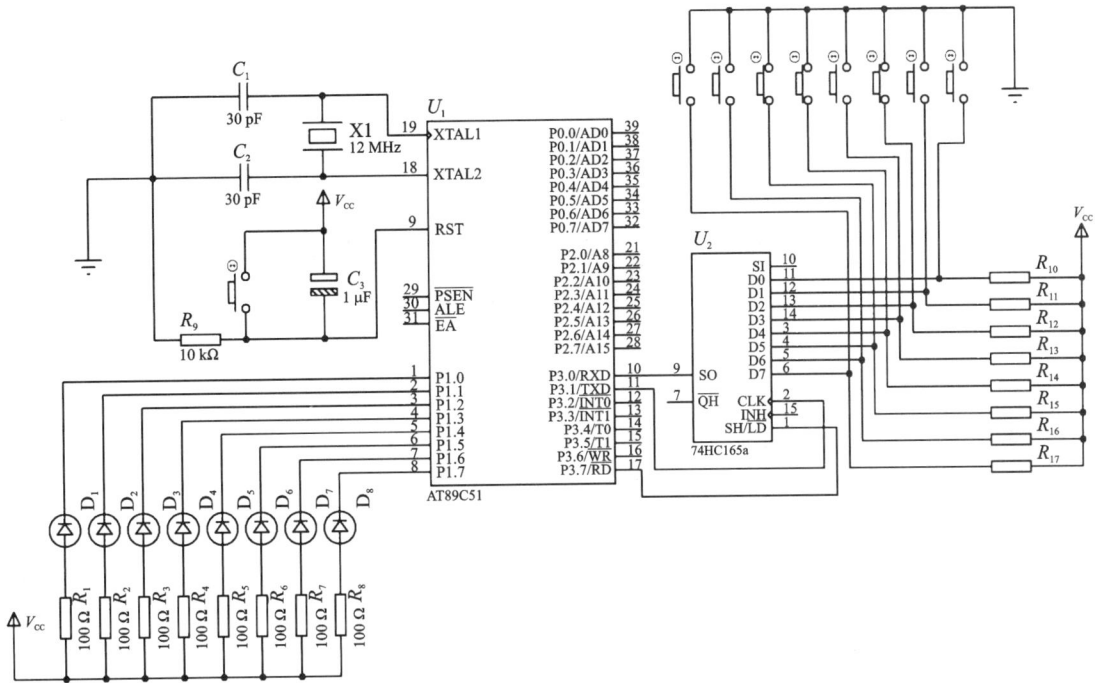

图 4.29　并转串实验原理图

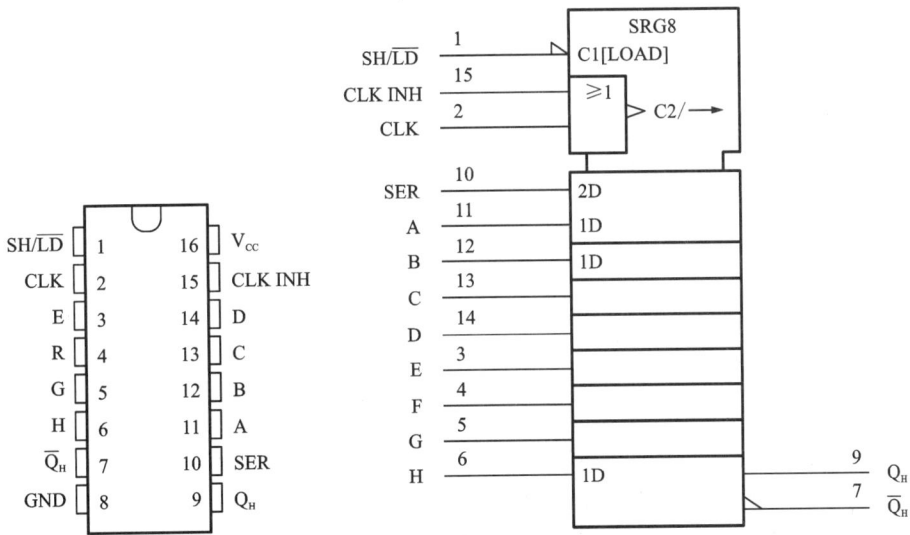

图 4.30　74HC165 双列直插封装图

74HC165 工作时序图如图 4.32 所示。从工作时序图可以看出，当 SH/LD(移位/置入控制端)为低电平时，并行数据(A – H)被置入寄存器，与时钟 CLK，CLK INH 信号及 SER(级联应用串行数据输入)均无关，这时体现的是 LOAD 功能；当 SH/LD 为高电平时，并行置数功能被禁止，此时，CLK INH 作为并转串的数据输出使能功能，当它为高电平时，数据保持，

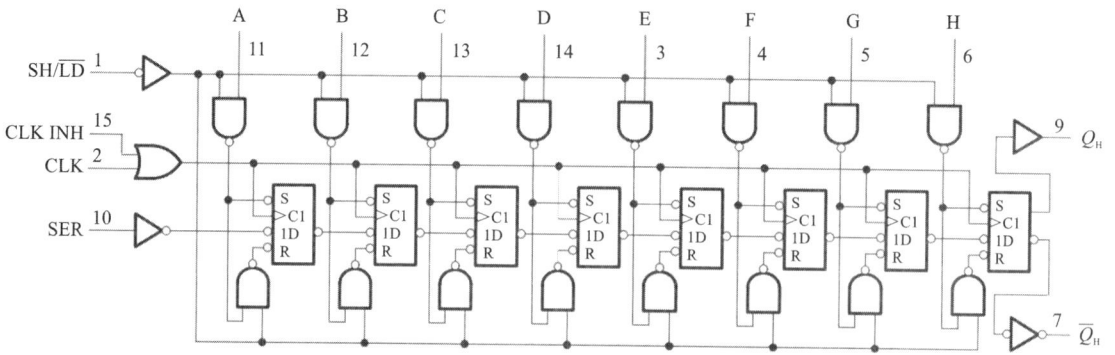

图 4.31　74HC165 内部逻辑图

当 CLK INH 置低时，数据在 CLK 脉冲作用下从 Q_H（或 Q_7）端和 $\overline{Q_H}$（或 $\overline{Q_7}$）串行输出，这时体现的是 SHIFT 功能。

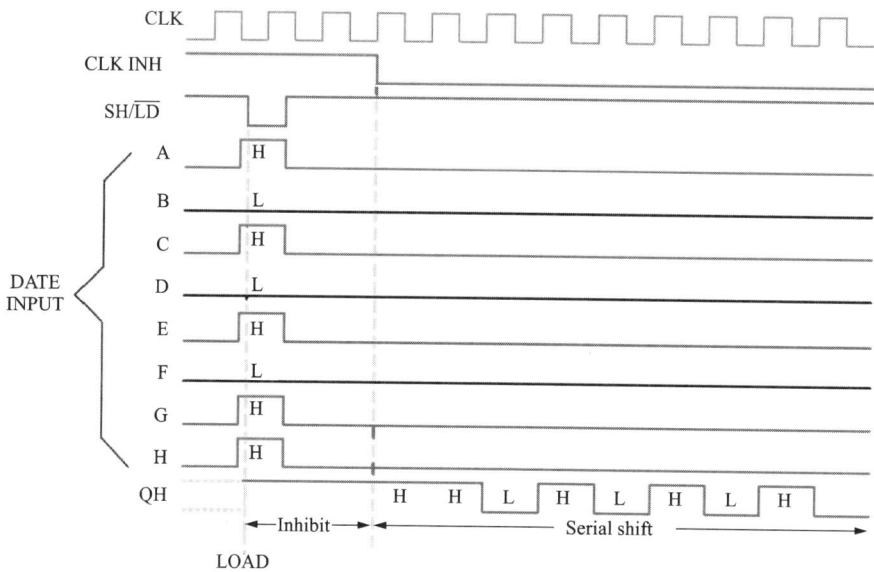

图 4.32　74HC165 工作时序图

　　并行输入转串行输出的数据接收电路如图 4.29 所示。当串行口工作方式为 0 时，软件置 REN ＝1（允许接收），RI ＝0（中断标志位清零），启动串行口接收数据。数据字节从低位到高位顺序装入 SBUF 中，一帧数据接收完毕后，硬件置 RI ＝1，发送中断请求。再次接收数据时，须由软件将 RI 位清零。实验部分参考程序如下：

```
        SETB    P3.7        ; 允许串行移位输出
        MOV     SCON, #10H  ; 工作方式 0，TI ＝0，REN ＝1，启动接收
LP1:    JNB     RI, LP1     ; 等待一帧数据发送完毕
        CLR     RI          ; 一帧数据发送完毕，软件清零 RI
        MOV     A, SBUF     ; 读取 SBUF 的数据
```

四、注意事项

(1)编写控制时序时,要保障控制信号的有效性,即每发一个信号应延时 2 μs 左右。

(2)在程序准备读取数据前,最好给 Q_7 送高电平,使端口设置为输入状态。

五、实验报告要求

(1)画出实验原理图,编写实验源程序。

(2)分析程序中指令的功能及实验现象。

(3)总结实验中出现的问题和解决办法并写出心得体会。

六、思考题

(1)如何将数据以串行方式从 74HC165 的 SER 端输入?

(2)采用并串转换方式,尝试编写扩展 8 位按键输入的键盘动态扫描程序。

实验十　电子琴的设计

一、实验目的

(1)了解单片机发出不同音调声音的发声原理。

(2)学会利用定时器输出不同频率的方法。

(3)掌握定时器的编程方法。

二、实验器材

本实验可以在含有扬声器或蜂鸣器的单片机仿真实验系统和开发板上进行。本实验需用设备器材如表 4.17 所示。

表 4.17　实验需用设备与器材

序号	名称	型号与规格	数量	备注
1	计算机		1 台	
2	单片机仿真实验系统	DP－51PROC	1 套	
3	示波器或频率计		1 只	
4	连接插线		若干条	

三、设计要求及提示

1. 设计要求

(1)编写一段程序,利用矩阵按键接 P3 口分别控制 16 种音阶标称频率的输出,当按下某一按键时,蜂鸣器发出对应的音调。

（2）利用 P0 口接 7 段数码管显示矩阵键盘对应的音阶。

2. 设计提示

各种不同的音调可以采用扬声器或蜂鸣器等产生，不同的音调需要有不同的音频脉冲去驱动。要产生不同的音频脉冲，首先，要计算出各个音频的周期（$T = 1/f$），然后将此周期除以 2，得到半周期时间，利用计时器计时，每到计满半周期时间就使输出翻转，重复此过程即可获得此频率的脉冲。具体实现利用单片机内部定时器/计数器 0，使其工作在方式 16 位定时方式，定时中断，通过改变 TH0 和 TL0 的值，就可以产生不同的频率脉冲。

例如：中音 1（DO）的频率 $f = 523$ Hz，周期 $T = 1/523$ s $= 1912$ μs；定时器的定时时间为 $T/2 = 1912/2$ μs $= 956$ μs；定时初值 THTL $= 65536 - 956 = 64580$（时钟频率 $f = 12$ MHz）；将 64580 装入 TH0、TL0 寄存器，启动 T0 后，每计数 956 次时产生溢出中断，进入中断服务程序对 P3.0 口输出值取反，就可得到中音 DO（523 Hz）的音符频率。为了每个音符都对应一个定时初值，12 MHz 晶振时 8 个音符对应定时初值如表 4.18 所示。

表 4.18 音符频率及定时初值对应表

C 调音符	频率/Hz	定时初值	C 调音符	频率/Hz	定时初值
7	495	64526	4	700	64822
1	523	64580	5	786	64900
2	589	64668	6	882	64970
3	661	64780	7	990	76031

如果要建立自动播放的乐谱，还有节拍的问题，不同的音乐每小节的拍数不同，可以适当调节一个延时时间的长度，各节拍与时间的设定如表 4.19 所示。

表 4.19 乐谱节拍延时时间表

乐谱节拍	1/4 拍时间/ms	1/8 拍时间/ms
4/4	125	62
3/4	187	94
2/4	250	125

四、注意事项

（1）编写程序时需注意堆栈指针的设置，留出部分空间用作堆栈专用。

（2）定时器定时初值的计算和设置要准确。

（3）注意各按键排列顺序与音符的对应关系。

五、实验报告要求

（1）编写实验源程序并加以注释。

（2）画出实验原理图。

（3）总结实验收获和心得体会。

六、思考题

（1）试编写一首简单音乐，进行自动播放。

（2）结合实验系统的硬件，设计一个可以任意选曲播放的电子音乐盒。

实验十一　键盘与显示实验

一、实验目的

（1）了解 ZLG7290 芯片的使用方法。

（2）学习对 I^2C 接口器件进行编程。

（3）掌握 ZLG7290 的键值读取和显示方法。

二、实验器材

本实验可以在具有 I^2C 键盘接口和 LED 驱动的 ZLG7290 芯片的单片机仿真实验系统和开发板上进行。本实验需用的设备器材如表 4.20 所示。

表 4.20　实验需用设备与器材

序号	名称	型号与规格	数量	备注
1	计算机		1 台	
2	单片机仿真实验系统	DP-51PROC	1 套	
3	连接插线		若干条	

三、设计要求及提示

1. 设计要求

（1）ZLG7290 芯片驱动的 8 个共阴极 LED 数码管，初始显示数字 1~8。

（2）采用 ZLG7290 芯片驱动 16 键的键盘，将各按键键值在 LED 数码管上显示出来。

2. 设计提示

ZLG7290 是一款国产的 I^2C 接口键盘及 LED 驱动管理芯片，提供数据译码和循环、移位、段寻址等控制功能。它可采样 64 个按键或传感器，单片即可完成 LED 显示、键盘接口的全部功能，与单片机之间的数据、指令通过 I^2C 总线接口传输，其 I^2C 总线接口的时钟速率最高为 32 kHz。I^2C 总线通信接口主要由 SDA、SCL 和 INT 引脚构成，当键盘有按键按下时，ZLG7290 可输出中断信号。ZLG7290 的 I^2C 总线器件地址为 70H（写操作）和 71H（读操作）。器件内部通过 I^2C 总线访问的寄存器地址范围为 00H~17H，任一寄存器都可按字节直接读写，并支持自动增址功能和地址翻转功能。

使用 ZLG7290 驱动数码管显示有两种方法,第一种方法是向命令缓冲区(07H～08H)写入复合指令,向07H写入命令并选通相应的数码管,向08H写入所要显示的数据,这种方法每次只能写入一个字节的数据,多字节数据的输出可在程序中用循环写入的方法实现;第二种方法是向显示缓存寄存器(10H～17H)写入所要显示的数据的段码,段码的编码规则为从高位到低位为 abcdefgdp,这种方法每次可写入1～8个字节数据。

ZLG7290 读普通键的入口地址和读功能键的入口地址不同,读普通按键的地址为01H,读功能键的地址为03H。读普通键返回按键的编号,读功能键返回的不是按键编号,需要程序对返回值进行翻译,转换成功能键的编号。

I²C 总线数据的有效性。数据 SDA 的电平状态必须在时钟线 SCL 处于高电平期间保持稳定不变5 μs 左右(编写 I²C 总线读、写数据程序时需注意延时)。SDA 的电平状态只有在 SCL 处于低电平期间才允许改变,如图 4.33 所示。但是 I²C 总线的启动和结束时例外,启动时,当 SCL 处于高电平期间时,SDL 从低电平跳变时产生启动条件,总线在启动条件产生后处于忙的状态;结束时,当 SCL 处于高电平期间时,SDA 从低电平向高电平跳变时产生结束条件,总线在结束条件产生后处于空闲状态。启动条件和结束条件如图 4.34 所示(编写 I²C 总线启动、结束程序时 SDA 在跳变前和跳变后的状态都需延时 5 μs 左右)。

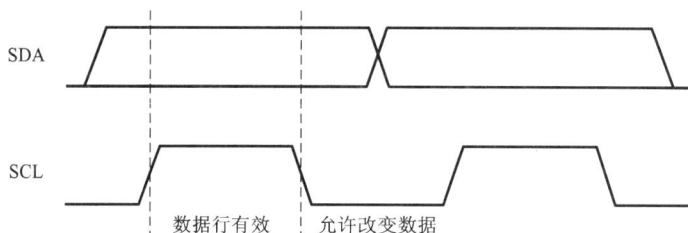

图 4.33 I²C 总线数据有效性示意图

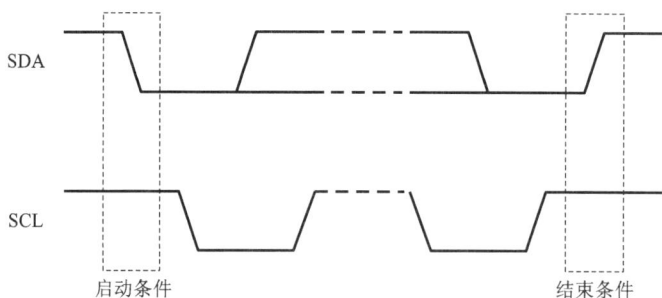

图 4.34 I²C 启动条件和结束条件示意图

I²C 总线数据的传输是以字节为单位进行的,传输到 SDA 线上的每个字节必须为 8 位,每次传输的字节数量不受限制。首先传输数据的最高位(MSB,第 7 位),最后传输最低位(LSB,第 0 位)。每个字节之后还要跟一个响应位,称为应答。应答位为 0 表示接收器应答(ACK),为 1 则表示非应答(NACK),发送器发送完 LSB 之后,应当释放 SDA 线(拉高

SDA)，以等待接收器产生应答位。如果接收器接收完最后一个字节数据，或者不能再接收更多的数据时，应当产生非应答通知发送器，发送器发现有非应答状态，则应当终止发送。为便于理解数据传输时的时序变化，图 4.35 和图 4.36 给出了主机连续向从机发送和主机从从机接收多个字节数据的时序图，编写程序时需按照此时序进行。在传输数据过程中，当要切换数据的传输方向时，要采用重复启动条件(I²C 总线在已经处于忙的状态下，再一次直接产生启动条件)，在读键值寄存器内容时就需采用重启 I²C 总线的方法。如需要更详细的使用说明请参阅 ZLG7290 的数据手册。

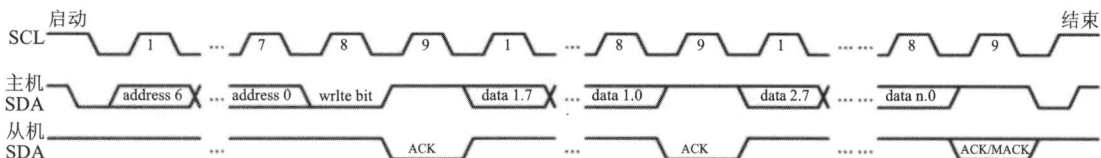

图 4.35　主机向从机连续发送多字节数据时序图

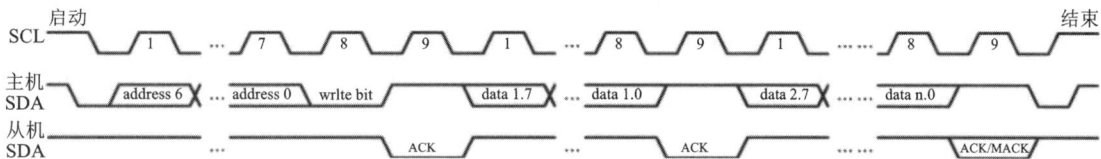

图 4.36　主机从从机连续接收多字节数据时序图

LED 数码管是一种常用的显示设备终端，具有成本低、设计简单的优点，因此被广泛地应用在数字系统设计中。LED 数码管由 7 段或 8 段发光二极管组成，在平面上排成 8 字形，分共阴极和共阳极两种，数码管亮灭控制的最基本原理就是当有电流流过数码管 a、b、c、d、e、f、g、h(Dp)的某一段时，该段就发光，利用某些段点亮构成 0 ~ F 等字形。使某段点亮必须具备两个条件：第一，共阴极管的公共端接地(或低电平)和共阳极管的公共端接电源(或高电平)；第二，共阴极管的控制端接电源(或高电平)和共阳极管的控制端接地(或低电平)。图 4.37 给出了 7 段数码管及共阳极和共阴极连接方式。

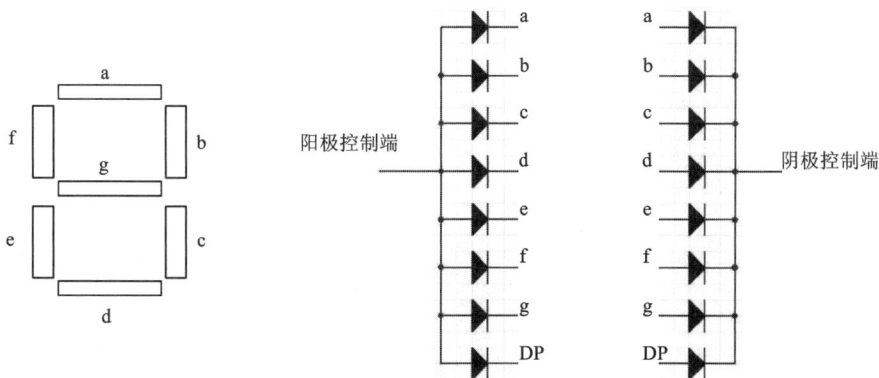

图 4.37　7 段数码管及共阳极和共阴极连接方式

　　4 位二进制数如何转变成数码管可以显示的数字，这就是本实验中的译码问题。因为 4 位二进制数可以表示 16 种状态，表示的数值范围是 0～15，十六进制的 0～F，所以将其与数码管的显示状态一一对应，即实现译码。表 4.21 给出了共阴极连接方式时 4 位二进制数、十六进制数 0～F 对应的 7 段数码管段控制码。

表 4.21　7 段数码管共阴段控码

二进制数	十六进制数	a b c d e f g h	二进制数	十六进制数	a b c d e f g h
0000	0	11111100	1000	8	11111110
0001	1	01100000	1001	9	11110110
0010	2	11011010	1010	A	11101110
0011	3	11110010	1011	b	00111110
0100	4	01100110	1100	C	10011100
0101	5	10110110	1101	d	01111010
0110	6	10111110	1110	E	10011110
0111	7	11100100	1111	F	10001110

　　根据 I^2C 总线数据的传输特性，图 4.37～图 4.40 分别列出了本实验的主程序、键值读取中断程序、向显示缓冲区写 N 字节、从 I^2C 读键值的流程图，供编写实验程序时参考。

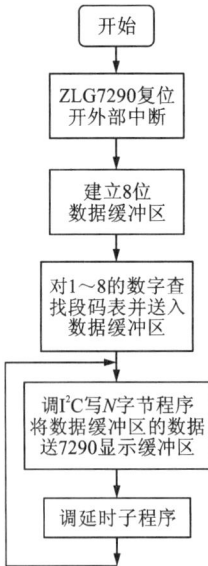

图 4.38　主程序流程图　　　　图 4.39　键值读取中断程序流程图

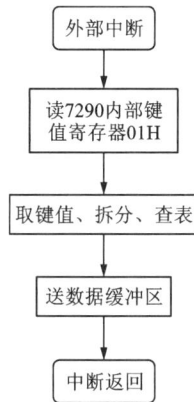

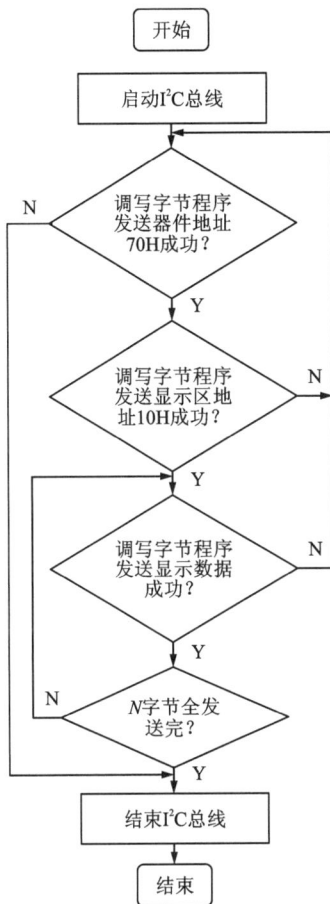

图 4.40 向显示缓冲区写 N 字节流程图

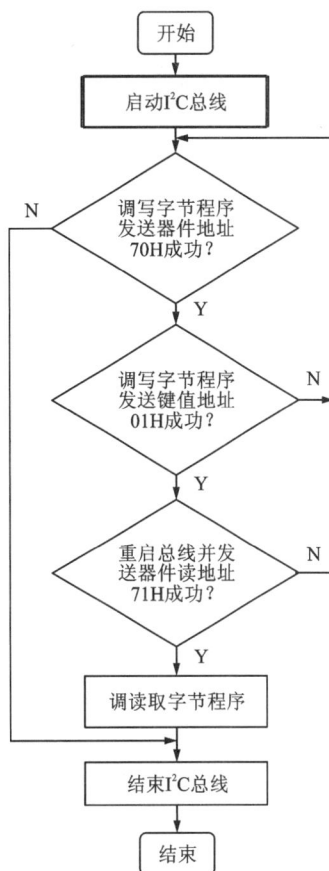

图 4.41 从 I²C 读键值流程图

四、注意事项

(1) I²C 时钟总线的速率不能超过器件支持的 32 kHz 速率。

(2) 读、写 I²C 总线数据时,必须按照其时序规则进行,并使数据保持一定的有效时间(5 μs 左右),使之传输正确的数据。

(3) 由于 ZLG7290 会对键盘和数码管进行自动扫描,所以按键的识别只需向指定地址单元读出数据,显示时也无须用户输送数码管位控码,只需要把段码送到对应的地址单元即可实现显示。

五、实验报告要求

(1) 画出程序的流程图。

(2) 编写实验源程序并加以注释。

(3) 对实验进行分析和总结并写出心得体会。

六、思考题

(1)如何实现显示的部分内容闪烁?

(2)如何实现简单的加减乘除运算?

实验十二　16×16 LED 点阵显示实验

一、实验目的

(1)了解点阵显示的原理。

(2)学会利用单片机的 I/O 进行 LED 点阵的扫描显示。

(3)掌握字模的形成和字模的提取方法。

二、实验器材

本实验可以在具有 LED 点阵显示模块的单片机仿真实验系统和开发板上进行。本实验采用的设备器材如表 4.22 所示。

表 4.22　实验需用设备与器材

序号	名称	型号与规格	数量	备注
1	计算机		1 台	
2	单片机仿真实验系统	DP－51PROC	1 套	
3	连接插线		若干条	

三、设计要求及提示

1. 设计要求

(1)编写一段程序,实现 I/O 口控制 4 片 74HC595 行列驱动芯片,使 16×16 LED 点阵显示出图形或文字。

(2)LED 显示屏各点亮度充足,显示的图形或文字应亮度均匀、稳定和清晰。

(3)实现图形或文字的多种移入移出控制方式。

2. 设计提示

16×16 的点阵共有 256 个发光二极管,在实际应用中的显示屏往往还要大得多,显然单片机没有这么多可以用的端口。解决这一问题的办法,通常是采用动态扫描显示和串转并扩展 I/O 接口。把所有同一行的发光管的阳极连在一起(点阵的行),把所有同一列的发光管的阴极连在一起(点阵的列),其 LED 显示屏电路结构如图 4.42 所示。显示过程是先选通第一列,然后送出对应第一列发光管亮灭的数据,使其点亮一定的时间后熄灭;再选通第二列,然后送出第二列的数据使其点亮相同的时间,然后熄灭;……把所有列全点亮一定时间后又回到第一列,按此规律循环点亮显示显示屏。当这样循环的速度足够快(每秒 24 次以上,要使无闪烁感每秒 50 次以上），由于人眼的视觉暂留现象，我们就能看到显示屏上稳定的图形。

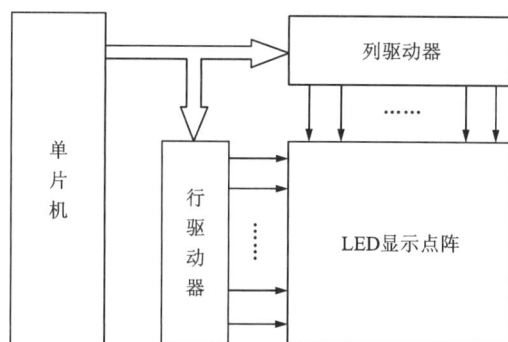

图 4.42　LED 显示屏电路结构

在 LED 点阵显示中显示的图形或文字，是通过调取字库中的字模数据送到显示屏而形成，而字库中的数据是按一定规律从点阵图形中提取出来的。图 4.43 为"单"字点阵分布图。从第一列开始由上向下（H0~H15），每取 8 个点作为一个字节，如果最后不足 8 个点就补满 8 位。取模顺序是从低到高，即第一个点（H0）作为最低位，第十六个点（H15）作为最高位。"单"字第一列（L0）取为 00H、10H，按照此规律将 L0~L15 各列数据取出，共有 32 个字节数据，这说明一个 16×16 点阵图文字库，需要 32 个字节数据记录。采用字模提取软件提取出"单"字的字模数据如下：

DB　00H，10H，00H，10H，F8H，13H，49H，12H，4AH，12H，4CH，12H，48H，12H，F8H，FFH；

DB　48H，12H，4CH，12H，4AH，12H，49H，12H，F8H，13H，00H，10H，00H，10H，00H，00H；

16×16 点阵用 74HC595 驱动行和列各需 2 片串联，行和列分别需要连续发送两个字节数据，某列为低电平时被选正，且行送高电平时对应点亮。对 74HC595 送数据的具体的操作如下：当 OE 为低电平时（高电平时并行输出口为高阻态），在每个 CLK 周期，同时发送行和列的 1 bit 串行数据，数据在 CLK 上升沿进入移位寄存器，经过 16 个 CLK 周期即可把行和列的 16 位数据全都送入移位寄存器，此时再发送一个脉冲给 STR，移位寄存器中的数据就从并行端口输出到 LED 点阵，LED 点阵即可显示出相应的图文。

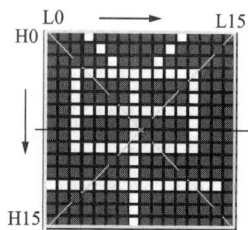

图 4.43　"单"字点阵分布图

四、注意事项

（1）注意显示时间和频率的控制。

（2）图形和文字显示时数据的送入顺序和方向要与字模提取时一致。

（3）74HC595 的控制要按照其时序要求输送信号和数据。

五、实验报告要求

(1)画出程序流程图。

(2)编写实验源程序并加以注释。

(3)对实验进行分析和总结并写出心得体会。

六、思考题

(1)如何改变图文移动速度?

(2)怎样实现反白显示?

实验十三 步进电机控制实验

一、实验目的

(1)了解步进电机的工作原理。

(2)掌握步进电机转动控制方式和调速方法。

(3)掌握步进电机驱动程序设计和调试方法。

二、实验器材

本实验可以在含有步进电机实验模块的单片机仿真实验系统和开发板上进行。本实验需用的设备器材如表4.23所示。

表4.23 实验需用设备与器材

序号	名称	型号与规格	数量	备注
1	计算机		1台	
2	单片机仿真实验系统	DP – 51PROC	1套	
3	连接插线		若干条	

三、设计要求及提示

1. 设计要求

(1)编写程序,通过单片机的P1口控制步进电机的控制端,使其按一定的控制方式转动。

(2)分别采用单四拍、双四拍、单双八拍的方式控制步进电机转动,可通过按键控制电动机的转动方向和转速的调整。

(3)观察不同控制方式下,步进电机转动时的振动情况和步进角的大小,比较几种控制方式的优缺点。

2. 设计提示

步进电机驱动原理是通过对每相线圈中的电流的顺序切换来使电机作步进式旋转，切换是通过单片机输出脉冲信号来实现的。因此调节脉冲信号的频率便可以改变步进电机的转速，改变各相脉冲的先后顺序，可以改变电机的旋转方向。步进电机按照定子励磁相数可分为三相、四相、五相和六相等，本实验采用四相步进电机来实现，对应驱动原理图如图 4.44 所示。单片机 I/O 口输出的脉冲信号经 ULN2003A 倒相驱动后，向步进电机输出脉冲信号序列，控制步进电机的转动。

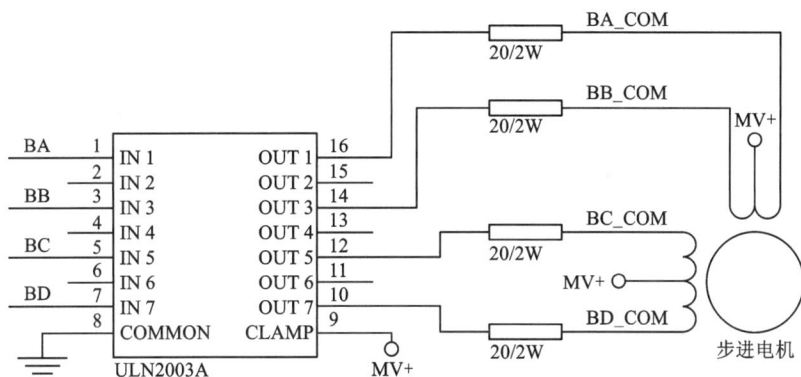

图 4.44 步进电机驱动原理图

电机驱动方式可以采用单四拍(A→B→C→D→A)方式，也可以采用双四拍(AB→BC→CD→DA→AB)方式，或者单、双八拍(A→AB→B→BC→C→CD→D→DA→A)方式，工作方式的时序图如图 4.45 所示。四相步进电机的定子上有四组相对线圈，分别提供 90°相位差，当步进电机为单极励磁时，送入一个脉冲则转子转动一步即停止，这时转子所旋转的角度称为步进角。如果对应一个脉冲信号，电机转子转过的角位移用 θ 表示，则 $\theta = 360°/$(转子齿数×运行拍数)，以常规的转子齿数为 50 齿电机为例，四拍运行时步距角为 $\theta = 360°/(50 \times 4) = 1.8°$(俗称整步)，八拍运行时步距角为 $\theta = 360°/(50 \times 8) = 0.9°$(俗称半步)。

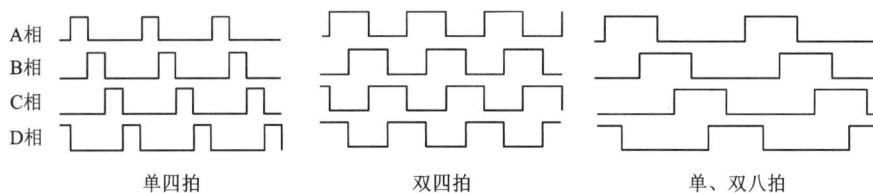

图 4.45 步进电机工作时序波形图

四、注意事项

(1)控制步进电机转动时，转速不要太快，使人眼能明显分辨出转动方向。
(2)确保控制线的连接与单片机 I/O 口输出的相序一致。

(3)各种电机驱动方式中单片机输出的信号要控制时序进行。

五、实验报告要求

(1)编写实验源程序并加以注释。

(2)画出实验原理图。

(3)总结实验收获和心得体会。

六、思考题

(1)如何将转速和转动步数在数码管上显示出来?

(2)如何实现从键盘输入正、反转命令以及调整转速和转动步数,启动运行后在数码管上显示转速和剩余的转动步数,转动步数为零时停止转动?

第 5 章

电力电子技术实验

实验一　锯齿波同步移相触发电路研究

一、实验目的

(1) 加深理解锯齿波同步移相触发电路的工作原理及各元件的作用。

(2) 掌握锯齿波同步触发电路的调试方法。

二、实验原理

锯齿波同步移相触发电路由同步检测、锯齿波形成、移相控制、脉冲形成、脉冲放大等环节组成，其原理图如图 5.1 所示。

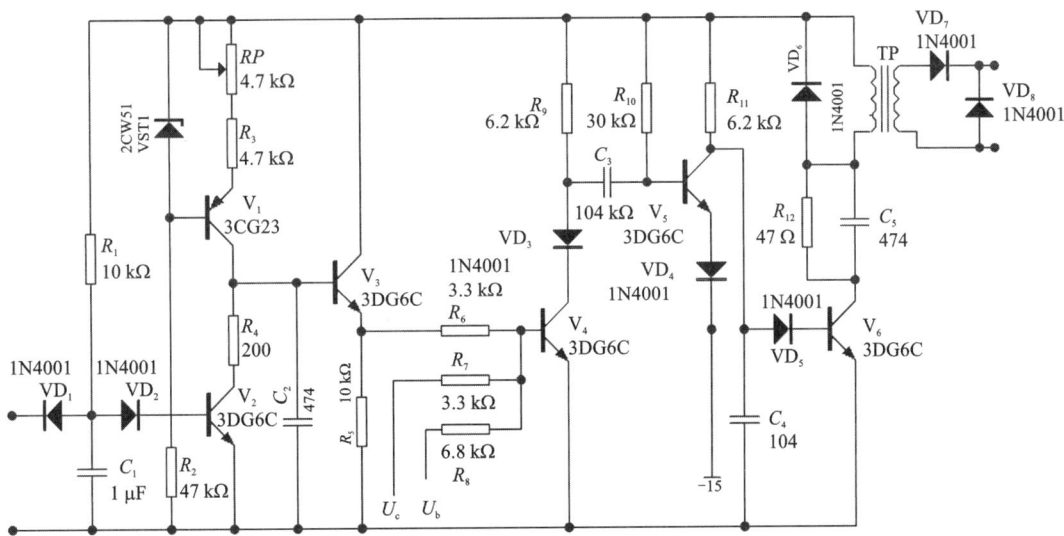

图 5.1　锯齿波同步移相触发电路

由 VD_1、VD_2、C_1、R_1 等元件组成同步检测环节，其作用是利用同步电压来控制锯齿波产生的时刻和宽度。由 VST_1、V_1、R_3 等元件组成的恒流源电路及 V_2、V_3、C_2 等组成锯齿波形成环节。控制电压 U_{ct}、偏移电压 U_b 及锯齿波电压在 V_4 基极综合叠加，从而构成移相控制环节。V_5、V_6 构成脉冲形成放大环节，脉冲变压器输出触发脉冲。

三、实验器材

本实验在 MCL – Ⅱ 型电机、电力电子及电气传动教学实验台和相关组件上进行，所用电路、元件及接线端口标识均可在相关组件上找到。使用时请熟悉设备，了解注意事项。

实验所用设备如表5.1所示。

表5.1　实验需用仪器设备

序号	名称	型号与规格	数量	备注
1	教学实验台主控制屏	NMCL – Ⅱ	1 套	
2	给定控制单元实验箱	NMCL – 31	1 只	
3	锯齿波触发电路实验箱	NMCL – 36	1 只	
4	双踪示波器		1 台	
5	万用表		1 只	

四、实验内容及步骤

实验的操作和测试在表5.1中所示设备上进行。

若使用其他设备，请熟悉其使用方法，按实验电路图，参照下列实验步骤完成实验。

（1）将锯齿波触发电路实验箱 NMCL – 36 面板上左上角的同步电压输入接主控制屏的 U、V 端。

（2）合上主控制屏电源开关，并打开 NMCL – 36 面板右下角的电源开关。用示波器观察各观察孔的电压波形，示波器的地线接于 7 端。（注意：双踪示波器有两个探头，可以同时测量两个信号，但这两个探头的地线都与示波器的外壳相连接，所以两个探头的地线不能同时接在某一电路的不同两点上，否则将使这两点通过示波器发生电气短路。为此，在实验中可将其中一根探头的地线取下或外包以绝缘，只使用其中一根地线。当需要同时观察两个信号时，必须在电路上找到这两个被测信号的公共点，将探头的地线接上，两个探头各接至信号处，即能在示波器上同时观察到两个信号，而不致发生意外。）

同时观察 1、2 孔的波形，了解锯齿波宽度和"1"点电压波形的关系。

观察 3 ~ 5 孔波形及输出电压 U_{G1K1} 的波形，调整电位器 RP_1，使 3 的锯齿波刚出现平顶，记下各波形的幅值与宽度，比较 3 孔电压 U_3 与 U_5 的对应关系。

（3）调节脉冲移相范围。

将 NMCL – 31 的 G 输出电压调至 0 V，即将控制电压 U_{ct} 调至零，用示波器观察 U_2 电压（即 2 孔）及 U_5 的波形，调节偏移电压 U_b（即调 RP_2），使 $\alpha = 180°$，如图 5.2 所示。

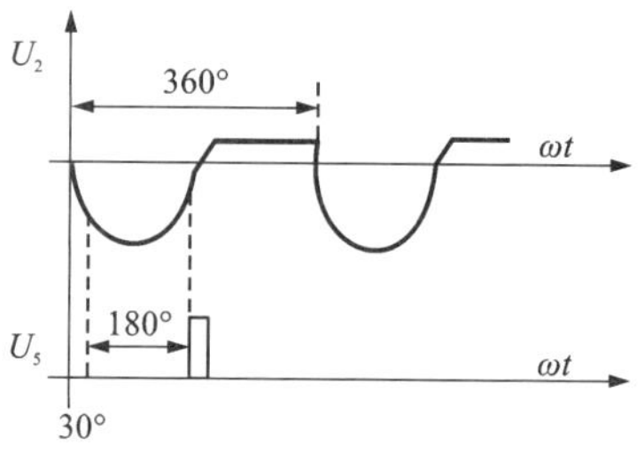

调节 NMCL – 31 的给定电位器 R_P，增加 U_{ct}，观

图 5.2　脉冲移相范围

察脉冲的移动情况，要求 $U_{ct}=0$ 时，$\alpha=180°$，$U_{ct}=U_{max}$ 时，$\alpha=30°$，以满足移相 $\alpha=30°\sim180°$ 的要求。

（4）调节 U_{ct}，使 $\alpha=60°$，观察并记录 $U_1\sim U_5$ 及输出脉冲电压 U_{G1K1}，U_{G2K2} 的波形，并标出其幅值与宽度。

用导线连接"K_1"和"K_3"端，用双踪示波器观察 U_{G1K1} 和 U_{G3K3} 的波形，调节电位器 RP_3，使 U_{G1K1} 和 U_{G3K3} 间隔 $180°$。

五、实验报告要求

（1）整理，描绘实验中记录的各点波形，并标出幅值与宽度。
（2）讨论分析其他实验现象。

六、思考题

（1）总结锯齿波同步触发电路移相范围的调试方法，分析移相范围的大小与哪些参数有关。
（2）如果要求 $U_{ct}=0$ 时，$\alpha=90°$，应如何调整？

实验二　单相桥式半控整流电路研究

一、实验目的

（1）研究单相桥式半控整流电路在电阻负载，电阻－电感性负载时的工作。
（2）熟悉锯齿波触发电路的工作。
（3）进一步掌握双踪示波器在电力电子线路实验中的使用特点与方法。

二、实验原理

单相桥式半控整流电路的工作原理可参见"电力电子技术"的有关教材。

实验电路如图 5.3 所示，两组锯齿波触发电路由一个同步变压器保持与输入的电压同步，其输出脉冲分别加到共阴极的两个晶闸管上。

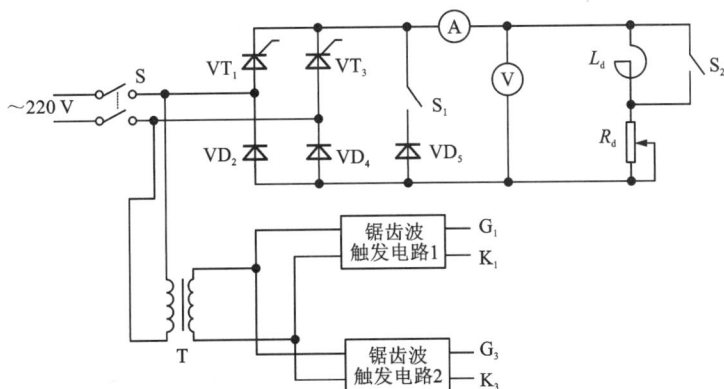

图 5.3　单相桥式半控整流电路实验电路图

三、实验器材

本实验在 MCL-Ⅱ型电机电力电子及电气传动教学实验台和相关组件上进行,所用电路、元件及接线端口标识均可在相关组件上找到。使用时请熟悉设备,了解注意事项。

实验需用设备如表 5.2 所示。

表 5.2　实验需用仪器设备

序号	名称	型号与规格	数量	备注
1	教学实验台主控制屏	MCL-Ⅱ	1套	
2	晶闸管实验箱	NMCL-33	1只	
3	给定控制单元实验箱	NMCL-31	1只	
4	锯齿波触发电路实验箱	NMCL-36	1只	
5	平波电抗器及阻容吸收组件	NMCL-331	1组	
6	可调电阻器组件	NMEL-03	1组	
7	双踪示波器		1台	
8	万用表		1只	

四、实验内容及步骤

实验接线图如图 5.4 所示。

若使用其他设备,请熟悉其使用方法,按实验电路图接线,参照下列实验步骤完成实验。

(1)实验前必须先了解晶闸管的电流额定值,并根据额定值与整流电路形式计算出负载电阻的最小允许值。同时为保护整流元件不受损坏,要了解晶闸管整流电路的正确操作步骤:

①在主电路不接通电源时,调试触发电路,使之正常工作。

②在控制电压 $U_{ct}=0$ 时,接通主电源。然后逐渐增大 U_{ct},使整流电路投入工作。

③断开整流电路时,应先把 U_{ct} 降到零,使整流电路无输出,然后切断总电源。

(2)触发电路调整。

将锯齿波触发电路的同步电压输入(NMCL-36 面板左上角上)接主控制屏的 U、V 输出端。

将主控制屏三相调压器逆时针调到底,合上主电路电源,调节主控制屏交流电压输出 $U_{uv}=220$ V,并打开锯齿波触发电路的电源开关(NMCL-36 面板右下角上)。观察锯齿波触发电路中各点波形是否正确,确定其输出脉冲可调的移相范围。并调节偏移电阻 RP_2,使 $U_{ct}=0$ 时,$\alpha=150°$。

(3)单相桥式晶闸管半控整流电路供电给电阻性负载。

按图 5.4 接线(注意 NMCL-33 的内部脉冲需断开),并短接平波电抗器 L。调节电阻负载 R_D(可选择 900 Ω 电阻并联,最大电流为 0.8 A)至最大。

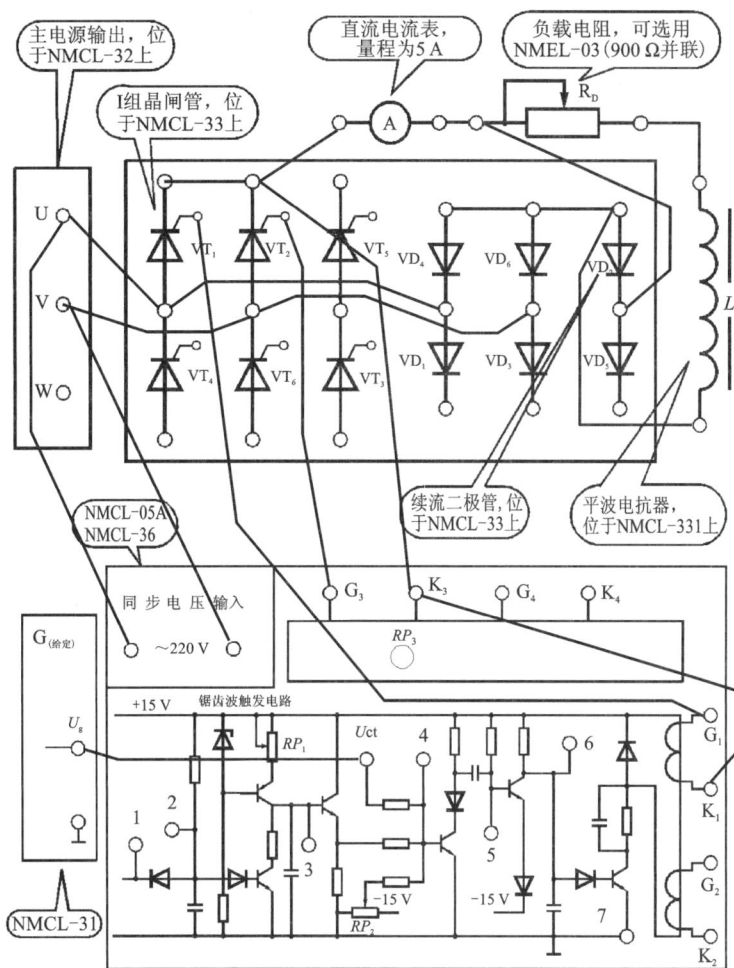

图 5.4 单相桥式半控整流电路接线图

①给定电压调节电位器 RP_1（位于 NMCL － 31 上）逆时针调到底，使 $U_{ct}=0$。

合上主电路电源，调节给定电压调节电位器 RP_1，使 $\alpha=90°$，测取此时整流电路的输出电压 $u_d=f(t)$，输出电流 $i_d=f(t)$ 以及晶闸管端电压 $u_{VT1}=f(t)$ 波形，并测定交流输入电压 U_2、整流输出电压 U_d，验证

$$U_d=0.9U_2\frac{1+\cos\alpha}{2} \tag{5.1}$$

若输出电压的波形不对称，可分别调整锯齿波触发电路中的 RP_1，RP_3 电位器。

②采用类似方法，分别测取 $\alpha=60°$、$\alpha=30°$时的 u_d、i_d、u_{VT1} 波形。

（4）单相桥式半控整流电路供电给电阻 － 电感性负载。

①按图 5.4 接上平波电抗器，接上续流二极管，给定电压调节电位器 RP_1 逆时针调到底，使 $U_{ct}=0$，合上主电源。

②调节 U_{ct}，使 $\alpha=90°$，测取输出电压 $u_d=f(t)$，整流电路输出电流 $i_d=f(t)$ 以及续流二极管电流 $i_{VD}=f(t)$ 波形，并分析三者的关系。调节电阻 R_D，观察 i_d 波形如何变化，注意防止

过流。

③调节 U_{ct}，使 α 分别等于 60°、30°时，测取 u_d、i_L、i_d、i_{VD} 波形。

④断开续流二极管，观察 $u_d = f(t)$，$i_d = f(t)$。

（5）失控现象观察。

突然切断触发电路，观察失控现象并记录 U_d 波形。若不发生失控现象，可调节电阻 R_d 的阻值。

五、实验报告要求

（1）绘出单相桥式半控整流电路供电给电阻负载、电阻－电感性负载情况下，当 $\alpha = 90°$ 时的 u_d、i_d、u_{VT}、i_{VD} 等波形图，并加以分析。

（2）作出实验整流电路的输入－输出特性 $U_d = f(U_{ct})$ 曲线，触发电路特性 $U_{ct} = f(\alpha)$ 及 $U_d/U_2 = f(\alpha)$ 曲线。

（3）分析续流二极管作用及电感量大小对负载电流的影响。

六、思考题

（1）在可控整流电路中，续流二极管 VD 起什么作用？在什么情况下需要接入？

（2）能否用双踪示波器同时观察触发电路与整流电路的波形？

实验三 三相桥式全控整流及有源逆变电路研究

一、实验目的

（1）熟悉晶闸管、触发电路实验箱。

（2）熟悉三相桥式全控整流及有源逆变电路的接线及工作原理。

（3）了解集成触发器的调整方法及各点波形。

二、实验原理

实验电路如图 5.5 所示。主电路由三相全控变流电路及作为逆变直流电源的三相不控整流桥组成。触发电路为数字集成电路，可输出经高频调制后的双窄脉冲链。三相桥式整流及有源逆变电路的工作原理可参见"电力电子技术"的有关教材。

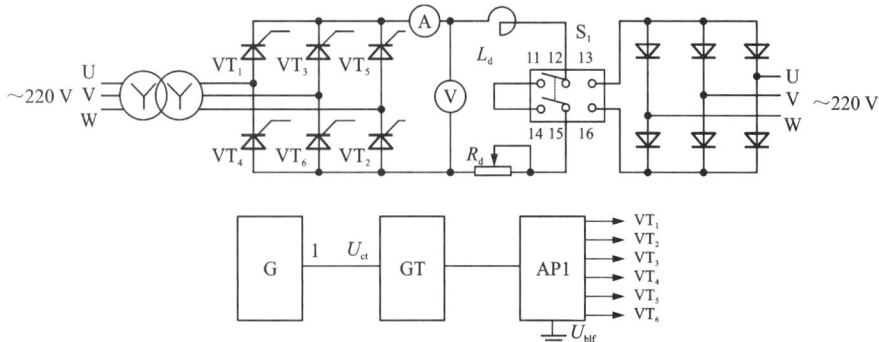

图 5.5 三相桥式全控整流及有源逆变电路实验电路图

三、实验器材

本实验在 MCL－Ⅱ型电机电力电子及电气传动教学实验台和相关组件上进行，所用电路、元件及接线端口标识均可在相关组件上找到。使用时请熟悉设备，了解注意事项。

实验需用设备见表 5.3。

表 5.3　实验需用仪器设备

序号	名称	型号与规格	数量	备注
1	教学实验台主控制屏	MCL－Ⅱ	1 套	
2	晶闸管、触发电路实验箱	NMCL－33	1 只	
3	给定控制单元实验箱	NMCL－31	1 只	
4	平波电抗器及阻容吸收组件	NMCL－331	1 组	
5	三相芯式变压器组件	NMCL－35	1 组	
6	三相可调电阻器组件	NMEL－03	1 组	
7	双踪示波器		1 台	
8	万用表		1 只	

四、实验内容及步骤

实验接线图如图 5.6 所示。

若使用其他设备，请熟悉其使用方法，按实验电路图接线，参照下列实验步骤完成实验。

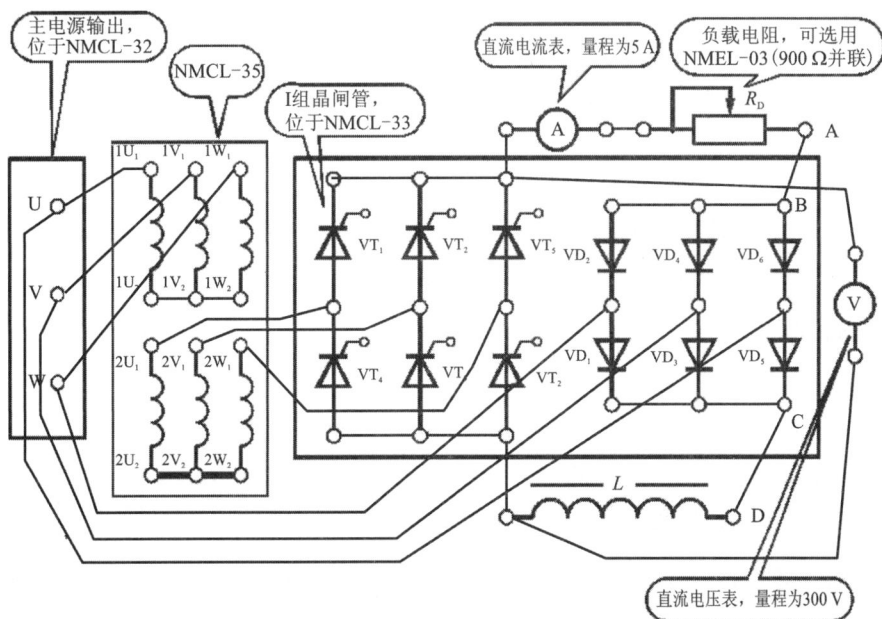

图 5.6　三相桥式全控整流及有源逆变电路主回路

1. 未上主电源之前，检查晶闸管的脉冲是否正常

（1）用示波器观察触发电路（NMCL－33 上）的双脉冲观察孔，应有间隔均匀、相互间隔 60° 的幅度相同的双脉冲。

（2）检查相序，用示波器观察 1、2 单脉冲观察孔，1 脉冲超前 2 脉冲 60°，则相序正确，否则，应调整输入电源。

（3）用示波器观察每只晶闸管的控制极、阴极，应有幅度为 1～2 V 的脉冲。

（4）如图 5.7 所示连接控制回路，将 NMCL－31 的给定器输出 U_g 接至触发电路的 U_{ct} 端（NMCL－33 面板上），同时将 NMCL－33 面板上的 U_{blf}（当三相桥式全控变流电路使用 I 组桥晶闸管 VT$_1$～VT$_6$ 时）接地，并把 I 组桥式触发脉冲的六个开关均拨到"接通"。调节偏移电压 U_b，在 U_{ct} ＝0 时，使 α ＝150°。

2. 三相桥式全控整流电路

按图 5.6 接线，AB 两点断开、CD 两点断开，AD 连接在一起，并将 R_D（可选择 900 Ω 电阻并联，最大电流为 0.8 A）调至最大（450 Ω）。

三相调压器逆时针调到底，合上主电源，调节主控制屏输出电压 U_{uv}、U_{vw}、U_{wu}，从 0 V 调至 220 V。

调节 U_{ct}，使 α 为 30°～90°，用示波器观察记录 α ＝ 30°、60°、90° 时，整流电压 $u_d = f(t)$，晶闸管两端电压 $u_{VT} = f(t)$ 的波形，并记录相应的 U_d 和交流输入电压 U_2 数值。

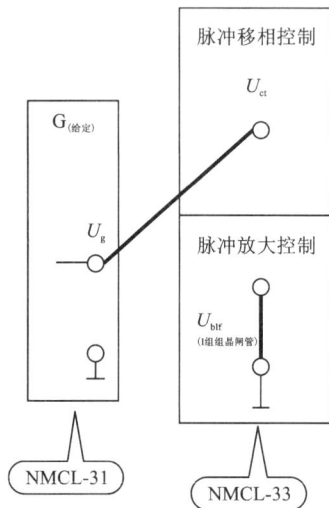

图 5.7　三相电路控制回路接线图

3. 三相桥式有源逆变电路

断开电源开关后，断开 AD 点的连接，分别连接 AB 两点和 CD 两点。调节 U_{ct}，使 α 仍为 150° 左右。

合上主电源。调节 U_{ct}，观察 α ＝90°、120°、150° 时（即逆变角 β 为 90°、60°、30°）电路中 u_d、u_{VT} 的波形，并记录相应的 U_d、U_2 数值。

4. 电路模拟故障现象观察

在整流状态时，断开某一晶闸管元件的触发脉冲开关，则该元件无触发脉冲，即该支路不能导通，观察并记录此时的 u_d 波形。

五、实验报告要求

（1）画出电路的移相特性 $U_d = f(\alpha)$ 曲线。

（2）作出整流电路的输入—输出特性 $U_d/U_2 = f(\alpha)$ 曲线。

（3）画出三相桥式全控整流电路 α 角为 30°、60°、90° 时的 u_d、u_{VT} 波形。

（4）画出三相桥式有源逆变电路 β 角为 30°、60°、90° 时的 u_d、u_{VT} 波形。

六、思考题

（1）简单分析模拟故障现象。

(2)如何解决主电路和触发电路的同步问题？主电路三相电源的相序能任意确定吗？

(3)在整流向逆变切换时对 α 角有什么要求？为什么？

实验四　单相交流调压电路研究

一、实验目的

(1)加深理解单相交流调压电路的工作原理。

(2)加深理解交流调压感性负载时对移相范围要求。

二、实验原理

本实验采用了锯齿波移相触发器。该触发器适用于双向晶闸管或两只反并联晶闸管电路的交流相位控制，具有控制方式简单的优点。

晶闸管交流调压器的主电路由两只反向晶闸管组成，如图 5.8 所示。

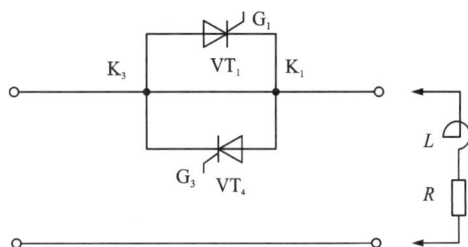

图 5.8　单相交流调压器主电路

三、实验器材

本实验在 MCL － Ⅱ 型电机电力电子及电气传动教学实验台和相关组件上进行，所用电路、元件及接线端口标识均可在相关组件上找到。使用时请熟悉设备，了解注意事项。

实验需用设备见表 5.4。

表 5.4　实验需用仪器设备

序号	名称	型号与规格	数量	备注
1	教学实验台主控制屏	MCL － Ⅱ	1 套	
2	晶闸管实验箱	NMCL － 33	1 只	
3	给定控制单元实验箱	NMCL － 31	1 只	
4	锯齿波触发电路实验箱	NMCL － 36	1 只	
5	平波电抗器及阻容吸收组件	NMCL － 331	1 组	
6	三相芯式变压器组件	NMCL － 35	1 组	
7	三相可调电阻器组件	NMEL － 03	1 组	
8	双踪示波器		1 台	
9	万用表		1 只	

四、实验内容及步骤

实验接线图如图 5.9 所示。

若使用其他设备,请熟悉其使用方法,按实验电路图接线,参照下列实验步骤完成实验。

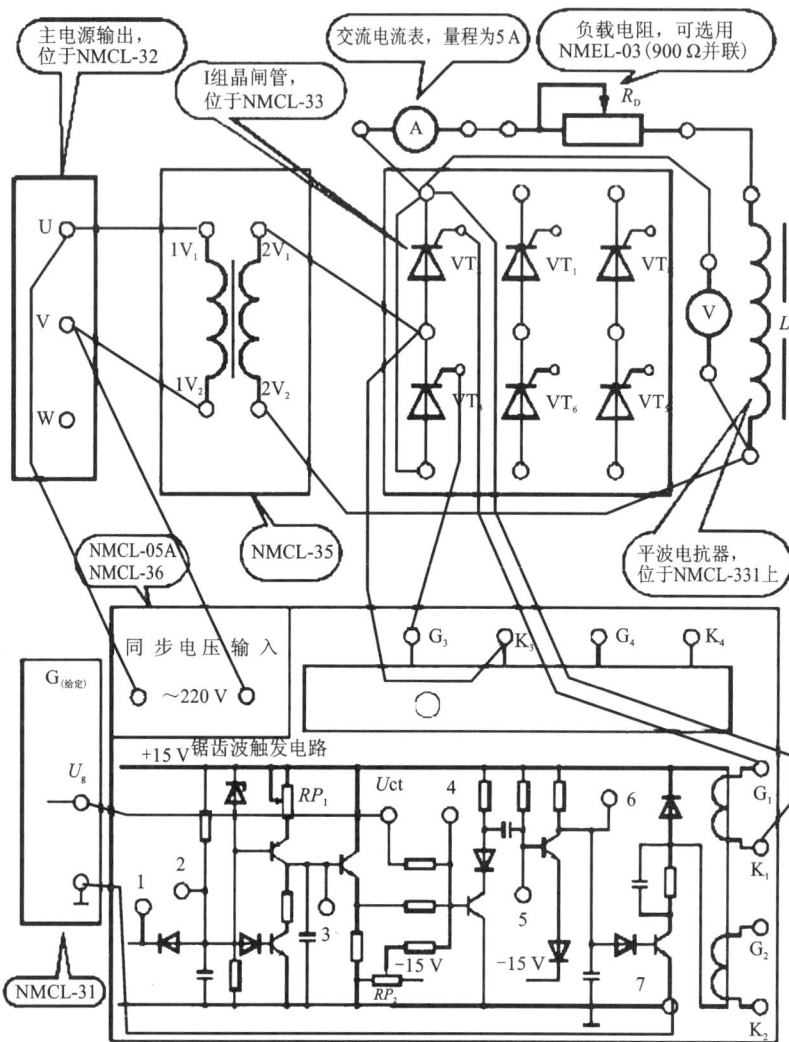

图 5.9　单相交流调压电路

1. 单相交流调压器带电阻性负载

按图 5.9 连接实验线路,将 NMCL - 33 上的两只晶闸管 VT$_1$、VT$_4$ 反并联而成交流电调压器,将触发器的输出脉冲端 G$_1$、K$_1$,G$_3$、K$_3$ 分别接至主电路相应 VT$_1$ 和 VT$_4$ 的门极和阴极。

接上电阻性负载(可采用两只 900 Ω 电阻并联),并调节电阻负载至最大。

NMCL - 31 的给定电位器 RP_1 逆时针调到底,使 $U_{ct} = 0$。调节锯齿波同步移相触发电路偏移电压电位器 RP_2,使 $\alpha = 150°$。

三相调压器逆时针调到底，合上主电源，调节主控制屏输出电压，使 $U_{uv} = 220$ V。用示波器观察负载电压 $u = f(t)$，晶闸管两端电压 $u_{VT} = f(t)$ 的波形，调节 U_{ct}，观察不同 α 角时各波形的变化，并记录 $\alpha = 60°$、$90°$、$120°$ 时的波形。

2. 单相交流调压器接电阻—电感性负载

（1）在做电阻—电感实验时需调节负载阻抗角的大小，因此须知道电抗器的内阻和电感量。可采用直流伏安法来测量内阻，电抗器的内阻为：

$$R_L = U_L / I \tag{5.2}$$

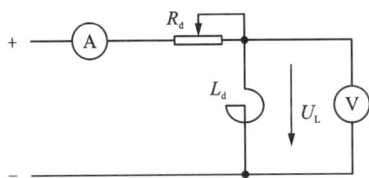

图5.10　用直流伏安法来测量内阻　　　图5.11　用交流伏安法测量电感量

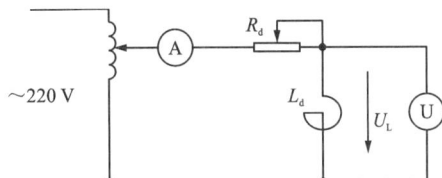

电抗器的电感量可用交流伏安法测量，由于电流大时对电抗器的电感量影响较大，采用自耦调压器调压多测几次取其平均值，从而可得交流阻抗。

$$Z_L = U_L / I \tag{5.3}$$

电抗器的电感量为：

$$L_L = \sqrt{Z_L^2 - R_L^2} / 2\pi f \tag{5.4}$$

这样即可求得负载阻抗角：

$$\varphi = \arctan \frac{\omega L_1}{R_d + R_L} \tag{5.5}$$

在实验过程中，欲改变阻抗角，只需改变电阻器的数值即可。

（2）断开电源，接入电感（$L = 700$ mH）。调节 U_{ct}，使 $\alpha = 45°$。

三相调压器逆时针调到底，合上主电源，调节主控制屏输出电压，使 $U_{uv} = 220$ V。用双踪示波器同时观察负载电压 u 和负载电流 i 的波形。

调节电阻 R 的阻值（由大至小），观察在不同 α 角时波形的变化情况。记录 $\alpha > \varphi$，$\alpha = \varphi$，$\alpha < \varphi$ 三种情况下负载两端电压 u 和流过负载的电流 i 的波形。当 $\alpha < \varphi$ 时，若脉冲宽度不够，会使负载电流出现直流分量，损坏元件。因此主电路可通过变压器降压供电，这样既可看到电流波形不对称现象，又不会损坏设备。

也可使阻抗角 φ 为一定值，调节 α 观察波形。

注意：调节电阻 R 时，需观察负载电流，不可大于 0.8 A。

五、实验报告要求

（1）整理实验中记录下的各类数据和波形。

（2）画出单相交流调压器带电阻性负载 $\alpha = 60°$、$90°$、$120°$ 时的波形。

（3）画出单相交流调压器带电阻—电感性负载 $\alpha > \varphi$，$\alpha = \varphi$，$\alpha < \varphi$ 三种情况下，负载两端电压 u 和流过负载的电流 i 的波形。

六、思考题

（1）分析电阻—电感负载时，α 角与 φ 角相应关系的变化对调压器工作的影响。

（2）分析实验中出现的问题。

实验五　直流斩波电路的性能研究

一、实验目的

（1）熟悉降压斩波电路（buck chopper）和升压斩波电路（boost chopper）的工作原理。

（2）分析并掌握降压斩波电路和升压斩波电路的工作状态及波形情况。

二、实验原理

实验电路如图 5.12、图 5.13 所示。

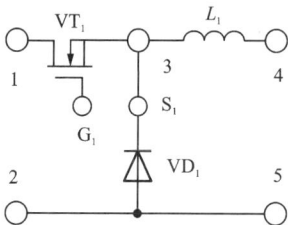

图 5.12　降压斩波电路实验电路图

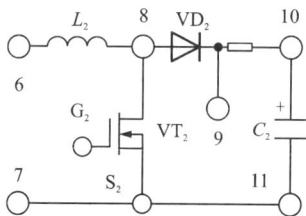

图 5.13　升压斩波电路实验电路图

图 5.12 为降压斩波电路（buck chopper）的原理图。图中 VT_1 为全控型器件，选用 MOSFET 管。VD_1 为续流二极管，"1、2"端为输入端，直流输入电压 U_i 由交流电经整流得到，"4、5"端为输出端 U_o。当 VT_1 处于通态时，电源 U_i 向负载供电，$U_o = U_i$。当 VT_1 处于断态时，负载电流经二极管 VD_1 续流，电压 U_o 近似为零。至一个周期 T 结束，再驱动 VT_1 导通，重复上一周期的过程。负载电压的平均值为：

$$U_o = \frac{t_{on}}{t_{on} + t_{off}} U_i = \frac{t_{on}}{T} U_i = \alpha U_i \tag{5.6}$$

式中：t_{on} 为 VT_1 处于通态的时间；t_{off} 为 VT_1 处于断态的时间；T 为开关周期；α 为导通占空比，简称占空比或导通比（$\alpha = t_{on}/T$）。由此可知，输出到负载的电压平均值 U_o 最大为 U_i，若减小占空比 α，则 U_o 随之减小，由于输出电压低于输入电压，故称该电路为降压斩波电路。

图 5.13 为升压斩波电路（boost chopper）的原理图。电路也使用一个全控型器件 VT_2，"6、7"端为输入端，输入直流电压 U_i，"10、11"端为输出端 U_o。当 VT_2 处于通态时，电源 U_i 向电感 L_2 充电，充电电流基本恒定为 I_1，同时电容 C_2 上的电压向负载供电，因 C_2 值很大，故基本保持输出电压 U_o 为恒值。设 VT_2 处于通态的时间为 t_{on}，此阶段电感 L_2 上积蓄的能量为 $U_i I_1 t_{on}$。当 VT_2 处于断态时 U_i 和 L_2 共同向电容 C_2 充电，并向负载提供能量。设 VT_2 处于断态的时间为 t_{off}，则在此期间电感 L_2 释放的能量为 $(U_o - U_i)I_1 t_{on}$。当电路工作于稳态时，一个周

期 T 内电感 L_2 积蓄的能量与释放的能量相等，即

$$U_i I_1 t_{on} = (U_o - U_i) I_1 t_{off} \tag{5.7}$$

$$U_o = \frac{t_{on} + t_{off}}{t_{off}} U_i = \frac{T}{t_{off}} U_i \tag{5.8}$$

式(5.8)中的 $T/t_{off} \geq 1$，输出电压高于电源电压，故称该电路为升压斩波电路。

MOSFET 管的通断由 PWM 信号控制实现；控制电路以 SG3525 为核心，采用恒频脉宽调制控制方式。

三、实验器材

本实验在 MCL - Ⅱ型电机电力电子及电气传动教学实验台和相关组件上进行，所用电路、元件及接线端口标识均可在相关组件上找到。使用时请熟悉设备，了解注意事项。

实验需用设备见表 5.5。

表 5.5　实验需用仪器设备

序号	名称	型号与规格	数量	备注
1	教学实验台主控制屏	MCL - Ⅱ	1 套	
2	直流斩波电路实验电路	位于 MCL - 16 上	1 组	
3	三相可调电阻器组件	MEL - 03	1 组	
4	2A 直流安培表	位于 MEL - 06 上	1 只	
5	双踪示波器		1 台	
6	万用表		1 只	

四、实验内容及步骤

实验的操作和测试在表 5.5 所示设备上进行。

若使用其他设备，请熟悉其使用方法，按实验电路图，参照下列实验步骤完成实验。

1. 控制电路性能测试

控制电路如图 5.14 所示。将开关 S_1 打向"直流斩波"侧，S_2 电源开关打向"ON"，将"3"端和"4"端用导线短接，用示波器观察"1"端输出电压波形应为锯齿波，并记录其波形的频率和幅值。

开关 S_2 扳向"OFF"，用导线分别连接"5""6""9"，用示波器观察"5"端波形，并记录其波形、频率、幅度，调节"脉冲宽度调节"电位器，记录其最大占空比和最小占空比。

$\alpha_{max} = $ _____　　　　$\alpha_{min} = $ _____

2. 降压实验

实验接线端口图见图 5.15。

(1) 切断实验箱(MCL - 16)主电源，分别将主电源 2 的 1 端和降压斩波电路的 1 端相连，主电源 2 的 2 端和降压斩波电路的 2 端相连，将 PWM 波形发生器的 7、8 端分别和降压斩波

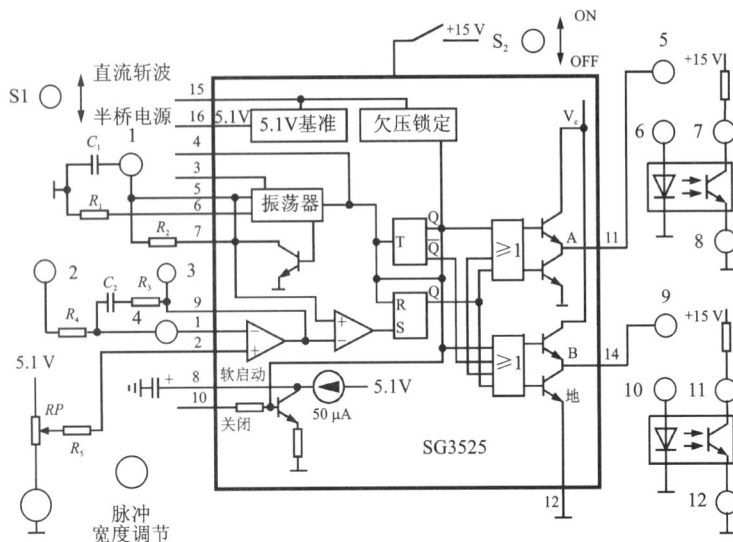

图 5.14　控制和驱动电路实验面板图

电路 VT_1 的 G_1、S_1 端相连,"降压斩波电路"的 4、5 端串联负载电阻(450 Ω)(MEL – 03 电阻箱上,两组 900 Ω/0.41 A 的电阻并联起来,顺时针旋转调至阻值最大)和直流安培表(将量程切换到 2 A 挡)。

(2)检查接线正确后,接通控制电路和主电路的电源(注意:先接通控制电路电源后接通主电路电源),改变脉冲占空比,每改变一次,分别观察 PWM 信号的波形、MOSFET 管的栅源电压波形、输出电压 u_o 的波形和输出电流 i_o 的波形,记录 PWM 信号占空比 α,u_i、u_o 的平均值 U_i 和 U_o。

(3)改变负载 R 的值(注意:负载电流不能超过 1 A),重复上述实验内容。

3. 升压实验

(1)切断主电路电源,断开主电路 2 和降压斩波电路的连接,断开 PWM 波形发生器与 VT_1 的连接,分别将升压斩波电路的 6 和主电路 2 的 1 端相连,升压斩波电路的 7 和主电路 2 的 2 端相连,将 VT_2 的 G_2、S_2 分别接至 PWM 波形发生器的 7 和 8 端,升压斩波电路的 10、11 端,分别串联负载电阻(450 Ω)(位于 MEL – 03 电阻箱上,两组900 Ω/0.41 A 的电阻并联起来,顺时针旋转调至阻值最大)和直流安培表(2 A 挡)。

检查接线正确后,接通主电路和控制电路的电源。改变脉冲占空比 α,每改变一次,分别观察 PWM 信号的波形、MOSFET 的栅源电压波形、输

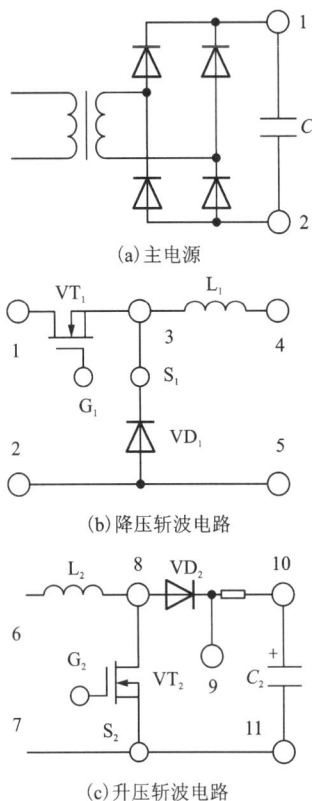

(a)主电源

(b)降压斩波电路

(c)升压斩波电路

图 5.15　主电路实验电路图

出电压 u_o 的波形和输出电流 i_o 的波形(从 9、10 端测量),记录 PWM 信号占空比 α, u_i、u_o 的平均值 U_i 和 U_o。

(2)改变负载 R 的值(注意:负载电流不能超过 1 A),重复上述实验内容。

(3)实验完成后,断开主电路电源,拆除所有导线。

五、实验报告要求

(1)记录在某一占空比 α 下,降压斩波电路中,MOSFET 的栅源电压波形、输出电压 u_o 的波形和输出电流 i_o 的波形。

(2)绘制降压斩波电路的 $U_i/U_o - \alpha$ 曲线。

六、思考题

(1)分析 PWM 波形发生器的原理。

(2)将绘制的降压斩波电路的 $U_i/U_o - \alpha$ 曲线,与理论分析结果进行比较,并讨论差异产生的原因。

实验六　单相交直交变频电路性能研究

一、实验目的

(1)熟悉单相交直交变频电路的组成,重点熟悉单相桥式 PWM 逆变电路中元器件的作用和工作原理。

(2)分析单相交直交变频电路在电阻负载、电阻—电感负载时的工作情况及波形,研究工作频率对电路工作波形的影响。

二、实验原理

单相交直交变频电路的主电路如图 5.16 所示。

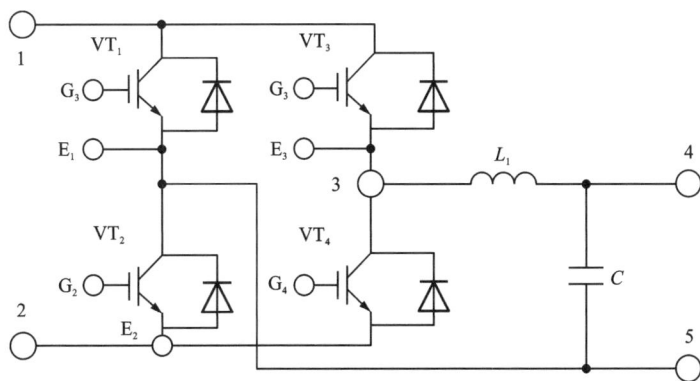

图 5.16　单相交直交变频电路的主电路

　　主电路中间直流电压由交流电整流而得，而逆变部分采用单相桥式 PWM 逆变电路。将经过整流器并经电容滤波后，形成幅值基本固定的直流电压加在逆变器上(1、2 端)，利用逆变器功率器件的通断控制，使逆变器输出端获得一定形状的矩形脉冲波形。逆变器功率器件的通断由 PWM 信号控制实现。PWM 的优点是能消除或抑制低次谐波，使负载在近正弦波的交变电压下运行。本实验中逆变电路中功率器件采用 600V8A 的绝缘栅双极型晶体管(IGBT)单管(含反向二极管，型号为 ITH08C06)，IGBT 的驱动电路采用美国国际整流器公司生产的大规模 MOSFET 和 IGBT 专用驱动集成电路 1R2110。控制电路以单片集成函数发生器 ICL8038 为核心组成，生成两路 PWM 信号，分别用于控制 VT_1、VT_4 和 VT_2、VT_3 两对 IGBT。

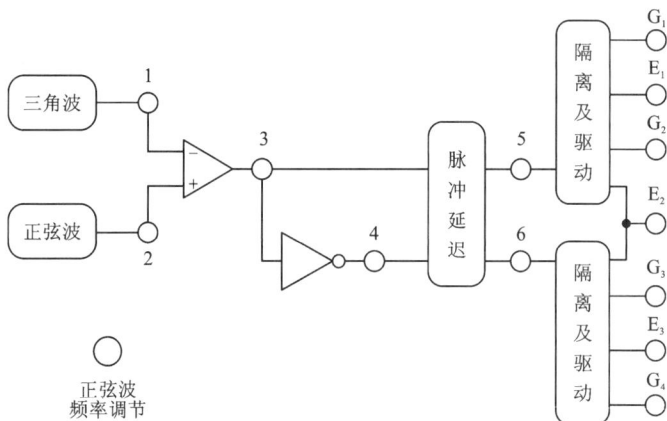

图 5.17　控制和驱动电路

三、实验器材

　　本实验在 MCL – Ⅱ 型电机电力电子及电气传动教学实验台和相关组件上进行，所用电路、元件及接线端口标识均可在相关组件上找到。使用时请熟悉设备，了解注意事项。

　　实验需用设备如表 5.6 所示。

表 5.6　实验需用仪器设备

序号	名称	型号与规格	数量	备注
1	教学实验台主控制屏	MCL – Ⅱ	1 套	
2	交直交变频电路实验电路	位于 MCL – 16 上	1 组	
3	三相可调电阻器组件	MEL – 03	1 组	
4	平波电抗器及阻容吸收组件	NMCL – 331	1 组	
5	2 A 直流安培表	位于 MEL – 06 上	1 只	
6	双踪示波器		1 台	

四、实验内容及步骤

实验按图 5.16、图 5.17 所示设备上的端口进行操作和测试。

若使用其他设备,请熟悉其使用方法,按实验电路图,参照下列实验步骤完成实验。

1. 控制电路波形的观察

(1)观察正弦波发生电路输出的正弦信号 U_r 波形(2 端与地端),改变正弦波频率调节电位器,测试其频率可调范围。

(2)观察三角形载波 U_c 的波形(1 端与地端),测出其频率,并观察 U_c 和 U_2 的对应关系。

(3)观察经过三角波和正弦波比较后得到的 SPWM 波形(3 端与地端),并比较 3 端和 4 端的相位关系。

(4)观察对 VT_1、VT_2 进行控制的 SPWM 信号(5 端与地端)和对 VT_3、VT_4 进行控制的 SPWM 信号(6 端与地端),仔细观察 5 端信号和 6 端信号之间的互锁延迟时间。

2. 驱动信号观察

在主电路不接通电源情况下,开关 S_3 打向"OFF",分别将 SPWM 波形发生器的 G_1、E_1、G_2、E_2、G_3、E_3、G_4、E_4 和单相交直交变频电路的对应端相连。经检查接线正确后,开关 S_3 打向 ON,对比 VT_1 和 VT_2 的驱动信号,VT_3 和 VT_4 的驱动信号,仔细观察同一相上、下两管驱动信号的波形、幅值以及互锁延迟时间。

3. 负载波形观察

(1)开关 S_3 打向 OFF,分别将主电源 2 的输出端 1 和单相交直交变频电路的 1 端相连,主电源 2 的输出端 2 和单相交直交变频电路的 2 端相连,将单相交直交变频电路的 4、5 端分别串联 MEL - 03 电阻箱(将一组 900 Ω/0.41 A 并联,然后顺时针旋转调至阻值最大约 450 Ω)和直流安培表(将量程切换到 2A 挡)。将经检查无误后,开关 S_3 打向 ON,合上主电源(调节负载电阻阻值使输出负载电压波形达到最佳值,电阻负载阻值在 90 ~ 360 Ω 时波形最好)。

(2)当负载为电阻时,观察负载电压的波形,记录其波形、幅值、频率。在正弦波 U_r 的频率可调范围内,改变 U_r 的频率,记录多组相应的负载电压、波形、幅值和频率。

(3)当负载为电阻电感时,观察负载电压和负载电流的波形。

五、实验报告要求

(1)绘制完整的实验电路原理图。

(2)电阻负载时,列出数据和波形,并进行讨论分析。

(3)电阻—电感负载时,列出数据和波形,并进行讨论及分析。

六、思考题

(1)分析说明实验电路中的 PWM 控制是采用同步调制还是异步调制。

(2)为使输出波形尽可能地接近正弦波,可以采取什么措施?

(3)分析正弦波与三角波之间不同的载波比情况下的负载波形,理解改变载波比对输出功率管和输出波形的影响。

实验七　半桥型开关稳压电源性能研究

一、实验目的

（1）熟悉典型开关电源电路的结构、元器件和工作原理。

（2）了解 PWM 控制电路原理和常用集成电路。

（3）了解驱动电路原理和典型的电路结构。

二、实验原理

实验电路如图 5.18 所示。

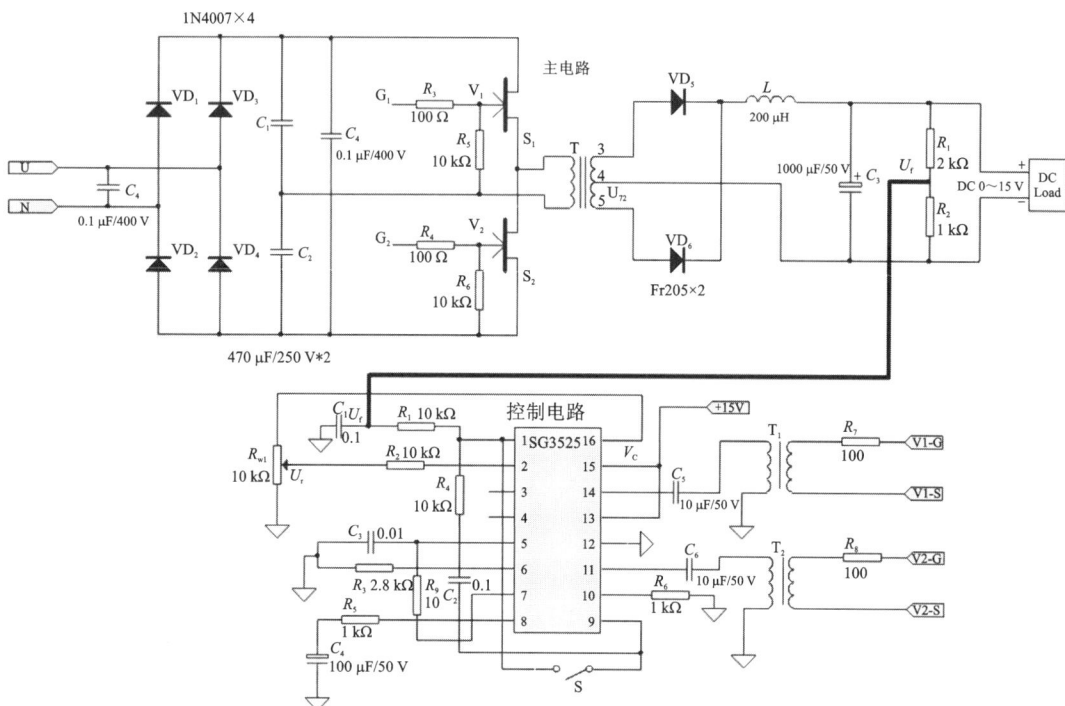

图 5.18　半桥型开关稳压电源实验电路图

实验电路由主电路和控制与驱动电路组成。主电路的逆变电路采用两只全控型电力 MOSFET 管，它与两只电容组成逆变桥，在两路 PWM 信号的控制下实现逆变；控制电路以 SG3525 为核心，采用恒频脉宽调制控制方式。其工作原理为：使用两个功率器件串接轮流导通，利用输出电压反馈控制使功率器件导通的脉冲的宽度。当输出电压高于额定电压时，反馈电压使功率器件导通时间短，输出电压下降，当输出电压低于额定电压时，反馈电压使功率器件导通脉宽时间长，输出电压升高，以使输出电压稳定在额定值。

三、实验器材

本实验在 MCL - Ⅱ 型电机电力电子及电气传动教学实验台和相关组件上进行, 所用电路、元件及接线端口标识均可在相关组件上找到。使用时请熟悉设备, 了解注意事项。

实验需用设备如表 5.7 所示。

表 5.7　实验需用仪器设备

序号	名称	型号与规格	数量	备注
1	教学实验台主控制屏	MCL - Ⅱ	1 套	
2	半桥型开关稳压电源实验电路	位于 MCL - 16 上	1 组	
3	双踪示波器		1 台	
4	万用表		1 只	

四、实验内容及步骤

实验接线按图 5.19～图 5.21 所示端口进行连接。

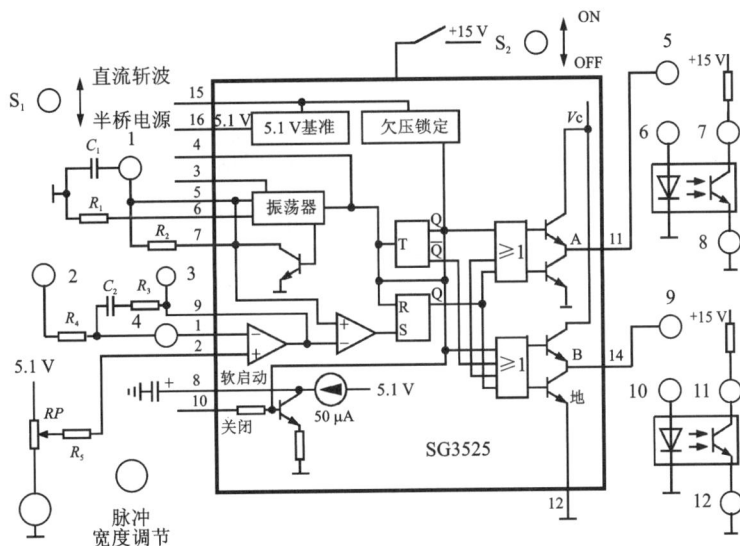

图 5.19　控制与驱动电路端口图

若使用其他设备, 请熟悉其使用方法, 按实验电路图接线, 参照下列实验步骤完成实验。

1. 控制与驱动电路的测试

(1) SG3525 的调试。

将开关 S_1 打向半桥电源, 分别连接 5 端和 6 端, 以及

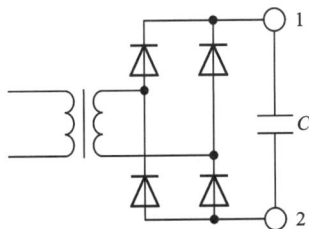

图 5.20　主电源 1 端口图

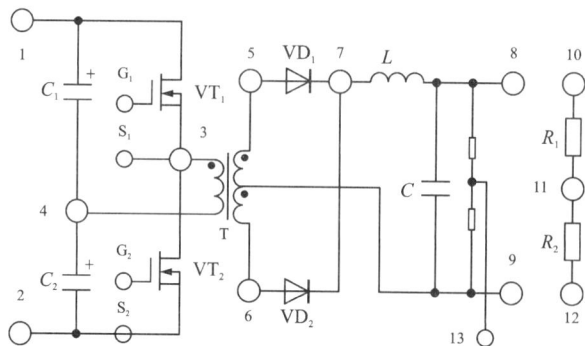

图 5.21　半桥型开关稳压电源电路端口图

9 端和 10 端,3 端和 4 端,用示波器分别观察锯齿波输出(1 端)和 A、B 两路 PWM 信号的波形(分别为 5 端和 9 端对地波形),并记录波形、频率和幅值,调节"脉冲宽度调节"电位器,记录其占空比可调范围。

(2)断开主电路和控制电路的电源,分别将 PWM 波形发生器的 7、8 和半桥型开关稳压电源的 G_1、S_1 端相连,将 PWM 波形发生的 11、12 端和半桥型开关稳压电源的 G_2、S_2 端相连。经检查接线无误后,将开关 S_2 打向"ON",分别观察两个 MOSFET 管 VT_1、VT_2 的栅极 G 和源极 S 间的电压波形,记录波形、周期、脉宽、幅值及上升、下降时间。

2. 开环系统的测试

(1)断开主电路和控制电路的电源,分别将主电源 1 的 1 端、2 端与半桥型开关稳压电源的 1、2 端相连,然后合上控制电源以及主电源(注意:一定要先加控制信号,后加主电源,否则极易烧毁主电源 1 的保险丝),用示波器分别观察两个 MOSFET 管的栅源电压波形和漏源电压波形,记录波形、周期、脉宽和幅值,特别注意:不能用示波器同时观察两个 MOSFET 管的波形,否则会造成短路、严重损坏实验设备。

(2)分别将"半桥型开关稳压电源"的 8、10 端相连,9、12 端相连(负载电阻为 33 Ω),记录输出整流二极管阳极和阴极间的电压波形(5 和 7 端之间,以及 6 端和 7 端间),记录波形、周期、脉宽以及幅值,观察输出电源电压 u_o 中的波形(12 端和 10 端间),记录波形、幅值,并观察主电路中变压器的一次侧电压波形(3 端和 4 端)以及二次侧电压波形(5 端和 9 端间,6 端和 9 端间),记录波形、周期、脉宽和幅值。

(3)断开 9 和 12 之间的连线,连接 9 和 11(负载电阻为 3 Ω),重复(2)的实验内容。

注意:用示波器同时观察二个二极管电压波形时,要注意示波器探头的共地问题,否则会造成短路,并严重损坏实验装置。

3. 闭环系统的测试

断开 PWM 波形发生的 3、4 两点间连线,将半桥型开关稳压电源的 13 端连至半桥型稳压电源的 2 端,并将半桥型稳压电源的 9 端和 PWM 波形发生器的地端相连,调节脉冲宽度调节电位器,使"半桥型开关稳压电源"的输出端(8 和 9 端间)电压为 5 V,然后断开 9、11 端连线,连接 9、12 端(负载电阻改变至 33 Ω),测量输出电压 U_2 的值,计算负载调整率。

$$\Delta U = \frac{U_2 - 5}{U_2} \times 100\% \tag{5.9}$$

五、实验报告要求

（1）整理实验数据和记录的波形。

（2）根据记录的变压器一次侧、二次侧波形，计算变压器电压比。

（3）分析负载变化对电路工作的影响。

（4）分析本实验电路输出稳压的原理。

六、思考题

（1）用示波器同时观察 VT_1 和 VT_2 的漏源电压波形会产生什么后果？

（2）若要同时观察 VD_1 和 VD_2 阳极阴极间的电压波形，示波器的探头应当怎样连接？如果接错会产生什么后果？

实验八　直流变压电路的设计

一、实验目的

（1）熟悉 6 种斩波电路（buck chopper、boost chopper、buck － boost chopper、cuk chopper、sepic chopper、zeta chopper）的工作原理，掌握其工作状态及波形情况。

（2）掌握这 6 种斩波电路的实际应用。

二、实验器材

实验需用设备与器材如表 5.8 所示。

表 5.8　实验需用设备与器材

序号	名称	型号与规格	数量	备注
1	UPW（脉宽调制器）		1 只	
2	直流电源	15 V	1 只	
3	IGBT 管	待选	1 只	
4	二极管	待选	2 只	
5	电感器	待选	2 只	
6	电容器	待选	2 只	
7	电阻器	500 Ω	1 只	
8	万用表		1 只	
9	双踪示波器		1 台	

三、设计要求及提示

1. 设计要求

(1)由提供的设备和器件,组成一个直流升压电路。要求输出电压 15 ~ 24 V 可调。

(2)由提供的设备和器件,组成一个直流降压电路。要求输出电压 5 ~ 12 V 可调。

(3)由提供的设备和器件,组成一个直流升降压电路。要求输出电压 5 ~ 24 V 可调。

(4)选择电路类型(结构),选择元器件参数,搭建电路。

(5)自选设备和调试方案,对电路进行调试,测试技术参数。

(6)要求画出负载电压波形,并记录触发脉冲的占空比的大小。

2. 设计提示

图 5.22 所示为直流斩波电路的 6 种形式,可根据设计要求选择合适的电路。

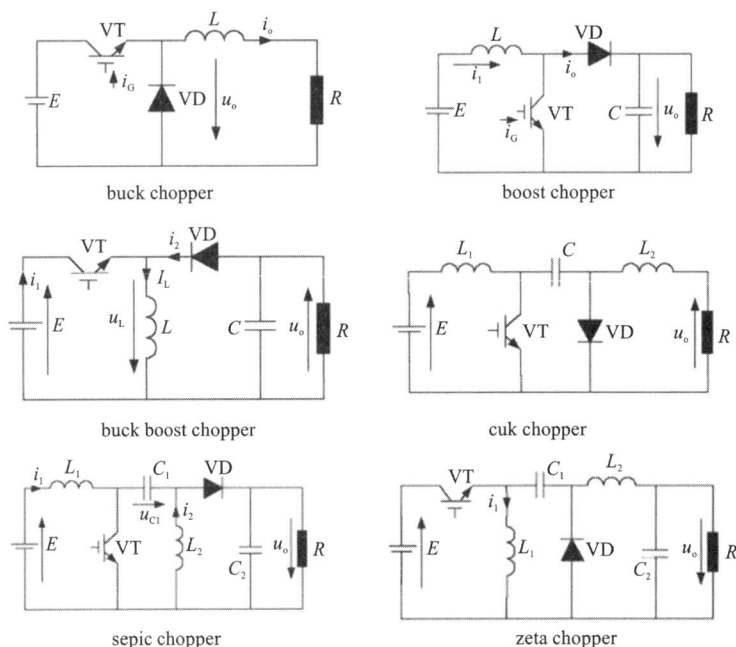

图 5.22　直流斩波电路六种典型线路

关于元器件选择,是根据所选电路的情况来决定的。

四、注意事项

(1)安装电路时,要注意电容的极性,不能接反;UPW(脉宽调制器)和 IGBT 管连接时,注意不能接错。

(2)在主电路通电后,用示波器两探头同时观测两处波形时,要注意共地问题,否则会造成短路,在观测高压时应衰减 10 倍,在做直流斩波器测试实验时,最好使用一个探头。

(3)先调整好控制电路,再接入主电路。

五、实验报告要求

（1）画出设计电路，提供元器件选择依据，整理测试数据并分析误差。

（2）画出 PWM 信号波形、U_{GE} 的电压波形、U_{CE} 的电压波形及输出电压 U_o 和二极管两端电压 U_{VD} 的波形，注意各波形间的相位关系。

（3）记录在不同占空比（α）时 U_i、U_0 和 α 的数值，画出 $U_0 = f(\alpha)$ 的关系曲线。

六、思考题

（1）直流斩波电路的工作原理是什么？

（2）直流斩波电路有哪些结构形式和主要元器件？

第 6 章

电气控制技术实验

实验一　常用低压控制电器认识与拆装训练

一、实验目的

（1）了解按钮、行程开关、接触器、热继电器和时间继电器的基本结构和各组成部分的作用。

（2）掌握按钮、行程开关、接触器、热继电器的拆卸、组装方法。

（3）学会用万用表检测按钮、行程开关、接触器、热继电器和时间继电器等常用电器。

二、实验器材

实验需用仪表与工具如表 6.1 所示。

表 6.1　实验需用仪表与工具

序号	名称	型号与规格	数量	备注
1	万用电表	500 型或其他型号	1 只	
2	"十"字螺丝刀	不限	1 把	
3	"一"字螺丝刀	不限	1 把	
4	镊子	不限	1 把	

实验需用器材如表 6.2 所示。

表 6.2　实验需用器材

序号	名称	型号与规格	数量	备注
1	按钮	LA19 – 11	1 只	
2	行程开关	JLXK1 – 111	1 组	
3	接触器	CJ0 – 10	1 只	
4	热继电器	JR0 – 20/3	1 只	
5	时间继电器	JS7 – 1A	1 只	

三、实验内容及步骤

（1）把一个按钮开关拆开，观察其内部结构。然后组装还原，用万用表电阻挡测量各对触头之间的接触电阻，测量结果记入表 6.3 中。

（2）把一个行程开关拆开，观察其内部结构。用万用表电阻挡测量各对触头之间的接触电阻，测量结果记入表 6.4 中，然后，将行程开关组装还原。

表 6.3　按钮的测量

型号		额定电流/A	
触头数量/副			
常开		常闭	
触头电阻/Ω			
常开		常闭	
最大值	最小值	最大值	最小值

注：常开触头的电阻在按钮受压时测量。

表 6.4　行程开关的测量

型号		类型	
触头数量/副			
常开		常闭	
触头电阻/Ω			
常开		常闭	
最大值	最小值	最大值	最小值

注：常开触头的电阻在行程开关受压时测量。

（3）把一个交流接触器拆开，观察其内部结构，将各对触头动作前后的电阻值、各类触头的数量、线圈的数据等记入表 6.5 中，然后再将这个交流接触器组装还原。

（4）把一个热继电器拆开，观察其内部结构，用万用表测量各热元件的电阻值，将有关数据记入表 6.6 中，然后将热继电器组装还原。

表 6.5 交流接触器的测量

型号		容量/A	
触头数量/副		电磁线圈	
主	辅	工作电压	直流电阻
触头电阻			
常开		常闭	
动作前/Ω	动作后/Ω	动作前/Ω	动作后/Ω

表 6.6 热继电器的测量

型号		类型
热元件电阻值/Ω		
L_1 相	L_2 相	L_3 相
整定电流调整值/A		

(5)观察空气阻尼式时间继电器的结构,用万用表测量线圈的电阻。将有关数据记入表6.7中。

表 6.7 时间继电器的测量

型号	线圈电阻/Ω
常开触头数/副	常闭触头数/副
延时触头数/副	瞬动触头数/副
延时断开触头数/副	延时闭合触头数/副

四、实验报告要求

(1)按实验要求将检测数据填入相应表格中,分析触头接触电阻产生的原因。

（2）分析热继电器保护动作原理和空气阻尼式时间继电器延时原理。

（3）总结实验收获和心得体会。

五、思考题

（1）如何通过钮帽颜色区分按钮的用途？

（2）如何将通电延时型时间继电器改装成断电延时型时间继电器？

实验二　三相异步电动机定子串电阻降压启动控制

一、实验目的

（1）理解三相异步电动机定子串电阻降压启动控制电路工作原理，了解其优缺点及适用场合。

（2）掌握三相异步电动机定子串电阻降压启动控制电路接线及故障检查、分析方法。

二、实验原理

实验电路如图 6.1 所示。

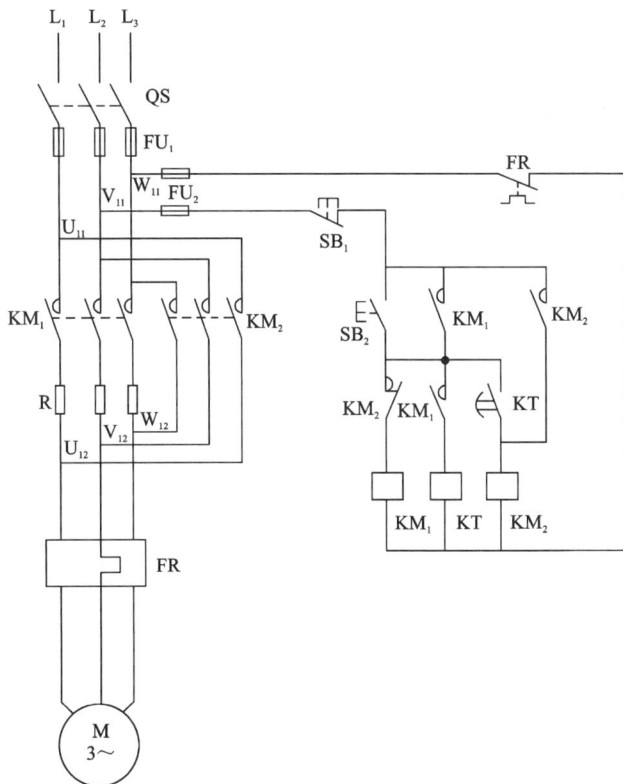

图 6.1　三相异步电动机定子串电阻降压启动控制电路

图中，SB_1、SB_2分别为停止按钮和启动按钮。合上电源隔离开关 QS，按下 SB_2，接触器 KM_1得电并自锁，其主触点闭合，三相交流电经电阻 R 接入电动机定子绕组，电动机降压启动，减小启动电流对电动机和电网的冲击。与此同时，时间继电器 KT 得电工作，达到设定的延迟时间，其延时闭合的常开触点闭合，KM_2线圈得电并自锁，KM_1、KT 线圈断电，KM_2主触点将电阻 R 短接，电动机加额定电压正常运行。

三、实验器材

本实验可在专门的电机系统教学实验台上进行，也可在实验板上自行安装线路。所需设备与器材如表6.8 所示。

表6.8　实验需用设备与器材

序号	名称	型号与规格	数量	备注
1	三相异步电动机	定子绕组 Y 接法	1 组	小功率
2	三相交流可调电源	与电动机配套	1 只	
3	按钮	LA19 – 11	2 只	
4	熔断器	RL1 – 15	2 只	配 2 A 熔体
5	时间继电器	JS7 – 1A	1 只	
6	熔断器	与电动机配套	3 只	
7	接触器	与电动机配套	2 只	
8	热继电器	与电动机配套	1 只	
9	可调电阻	与电动机配套	3 只	
10	连接导线		若干条	
11	万用电表	500 型或其他型号	1 只	

四、实验内容及步骤

（1）如果在专用电机系统教学实验台上进行实验，表6.8 中所列器材均可在配套的挂件上找到。使用时，先熟悉实验台各面板的布置及使用方法，了解注意事项；如果没有专用实验台，则应根据实验电机的型号规格选择配套的元器件，在实验板上自行安装控制线路。

（2）按图6.1 所示线路连接电路。先接主电路，后接控制电路，注意区分主电路和控制电路连接导线的颜色，以便出现故障时查找线路。

（3）电路连接完成后，先自检确认无误，再请指导教师检查后才能通电实验。自检分为两步：第一步观察检查，看接线是否正确；第二步测量检查，用万用电表测量线路关键点位的电阻值，看是否有短路或开路故障。将测量数据填入表6.9 中。

表 6.9　线路电阻的测量

测量点	松开 SB$_2$	按下 SB$_2$
U$_{11}$ – V$_{11}$		
U$_{11}$ – W$_{11}$		
V$_{11}$ – W$_{11}$		
U$_{12}$ – V$_{12}$		
U$_{12}$ – W$_{12}$		
V$_{12}$ – W$_{12}$		

(4)调节三相交流电源相电压为 220 V(也可按照指导教师的要求适当降低),降压电阻 R 调到合适阻值(约 70 Ω),合上电源开关 QS,按下 SB$_2$,观察电动机的运行情况以及接触器、时间继电器的工作情况。

①调节降压电阻 R 的阻值,观察电动机启动过程。如有条件,用电流表观察电动机启动电流的变化。

②调节时间继电器 KT 的延迟时间,观察接触器的转换及电动机运行情况。

(5)在完成以上实验的基础上,将时间继电器 KT 线圈连接线断开,观察线路工作及电动机运行情况。

五、实验报告要求

(1)按实验要求将测量数据填入相应表格,对所测电阻值进行分析。

(2)对步骤(4)的实验内容及观察结果作出分析。

(3)对步骤(5)的观察情况作出分析。

(4)心得体会及其他。

六、思考题

(1)与直接启动比较,三相异步电动机定子串电阻降压启动有什么优点?

(2)测量 V$_{11}$ – W$_{11}$ 间电阻时,如果按下 SB$_2$ 前后的电阻值不变化,可能是什么故障引起的?

实验三　三相异步电动机 Y – △降压启动控制

一、实验目的

(1)理解三相异步电动机 Y – △降压启动控制电路工作原理,了解其优缺点及适用场合。

(2)掌握三相异步电动机 Y – △降压启动控制电路接线及故障检查、分析方法。

二、实验原理

实验电路如图 6.2 所示。

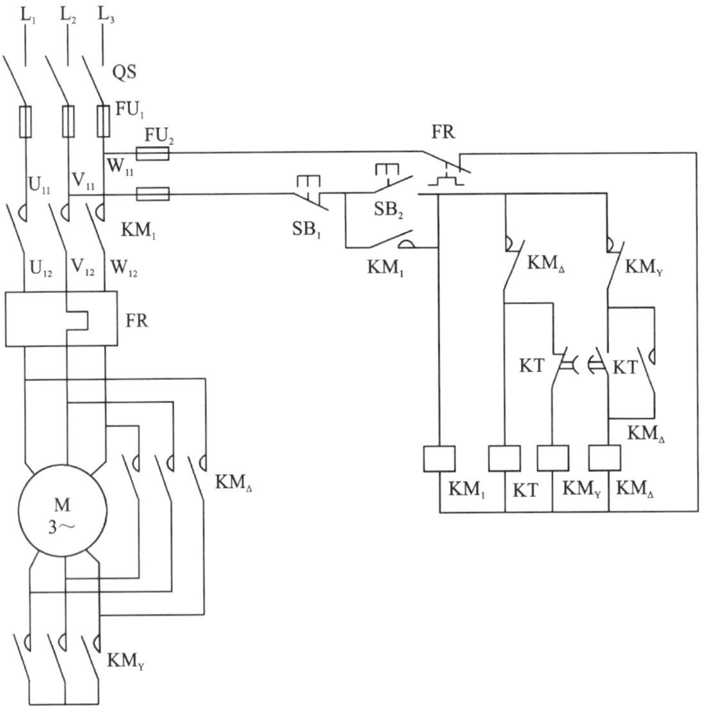

图 6.2　三相异步电动机 Y－△降压启动控制电路

图 6.2 中，SB₁、SB₂ 分别为停止按钮和启动按钮。合上电源隔离开关 QS，按下 SB₂，接触器 KM₁ 得电并自锁，时间继电器 KT 和接触器 KMᵧ 线圈得电，KM₁、KMᵧ 主触点闭合，电动机定子绕组接成 Y 形，三相交流电接入电动机定子绕组，电动机在 Y 形接法下降压启动，减小启动电流对电动机和电网的冲击。当 KT 达到设定的延迟时间时，其延时触点动作，KM△ 线圈得电，KMᵧ、KT 线圈断电，电动机定子绕组接成△形，加额定电压正常运行。

三、实验器材

本实验可在专门的电机系统教学实验台上进行，也可在实验板上自行安装线路。所需设备与器材见表 6.10。

表 6.10　实验需用设备与器材

序号	名称	型号与规格	数量	备注
1	三相异步电动机	定子绕组 Y－△接法	1 组	小功率
2	三相交流可调电源	与电动机配套	1 只	
3	按钮	LA19－11	2 只	
4	熔断器	RL1－15	2 只	配 2 A 熔体
5	时间继电器	JS7－1A	1 只	

续表 6.10

序号	名称	型号与规格	数量	备注
6	熔断器	与电动机配套	3 只	
7	接触器	与电动机配套	3 只	
8	热继电器	与电动机配套	1 只	
9	连接导线		若干条	
10	万用电表	500 型或其他型号	1 只	

四、实验内容及步骤

（1）如果在专用电机系统教学实验台上进行实验，表 6.10 中所列器材均可在配套的挂件上找到。使用时，先熟悉实验台各面板的布置及使用方法，了解注意事项；如果没有专用实验台，则应根据实验电机的型号规格选择配套的元器件，在实验板上自行安装控制线路。

（2）按图 6.2 所示线路连接电路。先接主电路，后接控制电路，注意选择主电路和控制电路连接导线的颜色，以便出现故障时查找线路。

（3）电路连接完成后，先自检确认无误，再请指导教师检查后才能通电实验。自检分为两步：第一步观察检查，看接线是否正确；第二步测量检查，用万用电表测量线路关键点位的电阻值，看是否有短路或开路故障。将测量数据填入表 6.11 中。

（4）调节三相交流电源相电压为 220 V（也可按照指导教师的要求适当降低），合上电源开关 QS，按下 SB_2，观察电动机的运行情况以及接触器、时间继电器的工作情况。

表 6.11 线路电阻的测量

测量点	松开 SB_2	按下 SB_2
$U_{11} - V_{11}$		
$U_{11} - W_{11}$		
$V_{11} - W_{11}$		
$U_{12} - V_{12}$		
$U_{12} - W_{12}$		
$V_{12} - W_{12}$		

①按下 SB_2，观察电动机启动过程。如有条件，用转速表观察电动机转速变化情况，用电流表观察电动机启动电流的变化。

②调节时间继电器 KT 的延迟时间，观察接触器的转换及电动机运行情况。

（5）在完成以上实验的基础上，将时间继电器 KT 线圈连接线断开，观察线路工作及电动机运行情况。

五、实验报告要求

(1)按实验要求将测量数据填入表6.11中,对所测电阻值进行分析。

(2)对步骤(4)的实验内容及观察结果作出分析。

(3)对步骤(5)的观察结果作出分析。

(4)总结实验收获和心得体会。

六、思考题

(1)为什么采用 Y – △降压启动能减小启动电流?

(2)连接电路时,若将图6.2中KT的两个延时触头调换位置,电路将如何工作?

实验四　按时间原则控制的电动机反接制动

一、实验目的

(1)理解按时间原则控制的电动机反接制动电路工作原理,了解其优缺点。

(2)掌握按时间原则控制的电动机反接制动电路接线及故障检查、分析方法。

二、实验原理

实验电路如图6.3所示。

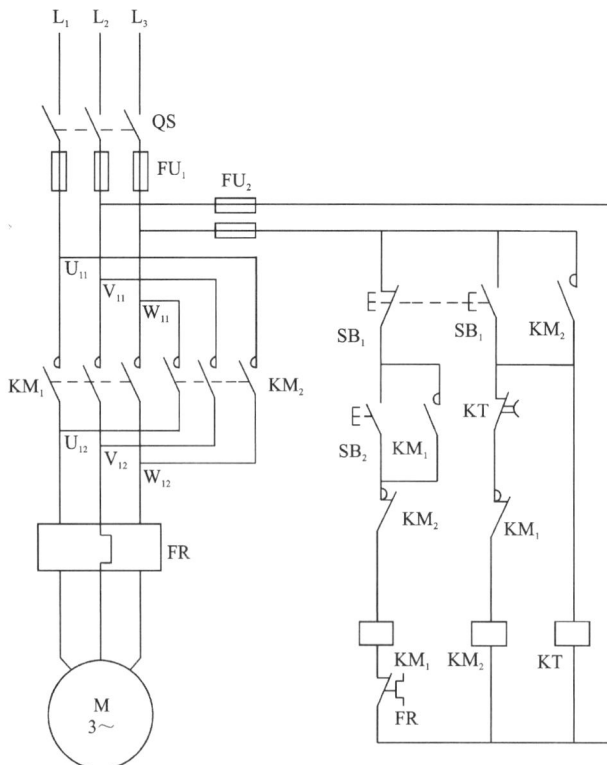

图6.3　按时间原则控制的电动机反接制动电路

图中，SB_1、SB_2 分别为停止按钮和启动按钮。合上电源隔离开关 QS，按下 SB_2，接触器 KM_1 得电并自锁，主触点闭合，三相交流电通入电动机定子绕组，电动机启动运行。停车时，按下 SB_1，KM_1 线圈断电，其主触点释放，时间继电器 KT 和接触器 KM_2 线圈得电，KM_2 主触点闭合，三相交流电改变相序流入电动机定子绕组，产生与转子转动方向相反的转矩，进行反接制动。当电动机转速制动到接近 0 时，KT 达到设定的延迟时间，其延时断开的常闭触点断开，KM_2 和 KT 线圈断电，KM_2 主触点释放，电动机断电停止。

三、实验器材

本实验可在专门的电机系统教学实验台上进行，也可在实验板上自行安装线路。所需设备与器材见表 6.12。

表 6.12　实验需用设备与器材

序号	名称	型号与规格	数量	备注
1	三相异步电动机	定子绕组 Y 接法	1 组	小功率
2	三相交流可调电源	与电动机配套	1 只	
3	按钮	LA19 – 11	2 只	
4	熔断器	RL1 – 15	2 只	配 2 A 熔体
5	时间继电器	JS7 – 1A	1 只	
6	熔断器	与电动机配套	3 只	
7	接触器	与电动机配套	2 只	
8	热继电器	与电动机配套	1 只	
9	连接导线		若干条	
10	万用电表	500 型或其他型号	1 只	

四、实验内容及步骤

（1）如果在专用电机系统教学实验台上进行实验，表 6.12 中所列器材均可在配套的挂件上找到。使用时，先熟悉实验台各面板的布置及使用方法，了解注意事项；如果没有专用实验台，则应根据实验电机的型号规格选择配套的元器件，在实验板上自行安装控制线路。

（2）按图 6.3 所示线路连接电路。先接主电路，后接控制电路，注意选择主电路和控制电路连接导线的颜色，以便出现故障时查找线路。

（3）电路连接完成后，先自检确认无误，再请指导教师检查后才能通电实验。自检分为两步：第一步观察检查，看接线是否正确；第二步测量检查，用万用电表测量线路关键点位的电阻值，看是否有短路或开路故障。将测量数据记入表 6.13 中。

表 6.13　线路电阻的测量

测量点	松开 SB_2	按下 SB_2	按下 SB_1
$U_{11} - V_{11}$			
$U_{11} - W_{11}$			
$V_{11} - W_{11}$			
$U_{12} - V_{12}$			
$U_{12} - W_{12}$			
$V_{12} - W_{12}$			

（4）调节三相交流电源相电压为 220 V（也可按照指导教师的要求适当降低），合上电源开关 QS，按下 SB_2，观察电动机的运行情况以及接触器、时间继电器的工作情况。

①按下 SB_1，观察电动机停车过程。如有条件，可用转速表观察电动机转速变化情况。

②调节时间继电器 KT 的延迟时间，观察停车时接触器的转换及电动机停止过程，找出 KT 的最佳延迟时间。

（5）在完成以上实验的基础上，将时间继电器 KT 线圈连接线断开，观察线路工作及电动机运行情况。

五、实验报告要求

（1）按实验要求将测量数据填入表 6.13 中，分析测量数据。对按下 SB_2 和按下 SB_1 时所测出的电阻值进行比较，分析它们有什么不同及其产生的原因。

（2）对步骤（4）的实验内容及观察结果作出分析。

（3）对步骤（5）的观察结果作出分析。

（4）总结实验收获和心得体会及其他。

六、思考题

（1）电动机反接制动具有什么特点？适用于什么场合？

（2）若要将图 6.3 电路改成按速度原则控制，电路应如何设计？

实验五　按速度原则控制的电动机反接制动

一、实验目的

（1）理解按速度原则控制的电动机反接制动电路的工作原理，了解其优缺点。

（2）掌握按速度原则控制的电动机反接制动电路接线及故障检查、分析方法。

二、实验原理

实验电路如图 6.4 所示。

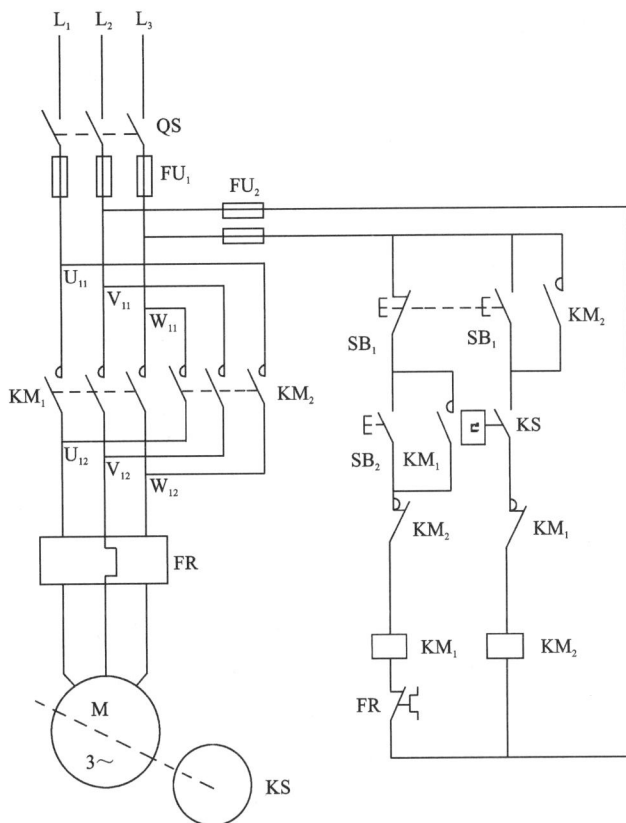

图 6.4　按速度原则控制的电动机反接制动电路

图 6.4 中，SB_1、SB_2 分别为停止按钮和启动按钮。合上电源隔离开关 QS，按下 SB_2，接触器 KM_1 得电并自锁，主触点闭合，三相交流电通入电动机定子绕组，电动机启动运行。速度继电器 KS 常开触点闭合，为停车制动接通 KM_2 做好准备。停车时，按下 SB_1，KM_1 线圈断电，其主触点释放。接触器 KM_2 得电并自锁，主触点闭合，三相交流电改变相序流入电动机定子绕组，产生与转子转动方向相反的转矩，进行反接制动。当电动机转速制动到接近零时，速度继电器 KS 常开触点断开，KM_2 线圈断电，主触点释放，电动机断电停止。

三、实验器材

本实验可在专门的电机系统教学实验台上进行，也可在实验板上自行安装线路。所需设备与器材见表 6.14。

表 6.14　实验需用设备与器材

序号	名称	型号与规格	数量	备注
1	三相异步电动机	定子绕组 Y 接法	1 组	小功率
2	三相交流可调电源	与电动机配套	1 只	

续表 6.14

序号	名称	型号与规格	数量	备注
3	按钮	LA19 – 11	2 只	
4	熔断器	RL1 – 15	2 只	配 2 A 熔体
5	速度继电器	JY1 系列	1 只	
6	熔断器	与电动机配套	3 只	
7	接触器	与电动机配套	2 只	
8	热继电器	与电动机配套	1 只	
9	连接导线		若干条	
10	万用电表	500 型或其他型号	1 只	

四、实验内容及步骤

（1）如果在专用电机系统教学实验台上进行实验，表 6.13 中所列器材均可在配套的挂件上找到。使用时，先熟悉实验台各面板的布置及使用方法，了解注意事项；如果没有专用实验台，则应根据实验电机的型号规格选择配套的元器件，在实验板上自行安装控制线路。

（2）按图 6.4 所示线路连接电路。先接主电路，后接控制电路，注意选择主电路和控制电路连接导线的颜色，以便出现故障时查找线路。

（3）电路连接完成后，先自检确认无误，再请指导教师检查后才能通电实验。自检分为两步：第一步观察检查，看接线是否正确；第二步测量检查，用万用电表测量线路关键点位的电阻值，看是否有短路或开路故障。测量数据记入表 6.15 中。

表 6.15　线路电阻的测量

测量点	松开 SB$_2$	按下 SB$_2$	按下 SB1，转动 KS
U$_{11}$ – V$_{11}$			
U$_{11}$ – W$_{11}$			
V$_{11}$ – W$_{11}$			
U$_{12}$ – V$_{12}$			
U$_{12}$ – W$_{12}$			
V$_{12}$ – W$_{12}$			

（4）调节三相交流电源相电压为 220 V（也可按照指导教师的要求适当降低），合上电源开关 QS。

①按下 SB$_2$，观察电动机运行以及接触器、速度继电器的工作情况。

②按下 SB$_1$，观察电动机停车过程。如有条件，可用转速表观察电动机转速变化情况。

（5）在完成以上实验的基础上，将速度继电器 KS 控制触点连接线断开，观察电路工作及电动机运行情况。

五、实验报告要求

（1）按实验要求将测量数据填入表 6.15 中，分析测量数据。对按下 SB_2 和按下 SB_1 时所测出的电阻值进行比较，分析它们有什么不同及产生的原因。

（2）对步骤（4）的实验内容及观察结果作出分析。

（3）对步骤（5）的观察结果作出分析。

（4）总结实验收获和心得体会。

六、思考题

（1）什么是按时间原则控制？什么是按速度原则控制？二者有何不同？

（2）若要将图 6.4 电路改成按时间原则控制，电路应如何设计？

实验六　工作台自动往复循环控制

一、实验目的

（1）掌握三相异步电动机正反转控制电路工作原理，了解其应用场合。

（2）掌握行程控制原理、功能、操作及故障检查、分析方法。

二、实验原理

实验电路如图 6.5 所示。

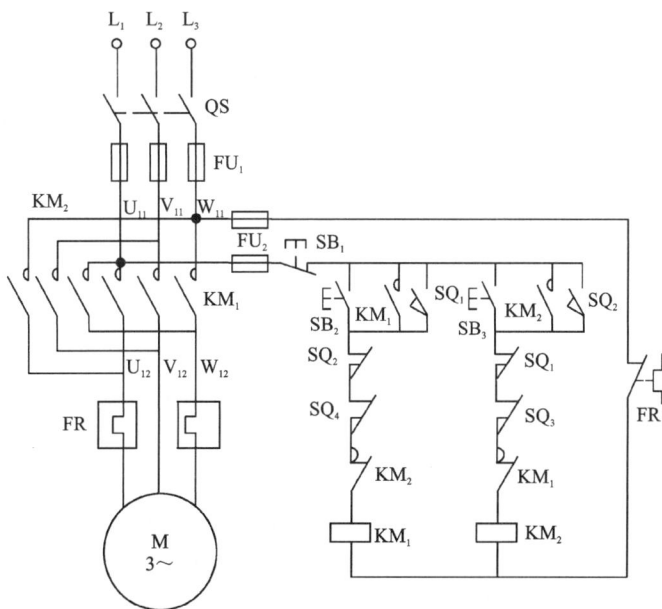

图 6.5　工作台自动往复循环控制电路

图 6.5 中，SB1 为停止按钮，SB_2、SB_3 分别为正向、反向启动按钮，通过电动机正、反转拖动工作台前进、后退运动。SQ_1、SQ_2 分别为工作台后退、前进限位开关；SQ_3、SQ_4 分别为工作台后退、前进终端保护限位开关，防止 SQ_1、SQ_2 失灵时工作台从床身上冲出。

合上电源隔离开关 QS，按下 SB_2，接触器 KM_1 得电并自锁，主触点闭合，电动机正转，拖动工作台前进。工作台前进到预定位置，挡块压下 SQ_2，其常闭触点断开，KM_1 断电，工作台停止前进；常开触点闭合，KM_2 得电，电动机反转，拖动工作台后退。工作台后退到设定位置，挡块压下 SQ_1，其常闭触点断开，KM_2 断电，工作台停止后退；常开触点闭合，KM_1 得电，电动机又正转，工作台又前进。如此往复循环，直至按下停止按钮 SB_1，电动机断电停止。

三、实验器材

本实验可在专门的电机系统教学实验台上进行，也可在实验板上自行安装线路。所需设备与器材见表 6.16。

表 6.16　实验需用设备与器材

序号	名称	型号与规格	数量	备注
1	三相异步电动机	定子绕组 Y 接法	1 组	小功率
2	三相交流可调电源	与电动机配套	1 只	
3	按钮	LA19 - 11	3 只	
4	熔断器	RL1 - 15	2 只	配 2 A 熔体
5	行程开关	JLXK1 - 311	4 只	
6	熔断器	与电动机配套	3 只	
7	接触器	与电动机配套	2 只	
8	热继电器	与电动机配套	1 只	
9	连接导线		若干条	
10	万用电表	500 型或其他型号	1 只	

四、实验内容及步骤

（1）如果在专用电机系统教学实验台上进行实验，表中所列器材均可在配套的挂件上找到。使用时，先熟悉实验台各面板的布置及使用方法，了解注意事项；如果没有专用实验台，则应根据实验电机的型号规格选择配套的元器件，在实验板上自行安装控制线路。

（2）按图 6.5 所示线路连接电路。先接主电路，后接控制电路，注意选择主电路和控制电路连接导线的颜色，以便出现故障时查找线路。

（3）电路连接完成后，先自检确认无误，再请指导教师检查后才能通电实验。自检分为两步：第一步观察检查，看接线是否正确；第二步测量检查，用万用电表测量线路关键点位的电阻值，看是否有短路或开路故障。测量数据记入表 6.17 中。

表 6.17　线路电阻的测量

测量点	按下 SB_2	按下 SB_3
$U_{11} - V_{11}$		
$U_{11} - W_{11}$		
$V_{11} - W_{11}$		
$U_{12} - V_{12}$		
$U_{12} - W_{12}$		
$V_{12} - W_{12}$		

（4）调节三相交流电源相电压为 220 V（也可按照指导教师的要求适当降低），合上电源开关 QS。

①分别按下 SB_2、SB_3，观察电动机运行以及接触器的工作情况。

②用转换开关代替行程开关，模拟工作台运行。在电机启动稳定运行后，手动扳动 SQ_2 和 SQ_1，使电动机正转和反转，模拟工作台运行，观察接触器和电动机的工作情况。

（5）在进行上面实验的基础上，压下行程开关 SQ_3、SQ_4，体验其作为工作台后退、前进终端保护限位开关的作用。

五、实验报告要求

（1）按实验要求将测量数据填入表 6.17 中，分析测量数据。对按下 SB_2 和按下 SB_3 时所测出的电阻值进行比较，分析它们有什么不同及其产生的原因。

（2）对步骤（4）的实验内容及观察结果作出分析。

（3）对步骤（5）的观察结果作出分析。

（4）总结实验收获和心得体会。

六、思考题

（1）简述从电动机正向启动开始，工作台前进、后退完成一个工作循环的工作过程。

（2）若要求工作台前进到终点，再后退回到原位时停止，不做往复循环运动，电路应如何设计？

实验七　带变压器单向能耗制动控制

一、实验目的

（1）掌握带变压器单向能耗制动控制电路工作原理，了解其特点。

（2）掌握带变压器单向能耗制动控制电路的接线及故障检查、分析方法。

二、实验原理

实验电路如图 6.6 所示。

图 6.6 中，SB_1、SB_2 分别为停止按钮和启动按钮。合上电源隔离开关 QS，按下 SB_2，接触器 KM_1 得电并自锁，主触点闭合，三相交流电通入电动机定子绕组，电动机启动运行。停车时，按下 SB_1，KM_1 线圈断电，其主触点释放，接触器 KM_2 和时间继电器 KT 线圈得电，KM_2 主触点闭合，三相交流电经变压器 TC 降压，VC 整流，给电动机提供制动用直流电，进行能耗制动。当电动机转速制动到接近 0 时，KT 达到设定的延迟时间，其延时断开的常闭触点断开，KM_2 和 KT 线圈断电，KM_2 主触点释放，电动机断电停止。

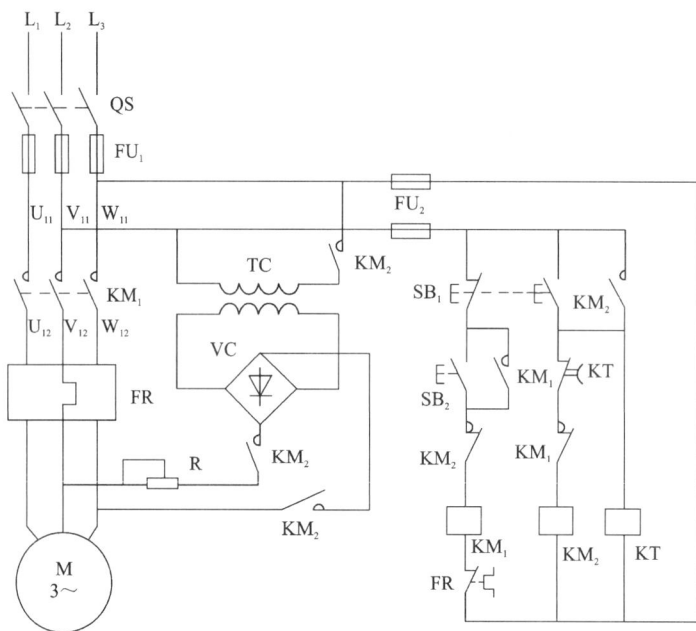

图 6.6　带变压器的单向能耗制动电路

三、实验器材

本实验可在专门的电机系统教学实验台上进行，也可在实验板上自行安装线路。所需设备与器材见表 6.18。

表 6.18　实验需用设备与器材

序号	名称	型号与规格	数量	备注
1	三相异步电动机	定子绕组 Y 接法	1 组	小功率
2	三相交流可调电源	与电动机配套	1 只	
3	按钮	LA19 – 11	2 只	
4	熔断器	RL1 – 15	2 只	配 2 A 熔体
5	时间继电器	JS7 – 1A	1 只	
6	熔断器	与电动机配套	3 只	

续表6.18

序号	名称	型号与规格	数量	备注
7	接触器	与电动机配套	2只	
8	热继电器	与电动机配套	1只	
9	制动变压器	与电动机配套	1只	
10	整流桥堆	与电动机配套	1组	
11	连接导线		若干条	
12	万用电表	500型或其他型号	1只	

四、实验内容及步骤

（1）如果在专用电机系统教学实验台上进行实验，表中所列器材均可在配套的挂件上找到。使用时，先熟悉实验台各面板的布置及使用方法，了解注意事项；如果没有专用实验台，则应根据实验电机的型号规格选择配套的元器件，在实验板上自行安装控制线路。

（2）按图6.6所示线路连接电路。先接主电路，后接控制电路，注意选择主电路和控制电路连接导线的颜色，以便出现故障时查找线路。

（3）电路连接完成后，先自检确认无误，再请指导教师检查后才能通电实验。自检分为两步：第一步观察检查，看接线是否正确；第二步测量检查，用万用电表测量线路关键点位的电阻值，看是否有短路或开路故障。将测量数据记入表6.19中。

表6.19　线路电阻的测量

测量点	松开 SB_2	按下 SB_2	按下 SB_1
$U_{11} - V_{11}$			
$U_{11} - W_{11}$			
$V_{11} - W_{11}$			
$U_{12} - V_{12}$			
$U_{12} - W_{12}$			
$V_{12} - W_{12}$			

（4）调节三相交流电源相电压为220 V（也可按照指导教师的要求适当降低），合上电源开关QS。

①按下 SB_2，观察电动机运行情况以及接触器、时间继电器的工作情况。

②按下 SB_1，观察电动机停车过程。如有条件，可用转速表观察电动机转速变化情况。

③调节时间继电器KT的延迟时间，观察停车时接触器的转换及电动机停止过程，找出KT的最佳延迟时间。

（5）在完成上面实验的基础上，将时间继电器KT延时触点的连接线断开，观察线路工作及电动机运行情况。

五、实验报告要求

(1)按实验要求将测量数据填入表6.19中，分析测量数据。对按下 SB_2 和按下 SB_1 时所测出的电阻值进行比较，分析它们有什么不同及产生的原因。

(2)对步骤(4)的实验内容及观察结果作出分析。

(3)对步骤(5)的观察结果作出分析。

(4)总结实验收获和心得体会。

六、思考题

(1)电动机能耗制动具有什么特点？适用于什么场合?

(2)若要将图6.6电路改成按速度原则控制，电路应如何设计?

实验八　无变压器单向能耗制动控制

一、实验目的

(1)掌握无变压器单向能耗制动控制电路工作原理，了解其特点。

(2)掌握无变压器单向能耗制动控制电路的接线及故障检查、分析方法。

二、实验原理

实验电路如图6.7所示。

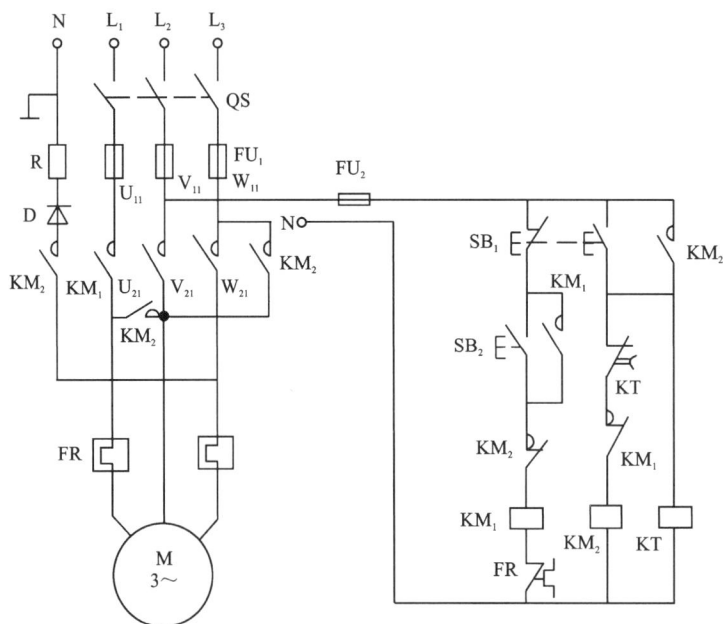

图6.7　无变压器的单向能耗制动电路

图 6.7 中，SB_1、SB_2 分别为停止按钮和启动按钮。合上电源隔离开关 QS，按下 SB_2，接触器 KM_1 得电并自锁，主触点闭合，三相交流电通入电动机定子绕组，电动机启动运行。停车时，按下 SB_1，KM_1 线圈断电，其主触点释放，切断电动机的交流电源。接触器 KM_2 和时间继电器 KT 线圈得电，KM_2 主触点闭合，单相交流电由二极管 D 整流，经 KM_2 触点、限流电阻 R 流过电动机定子绕组，产生一个与电动机原转矩方向相反的电磁转矩以实现制动。当电动机转速下降到接近零时，KT 达到设定的延迟时间，其延时断开的常闭触点断开，KM_2 和 KT 线圈断电，KM_2 主触点释放，能耗制动结束，电动机停止。

三、实验器材

本实验可在专门的电机系统教学实验台上进行，也可在实验板上自行安装线路。所需设备与器材见表 6.20。

表 6.20　实验需用设备与器材

序号	名称	型号与规格	数量	备注
1	三相异步电动机	定子绕组 Y 接法	1 组	小功率
2	三相交流可调电源	与电动机配套	1 只	
3	按钮	LA19 – 11	2 只	
4	熔断器	RL1 – 15	2 只	配 2 A 熔体
5	时间继电器	JS7 – 1A	1 只	
6	熔断器	与电动机配套	3 只	
7	接触器	与电动机配套	2 只	
8	热继电器	与电动机配套	1 只	
9	整流二极管 D	与电动机配套	1 只	
10	电阻 R	与电动机配套	1 只	
11	连接导线		若干条	
12	万用电表	500 型或其他型号	1 只	

四、实验内容及步骤

（1）如果在专用电机系统教学实验台上进行实验，表中所列器材均可在配套的挂件上找到。使用时，先熟悉实验台各面板的布置及使用方法，了解注意事项；如果没有专用实验台，则应根据实验电机的型号规格选择配套的元器件，在实验板上自行安装控制线路。

（2）按图 6.7 所示线路连接电路。先接主电路，后接控制电路，注意选择主电路和控制电路连接导线的颜色，以便出现故障时查找线路。

（3）电路连接完成后，先自检确认无误，再请指导教师检查后才能通电实验。自检分为两步：第一步观察检查，看接线是否正确；第二步测量检查，用万用电表测量线路关键点位的电阻值，看是否有短路或开路故障。测量数据记入表 6.21 中。

表 6.21　线路电阻的测量

测量点	松开 SB$_2$	按下 SB$_2$	按下 SB$_1$
U$_{11}$ – V$_{11}$			
U$_{11}$ – W$_{11}$			
V$_{11}$ – W$_{11}$			
V$_{11}$ – N			
U$_{12}$ – V$_{12}$			
U$_{12}$ – W$_{12}$			
V$_{12}$ – W$_{12}$			

（4）调节三相交流电源相电压为 220 V（也可按照指导教师的要求适当降低），合上电源开关 QS。

①按下 SB$_2$，观察电动机运行情况以及接触器、时间继电器的工作情况。

②按下 SB$_1$，观察电动机停车过程。如有条件，可用转速表观察电动机转速变化过程。

③调节时间继电器 KT 的延迟时间，观察停车时接触器的转换及电动机停止过程，找出 KT 的最佳延迟时间。

（5）在完成以上实验的基础上，将时间继电器 KT 延时触点的连接线断开，观察线路工作及电动机运行情况。

五、实验报告要求

（1）按实验要求将测量数据填入表 6.21 中，分析测量所得数据。对按下 SB$_2$ 和按下 SB$_1$ 时所测出的电阻值进行比较，分析它们有什么不同及其产生的原因。

（2）对步骤（4）的实验内容及观察结果作出分析。

（3）对步骤（5）的观察结果作出分析。

（4）总结实验收获和心得体会。

六、思考题

（1）无变压器单向能耗制动具有什么优点？适用于什么场合？

（2）若要将图 6.7 电路改成按速度原则控制，电路应如何设计？

实验九　电动机顺序启、停控制

一、实验目的

（1）理解三相异步电动机顺序启、停控制电路工作原理，了解其特点。

（2）掌握三相异步电动机顺序启、停控制电路的设计规律和方法。

（3）掌握三相异步电动机顺序启、停控制电路的接线及故障检查、分析方法。

二、实验原理

实验电路如图6.8所示。

图6.8中, SB_1 、 SB_2 分别为电动机 M_1 、 M_2 的停止按钮, SB_3 、 SB_4 分别为 M_1 、 M_2 的启动按钮, 接触器 KM_1 、 KM_2 分别控制 M_1 、 M_2 电源通断。 KM_1 的一个辅助常开触点与 M_2 的启动按钮 SB_4 串联, 另一个辅助常开触点与 M_2 的停止按钮 SB_2 并联。因此, 只有在 KM_1 得电吸合后, M_2 才可能启动, 即 M_1 先启动, M_2 后启动。而停止时, 只有 KM_1 先断电, KM_2 才能断电, 即先停 M_1 , 再停 M_2 。

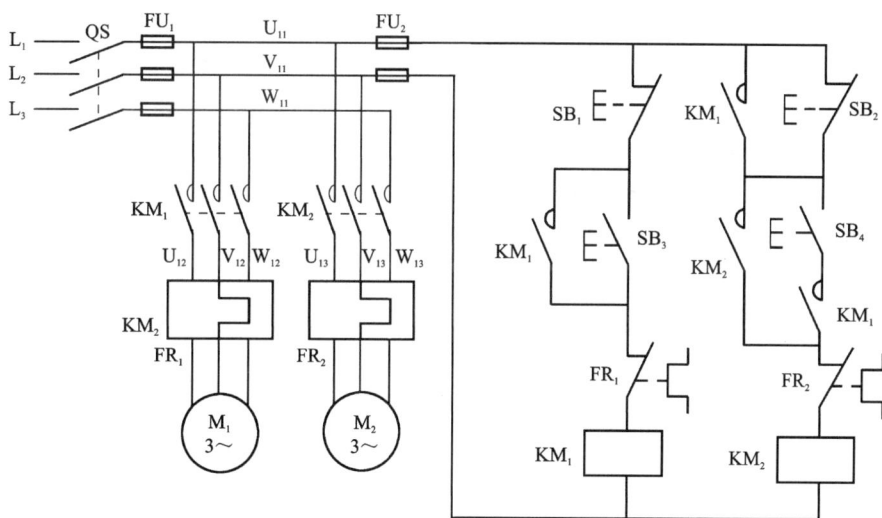

图6.8 三相异步电动机顺序启动、顺序停止控制电路

三、实验器材

本实验可在专门的电机系统教学实验台上进行, 也可在实验板上自行安装线路。所需设备与器材见表6.22。

表6.22 实验需用设备与器材

序号	名称	型号与规格	数量	备注
1	三相异步电动机	定子绕组Y接法	2组	小功率
2	三相交流可调电源	与电动机配套	1只	
3	按钮	LA19-11	4只	
4	熔断器	RL1-15	2只	配2A熔体
5	熔断器	与电动机配套	3只	
6	接触器	与电动机配套	2只	

续表6.22

序号	名称	型号与规格	数量	备注
7	热继电器	与电动机配套	2只	
8	连接导线		若干条	
9	万用电表	500型或其他型号	1只	

四、实验内容及步骤

(1)如果在专用电机系统教学实验台上进行实验,表中所列器材均可在配套的挂件上找到。使用时,先熟悉实验台各面板的布置及使用方法,了解注意事项;如果没有专用实验台,则应根据实验电机的型号规格选择配套的元器件,在实验板上自行安装控制线路。

(2)按图6.8所示线路连接电路。先接主电路,后接控制电路。注意选择主电路和控制电路连接导线的颜色,以便出现故障时查找线路。

(3)电路连接完成后,先自检确认无误,再请指导教师检查后才能通电实验。自检分为两步:第一步观察检查,看接线是否正确;第二步测量检查,用万用电表测量线路关键点位的电阻值,看是否有短路或开路故障。测量数据记入表6.23中。

表6.23 线路电阻的测量

测量点	松开 SB_3、SB_4	按下 SB_3	按下 SB_4
$U_{11} - V_{11}$			
$U_{11} - W_{11}$			
$V_{11} - W_{11}$			
$V_{11} - N$			
$U_{12} - V_{12}$			
$U_{12} - W_{12}$			
$V_{12} - W_{12}$			
$U_{13} - V_{13}$			
$U_{13} - W_{13}$			
$V_{13} - W_{13}$			

(4)调节三相交流电源相电压为220 V(也可按照指导教师的要求适当降低),合上电源开关QS。

①按先 SB_3 后 SB_4 的顺序压下启动按钮,观察电动机启动情况以及接触器的工作情况。

②按先 SB_4 后 SB_3 的顺序压下启动按钮,观察电动机启动情况以及接触器的工作情况。

③按先 SB_1 后 SB_2 的顺序压下停止按钮,观察电动机停车过程。

④按先 SB_2 后 SB_1 的顺序压下停止按钮,观察电动机停车过程。

（5）在完成上面实验的基础上，设计一个电动机顺序启动、逆序停止的控制电路，重复步骤（3）、步骤（4）各项内容的实验。

五、实验报告要求

（1）按实验要求将测量数据填入表6.23中，分析测量数据。对按下 SB_3 和按下 SB_4 时所测出的电阻值进行比较，分析它们有什么不同及其产生的原因。

（2）对步骤（4）的实验内容及观察结果作出分析。

（3）给出步骤（5）所设计的电动机顺序启动、逆序停止控制电路，分析其工作原理。

（4）总结实验收获和心得体会。

六、思考题

（1）设计顺序启、停控制电路有什么规律？

（2）在图6.8中，若与按钮 SB_4 串联的 KM_1 的常开触点接触不良，会产生什么故障？

实验十　电动葫芦控制

一、实验目的

（1）理解电动葫芦控制电路工作原理，了解其应用场合。

（2）掌握电动葫芦改进电路的设计方法。

（3）掌握电动葫芦控制电路的接线及故障检查、分析方法。

二、实验原理

电动葫芦是一种起重量较小、结构简单的起重机械，广泛应用于工业企业中小型设备的吊运、安装和修理工作中。由于其体积小，占用厂房面积较少，故使用起来灵活方便。

电动葫芦由提升机构和移动装置构成，由各自的电动机拖动。电动葫芦的控制电路如图6.9所示。

图6.9中，SB_1、SB_2 分别为吊钩升、降按钮，通过接触器 KM_1、KM_2 控制电动机 M_1 正反转，使吊钩作升降运动。SB_3、SB_4 分别为葫芦前、后移动按钮，通过接触器控制电动机 M_2 正反转，拖动葫芦在水平面内沿导轨前后移动。

升降机构动作如下：按下 SB_1，接触器 KM_1 得电，主触点闭合，电动机 M_1 正转，电磁抱闸松开，吊钩上升。升到预定位置，松开 SB_1，KM_1 断电，吊钩停止上升，电磁抱闸断电，其闸瓦合拢，对电动机 M_1 制动，使其迅速停止。欲使吊钩下降，只需按下按钮 SB_2，接通接触器 KM_2 控制电路，KM_2 得电，主触头闭合，松开电磁抱闸，电动机 M_1 反转，吊钩下降。当下降到要求高度时，松开 SB_2，KM_2 断电释放，断开主电路，电磁抱闸因断电而对电动机制动，下降动作迅速停止。

移动机构动作如下：按下前进按钮 SB_3，接触器 KM_3 线圈得电动作，主触头闭合，电动机 M_2 通电正转，使电动葫芦前进；松开 SB_3，KM_3 断电释放，电动机 M_2 断电，移动机构停止运行。欲使电动葫芦后退，按下 SB_4，接触器 KM_4 得电动作，接通电动机 M_2 反转电路，M_2 反转，使电动葫芦后退；松开 SB_4，电动葫芦停止后退。

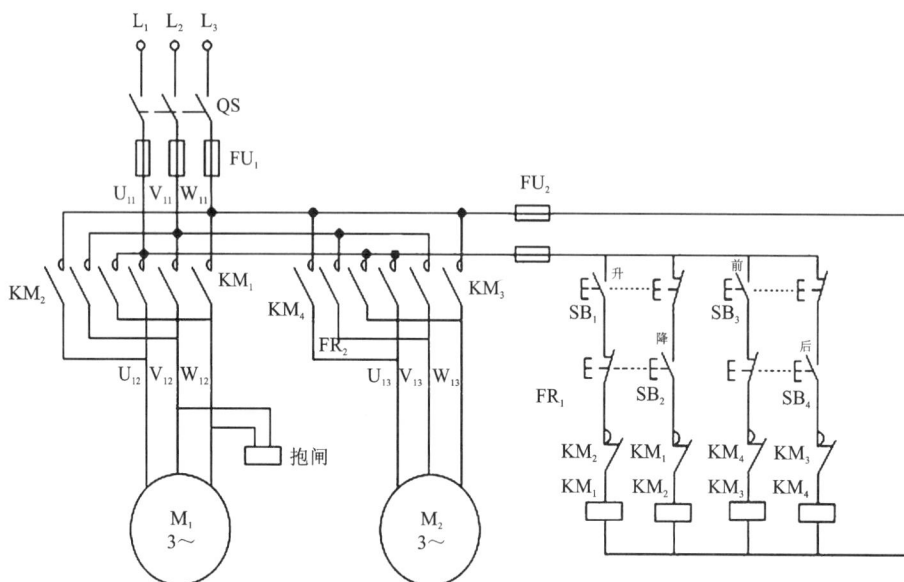

图 6.9　电动葫芦控制电路

三、实验器材

　　本实验可在专门的电机系统教学实验台上进行，也可在实验板上自行安装线路。所需设备与器材见表 6.24。

表 6.24　实验需用设备与器材

序号	名称	型号与规格	数量	备注
1	三相异步电动机	定子绕组 Y 接法	2 组	小功率
2	三相交流可调电源	与电动机配套	1 只	
3	按钮	LA19 – 11	4 只	
4	熔断器	RL1 – 15	2 只	配 2 A 熔体
5	电磁抱闸	与电动机配套	1 只	
6	熔断器	与电动机配套	3 只	
7	接触器	与电动机配套	4 只	
8	连接导线		若干条	
9	万用电表	500 型或其他型号	1 只	

四、实验内容及步骤

（1）如果在专用电机系统教学实验台上进行实验，表中所列器材均可在配套的挂件上找到。使用时，先熟悉实验台各面板的布置及使用方法，了解注意事项；如果没有专用实验台，则应根据实验电机的型号规格选择配套的元器件，在实验板上自行安装控制线路。

（2）按图 6.9 所示线路连接电路。先接主电路，后接控制电路。注意选择主电路和控制电路连接导线的颜色，以便出现故障时查找线路。

（3）电路连接完成后，先自检确认无误，再请指导教师检查后才能通电实验。自检分为两步：第一步是观察检查，看接线是否正确；第二步是测量检查，用万用电表测量线路关键点位的电阻值，看是否有短路或开路故障。测量数据记入表 6.25 中。

表 6.25　线路电阻的测量

测量点	按下 SB_1	按下 SB_2	按下 SB_3	按下 SB_4
$U_{11} - V_{11}$				
$U_{11} - W_{11}$				
$V_{11} - W_{11}$				
$V_{11} - N$				
$U_{12} - V_{12}$				
$U_{12} - W_{12}$				
$V_{12} - W_{12}$				
$U_{13} - V_{13}$				
$U_{13} - W_{13}$				
$V_{13} - W_{13}$				

（4）调节三相交流电源相电压为 220 V（也可按照指导教师的要求适当降低），合上电源开关 QS。

①分别按下 SB_1、SB_2，观察电动机运行以及接触器的工作情况。

②分别按下 SB_3、SB_4，观察电动机运行以及接触器的工作情况。

③按上升→前进→下降→上升→后退→下降动作顺序，操作 $SB_1 \sim SB_4$，观察体验电动葫芦的工作过程。

（5）在实际操作时，为防止升降机构和移动机构运动过位，应设置极限位置保护。试设计一个具有极限位置保护的电动葫芦控制电路，并安装运行。

五、实验报告要求

（1）按实验要求将测量数据填入表 6.24 中，分析测量数据。对按下 SB_1、SB_2、SB_3、SB_4 时所测出的电阻值进行比较，分析它们有什么不同及产生的原因。

（2）对步骤（4）的实验内容及观察结果作出分析。

（3）给出步骤（5）所设计的控制电路，分析其保护原理。

（4）心得体会及其他。

六、思考题

（1）简述吊钩上升→前进→下降→上升→后退→下降动作的操作过程。

（2）图6.9电路中采取了哪些保护措施？各起什么作用？

实验十一　机床电气控制电路设计及安装调试

一、实验目的

（1）熟悉电气控制电路设计的步骤和方法。

（2）掌握电气控制电路的安装及调试方法。

二、实验器材

本实验可在专门的电机系统教学实验台上进行，也可在实验板上自行安装线路。所需设备与器材见表6.26。

表6.26　实验需用设备与器材

序号	名称	型号与规格	数量	备注
1	三相异步电动机	定子绕组 Y 接法	2 组	小功率
2	三相交流可调电源	与电动机配套	1 只	
3	按钮	LA19 – 11	4 只	
4	熔断器	RL1 – 15	2 只	配 2 A 熔体
5	熔断器	与电动机配套	3(或6)只	
6	限位开关		4 组	
7	接触器	与电动机配套	4 只	
8	热继电器	与电动机配套	2 只	
9	时间继电器		2 只	
10	连接导线		若干条	
11	万用电表	500 型或其他型号	1 只	

三、设计要求及提示

1.设计要求

设计一个机床电气控制电路，控制要求如下：

（1）该机床有主电动机（M_1）和辅助电动机（M_2）各一台，要求主电动机在辅助电动机启动 6 s 后才可启动。

(2)主电动机同时拖动工作台进给运动,要求能正反转。当工作台前进到终点时延时停留 4 s 再后退回到原位停止。

(3)主电动机停止后,才允许辅助电动机停止。

(4)电路具有短路保护、过载保护及极限位置保护功能。

根据控制要求,设计机床电气原理图(含主电路)。然后,在实验室提供的设备上安装电路并模拟运行。

2.设计提示

(1)如果在专用电机系统教学实验台上进行实验,表中所列器材均可在配套的挂件上找到。使用时,先熟悉实验台各面板的布置及使用方法,了解注意事项;如果没有专用实验台,则应根据电动机的型号规格选择配套的元器件,在实验板上自行安装控制线路。

(2)按设计电路安装接线,先接主电路,后接控制电路。注意区分主电路和控制电路连接导线的颜色,以便出现故障时查找线路。

四、注意事项

(1)电路安装后,先自检确认无误,再请指导教师检查后才能通电实验。自检分为两步:第一步观察检查,看接线是否正确;第二步测量检查,用万用电表测量线路关键点位的电阻值,看是否有短路或开路故障。

(2)通电前,应先调节三相交流电源相电压为 220 V,也可按照指导教师的要求适当降低。

五、实验报告要求

(1)画出机床电气控制原理图,说明电路工作原理。

(2)根据指导教师的要求,撰写设计报告书。

(3)总结实验收获和心得体会。

六、思考题

(1)根据所设计电路,说明工作台极限位置保护是如何发挥作用的。

(2)用于电动机短路保护的熔断器,其熔体额定电流应怎样选择?

附录 A

常用电子元器件型号及主要参数

一、电阻器、电位器

1. 型号命名方法

电阻器和电位器的型号一般由四部分组成，其表示方法如附表 A.1 所示。

附表 A.1　电阻器和电位器的型号命名方法

第一部分		第二部分		第三部分		第四部分
用字母表示主体		用字母表示材料		用字母或数字表示分类		用数字表示序号
符号	意义	符号	意义	符号	意义	
R	电阻器	T	碳膜	1	普通	
W	电位器	P	硼碳膜	2	普通	
		U	硅碳膜	3	超高频	
		H	合成膜	4	高阻	
		I	玻璃釉膜	5	高温	
		J	金属膜	7	精密	
		Y	氧化膜	8	高压或特殊函数	
		S	有机实芯	9	特殊	
		N	无机实芯	G	高功率	
		X	线绕	T	可调	
		R	热敏	X	小型	
		G	光敏	L	测量用	
		M	压敏	W	微调	
				D	多圈	

2. 电阻器种类与常用电阻器结构特点

常用电阻器有碳膜电阻器、碳质电阻器、金属膜电阻器、线绕电阻器和电位器等，附表 A.2 所示为几种常用电阻器的结构特点。

附表 A.2　几种常用电阻器的结构和特点

电阻器种类		电阻器结构特点
实芯电阻器	碳质电阻器	将炭黑、树脂、黏土等混合物压制后经过热处理制成,在电阻上用色环表示它的阻值。其优点是成本低、阻值范围宽,缺点是精度和稳定性能差
薄膜电阻器	金属膜电阻器	在真空中加热合金,使合金蒸发后在瓷棒表面形成一层导电金属膜。刻槽和改变金属膜的厚度可以控制阻值。与碳膜电阻相比体积小、噪声低、稳定性好,但成本较高
	碳膜电阻器	气态碳氢化合物在高温和真空中分解,碳沉积在瓷棒或瓷管上,形成一层结晶碳膜。改变碳膜厚度和用刻槽的方法变更碳膜的长度可调整阻值。碳膜电阻成本较低,性能介于碳质电阻器和金属膜电阻器二者间
	碳膜电位器	该电阻体是在马蹄形的纸胶板上涂上一层碳膜制成,其阻值变化和中间触头位置有直线式、对数式和指数式三种关系。其结构尺寸可分为大型、中型、小型和微型几种,也有和开关一起组成的带开关功能的电位器
线绕电阻器	线绕电阻器	用康铜或镍铬合金电阻丝在陶瓷骨架上绕制而成。分固定和可变两种。其特点是工作稳定、耐热性能好、误差范围小,适用于大功率场合,额定功率一般在 1 W 以上
	线绕电位器	用电阻丝在环形骨架上绕制而成,其特点是阻值范围小、功率大,适用于做负载使用

3. 常用电阻器的标称阻值与误差等级

大多数电阻器上都标有电阻的数值,即电阻器的标称阻值。电阻器的标称阻值往往和它的实际测量阻值不完全相符。有的测量阻值大些,有的测量阻值小些。电阻器的实际测量阻值和标称阻值的偏差除以标称阻值所得的百分数,称为电阻器的误差。不同的电路对电阻器的误差有不同的要求。一般的电子电路采用 I 级和 II 级就可以满足要求。附表 A.3 所示为常用电阻器允许误差的等级标准。

附表 A.3　常用电阻器允许误差的等级

允许误差	±0.5%	±1%	±2%	±5%	±10%	±20%
级别	005	01	02	I	II	III

国标规定了一系列的阻值标准,不同误差等级的电阻器对应不同的标称值,误差越小的电阻器,标称值越多。附表 A.4 所示为普通固定电阻器的标称阻值系列及误差表。比如 1.0 这个标称值,就可以对应 1.0 Ω、10.0 Ω、100.0 Ω、1.0 kΩ、10.0 kΩ、100.0 kΩ、1.0 MΩ、10.0 MΩ。在电路图中,电阻器的阻值一般都标注标称值。

附表 A.4　普通固定电阻器标称阻值系列及误差表

标称值系列	允许误差	标称阻值系列
E24	±5%	1.0　1.2　1.3　1.5　1.6　1.8　2.0　2.2　2.4　2.7　3.0　3.3　3.6 4.3　4.7　5.1　5.6　6.2　6.8　7.5　8.2　9.1
E12	±10%	1.0　1.2　1.5　1.8　2.2　2.7　3.3　3.9　4.7　5.6　6.8　8.2
E6	±20%	1.0　1.5　2.2　3.3　4.7　6.8

当电流通过电阻器时，电阻器由于消耗功率而发热，如果电阻器发热的功率大于它能承受的功率，电阻器就会损坏。电阻器长时间工作时允许消耗的最大功率称为额定功率。电阻器的额定功率也有标称值，如附表 A.5 所示。选用电阻器时，要考虑留有一定余量，一般选择的标称值功率要比实际消耗功率大一倍。例如实际负荷是 1/4 W，可以选用 1/2 W 的电阻器，实际负荷是 3 W，可以选用 5 W 的电阻器。

附表 A.5　电阻器额定功率表

名称	额定功率/W
实芯电阻器	0.25　0.5　1　2　5
线绕电阻器	0.5　1　2　6　10　15　25　35　50　75　100　150
薄膜电阻器	0.025　0.05　0.125　0.5　1　2　5　10　25　50　100

为了熟悉电阻器的命名和对其特性进行了解，示例说明如下。

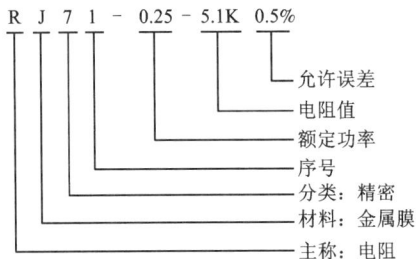

R J 7 1 - 0.25 - 5.1K 0.5%
允许误差
电阻值
额定功率
序号
分类：精密
材料：金属膜
主称：电阻

可见，这是精密金属膜电阻器，其额定功率为 1/4 W，标称电阻值为 5.1 kΩ，允许误差为 ±0.5%。

二、电容器

1. 型号命名方法

电容器的型号与电阻器相似，也是由四部分组成，如附表 A.6 所示。

附表 A.6　电容器的型号命名方法

第一部分		第二部分		第三部分		第四部分
用字母表示主体		用字母表示材料		用字母或数字表示分类		用字母或数字表示序号
符号	意义	符号	意义	符号	意义	
C	电容	C	高频瓷	T	铁电	包括品种、尺寸代号、温度特性、直流工作电压、标称值、允许误差、标准代号
		T	低频瓷	W	微调	
		I	玻璃釉	J	金属化	
		Y	云母	X	小型	
		V	云母纸	D	低压	
		Z	纸介	M	密封	
		J	金属化纸	Y	高压	
		B	非极性有机薄膜	C	穿心式	
		L	极性有机薄膜	S	独石	
		Q	漆膜			
		H	纸膜复合			
		D	铝电解			
		A	钽电解			
		G	金属电解			
		N	铌电解			
		E	其他材料电解			
		O	玻璃膜			

示例说明如下：

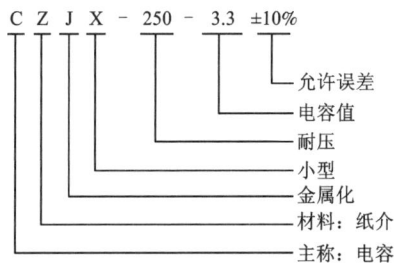

```
C  Z  J  X - 250 - 3.3  ±10%
                          允许误差
                        电容值
                      耐压
                    小型
                  金属化
                材料：纸介
              主称：电容
```

三、常用半导体器件

（1）常用二极管的型号和主要参数如附表 A.7 所示。

附表 A.7　常用二极管的型号和主要参数

序号	型号	U_{RRM}/V	I_o/A	C_J/pF	I_{FSM}/A	封装	说明
			1N4000 系列普通整流二极管				
001	1N4001	50	1	—	30	DO－41	
002	1N4002	100	1	—	30	DO－41	
003	1N4003	200	1	—	30	DO－41	
004	1N4004	400	1	—	30	DO－41	
005	1N4005	600	1	—	30	DO－41	
006	1N4006	800	1	—	30	DO－41	I_{FSM}浪涌电流
007	1N4007	600	1	—	30	DO－41	U_{RRM}最大反向耐压
008	1N6A01	50	6	—			I_o 额定正向工作电流
009	1N6A02	100	6	—			C_J结电容
010	1N6A03	200	6	—			
011	1N6A04	400	6	—			
012	1N6A05	600	6	—			
013	1N6A06	800	6	—			
014	1N6A07	600	6	—			
			1N 系列开关二极管				
001	1N4148	100	0.2	—	1	DO－35	
002	1N4150	50	0.2	—	1	DO－35	
003	1N4448	50	0.2	—	1	DO－35	
004	1N4454	50	0.2	—	1	DO－35	
005	1N457	70	0.2	—	1	DO－35	
006	1N457	70	0.2	—	1	DO－35	
007	1N914	50	0.2	—	1	DO－35	
008	1N914A	50	0.2	—	1	DO－35	
009	1N916	50	0.2	—	1	DO－35	
010	1N916A	50	0.2	—	1	DO－35	

续附表 A.7

			1N47××系列稳压二极管			
序号	型号	U_z/V	Z_z/Ω	I_z/mA	I_{RZ}/μA	封装
001	1N748	3.8~4	—	20	—	—
002	1N752	5.2~5.7	—	20	—	—
003	1N753	5.8~6.1	—	20	—	—
004	1N754	6.3~7.3	—	20	—	—
005	1N755	7.1~7.2	—	20	—	—
006	1N757	8.9~9.3	—	20	—	—
007	1N4728	3.3	10	76	100	DO-41
008	1N4729	3.6	10	69	100	DO-41
009	1N4730	3.9	9.0	64	50	DO-41
010	1N4731	4.3	9.0	58	10	DO-41
011	1N4732	4.7	8.0	53	10	DO-41

U_z 稳压值　I_z 工作电流　额定功耗 0.5 W

（2）常用三极管的型号和主要参数如附表 A.8 所示。

附表 A.8　常用三极管的型号和应用参数

序号	名称	封装	极性	功能	耐压	电流	功率	频率	配对管
1	D633	28	NPN	音频功放开关	100 V	7 A	40 W		
2	9013	21	NPN	低频放大	50 V	0.5 A	0.625 W		9012
3	9014	21	NPN	低噪放大	50 V	0.1 A	0.4 W	150 MHz	9015
4	9015	21	PNP	低噪放大	50 V	0.1 A	0.4 W	150 MHz	9014
5	9018	21	NPN	高频放大	30 V	0.05 A	0.4 W	1000 MHz	
6	8050	21	NPN	高频放大	40 V	1.5 A	1 W	100 MHz	8550
7	8550	21	PNP	高频放大	40 V	1.5 A	1 W	100 MHz	8050
8	2N2222	21	NPN	通用	60 V	0.8 A	0.5 W	25/200	
9	2N2369	4 A	NPN	开关	40 V	0.5 A	0.3 W	800 MHz	
10	2N2907	4 A	NPN	通用	60 V	0.6 A	0.4 W	26/70NS	
11	2N3055	12	NPN	功率放大	100 V	15 A	115 W		MJ2955
12	2N3440	6	NPN	视放开关	450 V	1 A	1 W	15 MHz	2N6609
13	2N3773	12	NPN	音频功放开关	160 V	16 A	50 W		

续附表 A.8

序号	名称	封装	极性	功能	耐压	电流	功率	频率	配对管
14	2N3904	21E	NPN	通用	60 V	0.2 A			
15	2N2906	21C	PNP	通用	40 V	0.2 A			
16	2N2222A	21铁	NPN	高频放大	75 V	0.6 A	0.625 W	300 MHz	
17	2N6718	21铁	NPN	音频功放开关	100 V	2 A	2 W		
18	2N5401	21	PNP	视频放大	160 V	0.6 A	0.625 W	100 MHz	2N5551
19	2N5551	21	NPN	视频放大	160 V	0.6 A	0.625 W	100 MHz	2N5401
20	2N5685	12	NPN	音频功放开关	60 V	50 A	300 W		
21	2N6277	12	NPN	功放开关	180 V	50 A	250 W		
22	9012	21	PNP	低频放大	50 V	0.5 A	0.625 W		9013
23	2N6678	12	NPN	音频功放开关	650 V	15 A	175 W	15 MHz	
24	9012	贴片	PNP	低频放大	50 V	0.5 A	0.625 W		9013
25	3DA87A	6	NPN	视频放大	100 V	0.1 A	1 W		
26	MPSA42	21E	NPN	电话视频放大	300 V	0.5A	0.625 W		MPSA92
27	MPSA92	21E	PNP	电话视频放大	300 V	0.5 A	0.625 W		MPSA42
28	MPS2222A	21	NPN	高频放大	75 V	0.6 A	0.625 W	300 MHz	
29	9013	贴片	NPN	低频放大	50 V	0.5 A	0.625 W		9012
30	3DK2B	7	NPN	开关	30 V	0.03 A	0.2 W		
31	3DD15D	12	NPN	电源开关	300 V	5 A	50 W		
32	3DD102C	12	NPN	电源开关	300 V	5 A	50 W		
33	A634	28E	PNP	音频功放开关	40 V	2 A	10 W		
34	A708	6	PNP	音频开关	80 V	0.7 A	0.8 W		
35	A715C	29	PNP	音频功放开关	35 V	2.5 A	10 W	160 MHz	
36	A733	21	PNP	通用	50 V	0.1 A		180 MHz	
37	A741	4	PNP	开关	20 V	0.1 A		70/120	
38	A781	39B	PNP	开关	20 V	0.2 A		80/160 S	
39	A928	ECB	PNP	通用	20 V	1 A	0.25 W		

（3）部分常见三端集成稳压器型号及典型应用电路如附表 A.9 所示。

附表 A.9 部分常见三端集成稳压器型号及典型应用电路

LM2576HVT – 15 15 V 简易开关电源稳压器(3 A);

LM2576HVT – ADJ 简易开关电源稳压器(3 A 可调 1.23 V to 37 V);

LM117K 1.2 V to 37 V 三端正可调稳压器(1.5 A);

LM317LZ 1.2 V to 37 V 三端正可调稳压器(1.5 A);

LM317T 1.2 V to 37 V 三端正可调稳压器(1.5 A);

LM317K 1.2 V to 37 V 三端正可调稳压器(1.5 A);

LM133K 三端可调 – 1.2 V to – 37 V 稳压器(3 A);

LM333K 三端可调 – 1.2 V to – 37 V 稳压器(3 A);

LM337K 三端可调 – 1.2 V to – 37 V 稳压器(1.5 A);

LM137K 三端可调 – 1.2 V to – 37 V 稳压器(1.5 A);

LM337T 三端可调 – 1.2 V to – 37 V 稳压器(1.5 A);

LM138K 三端正可调 1.2 V to 32 V 稳压器(5 A);

LM338T 三端正可调 1.2 V to 32 V 稳压器(5 A);

LM338K 三端正可调 1.2 V to 32 V 稳压器(5 A);

LM336 – 2.5 2.5 V 精密基准电压源;

LM336 – 5.0 5.0 V 精密基准电压源;

LM385 – 1.2 1.2 V 精密基准电压源;

LM385 – 2.5 2.5 V 精密基准电压源;

LM723 高精度可调 2 V to 37 V 稳压器;

LM105 高精度可调 4.5 V to 40 V 稳压器;

LM305 高精度可调 4.5 V to 40 V 稳压器

7805 正 5 V 稳压器(1 A);

7806 正 6 V 稳压器(1 A);

7808 正 8 V 稳压器(1 A);

7809 正 9 V 稳压器(1 A);

7812 正 12 V 稳压器(1 A);

7815 正 15 V 稳压器(1 A);

7818 正 18 V 稳压器(1 A);

7824 正 24 V 稳压器(1 A);

7905 负 5 V 稳压器(1 A);

7906 负 6 V 稳压器(1 A);

7908 负 8 V 稳压器(1 A);

7909 负 9 V 稳压器(1 A);

7912 负 12 V 稳压器(1 A);

7915 负 15 V 稳压器(1 A);

7918 负 18 V 稳压器(1 A);

7924 负 24 V 稳压器(1 A)。

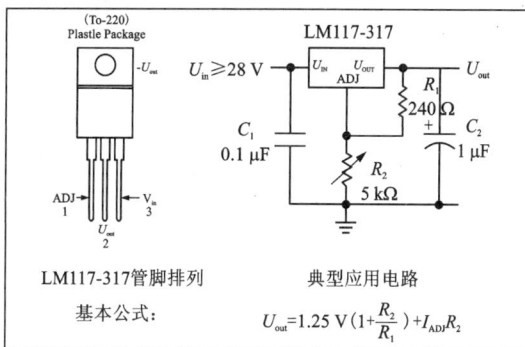

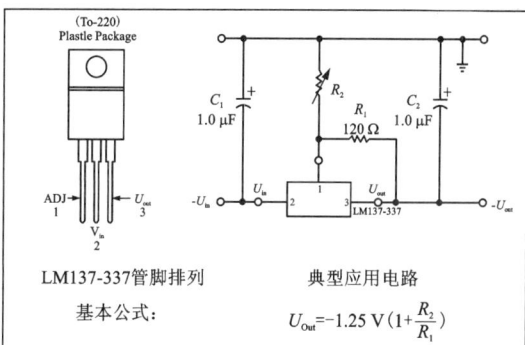

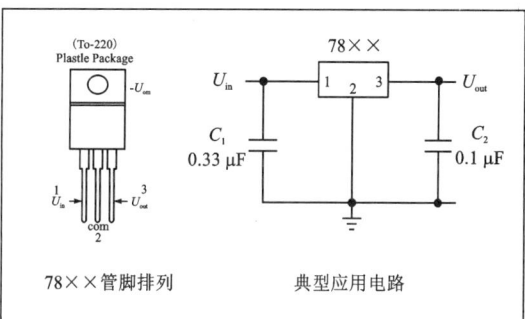

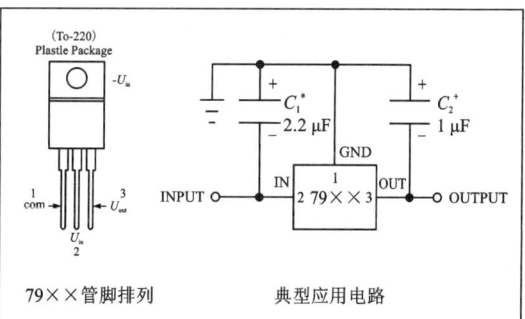

LM117-317

LM117-317管脚排列　典型应用电路

基本公式: $U_{out}=1.25\ \text{V}\left(1+\dfrac{R_2}{R_1}\right)+I_{ADJ}R_2$

LM137-337管脚排列　典型应用电路

基本公式: $U_{Out}=-1.25\ \text{V}\left(1+\dfrac{R_2}{R_1}\right)$

78××管脚排列　典型应用电路

79××管脚排列　典型应用电路

附录 B

常用模拟集成电路和
数字集成电路外引出端排列图

一、模拟集成电路外引出端排列图

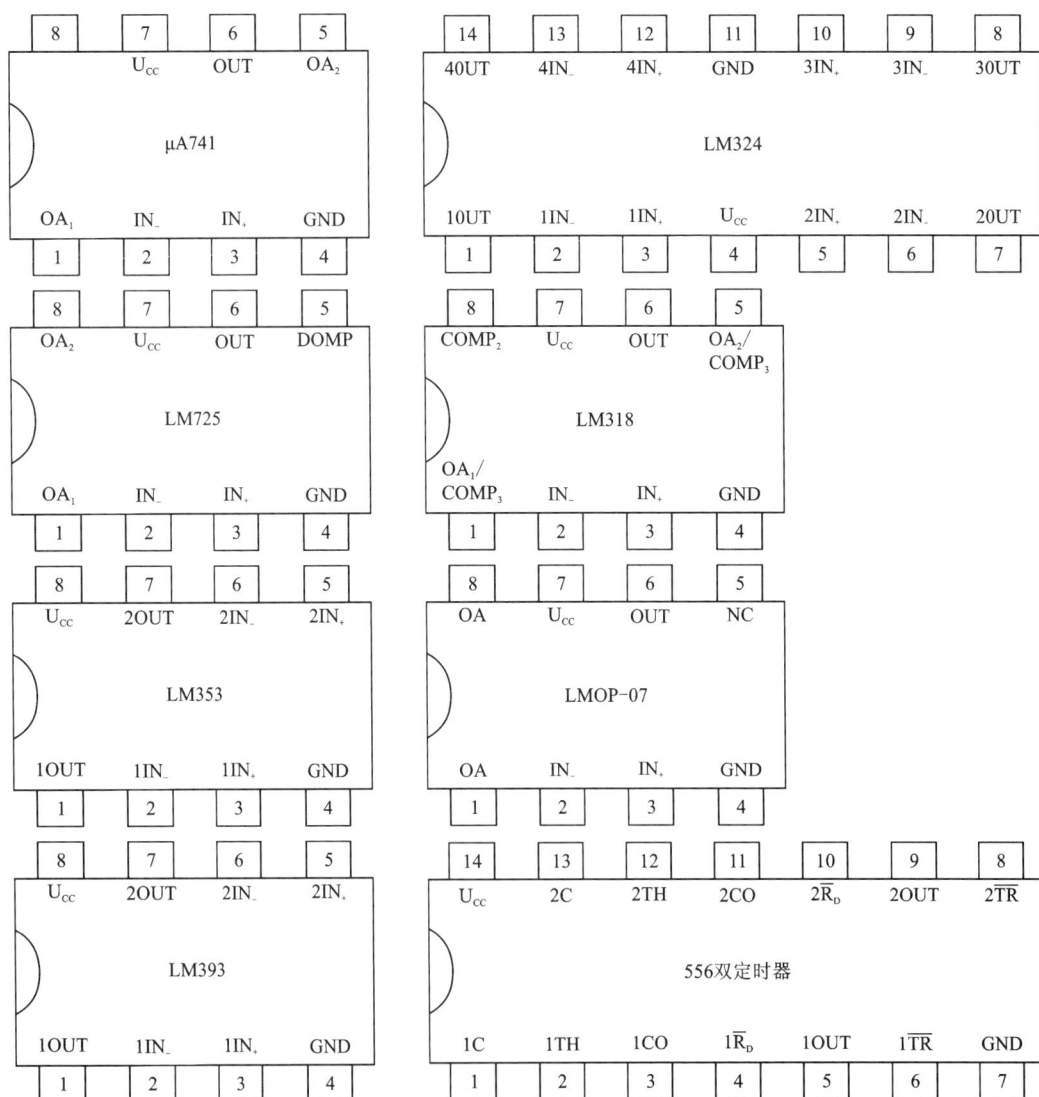

8	7	6	5
	U_{CC}	OUT	OA_2

μA741

OA_1	IN_	IN_+	GND
1	2	3	4

14	13	12	11	10	9	8
40UT	4IN_	4IN_+	GND	3IN_+	3IN_	30UT

LM324

10UT	1IN_	1IN_+	U_{CC}	2IN_+	2IN_	20UT
1	2	3	4	5	6	7

8	7	6	5
OA_2	U_{CC}	OUT	DOMP

LM725

OA_1	IN_	IN_+	GND
1	2	3	4

8	7	6	5
$COMP_2$	U_{CC}	OUT	$OA_2/COMP_3$

LM318

$OA_1/COMP_3$	IN_	IN_+	GND
1	2	3	4

8	7	6	5
U_{CC}	2OUT	2IN_	2IN_+

LM353

1OUT	1IN_	1IN_+	GND
1	2	3	4

8	7	6	5
OA	U_{CC}	OUT	NC

LMOP-07

OA	IN_	IN_+	GND
1	2	3	4

8	7	6	5
U_{CC}	2OUT	2IN_	2IN_+

LM393

1OUT	1IN_	1IN_+	GND
1	2	3	4

14	13	12	11	10	9	8
U_{CC}	2C	2TH	2CO	$2\overline{R}_D$	2OUT	$2\overline{TR}$

556双定时器

1C	1TH	1CO	$1\overline{R}_D$	1OUT	$1\overline{TR}$	GND
1	2	3	4	5	6	7

二、常用数字集成电路外引出端排列图

1. TTL 数字集成电路

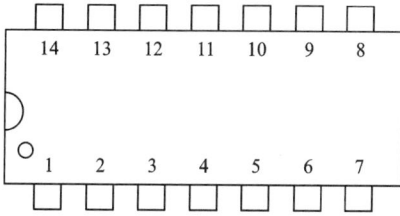

双列直插型　俯视图

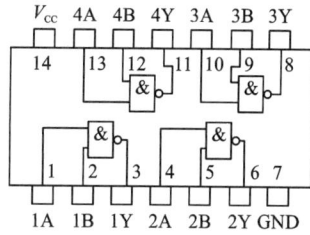

四2输入端与非门 74LS00

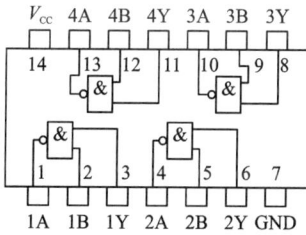

四2输入端与非门 74LS01(OC)

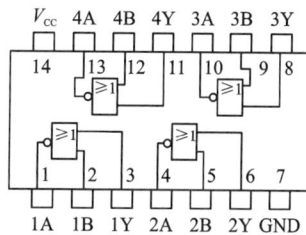

四2输入端或非门 74LS02

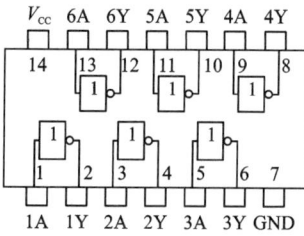

六反相器 74LS04/05(OC)

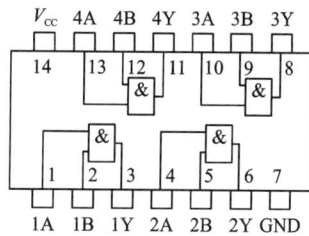

四2输入端与门 74LS08/09(OC)

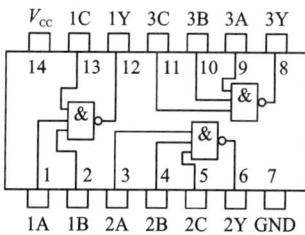

三3输入端与非门 74LS10/12(OC)

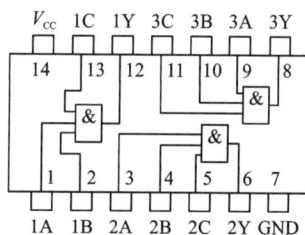

三3输入端与门 74LS11/15(OC)

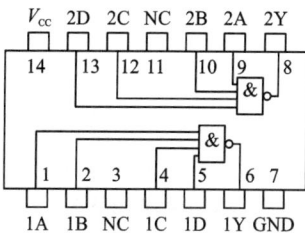

74LS20/22(OC)/40(功率)

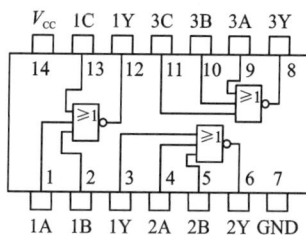

三3输入或非门 74LS27

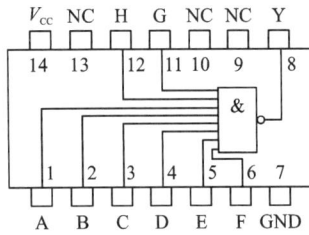

8输入与非门 74LS30

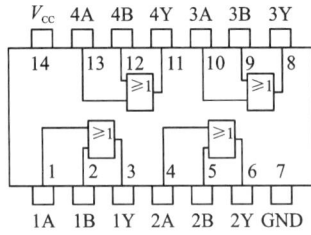

四2输入端或门 74LS32

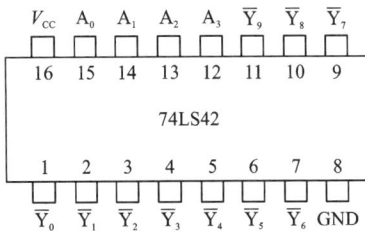

4线-10线8421BCD码译码器

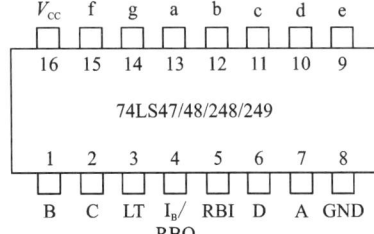

七段显示译码器

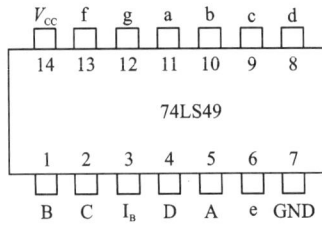

七段显示译码器

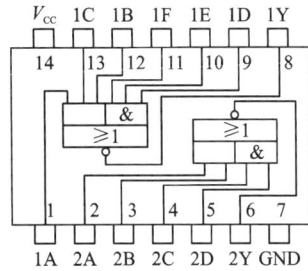

双与或非门 74LS51

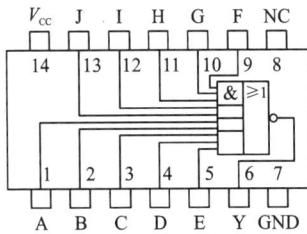

与或非门 74LS54

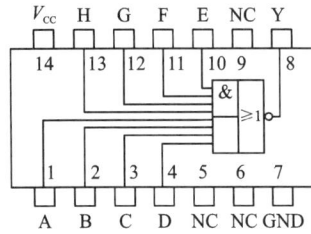

与或非门 74LS55

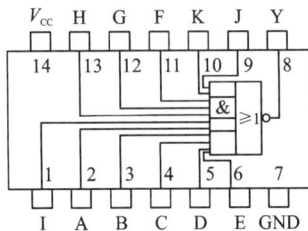

与或非门 74LS64

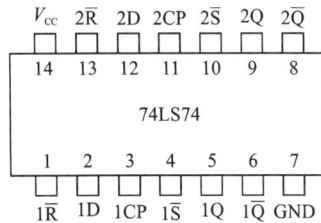

双D触发器 74LS74

74LS75

1Q	2Q	2Q̄	CP 12	GND	3Q̄	3Q	4Q
16	15	14	13	12	11	10	9

74LS75

1	2	3	4	5	6	7	8
1Q̄	1D	2D	CP 34	V_{CC}	3D	4Q	4Q̄

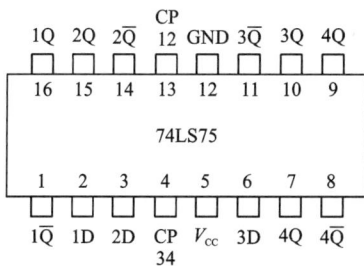

四D锁存器 74LS75

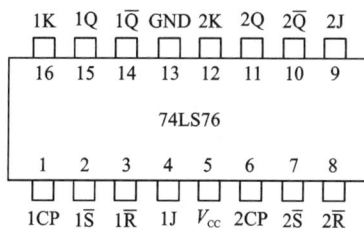

74LS76

1K	1Q	1Q̄	GND	2K	2Q	2Q̄	2J
16	15	14	13	12	11	10	9

74LS76

1	2	3	4	5	6	7	8
1CP	1S̄	1R̄	1J	V_{CC}	2CP	2S̄	2R̄

双JK触发器 74LS76

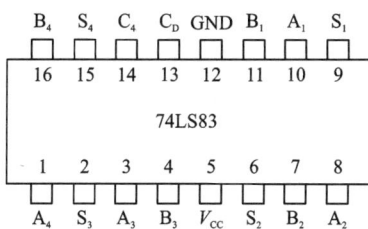

74LS83

B_4	S_4	C_4	C_D	GND	B_1	A_1	S_1
16	15	14	13	12	11	10	9

74LS83

1	2	3	4	5	6	7	8
A_4	S_3	A_3	B_3	V_{CC}	S_2	B_2	A_2

4位二进制全加器 74LS83

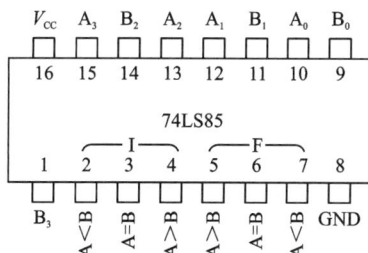

74LS85

V_{CC}	A_3	B_2	A_2	A_1	B_1	A_0	B_0
16	15	14	13	12	11	10	9

74LS85

I — F

1	2	3	4	5	6	7	8
B_3	A<B	A=B	A>B	A>B	A=B	A<B	GND

4位大小比较器 74LS85

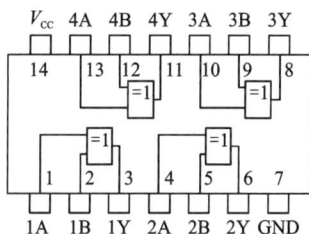

74LS86/136（OC）

V_{CC}	4A	4B	4Y	3A	3B	3Y
14	13	12	11	10	9	8

=1 =1 =1 =1

1	2	3	4	5	6	7
1A	1B	1Y	2A	2B	2Y	GND

四2输入端异或门 74LS86/136（OC）

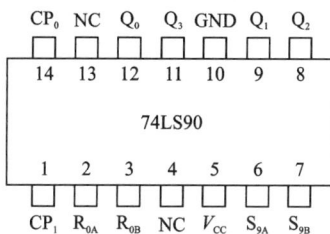

74LS90

CP_0	NC	Q_0	Q_3	GND	Q_1	Q_2
14	13	12	11	10	9	8

74LS90

1	2	3	4	5	6	7
CP_1	R_{0A}	R_{0B}	NC	V_{CC}	S_{9A}	S_{9B}

异步二一五进制计数器 74LS90

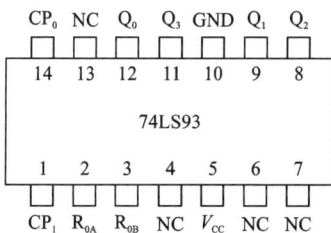

74LS93

CP_0	NC	Q_0	Q_3	GND	Q_1	Q_2
14	13	12	11	10	9	8

74LS93

1	2	3	4	5	6	7
CP_1	R_{0A}	R_{0B}	NC	V_{CC}	NC	NC

异步二一八进制计数器 74LS93

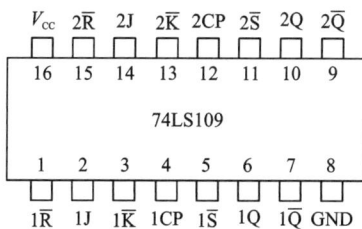

74LS109

V_{CC}	2R̄	2J	2K̄	2CP	2S̄	2Q	2Q̄
16	15	14	13	12	11	10	9

74LS109

1	2	3	4	5	6	7	8
1R̄	1J	1K̄	1CP	1S̄	1Q	1Q̄	GND

双JK触发器 74LS109

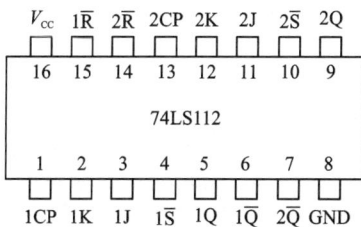

74LS112

V_{CC}	1R̄	2R̄	2CP	2K	2J	2S̄	2Q
16	15	14	13	12	11	10	9

74LS112

1	2	3	4	5	6	7	8
1CP	1K	1J	1S̄	1Q	1Q̄	2Q̄	GND

双JK触发器 74LS112

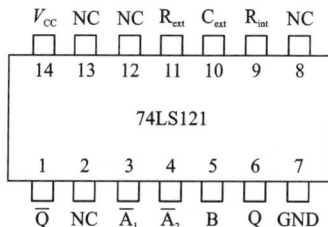

74LS121

V_{CC}	NC	NC	R_{ext}	C_{ext}	R_{int}	NC
14	13	12	11	10	9	8

74LS121

1	2	3	4	5	6	7
Q̄	NC	$\overline{A_1}$	$\overline{A_2}$	B	Q	GND

单稳态触发器 74LS121

V_{CC} R_{ext} NC C_{ext} NC R_{int} Q

14	13	12	11	10	9	8

74LS122

1	2	3	4	5	6	7

$\overline{A}_1$ $\overline{A}_2$ B_1 B_2 $\overline{CR}$ $\overline{Q}$ GND

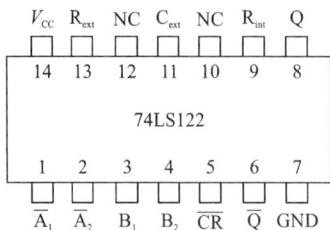

单稳态触发器 74LS122

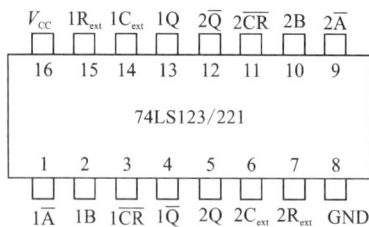

V_{CC} $1R_{ext}$ $1C_{ext}$ $1Q$ $2\overline{Q}$ $2\overline{CR}$ $2B$ $2\overline{A}$

16	15	14	13	12	11	10	9

74LS123/221

1	2	3	4	5	6	7	8

$1\overline{A}$ $1B$ $1\overline{CR}$ $1\overline{Q}$ $2Q$ $2C_{ext}$ $2R_{ext}$ GND

双单稳态触发器 74LS123/221

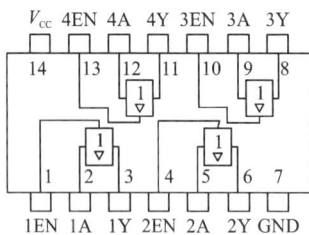

V_{CC} 4EN 4A 4Y 3EN 3A 3Y

14	13	12	11	10	9	8

1	2	3	4	5	6	7

1EN 1A 1Y 2EN 2A 2Y GND

四总线缓冲器 74LS126

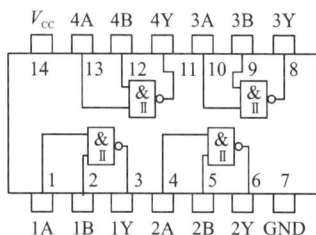

V_{CC} 4A 4B 4Y 3A 3B 3Y

14	13	12	11	10	9	8

1	2	3	4	5	6	7

1A 1B 1Y 2A 2B 2Y GND

四2输入端与非施密特触发器 74LS132

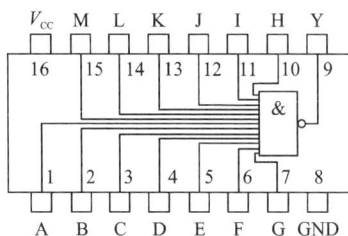

V_{CC} M L K J I H Y

16	15	14	13	12	11	10	9

1	2	3	4	5	6	7	8

A B C D E F G GND

13输入与非门 74LS133

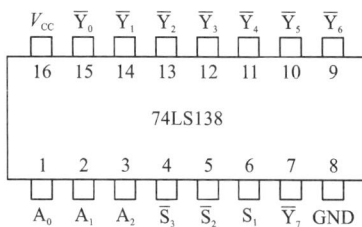

V_{CC} $\overline{Y}_0$ $\overline{Y}_1$ $\overline{Y}_2$ $\overline{Y}_3$ $\overline{Y}_4$ $\overline{Y}_5$ $\overline{Y}_6$

16	15	14	13	12	11	10	9

74LS138

1	2	3	4	5	6	7	8

A_0 A_1 A_2 $\overline{S}_3$ $\overline{S}_2$ S_1 $\overline{Y}_7$ GND

3线-8线变量译码器 74LS138

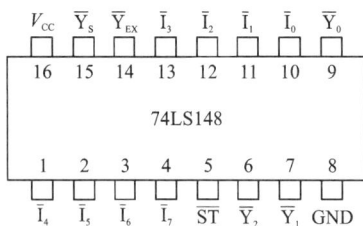

V_{CC} $\overline{Y}_S$ $\overline{Y}_{EX}$ $\overline{I}_3$ $\overline{I}_2$ $\overline{I}_1$ $\overline{I}_0$ $\overline{Y}_0$

16	15	14	13	12	11	10	9

74LS148

1	2	3	4	5	6	7	8

$\overline{I}_4$ $\overline{I}_5$ $\overline{I}_6$ $\overline{I}_7$ $\overline{ST}$ $\overline{Y}_2$ $\overline{Y}_1$ GND

8线-3线优先编码器 74LS148

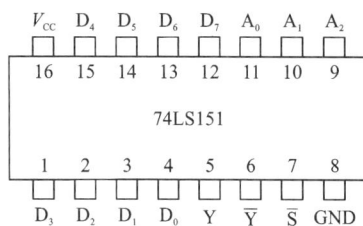

V_{CC} D_4 D_5 D_6 D_7 A_0 A_1 A_2

16	15	14	13	12	11	10	9

74LS151

1	2	3	4	5	6	7	8

D_3 D_2 D_1 D_0 Y $\overline{Y}$ $\overline{S}$ GND

8选1数据选择器 74LS151

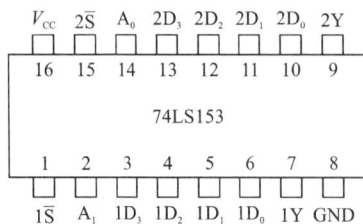

V_{CC} $2\overline{S}$ A_0 $2D_3$ $2D_2$ $2D_1$ $2D_0$ $2Y$

16	15	14	13	12	11	10	9

74LS153

1	2	3	4	5	6	7	8

$1\overline{S}$ A_1 $1D_3$ $1D_2$ $1D_1$ $1D_0$ $1Y$ GND

双4选1数据选择器 74LS153

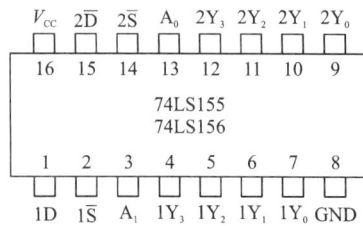

V_{CC} $2\overline{D}$ $2\overline{S}$ A_0 $2Y_3$ $2Y_2$ $2Y_1$ $2Y_0$

16	15	14	13	12	11	10	9

74LS155
74LS156

1	2	3	4	5	6	7	8

$1D$ $1\overline{S}$ A_1 $1Y_3$ $1Y_2$ $1Y_1$ $1Y_0$ GND

双2线-4线译码器/分配器
74LS155/156（OC）

V_{CC}　$\overline{S}$　$4D_0$　$4D_1$　$4Y$　$3D_0$　$3D_1$　$3Y$
16　15　14　13　12　11　10　9

74LS157

1　2　3　4　5　6　7　8
A_0　$1D_0$　$1D_1$　$1Y$　$2D_2$　$2D_1$　$2Y$　GND

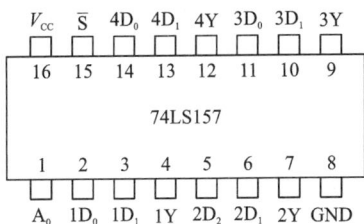

四2选1数据选择器(同相) 74LS157

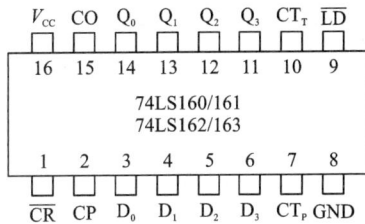

V_{CC}　CO　Q_0　Q_1　Q_2　Q_3　CT_T　$\overline{LD}$
16　15　14　13　12　11　10　9

74LS160/161
74LS162/163

1　2　3　4　5　6　7　8
$\overline{CR}$　CP　D_0　D_1　D_2　D_3　CT_P　GND

同步计数器 74LS160/161/162/163

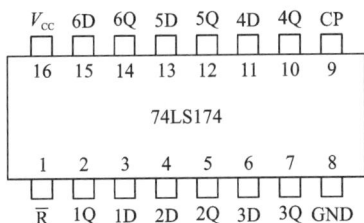

V_{CC}　6D　6Q　5D　5Q　4D　4Q　CP
16　15　14　13　12　11　10　9

74LS174

1　2　3　4　5　6　7　8
$\overline{R}$　1Q　1D　2D　2Q　3D　3Q　GND

六D触发器 74LS174

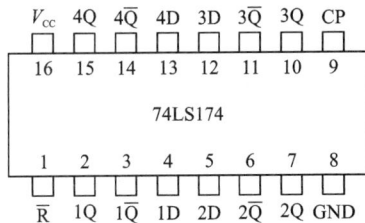

V_{CC}　4Q　$4\overline{Q}$　4D　3D　$3\overline{Q}$　3Q　CP
16　15　14　13　12　11　10　9

74LS174

1　2　3　4　5　6　7　8
$\overline{R}$　1Q　$1\overline{Q}$　1D　2D　$2\overline{Q}$　2Q　GND

四D触发器 74LS175

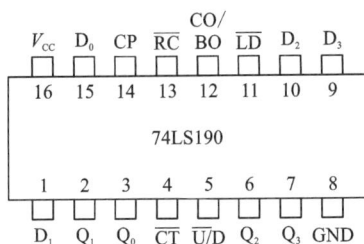

V_{CC}　D_0　CP　$\overline{RC}$　CO/BO　$\overline{LD}$　D_2　D_3
16　15　14　13　12　11　10　9

74LS190

1　2　3　4　5　6　7　8
D_1　Q_1　Q_0　$\overline{CT}$　U/D　Q_2　Q_3　GND

同步可逆十进制计数器 74LS190

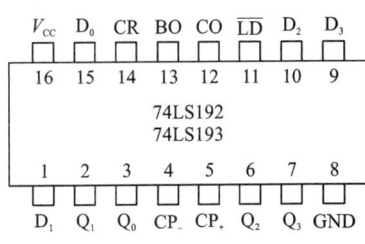

V_{CC}　D_0　CR　BO　CO　$\overline{LD}$　D_2　D_3
16　15　14　13　12　11　10　9

74LS192
74LS193

1　2　3　4　5　6　7　8
D_1　Q_1　Q_0　CP_-　CP_+　Q_2　Q_3　GND

同步可逆计数器 74LS192/193

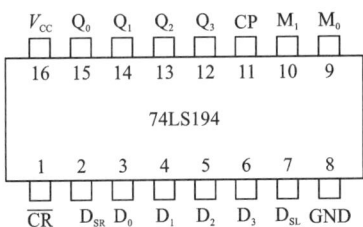

V_{CC}　Q_0　Q_1　Q_2　Q_3　CP　M_1　M_0
16　15　14　13　12　11　10　9

74LS194

1　2　3　4　5　6　7　8
$\overline{CR}$　D_{SR}　D_0　D_1　D_2　D_3　D_{SL}　GND

4位双向移位寄存器 74LS194

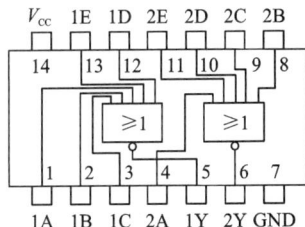

V_{CC}　1E　1D　2E　2D　2C　2B
14　13　12　11　10　9　8

$\geqslant 1$　　$\geqslant 1$

1　2　3　4　5　6　7
1A　1B　1C　2A　1Y　2Y　GND

5输入双或非门 74LS260

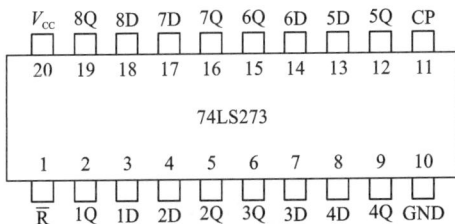

V_{CC}　8Q　8D　7D　7Q　6Q　6D　5D　5Q　CP
20　19　18　17　16　15　14　13　12　11

74LS273

1　2　3　4　5　6　7　8　9　10
$\overline{R}$　1Q　1D　2D　2Q　3Q　3D　4D　4Q　GND

八D触发器 74LS273

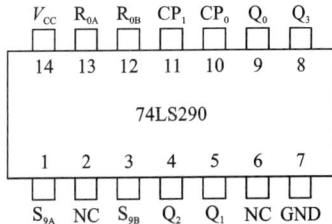

V_{CC}　R_{0A}　R_{0B}　CP_1　CP_0　Q_0　Q_3
14　13　12　11　10　9　8

74LS290

1　2　3　4　5　6　7
S_{9A}　NC　S_{9B}　Q_2　Q_1　NC　GND

异步二一五进制计数器 74LS290

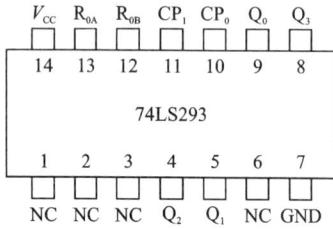
异步二—八进制计数器 74LS293

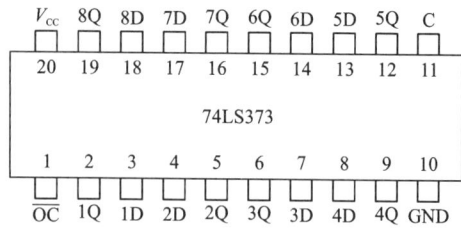
八D锁存器 74LS373（三态输出）

2. CC400 系列

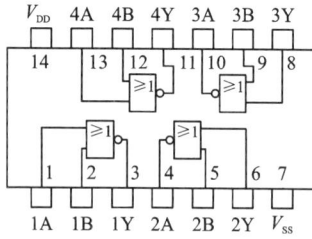
四2输入端或非门 CC4001

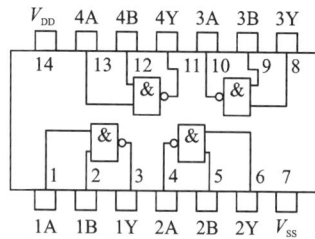
四2输入端与非门 CC4011

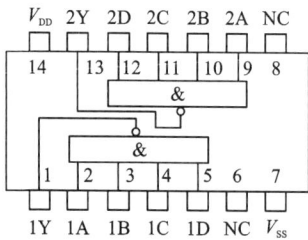
双4输入与非门 CC4012

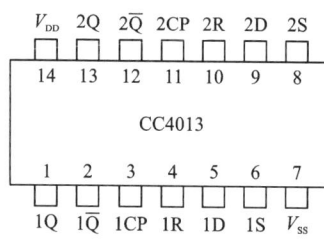
双D触发器 CC4013

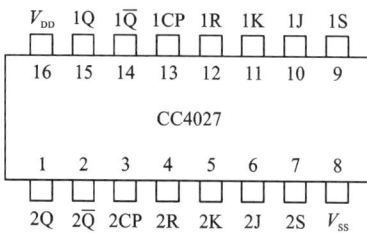
双JK主从触发器 CC4027

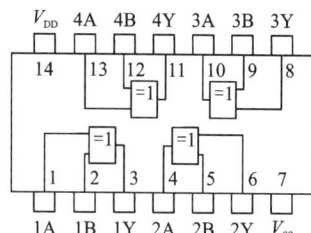
四2输入端异或门 CC4030/CC4070

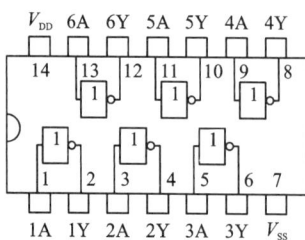
六反相器CC4069/CC40106
（施密特触发器）

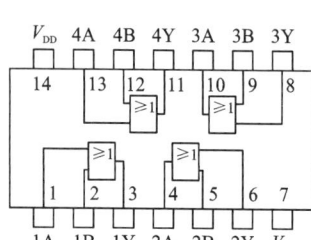
四2输入端或门 CC4071

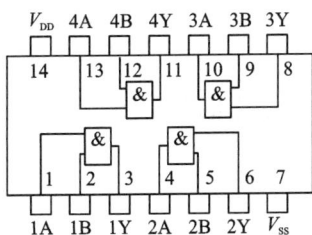

四2输入端与门 CC4081

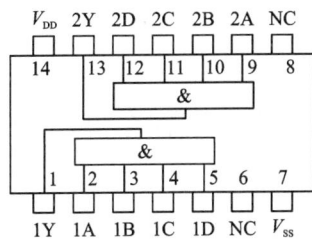

双4输入与门 CC4082

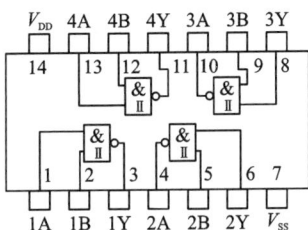

四2输入端与非门 CC4093
（施密特触发器）

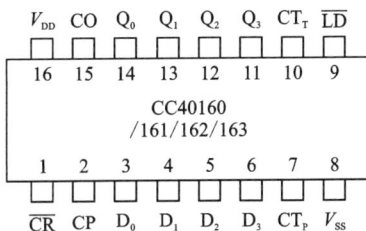

同步计数器

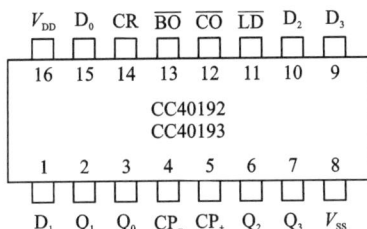

可逆计数器

3. CC4500 系列

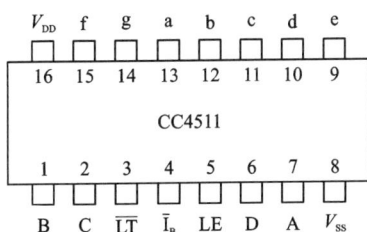

七段显示译码器

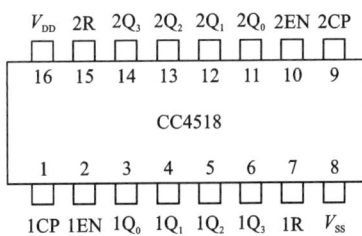

双BCD码同步加计数器

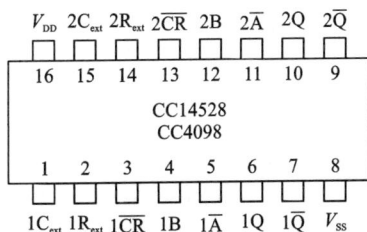

双可重触发单稳(带清零端)

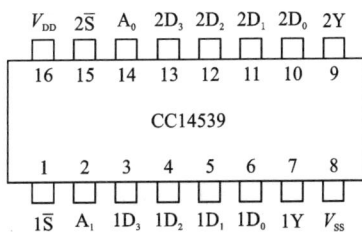

双4选1数据选择器

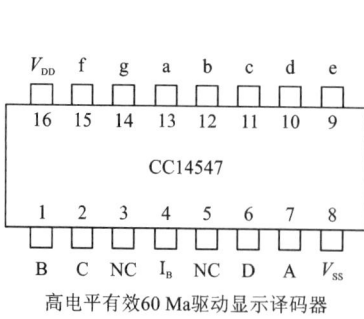

高电平有效60 Ma驱动显示译码器

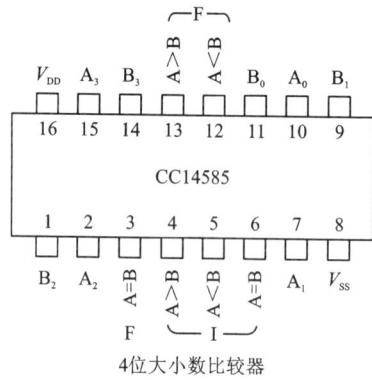

4位大小数比较器

4. 其他常用集成电路

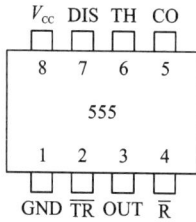

集成定时器555

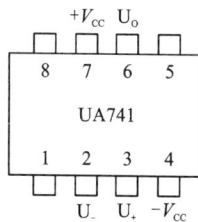

UA741运算放大器

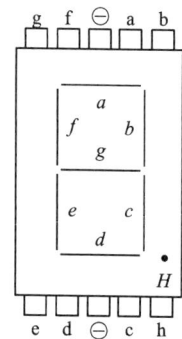

共阴型半导体数码管

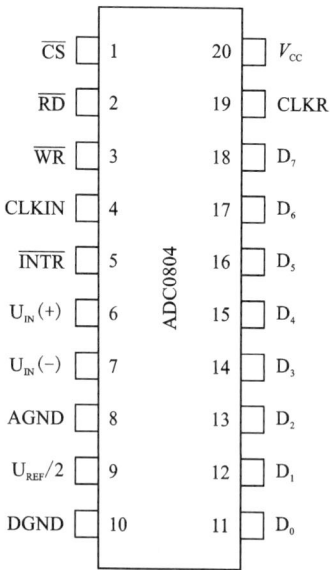

A/D转换器ADC0804

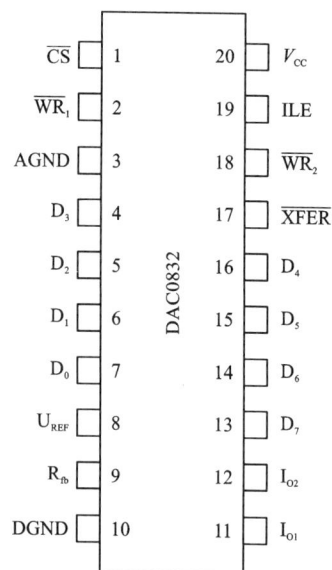

D/A转换器DAC0832

参考文献

[1] 邱关源. 电路[M]. 北京：高等教育出版社，1999.

[2] 李瀚荪. 简明电路分析基础[M]. 北京：高等教育出版社，2002.

[3] 傅恩锡. 电路分析简明教程[M]. 北京：高等教育出版社，2004.

[4] 童诗白. 模拟电子技术基础[M]. 北京：高等教育出版社，2000.

[5] 胡宴如. 模拟电子技术[M]. 第 2 版. 北京：高等教育出版社，2004.

[6] 陈相，吕念玲. 模拟电子技术实验[M]. 广州：华南理工大学出版社，2005.

[7] 陈大钦. 电子技术基础实验[M]. 第 2 版. 北京：高等教育出版社，2000.

[8] 陆静霞. 电路与电子技术实验教程[M]. 北京：中国水利水电出版社，2004.

[9] 毛期俭. 数字电路与逻辑设计实验与应用[M]. 北京：人民邮电出版社，2005.

[10] 施金鸿，陈光明. 电子技术基础实验与综合实践教程[M]. 北京：北京航空航天大学出版社，2006.

[11] 杨刚. 数字电子技术基础实验[M]. 北京：电子工业出版社，2004.

[12] 于淑萍. 电子技术实践[M]. 北京：机械工业出版社，2004.

[13] 范爱平. 电子电路实验与虚拟技术[M]. 济南：山东科学技术出版社，2001.

[14] 王尧. 电子线路实践[M]. 南京：东南大学出版社，2003.

[15] 王澄非. 电路与数字逻辑设计实践[M]. 南京：东南大学出版社，2003.

[16] 彭华林，等. 虚拟电子实验平台应用技术[M]. 长沙：湖南科学技术出版社，1999.

[17] 杨志忠. 数字电子技术基础[M]. 北京：高等教育出版社，2002.

[18] 秦曾煌. 电工学（下册）[M]. 第 5 版. 北京：高等教育出版社，1999.

[19] 方建中. 电子线路实验[M]. 杭州：浙江大学出版社，2001.

[20] 朱定华，陈林，吴建新. 电子电路测试与实验[M]. 北京：清华大学出版社，2004.

[21] 周立功. 单片机实验与实践教程[M]. 北京：北京航空航天大学出版社，2006.

[22] 解永军，胡晓毅，陈佳言，等. 单片机原理与接口技术实验教程[M]. 厦门：厦门大学出版社，2008.

[23] 李朝青. 单片机原理及接口技术[M]. 北京：北京航空航天大学出版社，1999.

[24] 潘松，黄继业. EDA 技术与 VHDL[M]. 北京：清华大学出版社，2007.

[25] 方承远. 工厂电气控制技术[M]. 北京：机械工业出版社，2000.

[26] 王仁祥. 常用低压电器原理及其控制技术[M]. 北京：机械工业出版社，2001.

[27] 曾屹. 单片机原理与应用[M]. 第 2 版. 长沙：中南大学出版社，2009.

[28] 韩克. 单片机应用技术——基于 Proteus 的项目设计与仿真[M]. 北京：电子工业出版社，2013.

图书在版编目(CIP)数据

电工电子技术实验教程／邓蓉，张跃勤主编. —长

沙：中南大学出版社，2020.9(2024.1重印)

ISBN 978-7-5487-4041-4

Ⅰ. ①电… Ⅱ. ①邓… ②张… Ⅲ. ①电工技术－实

验－高等学校－教材②电子技术－实验－高等学校－教材

Ⅳ. ①TM-33②TN-33

中国版本图书馆 CIP 数据核字(2020)第 067106 号

电工电子技术实验教程
DIANGONG DIANZI JISHU SHIYAN JIAOCHENG

主编 邓 蓉 张跃勤

□出 版 人	林绵优	
□责任编辑	韩 雪	
□责任印制	唐 曦	
□出版发行	中南大学出版社	
	社址：长沙市麓山南路	邮编：410083
	发行科电话：0731-88876770	传真：0731-88710482
□印 装	长沙雅鑫印务有限公司	

□开 本	787 mm×1092 mm 1/16	□印张 21.75	□字数 550 千字
□版 次	2020 年 9 月第 1 版	□印次 2024 年 1 月第 2 次印刷
□书 号	ISBN 978-7-5487-4041-4	
□定 价	56.00 元	